바디워칭
BODY WATCHING

BODY WATCHING
Copyright © 1985 by Desmond Morris All rights reserved.
Korean translation Copyright © 2017 by Pumyang Publishing Co.
Korean translation rights arranged with Silke Bruenink Agency through Shinwon Agency Co.

이 책의 한국어판 저작권은 신원에이전시를 통해 독일의 Silke Bruenink Agency와 독점계약한 범양사에 있습니다. 저작권법에 의해 한국에서 보호받는 저작물이므로 무단전재와 복제를 금합니다. 서평 이외의 목적으로 이 책의 내용이나 개념을 인용할 경우, 반드시 출판사의 서면동의를 얻어야 합니다. 서면동의 없는 인용은 저작권법에 저촉됩니다.

DESMOND MORRIS

바디워칭

데즈먼드 모리스 | 이규범 옮김

BODY WATCHING

Science Books

바디워칭
BODY WATCHING

1판 1쇄 인쇄 2017년 4월 5일
1판 1쇄 발행 2017년 4월 10일

지은이 데즈먼드 모리스(Desmond Morris)
옮긴이 이규범
발행인 이현숙
발행처 범양사
등 록 제2015-000045호
주 소 경기도 고양시 일산동구 호수로 662 삼성라끄빌 442호
전 화 031-921-7711
팩 스 031-921-7712
이메일 pumyangbooks@naver.com

편집디자인 디자인86

ISBN 978-89-7167-176-4 03400

목차 CONTENTS

바디워칭	BODYWATCHING	009
머리카락	THE HAIR	023
이마	THE BROW	045
눈	THE EYES	061
코	THE NOSE	081
귀	THE EARS	095
뺨	THE CHEEKS	105
입	THE MOUTH	115
수염	THE BEARD	135
목	THE NECK	145
어깨	THE SHOULDERS	161
팔	THE ARMS	171
손	THE HANDS	181
가슴	THE CHEST	201
등	THE BACK	217
배	THE BELLY	227
엉덩이	THE HIPS	237
궁둥이	THE BUTTOCKS	247
성기	THE GENITALS	261
다리	THE LEGS	277
발	THE FEET	297
참고문헌	BIBLIOGRAPHY	313
팁	THE TIPS	316
옮기고 나서		320

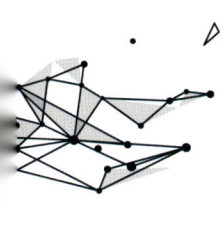

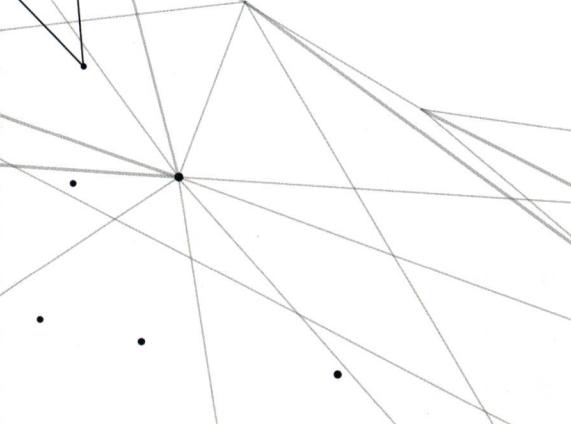

인체는 자연계에서도 가장 기이한 생명체 중 하나이다. 뒷다리로 서서 뽐내듯 돌아다니고, 기능적으로는 무방비 상태이며, 부드러운 살갗은 날카로운 가시에 쉽게 상처를 입고, 예리한 발톱이나 독이빨이 없으며, 단단한 비늘갑옷과 독샘도 없다. 그럼에도 불구하고 그들은 전 지구를 정복하기에 이르렀다. 현재 지구상에 있는 모든 인간은 단 하나의 동일 종(種)인 호모 사피엔스(Homo sapiens)에 속한다. 과거에는 그들과 밀접한 관계가 있는 다른 종들이 있었으나, 도중에 도태되거나 사라졌다. 혹은 버려져 소멸하였을지도 모른다. 오늘날 백인종과 황인종이 전 세계 인구의 92퍼센트를, 그리고 흑인종과 부쉬맨 등과 같은 다른 인종들이 나머지 8퍼센트를 차지하고 있다.

바디워칭 BODYWATCHING

사람의 몸만큼 우리들의 마음을 사로잡는 대상은 찾기 어렵다. 인식하든 안 하든, 우리들은 한결같이 신체의 겉모양에 깊은 관심을 두고 있다. 열심히 대화에 몰두하고 말을 통한 의사소통에 몰입하고 있는 것처럼 보일 때도 우리들은 계속하여 유심히 인체를 관찰하는 것이다.

성년이 된 우리들 모두는 동료들의 표정, 몸짓, 자세와 몸 장식의 사소한 변화에도 몹시 민감해진다. 우리들은 분석에 의해서라기보다는 직관直觀을 통하여 즉각적인 반응으로 이런 것에 예민해지는 것이다. 만약 신체의 겉모양을 한층 더 분석적으로 연구하는 노고를 아끼지 않는다면, 우리들은 더욱 더 예리한 감각을 가다듬을 수 있을 뿐만 아니라, 가끔 우리들의 직관이 끌고 들어가는 함정들의 일부를 피할 수도 있을 것이다.

우리들은 몸 읽기 body-reading 에 능숙하지만, 실수도 범한다. 때로는 그 실수들이 아주 심각하여 신체에 대한 미신으로 변하기도 한다. 이런 미신들은 굳어져서 민중의 의식 속에서 제거하기 어렵게 된다. 앞으로 알게 되겠지만, 인체의 부분에 대해서 우리들이 간직하고 있는 관념 가운데 많은 것이 그릇된 전제에 바탕을 두고 있음은 놀라울 정도다.

아울러 우리들은 신체의 어느 면들을 무조건 당연한 것처럼 받아

일부 권위자들은 인종간의 차이를 지나치게 강조해 왔다. 심지어 이러한 차이 중 더욱 눈에 띄는 것들조차 생물학적인 관점에서는 매우 사소한 것이었으며, 이것들은 거의 햇빛과 온도, 습도에 대한 적응과 관련이 있다는 것 이외에 다른 요인과는 거의 관계가 없었다. 의복과 건축, 중앙난방과 온도 조절 방법(air conditioning)이 출현하면서 이 소소한 차이들까지도 그 의의를 잃게 되었다. 모든 인체(人體)는 경이롭도록 서로 비슷하고, 그와 마찬가지로 인성(人性: human personality)도 큰 차이가 없다. 물론 생김새와 인성의 변형들은 호기심을 불러일으키기에 충분하지만, 비슷한 점들에 비한다면 보잘 것 없다. 객관적이고 편견이 없는 눈을 가진 사람이 전 세계를 돌아본다면 오래지 않아 이 점을 어렵지 않게 알게 될 것이다.

인간의 생명 주기(life cycle)는 3막의 연극과도 같다. 인체는 이 점(…)들의 하나와 대략 크기가 같은 작은 알로 시작한다. 이 알은 정충보다 2천 배나 더 크다. 알은 정충과 합해져 수정란(受精卵)이라는 단일 세포를 이루게 된다. 이것이 자라고 분열하기 시작하면서 마침내 약 266일 뒤에는 자궁에서 나와 몸을 꿈틀대고 무엇인가를 거머쥐면서 제2막을 준비한다. 이 기간(이 기간 동안 원래의 단일 세포가 글자 그대로 100만의 몇 백만 배로 늘어난다)에 갓난아기는 25년 동안 육체적인 성숙 단계에 들어가고, 그 뒤 10~15년 사이에 정신의 성숙 단계에 들어간다. 마지막 3막에 들어가기 이전의 막간(幕間)에 짧은 중년의 위기(대략 40세 전후)가 다가온다. 이 때 인체의 최고 시절은 이미 지나갔으나, 무슨 까닭에서인지 너무나 빨리 스쳐지나가 버렸다는 아쉬움에 젖게 된다. 제3막에는 전혀 예상치 못한 상황이 전개된다. 자연적인 사상(事象)의 흐름을 가로막지 않는다면 30~40년 사이에 인체는 중년에서 노년기로 넘어가며 죽음을 향해 점차 기울어져 간다. 제대로 신체를 돌보아왔다면 이 몰락 과정은 듣기와는 달리 그렇게 처참하지 않고, 그 나름의 특별한 즐거움과 매혹적인 순간들이 있다. 이글거리는 욕망과 광포함은 줄어들지만, 완상(玩賞)할 수 있는 것들이 적지 않음을 알게 된다. 태어날 때의 몸길이는 19~22인치 사이이고, 몸무게는 6~9파운드 정도 된다. 성인의 몸무게는 대략 그것의 20배 정도이다. 갓난아기가 5세가 되면 키가 43인치, 몸무게는 약 40파운드가 나간다. 그 때는 2천 단어를 말할 수 있고, 오랜 기간의 아동기(兒童期) 교육을 받게 된다. 18세가 되면 남녀 모두가 성인의 키와 몸무게에 도달한다. 평균적인 체격은 남자가 5피트 9인치에 162파운드이고, 여자는 5피트 4인치에 135파운드이다.

들임으로써 인체를 통찰하는 우리들의 눈을 흐리게 한다. 우리들은 욕실 거울에 비친 우리의 모습에 너무 익숙하여 인간이라는 동물이 지금과 같이 기이한 형상을 하게 된 과정에 대해서 의문을 던지지 않는다. 우리들은 자신의 체중과 건강을 걱정하여 식사와 운동에 관심을 기울이기도 하지만 그건 별개의 문제다. 그와 같이 걱정에 싸인 선입관은 우리 자신을 진화적인 관점에서 보는 데 도움이 되지 않는다. 그런 것들은 우리들을 더 넓은 동물계의 일부로서 확인해 주기에 불충분하다.

텔레비전의 자연사自然史 프로그램을 통하여 눈에 익지 않은 이색적인 종種, 이를테면 점박이 군소류sea-hare나 얼룩무늬 코끼리땃쥐elephant-shrew와 같은 종을 보면, 우리들은 그 기괴한 구조와 특이한 색깔, 절묘하고 복잡한 디자인과 움직임에 경탄하지만, 사람의 몸이야 말로 동물계 전체에서도 가장 비상하고 흥미있는 유기체라는 사실을 깨닫는 경우는 아주 드물다.

지능을 갖춘 외계인外界人들이 몇 백만 년 전에 이 행성에 와서 나무 꼭대기를 뛰어다니는 원숭이들을 보았다면, 재잘대던 이 원숭이들 가운데 어느 하나의 후손들이 눈 깜빡하는 사이에 진화하여 훗날 앞발로 피아노를 치고 달에 깃발을 꽂으리라고는 감히 추측하기 어려웠을 것이고, 인간의 놀라운 성공담은 예측하기가 불가능했을 것이다.

우리들이 어떻게 털북숭이 몸에서 네 발 생활을 버리고 벌거벗은 살갗에 두 발의 생존 방식으로 바꾸게 되었는지 정확하게 가려내기

나이 25세가 되면 마지막 신체 성장 형태가 완결되는데, 뼈의 융합과 강화 작용과 연관이 있다. 이 나이가 근육 조건이 최고 수준에 도달하는 시점이고, 운동선수들의 전성기이기도 하다. 그러나 정신력은 계속해서 성장 발달하여 30~40세 사이에 발명과 창의력이 절정에 이른다. 다만 음악과 수학 등의 특수 분야에서는 그보다 훨씬 앞서 천재성이 발현된다. 50세에 이르러 남자의 성호르몬 수치가 떨어지기 시작하고, 성행위의 빈도가 젊은 시절의 반으로 떨어진다. 여성들은 폐경(閉經)을 시작하게 되는데, 배란(排卵)이 단절되는 이 나이는 평균적으로 51.7세이다. 영어 사용권 남성의 평균 수명이 69세이다. 그리고 여성은 좀더 오래 살아 영국에서는 75세, 미국에서는 77세이다. 80대가 되도록 살아 있는 사람들은 점차 뼈가 푸석푸석해지는 골다공증으로 뼈가 부러지기 쉽고, 살갗은 탄력을 잃으며, 단기간의 기억력 상실이 일어나는 경우가 많다. 그러나 80대와 90대, 심지어 100세가 넘는 사람들 중에서도 위대한 업적을 남긴 사례가 있다. 현재 공식적으로 기록된 최장수 노인은 일본의 이즈미로, 1985년 6월에 120회 생일을 맞이했다.

란 아직도 어려운 일이다. 왜 우리들은 앞발을 들고 일어나서 뒷발로 딛고 돌아다니기 시작했을까? 이 자세로는 머리가 무겁고 어색하여 발빠른 원숭이에 비해 속도가 겨우 절반밖에 나오지 않는다. 그럼에도 불구하고 우리들은 그런 자세로 지구 전체를 정복하는 데 성공했다. 어떻게 이런 일이 가능했을까?

어떤 권위자들에 따르면, 물 속 생활에 적응하여 물을 가르며 헤엄쳐다니던 '물 속 유인원 aquatic ape'이 유선형으로 다듬어진 살갗 밑에 지방층을 갖추고, 조개류를 잡아먹던 입맛을 그대로 지닌 채 마른 땅으로 돌아왔다고도 한다. 그보다 전통적인 견해를 빌리면, 숲에서 열매를 따먹던 상태에서 바로 들판의 짐승을 먹잇감으로 쫓는 생활로 옮겨갔기 때문이라고 한다. 옮겨간 새로운 터전에서 키가 큰 풀 위로 먼 지평선을 살피기 위해서 몸을 일으켜세우는 유인원 사냥꾼의 장면을 어느 시나리오는 그리고 있다. 이처럼 중대한 변화가, 보다 큰 음식 덩어리를 들고 다닐 필요가 생겼기 때문에 일어났다고 하는 또 다른 시나리오도 없지 않다. 엄청나게 큰 바나나 송이를 눈 앞에 둔 침팬지들은 앞발을 들고 일어나서 그것을 들고 간다. 제3의 가설에 따르면, 먹잇감인 짐승을 사냥할 무기를 쥐고 던지기 위하여 두 발만을 딛고 일어서야 할 필요가 있었다고도 한다.

아득히 거슬러 올라가는 우리 조상들에게 어떤 압력이 가해졌는지는 알 수 없으나, 그들의 달리는 속도가 크게 줄게 됨에도 불구하

인체에는 208개의 뼈가 있으며, 그 무게는 약 20파운드가 된다. 600개가 넘는 근육이 있고, 그 근육은 전체 몸무게의 대략 35~45퍼센트를 차지한다. 혈액 계통에는 9~12파인트(pint)의 피가 담겨 있으며, 일생 동안 1톤의 무게를 150마일의 공중으로 들어올리기에 충분한 일을 하는 심장이 이 피를 움직인다. 신경 계통은 뇌의 지배를 받고 있다. 이 뇌는 최대 용량의 컴퓨터를 어린아이의 장난감처럼 보이게 하고, 스스로 프로그래밍된다. 한 쌍의 폐는 하루에 500제곱피트의 공기를 처리한다. 인체의 냉각 계통은 200~300만 개의 땀샘들이 맡고 있다.
영양 공급 계통은 길이 25피트의 소화관(消化管)이 전담하며, 평균 수명을 기준으로 일생 동안 50톤의 음식을 처리한다. 생식 계통의 과도한 성공은 오늘날 40억이 넘는 인구로 지구를 덮게 만들었다. 또한 배출 계통이 있고, 그 중에서도 신장은 하루에 45갤런의 액체를 걸러낸다. 17제곱피트의 살갗이 온몸에 덮여 있으며, "피를 가두어두고 비를 몰아낸다"고 어느 의사가 비유했듯이 이러한 신진 대사 과정을 끊임없이 거친다.
심장이 박동하고, 복잡하며, 피해를 입기 쉬운 연약한 이 유기체를 우리들은 지금까지 깊은 바닷속으로 끌어내리기도 하고 달까지 끌어올리기도 한 바 있다. 동시에 인간은 언어와 예술, 과학, 스포츠, 건축, 정치, 종교를 발명해낸 유일한 동물이다. 그 동물은 이미 지구를 정복했으며, 그 성공이 지나쳐 지구를 파괴할 위험마저 안고 있다.

비록 인체는 기본적으로 동일하지만 키의 차이가 유달리 눈에 띈다. 사람의 키에는 놀랄 만큼 다양한 변화가 있어 왔다. 지금까지 기록된 가장 키가 큰 남성은 미국의 거인으로 자그마치 8피트 11인치에 달했고, 여성은 중국인으로 8피트 1인치였다. 키가 제일 작은 여성은 네덜란드 출신으로 23.2인치에 불과했다. 이는 가장 큰 사람이 가장 작은 사람보다 4배가 더 크다는 뜻이다. 몸무게는 그보다 한층 더 두드러진다. 가장 무거운 사람은 옆으로 매우 뚱뚱한 미국인으로 1,400파운드가 넘었다. 사실 그는 너무 무거워서 정확한 몸무게 측정이 불가능했다. 제일 가벼운 사람은 보기에도 안타까운 멕시코 여자 난쟁이로 17세에 4.7파운드가 안 되었다. 그러니까 제일 무거운 사람은 제일 가벼운 사람보다 300배나 더 무거웠다는 계산이 나온다. 그들이 동일한 종(種)에 속한다고 생각하기 어렵겠지만, 크기를 제외한다면 그 둘 사이에는 거의 차이가 없어 놀라지 않을 수 없다.

고 두 발로 일어서게 되었고, 그로 말미암아 그들의 신체가 여러모로 변하게 되었다. 털북숭이 원숭이의 숨겨졌던 가슴과 배가 벌거벗은 인간의 가슴과 배가 되어 완전히 드러나게 되었다. 그에 따라 등은 뒤를 향하게 되고, 골반과 목의 각도가 극적으로 바뀌었다. 앞발은 거머쥐는 손이 되었고, 물건을 들고 다니는 데 그치지 않고 기구를 조작하며 손짓을 했다. 하나의 독특한 신체 모양으로 진화하여 그 이전의 어느 동물과도 놀라운 차이를 보였고, 이는 파멸적인 환경의 충격을 줄일 만큼 능률적이었다.

직립直立 자세가 분만分娩하기에 좀더 어려웠으나, 새로 등장한 괴상한 인간의 종種은 오래지 않아 경이로운 속도로 늘어나고 있었다. 씨족들이 부족으로 늘어나고, 다시 흩어져 지구 곳곳으로 퍼져나갔다. '걸어다니는 원숭이 walking ape'라는 이 특이한 동물의 앞발은 바쁘게 움직이는 손이 되어 연장과 무기, 건물과 차량을 만들며 머지않아 이 땅의 환경을 지배하기에 이르렀다. 약 1만 년 전에 이 행성의 거의 모든 육지에 이미 1천만에 달하는 인류가 살고 있었다. 오늘날에 와서 보면 그 방대한 수효도 보잘 것 없는 것이 되어, 런던의 인구만으로도 그 정도는 된다. 바로 눈앞에 다가온 2000년에는 대략 60억8천2백만의 인구가 이 지구에 넘쳐나리라 추산되고 있다. 이러한 인간 성공의 신화는 믿기 어려운 기세로 지금까지 치달아왔지만, 그 중심에 자리잡고 있는 인체에는 큰 변화가 없었다. 가령 4만 년 전 선사시대의 갓난아기를 타임머신에 실어 현대로 데려와서 현대의 가정에서 키운다 해도 아무도 그 차이를 알아차리지 못할 것이다.

우리들의 기본적인 행동 역시 놀랍게도 시간의 흐름과는 상관없이 변하지 않았다. 비록 여러 세기에 걸쳐 성직자와 정치가, 교사들이 인간의 올바른 행동에 대하여 수많은 설교와 이론을 펴왔지만, 우리들을 어떤 방향으로 인도하려는 그들의 진지한 노력도 깊은 자취를 남기진 못했다. 어떤 사람들은 이것을 믿기 어려워 어제의 야만인들이 오늘날의 개화된 시민이 되었다고도 하고, 그와는 반대로 지난날의 천진하고 고상한 원시인들이 오늘날에 와서는 비뚤어진 잔인한 부류로 변질하였다고 주장하기도 한다. 그러한 단순 논리들은 아무 뜻이 없고, 그들의 가르침이 우리들을 착한 사람으로 바꿔 놓았다

우리들이 거쳐온 길고도 다양한 진화 과정 중에 점진적 분업(division of labour)이 발생하여 남성들은 사냥에 전념하고 여성들은 식량 채집과 육아(育兒)에 몰두하게 되었다. 이처럼 점차 뚜렷해지는 역할에 적응하여 남성과 여성의 신체는 약간씩 변화를 일으켰다. 남성들은 근육이 더 발달하게 되었고, 여성들은 지방층이 훨씬 더 발달하게 되었다.

남성은 호흡 기능이 개선되면서 더욱 큰 폐를 담아두기 위해 가슴이 넓어졌다. 여성은 출산과 연관되어 엉덩이가 커졌다. 이 밖에도 수많은 성적(性的)인 차이들은 생물학적이고 근본적이다. 그와는 달리 문화적인 수단으로 이들을 과장하는 경향이 나타났는데, 초여성적인 여성상과 초남성적인 남성상이 그것이다. 이 현상은 거의 모든 여성에게 출산이 커다란 짐이 되었던 19세기까지 몇 백 년 동안 절정에 달했다. 그러나 이제 세계 인구가 지나치게 많아져 과거에는 사회적으로 받아들이기 어려웠을 성격의 여성들이 나타나기 시작했다. 끊임없는 임신과 출산의 짐이 제거되자 많은 도시 여성들은 운동장에서, 그리고 심지어 권투 시합장에서 한층 독자적이고 의사 남성적(pseudo-masculine)인 역할을 선택하는 경향이 늘고 있다.

는 여러 세대의 도학자들의 주장도 그와 다를 바 없다.

인간의 종은 언제나 동일한 일련의 감정적 충동을 가져왔으며, 기본적으로 그것들을 동일하게 밖으로 표현해 온 것이다. 우리들은 적의에서 호의로, 사랑에서 증오로, 이기심에서 이타심으로, 슬픔에서 기쁨으로 돌아설 수 있는 능력을 항상 지니고 있었다. 지금까지 일어난 모든 것을 살펴보면, 그 과정에 명칭만이 바뀌었음을 알 수 있다. 사냥 충동은 노동 윤리^{work ethic}, 사냥감을 먹는 순서^{pecking order}는 계급 투쟁, 이계^{異系} 교배는 근친 성교 금기^{incest taboo}, 짝짓기는 결혼, 부족의 동일성은 문화유산으로 바뀐 것이 그 실례들이다. 예를 들어 상호부조^{相互扶助}와 같은 찬양할 만한 품성이 문명 계몽의 새로운 형태를 대표한다고 우리들은 생각하고 싶지만, 그것은 인간에게 협력과 죽음의 양자택일을 강요했던 원시 사냥 시대부터 있었다. 지금까지 나는 인간을 '야수적인' 감정이 가득한 동물이라고 말했다는 비난을 받아왔는데, 이러한 비판은 내 말을 제대로 이해하지 못한 사람들의 그릇된 사고방식의 산물에 지나지 않는다. 사실 우리들이 지니고 있는 '보다 세련된 감정^{finer feelings}'의 대다수는 동물적인 유산의 일부라는 의미에서 야수적이라 하겠다. 우리들은 종교적인 규범집이나 윤리 장전이 없더라도 서로 돌보며 사랑을 나누는 개별적인 인간이 될 수 있다. 그것은 동물로서의 우리들의 본성에 뿌리를 내리고 있다.

물론 우리들은 경쟁적이고 불평이 많은 동물이기도 하다. 이것 또한 우리들이 품고 있는 동물성의 일부이며, 그 균형은 미묘한 것으로서 인위적으로 긴장된 환경에서 쉽게 폭력과 유혈 사태로 기울어진다. 칼과 총과 폭탄, 날아가는 유리 조각과 떨어지는 콘크리트 덩어리가 사방에서 우리들을 위협하는 이와 같은 사태가 일어나면, 우리들의 인체는 가슴이 저리도록 연약한 존재가 된다. 이러한 폭력의 폭발을 억제하여 연약하고 땀 흘리는 육신의 인체가 편안히 살아갈 수 있도록 가정적인 환경을 유지하려고 우리들은 끊임없이 노력하고 있다. 절망적일 만큼 인간이 빽빽이 들어찬 이 땅 위에서 그러기란 결코 쉬운 일이 아니다. 우리들은 숱한 잘못을 저지르고 있으며, 그 과정에 수많은 인체가 상처를 입거나 파멸한다.

현대 사회의 지도자들이 자신과 그 추종자들이 속한 인종의 정체

대다수의 영장류와 마찬가지로, 인종도 '한배의 새끼 수(littler-size)'를 하나로 줄였으며, 이러한 진화적 경향은 줄어든 신생아에 대한 관심을 더 증가시키게 했다. 그 결과 인간의 아기는 새로 태어난 다른 동물의 어느 새끼보다 생존 확률이 훨씬 높다.

이 경우 아기를 살리기 위해 치르는 대가는 부모들에게 엄청난 부담을 주게 되며, 살아 있는 동물의 종 가운데서도 가장 크다. 암컷 혼자서 어미의 무거운 임무를 다하기 어려운 만큼, 여러 종류의 새 및 포유류의 경우와 같이 인간도 한 쌍의 묶임(pair-bond: 우리들이 일반적으로 사랑이라 부르는 강력한 성적 집착)을 발달시켜 왔으며, 이것이 아기를 갖게 한 남성에게 어버이로서의 행동을 일으키게 한다.

인간의 갓난아기는 성숙할 때까지 아주 오랜 시일이 걸리기 때문에, 전형적인 가족 단위는 '연속적인 한배 새끼(serial litter)'라고 할 수 있는 구성원으로 이루어져 나이가 다른 아이들이 서로 함께 부모의 관심을 요구한다. 그러므로 인간의 '한 번에 하나 낳기 규칙(single-birth rule)'이 무너질 때는 부모가 심각한 압박을 받게 된다. 여성의 유두가 둘이기 때문에 원시적인 상황에서 쌍둥이는 받아들일 수 있지만, 쌍둥이를 넘으면 특별한 문제가 생긴다. 그러나 이런 현상이 일어날 가능성은 아주 드물다. 전 세계적으로 쌍둥이를 낳을 확률은 100명의 어머니 가운데 하나이다. 세쌍둥이의 경우, 그 확률은 약 1만 명 가운데 하나, 네쌍둥이는 100만 명 가운데 하나꼴이다. 다섯 쌍둥이는 매우 드물어(세계에서 1년에 2회 정도) 숫자로 표기하기 어렵지만, 4천만 명에 하나꼴이다. 이 숫자는 나라에 따라 상당한 차이가 있고 대략적인 길잡이로 받아들일 수 있을 뿐이다. 그리고 인종에 따라 차이가 있어 흑인들이 백인보다 쌍둥이를 훨씬 많이 낳는다.

각자가 지니고 있는 개별적이고 작은 차이점들은 일란성 쌍둥이가 태어났을 때 얼마나 중요한가를 깨우쳐 준다. 언젠가 우리들이 인간 복제(複製)의 단계─똑같은 외형을 가진 인간을 만들어낼 수 있는 방법─에 이른다면 일상적인 사회 관계망에서 일어나는 혼란은 엄청날 것이다.

를 좀더 잘 이해한다면, 우리들이 직면하고 있는 재난의 일부는 회피할 수도 있다. 불행하게도 그들은 스스로 봉사하고 있다는 바로 그 존재인 인간을 둘러싼 연구에 너무나 회의적이다. 어느 주어진 지배 집단이 보는 시각 차에 따라 이상적인 시민을 설계한다면, 그에 속한 시민들은 거의 어김없이 실재實在와는 다른 형상이 될 것이다. 이를테면 어떤 문화권에서는 인간에게 개인의 영역이 필요하다는 사실을 인정하지 않았다. 다른 문화권에서는 사랑하는 가족 단위를 구성하고자 하는 욕구를 과소평가했으며, 또다른 문화권에서는 인간의 호기심과 창의력이 지니고 있는 건설적인 반항 정신을 무시해 왔다. 빠르고 늦은 시간의 차이는 있더라도 결국 그러한 잘못은 사회 불안을 야기했고, 문제의 지도자들은 그 영향을 받게 마련이다. 그들이 지닌 무지無知의 심장부엔 인체가 사회적 존재로 작용하는 방식에 대한 지식의 빈곤이 도사리고 있다. 이것은 내부 기관器官이나 건강과 연관이 있는 의학적 문제가 아니다. 그것은 우리들이 일상생활중에 서로 마주칠 때, 우리들의 몸을 어떻게 사용하느냐 하는 문제이다. 이러한 육체의 사용은 우리들의 가장 깊은 필요와 욕구를 반영하는 것이며, 이

현재 이 지구상에는 40억이 넘는 인구가 살고 있으며, 한 세대가 지나 2020년에는 76억이라는 괄목할 만한 숫자로 늘어나게 된다. 인체의 외형이라는 각도에서 본다면, 두 가지 서로 상충되는 문제를 일으킨다. 거대한 인간 집단이 득실대는 각종 도시에 살고 있는 개인은 그들의 사회 환경에 자신의 특징을 부여하려는 욕구가 늘어나게 된다. 밀물처럼 밀려들어오는 군중 속에서 자신의 개성을 유지하기 위해 그들은 물려받은 얼굴의 특성을 곧잘 확대시키고, 다른 신체의 세세한 부분에 인공적으로 무엇인가를 추가한다.

이러기 위해 의상과 두발(頭髮) 모양에 개인적인 변화를 가하고―화려한 넥타이와 티셔츠에서 특수한 머리 모양, 화장 또는 콧수염 손질에 이르기까지 온갖 수단을 동원한다. 더하여 귀고리, 반지, 목걸이, 팔찌, 장식용 보석과 패물 등 수많은 개인 장신구들이 있어 점차 늘어나는 도시인들 사이에서 시각적인 외모에 차이점을 늘려나간다. 그러나 이러한 추세에 대항하여 '부족(tribal)' 집단 내부의 다른 구성원들과의 동질성을 보여 주는 신체의 특징을 강조하려는 원시적인 충동이 있다. 극단적인 사례에서는 개인을 식별하기란 거의 불가능한 과장된 유형의 획일성―어느 군사 집단이나 스포츠팀들과 같이―이 두드러진다. 그러나 절대다수가 두 가지 목적을 모두 충족할 수 있는 방향으로 신체를 장식할 수는 없다. 어느 한쪽이 집단에 대한 충성을 나타낸다면, 다른 것은 개성의 '표상'이 된다.

감정들을 동료에게 전달하는 것으로서 이것들을 면밀히 관찰한다면 인류의 참된 성품에 관해서 알아야 할 많은 것들을 드러내 준다.

인간 행동에 관해서 그토록 많은 사실을 알게 된 오늘날에 와서 그러한 지식을 무시한다는 것은 실망스러운 일이 아닐 수 없다. '지식은 죄악 knowledge is sinful'이라는 명제는 한결같이 막다른 골목에 들어선 인간들의 거짓이었다. 무지는 언제나 잔인한 미신, 불필요한 근심, 종교적인 아집我執과 정신적인 억압 등의 극도의 고통과 번민을 낳았다. 이 모든 것의 한복판에서 인체는 불필요하고 끝없는 상해를 입어왔다. 이들의 일부는 남에 의해 고의로 상해를 입어왔으며, 다른 것들은 생각없이 스스로 불러들이기도 했다. 앞서 말한 바와 마찬가지로, 그 문제의 일부는 그 대상에 익숙해짐에 따라 자기만족에 빠졌기 때문에 일어났다. 우리들은 각기 인체를 지니고 있으므로 그를 둘러싸고 알아야 할 모든 것들을 안다고 생각하고 있기 때문이다.

우리들이 이러한 익숙함이라는 장막을 걷고 새로운 빛을 비추어 인체를 검증할 수 있으려면, 분석적인 장치가 있어야 한다. 여기서 필자는 어느 이국적인 섬을 돌아다니는 관광객처럼 신체 표면을, 기이한 풍경을 보듯이 조금씩 탐색하고 있다. 신체 각부를 분리하고 그것을 확대하여 면밀히 조사하노라면 인간이라는 이름의 비상한 동물에 대한 경이감을 되찾을 수 있을 것이다. 이렇게 될 때 비로소 우리들은 경솔하게 자신을 학대하거나, 남들이 우리들의 신체를 남용하도록 내버려둘 위험을 줄일 수 있을 것이다.

다음에 나오는 여러 장章들은 인체를 머리 끝에서 발 끝까지 샅샅이 살피면서 독자들을 발견―자기의 발견―의 여행으로 안내하고, 생물학적 실체이면서 동시에 문화 현상으로서의 인간의 복잡한 모습을 밝혀 준다. 이 여행은 머리 위에 있는 머리카락을 조사하는 데서 시작하여 이마와 눈, 귀, 코 등으로 옮겨가고, 다시 다리와 발까지 내려간다. 가는 길에 통틀어 20곳에서 머물게 되고, 머물 때마다 한 개의 장章이 설정되어 서로 다른 여러 각도에서 문제가 되는 인체 부위를 검증한다. 제일 먼저 해부학적 구조와 생리, 기능, 진화, 성장을 잠시 살펴보게 된다. 뒤이어 그 행태적인 가능성들―동작, 자세, 표정과 몸짓―을 탐색한다. 그리고 가장 흥미있는 문화적 수정修正과 과장, 이를테면 그림과 문신에 의한 장식, 깎기와 자르기, 뚫거나 상처내기에 의한 신체의 변형을 조사한다. 그 다음으로 경우에 따라서 그 문화적인 변형이 마술과 종교적인 상징이라는 미신의 세계에서 수행하는 역할을 조사하기도 했다.

인체를 인간 지도地圖 위의 지역들처럼, 별개의 단위로 나누는 이와 같은 인위적인 방법은 친숙한 주제에 참신한 새로운 접근을 제공할 뿐만 아니라, 신체의 '복잡성을 줄이는 데$^{de\text{-}complicate}$' 도움이 된다. 신체는 모두 하나가 되어 일하는 까닭에 그 신체 언어$^{body\ language}$를 단번에 알아내기란 너무 복잡하고 어렵다. 예를 들어 얼굴을 본다면 얼굴 표정에도 미묘한 변화가 많다. 얼핏 보기에는 너무 많아 분석하기 어려울 듯하지만, 얼굴 요소를 하나씩 분해하여 연구하면 그 과제는 훨씬 쉬워진다. 엔진을 분해했다가 나중에 다시 조립하는 기사와 마찬가지로, 분해된 부분을 차례대로 관찰한다면 우리들은 이전보다 그 기능에 대해서 한층 많은 것을 알게 된다.

신체 관찰에 대한 이 같은 분석적인 접근 방법은 확고한 메시지를 가져온다. 구체적으로 말하면, 우리들이 신체를 서로 다르게 보이려고 갖가지 문화적 표상과 신체적인 관습을 비롯하여 광적으로 온갖 시도를 하고 있음에도 불구하고, 우리 모두는 기본적으로 동일하다. 사람들이 만들어낸 값싼 물건들과 장식 고리들, 머리 모양과 화장품을 벗겨놓고 보면, 우리들이 일반적으로 인정하는 것보다 훨씬 많은 공통점을 지니고 있다. 우리들은 '우리 부족$^{our\ tribe}$'이 뉴기니나 뉴욕, 또는 어디에 있든지간에 다른 어떤 부족보다 어느 모로 보나 뛰어나고 현격한 차이가 있다고 상상하기를 좋아하지만, 이건 어느 부족의 환상에 지나지 않는다. 중요한 측면들을 따지고 보면 – 우리들은 모두 하나이다.

머리카락 THE HAIR

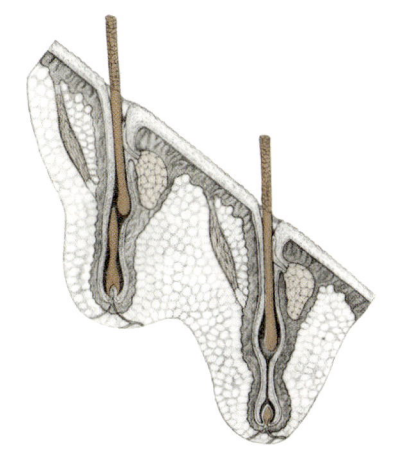

손을 대지 않고 그냥 둔다면, 사람의 머리카락은 영장류 가운데에서도 가장 길고 호화롭다. 이 말은 남녀 모두에게 할 수 있고, 남녀간의 머리카락 길이의 차이란 오로지 문화적 간섭에 그 원인이 있다. 세간에서 널리 생각하고 있는 바와는 달리 남성과 여성의 머리카락 사이에 구조적인 차이는 찾을 수 없다. 머리카락 하나는 대략 6년 동안 자라고, 손을 대지 않으면 길이가 약 40인치에 이른다. 그 뒤 몇 달 동안 휴식기에 들어가 더 자라지 않다가 결국 빠지고, 새로이 자라나는 머리카락이 그 자리에 나온다. 머리카락은 모낭(毛囊)이라 부르는 살갗 주머니의 밑동에 있는 작은 유두돌기 모유두(毛乳頭)에서 자라난다. 아래 그림의 왼쪽은 유두돌기와 이음새가 크게 약화된 휴식기 머리카락의 빠지기 전 모습이고, 다른 하나는 활발하게 자라고 있는 머리카락이다.

정수리 일대에 자라고 있는 머리카락은 인체의 가장 이상한 특징 중 하나이다. 솔과 빗, 가위와 칼, 모자와 옷이 나오기 이전, 옛날 우리 조상들의 모양이 어떠했을까를 상상해 보자. 100만 년이 넘도록 우리들은 무성하게 자란 커다란 털뭉치를 머리에 이고 거의 알몸으로 뛰어다녔다. 우리의 몸통과 팔다리에 있던 털들이 점차 줄어들면서 피부가 온통 외부에 드러나게 된 반면, 머리카락은 무성한 덤불이나 길게 늘어져 출렁대는 망토처럼 치렁하게 자라났다. 꾸미지도 않고 모양새도 없는 우리들의 모습이 다른 영장류^{primates}에게는 놀랍게 보였으리라. 어떤 유인원이 이랬을까?

이 질문 안에는 왜 우리가 이처럼 특이한 머리카락을 가지게 되었는지 그 수수께끼에 대한 해답이 들어 있다. 이러한 특징은 우리들을 다른 종^{species}의 영장류들과 아주 다른 모양을 갖게 한다는 것이다. 그것은 멀리서도 볼 수 있는 우리들의 '인종 신호^{species signal}'이다. 우리들의 매끈한 알몸 꼭대기의 무성한 머리카락들은 우리들을 금방 인간으로 알아볼 수 있게 했다. 우리들은 이 사치스러운 머리카락을 깃발처럼 휘날리며 다녔다.

오늘날에는 머리카락이 유행에 따른 성별 신호^{gender signal}이기 때문에 이 사실을 잊기 쉽다. 거의 모든 문화권에서 남성과 여성은 각각 성별에 맞는 스타일로 머리를 손질한다.

이러한 추세는 너무나 일반적인 것이어서, 대머리가 시작되지 않은 남성의 머리카락 구조가 여성의 그것과 다르지 않다는 것을 잊게 한다. 물론 우리들은 털의 성별 신호들 - 콧수염, 턱수염, 가슴털 등 - 을 가지고 있다. 그러나 머리카락이 가장 풍성하게 자라는 유년기부터 청년기까지는 완전한 성적 평등^{sexual equality}이 지속된다. 풍성하고 화사한 머리카락은 여성적이거나 남성적인 것이 아니라 오로지 인간적^{human}인 것이며, 하나의 종^種으로서 인간을 다른 가까운 영장류와 구분짓게 한다.

이 말을 이해하기 힘들다면, 여러 원숭이와 유인원의 머리 모양을 살펴보면 된다. 아주 가까운 종들 사이에도 흔히 머리털의 색깔, 모양과 길이에는 매우 큰 차이가 있다. 어떤 종은 다른 종들과는 놀랄 만큼 차이가 있는 색깔의 머리털 '모자^{cap}'를 쓰고 있는가 하면, 대머

'A huge woolly bush or a long swishing cape'

역사를 통틀어 남성과 여성은 모두 머리카락을 자르고, 다듬고, 모양을 내어 유행하는 스타일을 만들어 왔는데, 거의 예외없이 자연적인 길이보다는 짧게 했다. 그러다가도 우리들은 이따금 예전의 머리 모양을 그리워하는 일종의 원시적인 반응을 지니고 있는 듯이, 길게 휘날리는 머리카락이나 무성하게 활짝 퍼진 화려한 머리숱에 매혹되기도 한다. 현대의 일상생활에는 절망적일 만큼 실용적인 것이 못되지만, 보다 화려한 젊은이들과 예술사진 스튜디오들은 과장된 머리 모양을 곧잘 되살린다.

리인 종도 있고, 어떤 종은 긴 콧수염을 가지고 있기도 하며, 다른 종은 인상적인 턱수염을 뽐내기도 한다. 분명히 머리카락을 특정한 '표식表式'으로 이용하는 것은 영장류를 분류하는 흔한 방법이기 때문에, 인간이 이와 같은 표식법을 사용하는 것은 놀랄 일이 아니다. 놀라운 것은 우리들이 이러한 방식을 더는 사용하지 않는다는 것이다. 이러한 머리카락 표식법이 지나치게 과한 것이 되었고, 이에 따라 사람들은 가위와 칼을 충분히 이용할 수 있을 정도의 기술적인 발달을 이룩하자마자 온갖 방식으로 머리카락에 손을 대기 시작했다. 우리들

THE HAIR

은 그것을 싹둑 잘라 버리기도 하고, 면도기로 밀기도 하고, 묶기도 하고, 땋기도 하고, 틀어올리기도 하며, 온갖 모자 밑에다 욱여넣기도 했다. 마치 거추장스럽고 원시적인 머리 모양을 더 이상 견딜 수 없기라도 하듯 행동했다. 어떤 방법을 쓰든지 길게 자란 머리카락의 엄청난 무게를 줄이지 않으면 안 되었다.

그렇다고 우리들이 머리카락을 싫어하게 되었다는 결론을 내린다면 오산이다. 우리들은 오래된 머리카락을 새것으로 교묘하게 바꾼 것이다. 원시적 상태에서 우리들은 머리카락의 부피만을 우리 종의 부표(附票)로 삼았다. 이것은 우리들을 다른 종과는 달리 보이게 하는 매우 효과적인 부표였지만, 동시에 매우 거추장스럽기도 했다. 우리들이 머리 모양을 바꿀 수 있는 단계까지 발전하자, 기이한 모양을 하거나 색깔과 장식품 등을 이용하여 머리카락을 눈에 띄게 하는 수많은 방법들을 찾아내기 시작했다. 동시에 머리카락의 부피를 줄일 수도 있었다. 현대에 와서 우리는 모자와 가발, 머리 손질 용품들을 갖추어 이 세상 최고의 머리 모양을 갖기도 하며, 어느 순간에는 일하기 용이한 기능적인 것을 갖는가 하면, 다음에는 환상적인 머리 모양을 자랑하기도 한다.

이처럼 새로운 추세들을 살펴보기에 앞서 그들의 바탕을 이루고 있는 원료 – 자연적인 머리카락 그 자체 – 를 좀더 자세히 살펴볼 필요가 있다. 평균적으로 한 사람의 머리에는 약 10만 개의 머리카락이 나 있다. 그 이유는 알 수 없으나 옅은 색깔의 머리카락을 가진 사람들이 짙은 사람들보다 머리카락 수가 더 많다. 금발의 경우에는 약 14만 개가 있고, 갈색 머리카락은 10만 8천 개가 있다. 붉은 머리

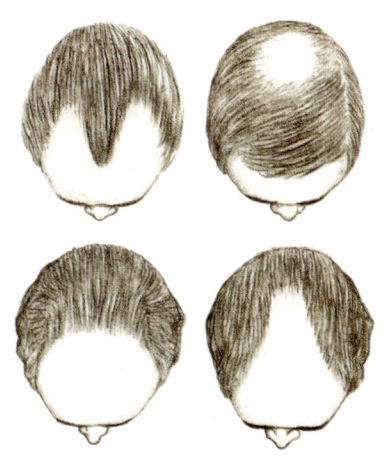

▲ 대머리가 발달하는 데에는 네 가지 주요한 과정이 있다. 이들은 과부 봉우리(Widow's Peak), 수도승 텃밭(Monk's Patch), 돔형 이마(Domed Forehead)와 벌거벗은 정수리(Naked Crown)라 일컬어진다. 과부 봉우리에서는 앞머리선이 양쪽 관자놀이 부위에서 점차 뒤로 물러나고, 머리의 중앙선을 따라 한 줄기 머리카락 두둑이 남아 차차 좁아지게 된다. 수도승 텃밭형의 경우 앞머리선은 그대로 버티고 있지만, 대머리 부위가 머리꼭지 뒤쪽에 자리잡게 되고, 거기서 차차 퍼져나간다. 돔형 이마는 앞머리선 전부가 뒤로 물러나기 시작하여 썰물과도 같이 계속해서 뒤로 물러난다. 벌거벗은 정수리에서는 앞머리선이 중심선을 따라 빨리 물러나가는 반면 양쪽은 속도가 느려 과부 봉우리형과는 반대이다. 복잡한 사례로서, 이들 네 가지 주요 대머리 유형들이 결합되어 동시에 두 가지 형태가 한 사람의 머리에 나타나기도 한다. 유전적 요인들이 이 차이를 좌우하게 된다.

따라서 대머리인 사람이 자신의 남성 조상들의 오랜 사진과 초상화를 본다면, 자신의 머리카락 유두돌기가 가문의 오랜 전통을 따르고 있음을 알게 된다.

The coat of fur discarded by the 'naked ape'.

카락의 경우는 9만 개를 넘지 않는다.

　머리카락은 내피 안에 있는 작은 주머니인 모낭毛囊, follicle에서 자라 나오며, 모낭의 밑바닥에는 유두돌기乳頭突起, papilla가 하나씩 있다. 이 미세한 조직 덩어리가 머리카락을 만들어낸다. 거기에는 많은 혈관이 있고, 이것은 머리카락 세포로 바뀌게 하는 원료를 공급한다. 이 세포들은 유두돌기의 표면에서 형성되고, 새로운 세포들이 낡은 세포들을 밀어올려 머리카락이 점차 자라나게 된다. 결국 털뿌리 또는 모근毛根, 피부 표면 밑에 있는 부분이 점점 길어져 머리카락 끝이 모낭 밖으로 나간다. 그러는 동안에 그 머리카락은 굳어진다. 눈에 보이는 머리카락 부분은 점차 길어지는데, 이 부분을 모간毛幹이라고 한다. 모간은 하루에 3분의 1밀리미터가량 자라난다.

　머리카락이 자라나는 속도는 나이와 건강 상태에 따라 다르다. 노년기나 병에 걸렸을 때, 임신했을 때와 날씨가 추울 때는 제일 더디게 자란다. 중병을 앓고 난 뒤의 회복기에 제일 빨리 자라는데, 이 현상은 성장이 억제된 뒤에 찾아오는 일종의 보상으로 여겨진다. 건강한 사람일 경우에는 16세에서 24세 사이에 머리카락이 가장 빨리 자란다. 이 기간에는 1년에 최고 7인치까지 자라며, 약 5인치인 전반적인 평균치와 대조를 이룬다.

　머리카락 하나의 수명은 약 6년이며, 이는 건강한 젊은 성인의 손질하지 않은 머리카락이 대략 42인치까지 자란 이후, 빠지거나 다른 머리카락으로 대체됨을 의미한다. 따라서 젊은 남녀가 머리카락을 자르지 않고 기른다면, 치렁치렁한 머리카락이 무릎까지 내려간다. 원시시대에 그와 같은 머리카락을 드리우고 알몸으로 뛰어다녔으니, 동물계에서 가장 이상하게 보이는 생명체였을 것이다.

　그 엄청난 길이 이외에도 우리들의 머리카락은 계절에 따른 털갈이를 하지 않는다는 점 역시 특이하다. 우리들도 초여름에는 머리카락 빠지는 속도를 빠르게 하고, 겨울에는 그 속도를 늦추어 다른 짐승들과 마찬가지로 특화된 절연층絶緣層을 만들 수 있을 법하지만, 그런 징조는 전혀 없다. 각각의 머리카락은 독자적인 생명 주기를 가지고 있다. 어느 한순간에 머리카락의 90퍼센트는 활발하게 자라고 있으며, 나머지 10퍼센트는 쉬고 있다. 쉬고 있는 머리카락들은 다른

▲ 대머리는 흔하지만, 그 반대의 현상이란 아주 드물다. 그러나 이따금 얼굴에 긴 털이 난 사람들이 나와서, 우리 옛 조상들이 온몸의 털을 벗고 '벌거벗은 원숭이(naked apes)'가 되기 이전에 어떤 모습을 했을까를 보여 준다. 그런 사람들은 아주 최근까지 곡마단의 어릿광대로 겨우 생계를 이어갈 수 있었지만, 요즘에는 현대의 탈모제 덕분에 이 문제가 한층 해결되고 있다.

▲ 인간의 머리카락 힘은 놀랍다. 중국인 곡마단의 곡예사들은 머리카락으로 공중에 매달려 온갖 재주를 보이면서도 그다지 불편을 느끼지 않는다고 알려졌다. 황인종의 머리카락 한 가닥은 160그램으로 항장력(抗張力)을 지니고 있다고 한다. 게다가 아주 탄력이 있어 자그마치 20~30퍼센트나 늘어난 뒤에야 끊어진다.

머리카락들 사이에 골고루 퍼져 있고, 활동이 없는 상태로 3개월가량 있다가 빠지게 된다. 그 결과 우리들은 매일 50개에서 100개 사이의 머리카락을 잃게 된다.

머리카락이 빠질 때면, 기다란 모간과 짧은 모근은 떨어져 나가지만 모낭 밑바닥에 있는 자그마한 유두돌기는 그대로 남아 있다. 그 뒤 이 작은 봉오리가 새로운 머리카락을 싹틔워 묵은 것을 갈아치운다. 그것이 약 6년 동안 활동을 하다가 다시 한 번 새로운 세포들을 키워내지 않고 잠이 든다. 그 뒤 3개월의 휴식 기간을 보내고 묵은 머리카락을 떨쳐 버린다. 이 과정을 다시 처음부터 되풀이한다. 오늘날 우리들의 평균 수명이 길어져 유두돌기 하나가 대략 12번의 생명 주기를 되풀이하며 차례대로 12개의 머리카락을 완전히 키워내게 되는데, 그 하나의 길이가 몇 피트에 이른다. 이것으로 미루어 보면, 만약 어떤 사람의 머리카락 주기에 휴지 단계 dormant phase 가 없다면, 남녀를 가리지 않고 머리카락의 길이가 최고 30피트까지 자라날 수 있을 것이다. 이와 같은 기형적인 현상이 적어도 한 번은 일어났다고 할 만한 근거가 있다. 마드라스 부근의 수도원 출신인 인도 승려 스와미 판다라산나드히 Swami Pandarasannadhi 의 빗지 않은 머리가 26피트까지 자랐다는 보고가 있었다. 그 밖에도 그만큼 굉장하지는 않으나 자신의 키보다 긴 머리를 가진 여인들이 여럿 있었다는 주장이 있다.

그와는 반대로 머리카락 성장이 영구적으로 중단되는 경우가 훨씬 흔하다. 어린시절에는 이런 현상이 결코 흔하지 않지만, 성적인 성숙기에 도달하면 남성의 정수리에 이상한 일이 일어나기 시작한다. 인체 안을 홍수처럼 흐르는 남성 호르몬이 특정 머리카락 유두돌기들의 활동을 멈추게 한다. 머리 양쪽에 있는 유두돌기들은 피해를 입지 않으나, 정수리 일대의 돌기들은 활동을 멈추게 된다. 이 머리카락들이 빠져나가도 새로운 것들이 나오지 않는다. 그 유두돌기들은 3개월 동안 잠을 자다가 다시 머리카락을 만들지 않고 영원히 잠들게 된다. 그 결과 그 주인공은 대머리가 된다.

대머리는 대개 서서히 진행되지만 많은 사람들에게서 이 과정은 찾아보기 힘들다. 5명 가운데 한 사람이 사춘기를 넘긴 직후부터 머리가 벗겨지기 시작한다. 다만 그 변화가 아주 미미하여 처음에는 알

알아차리기 어렵다. 그러나 30세에 이르면 머리가 벗겨지는 사람의 20 퍼센트는 무슨 일이 일어나고 있는지 깨닫게 된다. 50세가 되면 백인 남성의 60퍼센트 가량이 머리카락의 일부가 없어진 것을 보게 된다. 다른 인종은 그 비율이 상대적으로 낮다. 나이 많은 여성들 역시 머리카락이 조금 빠지지만, 그 형태가 다르다. 그들의 경우에는 머리카락이 골고루 빠져서 훨씬 눈에 덜 띄고, 남성들의 '대머리bald patch' 형태와는 두드러진 대조를 이룬다.

대머리를 방지하려면, 사춘기가 되기 이전에 거세去勢하는 것이 한 가지 방법이다. 이슬람교 문화권의 후궁에는 대머리 내시內侍가 없었다. 또다른 방법은 남성의 조상들이 모두 노년기까지 대머리가 되지 않은 가문에서 태어나면 된다. 당신의 가계家系에 대머리 유전자가 없다면, 가발이 필요하지 않다. 그러나 이에는 약간의 대가가 따른다. 왜냐하면 당신의 대머리 친구들은 아마도 당신보다 더 강한 성욕을 가지고 있을 것이기 때문이다. 남성호르몬(안드로젠)의 과잉 생산이 대머리가 되는 주요한 요인이라는 사실이 밝혀졌다. 대머리가 미남으로 보이지 않을 수는 있으나, 더 정력적이라는 것은 거의 확실하다.

높은 수준의 성호르몬과 연관이 있고, 나이가 들어감에 따라 늘어난다는 점으로 미루어 대머리는 남성의 성적 우월을 나타내는 인간적 과시 신호임이 분명하다. 그것은 정력적인 사람과 그렇지 않은 사람의 특징이며, 동시에 젊은 남성과 나이 많은 남성의 시각적 구별이 되기도 한다. 그러나 이러한 논리는 다소 흠이 있는 듯하다. 남성들은 나이가 많아짐에 따라 대머리이든 아니든, 그들 모두는 성욕이 줄어드는 것을 경험하게 된다. 대머리인 사람이 다른 사람들보다 상대적으로 성욕이 느리게 줄어든다고 해도 나이가 들어감에 따라 시들해지는 것만은 틀림이 없다. 논리적으로는 이 때부터 다시 정수리 부근에 머리카락이 나야 하겠지만, 실제로는 그렇지 않다. 그들의 번들거리는 정수리는 고통스러운 희망에 불과하다. 오랜 세월 동안 활동을 멈춘 뒤라 머리카락 유두돌기가 되살아날 수 없게 된다. 그렇다고 모든 것을 잃은 것은 아니다. 이 시점에서 지배적이고 정력적인 남성상을 흰 머리 '대인大人'의 풍모로 바꾸는 새로운 신호가 생겨나기 시작한다. 이런 현상은 머리카락이 있는 사람과 대머리인 사람 모두에

인간의 머리카락 색깔은 칠흑에서 순백색에 이르고, 그 사이에 빨강이 더해지는 정도에 따라 갖가지 색깔이 나타난다. 이 간단한 조합에 의해 보다 선명한 검은색이 나타나며, 알비노(albino)에 더하여 잘 알려진 갈색과 적갈색, 금발이 생기게 된다. 빨강 머리가 무엇을 의미하는지는 아직도 신비로 남아 있다. 스코틀랜드 남부 접경지대에서 그 빈도가 가장 높은데, 그 머리카락의 주인공들이 수많은 다른 지역에서도 심심치 않게 나오고 있다.

주요 인종 사이의 머리카락 형태의 차이는 기후에 적응하며 생겨났다는 주장이 있어 왔다. 예를 들어 흑인들의 고수머리는 뜨거운 햇볕에 대한 특수 보호 장치로 여겨졌다. 그러나 백인의 물결머리, 동양인들의 뻣뻣한 머리와 부쉬맨의 텁수룩한 곱슬머리와 혼혈인들의 머리카락 사이의 차이를 기후에 바탕을 두고 설명하려는 해석 방법에는 다소 한계가 있어 보인다.

게 똑같이 일어나며, 양쪽 모두가 '나는 늙었다'는 주요한 신호를 보내게 됨에 따라 나이 많은 남성의 대머리가 결국 속임수가 아니었음을 알게 된다.

머리카락에 대한 사회적 인식을 점검하기 전에 몇 가지 인지해 두어야 할 해부학적인 요소들이 있다. 인간의 머리카락 형태에는 이 밖에도 다른 기이한 점이 있다. 우리에게는 익히 알려진 것처럼 고양이 수염과 같은 감각모^{感覺毛, feeler 혹은 vibrissa}가 없다. 모든 포유류, 심지어 고래마저 적어도 몇 개의 감각모를 가지고 있는데, 인간은 이를 가지고 있지 않다. 아무도 그 까닭을 모른다. 우리 몸의 짧고 엉성한 털을 세워본들 생쥐 한 마리 놀라지 않을 터이고, 우리들의 머리카락은 보기에도 너무 길고 무거워 노기띤 직립 상태로 일으켜세우기란 불가능하다.

우리에게 털을 일으켜세우는 능력은 없지만, 우리들은 아직도 털을 움직이는 작은 근육들을 가지고 있다. 입모근^{立毛筋, arrector pili muscle}이

라 불리는 이 근육들이 오늘날 우리들을 위해 하는 최고의 일은 기껏해야 추위와 두려움으로 몸이 굳을 때 소름이 끼치게 하는 것이다. 그들이 하고 있는 일이란 있지도 않은 우리의 털가죽의 털을 '모아 세우려는' 애처로운 동작이다. 지금도 우리들에게 털가죽이 있다면, 이처럼 모아 세우는 동작이 그 속에 갇혀 있는 공기의 절연층을 더 두껍게 할 것이고, 이렇게 하여 우리들이 몸을 따뜻하게 하는 데 도움이 될 것이다.

우리들의 털 일으켜 세우기가 비능률적이라는 일반론을 폈으니, 이제 예외를 하나 들어보자. 그것은 늦은 밤 어두운 집 안에서 문이 삐그덕거리는 소리에 대한 반응과 관련이 있다. "오싹해졌다"는 것이 일상적인 표현이고, 말할 필요도 없이 이 오싹한 느낌은 수천 개의 입모근이 조여지고 있음을 의미한다. 때때로 사람들은 "머리카락이 곤두섰다"고 말하는데, 이 때 목덜미에 가장 강한 자극이 전달되었다고 덧붙인다. 아마도 이것은 그 곳의 머리카락이 가장 빽빽하고 짧아서 국소적으로 유난히 강력한 반응이 일어나기 때문이 아닌가 생각된다.

우리 인간의 머리카락이 다른 포유류의 그것과 같은 점이 있다면, 그것은 복합적인 피지샘皮脂腺이 있다는 사실이다. 모낭의 안쪽 뿌리 곁에 자리잡고 있는 이 작은 샘들은 기름 같은 분비물인 피지sebum를 만들어낸다. 이 피지는 머리카락에 기름을 치고 최적의 상태로 머리카락을 유지한다. 활동이 지나친 피지샘은 머리카락을 끈끈하게 만들고, 활동이 떨어지는 피지샘은 머리카락을 메마르게 한다. 머리감기는 머리카락에서 때를 제거하는 중요한 역할을 하지만, 동시에 천연 피지를 없애는 작용도 한다. 따라서 머리감기를 너무 자주 하면, 너무 감지 않는 경우 못지않게 머리카락에 손상을 줄 수 있다.

머리채를 잡혀 끌려가고 싶은 사람은 없겠지만, 건강한 사람의 머리카락 힘은 놀랍다. 중국 서커스단의 곡예사들은 머리카락으로 공중에 매달려 별다른 불편없이 곡예를 하고 있다는 사실이 알려졌다. 황인종의 머리카락 한 가닥은 160그램 정도의 무게를 지탱할 수 있고, 동시에 신장률이 아주 높아 20에서 30퍼센트까지 늘여야만 끊어진다.

The variety of hair types and colours.

머리카락 색깔은 대체로 피부색을 따르며, 그 변화가 상당히 단순하다. 둘 다 같은 색소 형성^{pigmentation} 체계를 가진다. 햇볕을 많이 쬐는 나라에 살고 있는 사람들은 머리카락 세포에 길쭉한 멜라닌 알맹이들이 많이 들어 있어 머리카락이 검어 보인다. 보다 온화한 지대에 사는 사람들은 멜라닌이 조금 적어 머리카락이 갈색이다. 그보다 춥고 햇볕을 덜 쬐는 스칸디나비아에서는 멜라닌이 훨씬 적어 우리들이 금발이라 부르는 엷은 색깔의 머리카락이 나온다. 백피증^{albino}은 멜라닌이 전혀 없어 머리카락이 새하얗다.

이처럼 단순한 흑색 – 백색 변화 기준이 한 가지 '그릇된' 요인으로 복잡하게 바뀐다. 어떤 사람들은 길쭉한 모양이 아닌 구체^{球體}나 달걀형 멜라닌 입자를 가지고 있다. 이들은 우리 눈에 붉게 보인다. 기다란 멜라닌 입자들이 전혀 없고, 구체나 달걀형의 멜라닌 입자만을 가질 경우, 그 머리카락은 '황금빛 금발'을 띠게 된다. 만일 거기에 길쭉한 멜라닌 입자들이 조금 섞이게 되면 '불같이 붉은 머리'라 불리는 윤기있는 적갈색을 띠게 된다. 가령 구체 입자들이 다수의 길쭉한 입자들과 결합하게 되면 머리카락의 검은 빛이 붉은 빛을 거의 가리기는 하지만, 여전히 남아 있는 붉은 빛이 머리카락 색깔에 미묘한 변화를 주어 새까만 머리와는 다른 느낌을 갖게 한다.

머리카락의 형태는 굉장히 다양하지만, 지금까지 세 가지의 머리카락 형태가 인정되고 있다. 흑인종의 전형인 곱슬형^{heliotrichous}, 백인종의 전형인 물결형^{cynotrichous}, 그리고 황인종의 전형인 곧은형^{leiotrichous}이 그것이다. 일반적으로 이들 세 가지 인종의 머리카락 유형이 기후 조건과 연관이 있다는 주장이 있으나, 이러한 관점에 몇 가지 반론이 제기되었다. 두피에 곱슬곱슬하게 달라붙은 흑인들의 머리카락은 머리 위에 따가운 불볕이 내리쬘 때 외부로부터 두피를 보호하는 덤불 장벽을 만들고 있다는 사실은 인정되고 있다. 이것은 공기를 가두어 완충대^{緩衝帶}를 형성하여 머리가 햇볕에 과열되지 않도록 방지하는 데 도움이 된다. 그러나 만일 이와 같은 완충대가 더운 기후에서 분명한 효과가 있다면, 갇혀 있는 공기가 절연 장치의 역할을 할 수 있는 추운 기후대에서도 그에 못지않은 가치가 있다는 논리도 성립된다.

◀ 우리들은 '회색머리(grey hair)' 또는 은빛머리라는 말을 하지만, 그런 머리는 없다. 머리카락은 잿빛으로 변하지 않고, 희게 바뀐다. '회색'머리란 원래의 색깔을 그대로 지니고 있는 옛 머리카락과 그 사이에 섞여 있는 새로운 순백색 머리카락들이 뒤섞여 그렇게 보일 따름이다. 처음에는 흰 머리카락들이 눈에 잘 띄지 않지만, 다른 머리카락들에 비해 많아짐에 따라 머리 전체가 회색으로 바뀐 듯한 인상을 준다. 결국 모낭들이 색소 생산을 차차 줄이고 무색소 머리카락들을 만들어냄에 따라, 이 하얀 가닥들이 남아 있는 소수의 유색 가닥들을 덮어 버려 마침내 완전히 하얀 머리카락만이 남아 노년기가 왔음을 알려 준다.

THE HAIR

Long hair may give an assailant a handhold.

백인종의 물결형을 보노라면 두 가지 문제가 다시 일어난다. 우선 백인종의 머리카락은 환경의 변화와는 이렇다 할 연관이 없이 거의 곧은형에서 곱슬형에 이르기까지 그 변화의 폭이 아주 다양하다. 둘째, 백인종은 얼어붙은 북쪽 땅 스칸디나비아에서부터 열기가 이글거리는 아라비아와 인도에 이르기까지 매우 광범한 주거지에서 성공적으로 잘 살아가고 있다. 그와 비슷한 문제가 황인종의 곧은형에도 일어난다. 머리카락의 형태 변화는 크지 않을지 모르지만, 분포도는 남쪽에서 북쪽까지 이를 정도로 광범위하여 시베리아에서 동인도 제도에 이르고, 알래스카에서 남아메리카의 아마존 밀림에까지 이르고 있다.

이러한 반론에 대항하여 최근에 일어난 인간의 대이동으로 인해 원초적인 분포 상태가 달라졌다는 주장이 있다. 그럼 잠시 생각해 보기로 하자. 태초에는 열대지방에 곱슬형이, 온대지방에 물결형이, 그리고 한대지방에 곧은형이 있었다고 가정해 볼 때, 곱슬형은 어깨와 목에 흐르는 땀을 막기 위해서 늘어지지 않고서도 머리 위의 해와 싸울 수 있다. 길고 곧은 머리카락은 목과 어깨를 덮는 망토와 같은 역할을 하여 몸을 따뜻하게 해 준다. 그리고 물결형은 이 두 극단의 타협으로 중간 기후대에 적합하다. 그러면 이 출발점에서 거대한 이동이 시작되는데, 그 속도가 너무 빨라 그 변화에 상응하는 머리카락 유형의 유전 인자의 변질이 미처 일어나지 못했다는 것이다.

이 시나리오에 일리는 있으나, 일종의 추리에 지나지 않는다. 주요한 세 가지 머리카락 유형이 다르게 보인다는 사실 역시 작용했으리라 생각된다. 만약 과거의 어느 시점에 3대 인종이 서로 갈라졌다면, 그들은 이런 종류의 시각적 차이들을 분별의 메커니즘으로 삼았음직하고, 이들 세 가지 머리카락 형태가 인종의 '부표'로 중요한 구실을 했을 것이다. 인종 이동으로 그들이 부적합한 기후 풍토로 들어간 뒤에도 이것이 이들 세 유형을 그대로 지속시켰을 것이다.

지금까지 머리카락을 자연 상태에서 살펴보았다. 그러나 인류의 부지런한 손은 머리카락을 자연 상태 그대로 놓아둔 적이 거의 없었고, 머리카락에 장식의 욕구를 가미하여 놀라운 수정과 변형을 만들어냈다. 머리카락의 자연적 길이에 대하여 근본적이며 광범위한 손

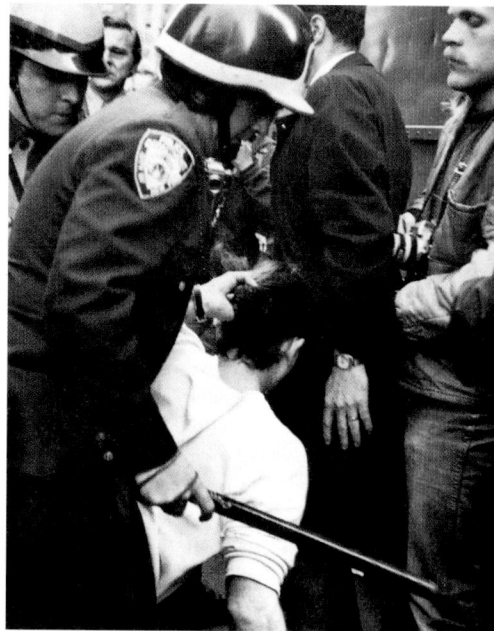

남성의 머리카락은 생물학적으로 여성의 그것만큼 길지만, 사도 바울이 고린도 사람들에게 보낸 말을 바탕으로 한 오랜 전통에 따라 짧게 깎은 머리를 남성의 기본이라 보고 있다. 싸움할 때 긴 머리채가 잡힐까 두려워하는 공격적인 남성들이 이러한 추세를 부추기지 않았나 생각된다. 경찰이 폭도를 체포할 때 곧잘 이 손잡이를 이용한다. 스포츠형으로 깎은 머리나 면도로 밀어버린 남성의 머리는 이러한 이점을 빼앗아 버린다. 그와 달리 여성들의 긴 머리카락은 나약함을 떠올리게 한다. 상징적으로 그녀의 머리는 끌어당겨지고, 머릿단으로 묶이는가 하면, 동굴 속으로 끌려들어간다.

Head-shaving has often been imposed as a humiliating punishment.

질을 해나갔다.

　머리카락 길이의 변화는 거의 언제나 새로운 성별 신호를 도입하는 것과 연관되었다. 이미 설명한 바와 마찬가지로, 자연 상태에서 남성과 여성의 머리카락 길이는 거의 차이가 없다. 그러므로 주어진 문화권에서 양성兩性 중 어느 쪽이 짧은 편을 갖느냐는 것은 전적으로 인위적인 결정에 따른다. 어느 부족사회에서는 남성들이 공들여 머리 모양 매만지기를 좋아한 반면, 여성들은 머리카락을 밀어 버린다. 다른 문화권에서는 여성들의 긴 머리카락이 '더할 나위 없는 영광 crowning glory'인 반면 남성들은 뻣뻣하게 짧은 머리를 하고 활보한다.

　이와 같은 머리카락 길이의 모순이 낳은 하나의 결과로 전혀 다른 두 가지 유형의 머리카락 상징이 인류의 민간전승 안에 뒤얽혀 있다. 그 한 가닥을 보면, 남성의 커다란 머릿단이 그의 체력과 생식 능력의 상징이 되어 그에게 권력과 남성다움, 나아가서는 신성함을 안겨 주었다. 예를 들어 '카이사르 Caesar와 그 파생어인 독일어 Kaiser와 러시아어 Tsar'라는 낱말은 '머리카락이 난' 또는 '머리카락이 긴'이라는 뜻이었고, 위대한 지도자가 되기에 매우 적합하다고 생각되었다. 이러한 전통은 영웅들 가운데에서도 가장 일찍 등장했던 바빌로니아인 길가메

♥ 여성의 긴 머리가 규범이 되어 있는 문화권에서 여자의 머리를 강제로 깎는다 함은 공개적으로 처벌한다는 뜻이 담겨 있다. 가까이는 1944년에도 이 방법이 사용되었다. 제2차 세계 대전이 끝날 무렵 파리에서 독일 점령군에 협력한 혐의를 받은 여성들이 거리로 끌려나가 으르렁대는 군중에 에워싸여 머리카락을 잘리거나 빡빡 깎였다. 비록 피를 흘리지는 않았으나, 이러한 상해 행위는 머리가 다시 자라 그 치욕의 징표가 지워질 때까지 오랜 세월이 걸리기 때문에 효과가 있었다. 그러나 마사이와 당카 등 일부 아프리카 부족사회에서는 이 같은 처형이 무의미하다. 그 문화권에서는 모든 여성들이 일상적인 머리 모양으로 아예 머리를 밀어버리기 때문이다. 그들의 경우 적절한 처벌을 하려면 머리를 밀지 못하게 해야 하리라 생각된다.

◀ 문서가 나오기 이전에는 지혜의 근원과 부족 비밀의 관리자가 그 부족의 장로였다. 오늘날에는 지식의 샘으로서 남성 노인의 역할이 크게 줄었지만, 이마가 벗어졌음에도 얼굴에 털이 무성한 흰 머리에 하얀 수염을 휘날리는 노인에게는 지금도 사람의 마음을 움직이는 힘이 있다

▲ 고대에는 남성의 긴 머리카락이 남성적인 힘의 원천이라고 생각했다. 데릴라는 삼손의 머리카락을 잘라 그 힘의 원천을 빼앗아 버렸다. 요즘은 대개 남성의 속성을 짧은 머리카락으로 연상시키는 경우가 훨씬 잦다. 그리고 길게 휘날리는 머리카락—특히 여성의 유행에 따라 손질하는—을 뽐내는 젊은 남성들은 머리카락이 상징하는 통념에 대해 '반항적인 요소(outrage factor)'를 의식적으로 이용하고 있다.

시 ^{Gilgamesh}로 거슬러 올라간다. 그의 머리카락은 길고 힘이 매우 강했다. 그가 병들어 머리카락이 빠지자, 머리카락이 다시 자라서 그의 거대한 힘이 되돌아오고 다시 용맹한 자태로 돌아갈 수 있을 때까지 긴 세월이 걸리는 여행을 떠나야만 했다.

이 민담 속의 전승에 따르면, 남성의 풍성한 머리카락이 지니고 있는 생식 능력은 틀림없이 다음과 같은 사실과 연관이 있다. 비록 성호르몬이 사춘기의 남녀 모두에게 털이 나게 하지만, 털이 더 많이 나는 쪽은 남성의 신체이다. 음부와 겨드랑이뿐만 아니라 턱수염, 콧수염 그리고 흔히 몸통과 팔다리 등 여러 곳에 털이 난다. 만약 털이 더 많은 것이 남성적이라고 한다면, 모든 털과 머리카락까지도 남성적인 권력과 정력의 상징이 된다.

이러한 맥락에서 남성의 머리를 밀어 버리는 것은 그를 욕되게 하기 위함이었으며, 자신의 머리카락을 밀어 버린다는 것은 겸손의 표시였다는 결론이 나왔다. 이러한 이유로 많은 사제^{司祭}와 승려와 성인^{聖人}들이 그들의 신들 앞에서 스스로를 낮추고자 머리카락을 잘랐다. 동양의 승려들은 독신 생활의 상징으로 머리를 밀었다. 당연한 귀결로 정신분석학자들은 남성들의 삭발^{削髮}을 '전이^{轉移}된 거세^{displaced castration}'라 풀이했다.

무법자스러운 헤어스타일이 흔한 것이 되어감에 따라, 사회 반항자들은 비정통적인 외모를 새롭게 만들어내야 하는 문제가 생기게 되었다. 나아가서는 극단적인 유행마저 뛰어넘어야 했다. 펑크족의 한 가지 독특한 해결 방안은 머리카락에다 강력 접착제를 발라 날카롭고 단단한 대못 모양으로 일으켜세우는 것이었다. 그런 머리 모양을 한 어느 젊은 남성이 공장의 일자리에서 쫓겨났다. 그의 고슴도치 머리가 안전사고의 위험이 있기 때문이며, 그 대못 머리카락들이 멀리 뻗어나와 작업 감독에게 상처를 입힐 수도 있다고 생각했기 때문이다.

> 단정치 못하고 단조로운 외모에 대한 인간의 저항이 부족사회에서는 언제나 강하게 표현되어 왔다. 특히 젊은 남성들은 몸을, 그 중에서도 머리를 다듬느라 많은 시간을 보낸다. 심지어 현대 도시의 콘크리트 사막 안에서도 단조로운 획일성에 대해 기괴하고도 비실용적이며 비현실적인 머리 모양이 되살아나 지금도 반항을 일으키고 있는데, 이는 1980년대에 놀랍도록 큰 충격을 주었다.

Males have devised many ways of concealing baldness.

그러나 이 모든 전통이 다름아닌 사도 바울에 의해 송두리째 뒤엎어지고 말았다. 그는 고린도인들에게 남자의 머리카락은 짧고, 여자의 머리카락은 길어야 자연스럽다고 말했다. 그가 이 결정을 내릴 때, 병사들의 머리카락을 짧게 깎는 로마 군대 관습의 영향을 받았으리라 생각된다. 로마 군대는 이러한 관행을 굴복이 아닌 통일성과 규율을 높이고, 로마 군대를 머리카락이 긴 적군과 구별하는 수단으로 이용했던 것 같다. 동시에 병사들의 위생을 위한 수단이기도 했다. 그 이유가 무엇이든 사도 바울은 남성의 짧은 머리카락은 하느님께 드리는 영광인데 비해, 여성의 긴 머리카락은 남성에게 보내는 영광이라는 조금은 이상한 결론에 도달했다. 그는 따라서 남성들은 맨머리로 기도하되, 여성이 기도할 때는 언제나 머리를 감싸도록 지시했다. 이것은 인간의 머리카락을 완전히 곡해한 논거에 바탕을 두고 있지만, 이 기독교계의 관습은 지금까지 2천 년 동안 이어져 왔다.

사도 바울은 말할 때 망설임없이 완곡하게 말했다. 그는 남자는 머리를 짧게 해야 하고 여자는 머리를 길러야 한다는 뜻으로, "남자에게 긴 머리가 있으면 자기에게 부끄러움이 되는 것을… 여자에게 긴 머리가 있으면 자기에게 영광이 되나니, 긴 머리는 가리는 것을 대신하여 주셨기 때문입니다"(신약성서 고린도전서 11장 14~15절)라고 말했다. 지금까지 많은 사람들이 사도 바울의 이 교리에서 벗어나려 시도했지만, 그 영향력은 오늘날까지 남아 있다. 물론 이따금 캐벌리어 Cavaliers 와 히피 Hippies 들이 머리카락을 통한 반항을 하고 있지만, 헝클어진 장발 남성은 보기 드물었고, 현대의 단발머리 여성들이 그와 비슷한 반항을 시도했지만, 사도 바울이 그 기괴한 교리를 제시한 이후 수세기 동안 짧은 머리의 여성들은 보기 드물었다. 우리들은 마음 속 깊이 그를 신뢰했기 때문에, 영문은 모르지만 짧은 머리카락이 보다 더 남성적이라는 그릇된 전제를 받아들이게 되었다.

이를 뒷받침하는 그럴듯한 이유 중 하나로 머리카락의 거칠고 부드러운 성질을 들 수 있다. 바짝 낮춰 깎은 머리카락은 뻣뻣하고 거칠다. 길게 휘날리는 머리카락은 부드러운 비단 같다. 거칠고 부드러운 것 – 남성과 여성 – 이 인위적으로 짧게 깎은 머리를 남성적인 것으로 받아들이도록 부추기는 무의식적 요소일 수 있다. 성적 평등을

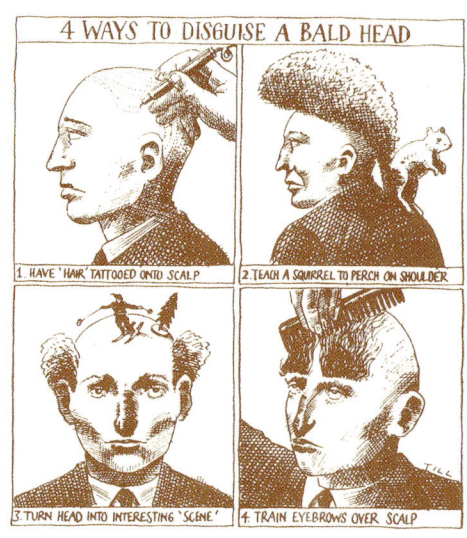

과거에 대머리 치료법이 많이 나왔다. 일부는 교활한 수법이었는가 하면 무자비한 수술이기도 했고, 그 중 일부는 순전히 공상에 지나지 않았다. 셀 수 없이 많은 피부 치료용 약물, 묽은 기름과 끈적한 기름이 희망에 찬 고객들에게 팔렸으나, 모두 실패했다. 지난 몇 년 사이에 약간의 희망을 줄 수 있는 물질이 겨우 등장했다. 미녹시딜(minoxidil)이라 불리는 이 머리카락 성장제는 우연히 발견되었다. 이것은 혈압 조절용 약물로 쓰이고 있었는데, 그런 목적으로 어느 남성에게 사용하게 되었다. 그는 대머리가 되기 시작한 지 18년째였다. 치료를 받고 4주가 지나자 정상적인 검은 머리카락이 정수리에 나기 시작했다. 이 경이로운 부작용으로 들떴던 기분을 시들하게 만든 일이 벌어졌다. 이마와 코, 귀 그리고 신체의 다른 부분에도 털이 난 것이다. 그러자 의사들은 한 부위에만 바를 수 있는 미녹시딜 용액으로 방향을 돌려 선발된 대머리 환자에게 그 용액을 바르게 되었다. 그 결과 비록 머리카락이 많이 나지는 않았지만, 어떤 유형의 대머리는 80퍼센트의 성공률을 올렸다. 다른 화학물질들에 대해서도 최근 들어 본격적인 연구가 진행되고 있으며, 미래의 대머리 세대들은 번들거리는 머리에 피를 흘리며 머리카락을 이식하는 수술의 충격을 면할 수 있으리라 생각된다.

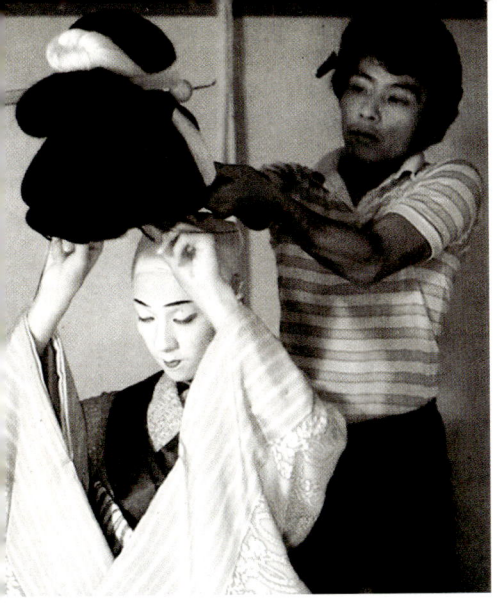

A ceremonial wig worn on a shaved head was once a mark of high status.

대머리를 가리는 수술과 화학적 방법 이외에도 그만큼 힘이 들지 않는 해결 방안이 몇 가지 있다. 그 중 하나는 남아 있는 머리카락을 쓸어올려 대머리 부분을 덮는 방법인데, 이 방법을 사용하게 되면 해를 거듭할수록 가리마가 아래로 내려가게 된다. 또다른 방법은 특수한 가발(wig, hairpiece, toupee)을 이용하는 것이다. 고대 이집트의 파라오들과 그 왕족들이 머리를 면도로 밀고 의식용 가발로 머리를 덮었다. 법률에 따라 노예들은 타고난 머리카락을 그대로 길러야 했다. 이처럼 가발은 고위직을 상징하는 역할로서 다른 곳에서도 되풀이되었다. 앗시리아인, 페르시아인, 페니키아인, 그리스인과 로마인들도 가발을 사용했다고 한다.

그러나 규격을 갖춘 가발이 그 절정에 도달한 것은 17세기 및 18세기 유럽에서였다. 이 시기에 대머리를 감추는 수단으로 소개되기는 했으나, 오래지 않아 가발은 널리 퍼져서 그 사회의 모든 고위 신분 소유자들에게는 멋진 의상의 일부가 되었고, 일류 기숙학교의 어린이들까지 쓰게 되었다. 1750년대에 이르러 이 유행은 시들게 되었고, 오늘날에는 고풍스러운 분위기를 자아내는 유럽의 법정에서만 찾아볼 수 있게 되었다. 극장을 제외한다면 요즘 가발은 자연적인 머리카락으로 보이게 하는 일종의 비밀 도구로 사용되고 있다.

부르짖는 지금에 와서도 우리들은 여전히 머리카락 길이의 평등이라는 자연 상태로 되돌아갈 수 없어 보인다.

성적인 금기가 많은 사회의 장발 여성들은 특수한 문제에 봉착했다. 비단처럼 색정적인 결을 지닌 그 치렁하고 부드럽게 흘러내린 머리카락이 지나치게 도발적으로 받아들여지는 경우가 많았다. 청교도들은 그 관능적인 매력을 혐오했지만, 여성을 여성답지 않게 만들려면 사도 바울이 규정한 하느님의 율법에 어긋나기 때문에 머리를 깎으라고 강요하지는 못했다. 그 해결 방안은 간단했다. 긴 머리카락은 그냥 두되 눈에 보이지 않게 숨겨야만 했다. 이것은 곧 머리카락을 꼭 끼는 모자나 그 밖의 다른 경건한 어떤 형태의 두건頭巾으로 숨기게 하거나 머리카락을 틀어올려 최소한 작게 뭉쳐야 한다는 뜻이었다.

이로 인해서 공개된 장소에서 여성의 긴 머리카락을 보기 어렵게 되었기 때문에, '머리를 풀어내린다'는 행위는 한 여인이 자기 남편과 가까워지는 아주 짜릿한 순간을 의미하게 되었고, 핀을 뽑아 긴 머리카락을 폭포수처럼 아래로 내려뜨리는 것은 강한 색정의 표시가 되었다. 어느 시대에서는 사람들 앞에서 머리를 늘어뜨리는 것은 '지조없는 여인'의 상징이 되었다. 절개없는 여인을 공개적으로 처벌하는 방식 중 하나는 머리카락을 밀어 버려 그녀에게 모멸감을 안겨주는 것이었다. 가까이는 1944년에 이런 일이 있었다. 그 때 파리 시민들이 독일 점령군과 동침했다는 여인들을 거리에서 삭발하고 그 자리에 나치의 휘장 문양(卐)을 그려넣고 시내를 끌고다녔다.

남성의 대머리로 돌아가보면, 그것은 장발이나 단발의 논쟁과는 이렇다 할 연관이 없음을 깨닫게 된다. 머리가 벗어진 사람도 대머리 둘레에 남아 있는 머리카락을 키워 밑으로 내려뜨릴 수도 있고, 짧게 깎을 수도 있으므로 장발과 단발 어느 모양이든 갖출 수 있다. 따라서 그에게는 어느 경향을 선택하든 큰 차이가 없다. 그러나 그에게는 다른 것이 문제가 되는 듯하다. 현대에 와서 그는 곧잘 그와 함께 있는 사람들에게 자신의 대머리를 숨기려 무던히 애를 써왔다. 앞에서 대머리는 매우 높은 수준의 남성 호르몬이 있음을 반영한다고 설명한 것을 상기하면서 자신의 정력을 숨기려는 이 모순적인 행동을 좀

The completely bald or shaved head is sometimes seen as an assertion of male dignity and strength.

사도 바울이 짧은 머리가 남성의 자연스러운 모습이라고 규정한 이후, 머리 깎기는 언제나 남성다움과 연관을 지니고 있었다. 그에 따라 극단적인 머리 깎기–말을 바꾸어 면도로 머리를 밀어버리는 것–는 초남성적(super-male)이고 초정력적(super-virile)이라는 결론에 도달하게 되었다. 이에 따라 우월적인 개성을 지닌 어떤 스포츠맨들과 배우들이 이런 수법을 이용하기도 했다. 레슬링 선수들과 전사(戰士)들에게는 적들이 쉽사리 잡을 수 있는 손잡이를 없앤다는 이점이 있다. 수영하는 사람들에게는 물 속에서 몸을 유선형화하는 데 도움이 된다. 사랑에 겨운 순간 가까운 거리에 있을 때면 갓난아기의 대머리를 연상시켜 키스하고 싶은 매력을 발산한다.

▶ 강제 삭발(削髮)은 언제나 굴욕의 상징으로 여겨져왔다. 고대 남성의 머리카락은 체력을 의미했고, 그것을 제거하는 것은 그 힘을 빼앗는다(삼손의 경우와 같이)는 뜻이었다. 포로나 노예, 범죄자의 머리 깎기는 체면 손상 행위–거세(去勢)의 상징적인 형태로서 가벼운 신체 상해 행위–였고, 자발적인 삭발 행위는 자기들의 신(神)에게 공개적으로 자신의 겸손함을 나타내려는 사람들에게 한정되었다. 지금도 동양의 수도승들은 고대의 관습을 따르고 있다. 그러나 이들이 전달하는 겸허한 독신 생활의 메시지는 이 그림에서 볼 수 있는 현대의 삭발형이 보여 주는 정력의 상징과 쉽게 혼동을 일으킨다.

Unconscious messages in hand-to-head gestures.

더 분석할 필요가 있다.

    그에 대한 해답은 대머리의 발달 과정이 이상하게도 무척 더디다는 사실과 연관이 있다. 다수의 남성이 이미 20대에 머리카락이 빠지기 시작하지만, 대체로 그 영향이 미미하다. 그들이 중년에 이르러서야 비로소 번들거리는 벗겨진 두피가 확연히 눈에 띄게 된다. 물론 남성의 대머리는 노년기에 가서 훨씬 더 진전되어 정력을 상징한다기보다는 노화를 가리킨다. 젊음을 숭배하는 문화권에서 이것은 분명히 일종의 재난이고, 특히 대중 앞에 나서는 남성 중에서 공연 중 성적 매력을 전달해야 한다고 믿는 배우나 가수로서는 더욱 그렇다. 18세의 남성이 대머리가 되지 않고 성적인 절정에 도달한다면, 나이가 많은 남성들이 가능한 한 여러모로 18세의 조건을 본뜨려 노력하는 것은 당연하다. 무엇보다도 탐스러운 머리카락을 보여 주어야 하는 중년의 연기자들은 엄격한 식이요법과 함께 많은 노력을 해야 한다.

    그런 남성들의 머리가 빠지게 되면, 그 사태를 바로잡으려고 거의 광적인 노력이 벌어지게 된다. 거기에는 다섯 가지 주요한 방법이 있다. 첫째는 반들거리는 대머리에 젊음의 영약靈藥을 바르는 것이다. 둘째는 다소 야만적인 방법의 수술로, 머리카락 조직을 대머리에 이식하는 것이다. 그보다 훨씬 부드러운 방법이 '옆감기 sidewinder' 기법이다. 이 방법은 양옆의 머리카락을 곱게 빗고 솔질하여 대머리 부분을 덮는 것이다. 넷째는 반들거리는 부끄러운 곳을 독특한 모자로 가리는 것이다. 이 방법은 옥외 스포츠를 즐기는 대머리 운동가들이 애용한다. 마지막으로 역사가 길고 인기있는 대용품으로 가발이 있다.

    이 다섯 가지에 더하여 자주 쓰이지는 않지만 엄청난 방법이 있는데, 전혀 다른 방식으로 이루어진다. 이것이 율 브리너 Yul Brynner, 텔리 사발라스 Telly Savalas를 비롯하여 일단의 용감한 남성들이 이용하는 수단이다. 그들은 머리카락을 완전히 밀어버리고, 날마다 머리카락이 자라지 못하게 자르기 때문에 어느 부분이 대머리인지, 머리카락이 나는 곳인지를 가려낼 수 없다. 일반적으로 대머리가 되고 난 뒤에도 살아남은 머리카락까지 밀어버리므로, 대머리가 아닌 그들이 그냥 머리카락을 밀어버렸다는 인상을 주게 된다. 그리고 그들은 이렇게 말하기도 했다. "난 대머리가 아닙니다. 머리카락을 밀어버린 것은 나의 선택일 뿐입니다." 연상聯想이라는 각도에서 본다면, 그들은 몇 가지 범주 – 겸허한 동양의 승려들, 고대의 지배자들, 삭발당한 범죄자들이나 직업 레슬링 선수들 – 의 하나로 가름할 수 있다. 그러나 그들의 지배적이고 활발한 생활방식으로 인해서 그들을 이 목록에 억지로 포함시킬 수는 없다. 그들은 '레슬러 킹' – 정통적인 유행을 비웃고 위엄이 있으면서도 싸움을 할 태세를 갖춘 억센 남성 – 이라는 이미지로 부각되었다. 가발 사용자들의 비겁한 자세에 비해서 머리카락이 있어야 한다는 법도에 강하게 반항하는 그들의 자세에는 무엇인가 용감하고 당당한 기운이 감돌고 있다. 결국 그들은 어렵지 않게 승자勝者로 등장한다. 그러나 그들이 그처럼 성공한 것과는 별개로, 그것이 흔했었는지 아니었는지는 확신할 수 없다.

    머리카락 장식이라는 일반적인 문제에 관해서는, 어떤 방법으로든 머리카락을 장식하거나 모양을 매만지지 않는 사회나 문화권은 오늘날 이 지구상 어디에도 없다고 자신있게 말할 수 있다. 그리고 이러한 추세가 문자 그대로 수천 년간 계속되었다. 인류는 셀 수 없이 많은 인간의 노동과 발명의 재능을 투입하여 백만 가지 서로 다른 방법으로 머리카락을 물

043

▲ 뒷머리를 긁는 동작에는 흥미로운 기원이 있다. 이것은 공격에 실패한 순간에 일어나고 원시적인 공격 동작에서 나온다. 화가 나서 누구를 치려고 할 때, 우리들은 내리치기 위해 자동적으로 팔을 치켜올린다. 숙달된 권투 선수의 전면 강타는 그보다 훨씬 정교한 동작이어서 배워야 하지만, 유아원에서 싸움하는 꼬마 어린이들도 팔을 들어올려 내리치기를 하는데, 그 버릇이 한평생 따라다닌다. 어른이 되어 그들이 폭동에 가담한다면, 다시 그 수법에 의지하게 되고, 폭동 진압 경찰 또한 그와 비슷하게 대처하여 곤봉으로 그들의 머리를 내리친다. 어느 사교 모임에서 화가 나지만 자제를 해야 하는 사람은 귀찮게 구는 사람을 때려 줄 수는 없다. 그러나 마치 그렇게 할 듯이 무의식적으로 그의 팔이 올라간다. 그 팔이 가장 높은 위치에 올라가 아래로 내려가는 호(弧)를 그릴 준비를 하는 순간, 제동이 걸리고 맥빠진 손이 뒤통수로 내려가 힘차게 머리를 긁거나 슬슬 쓰다듬는다. 마치 처음부터 그럴 작정이었던 것처럼 말이다.

들이고 모양을 다듬었으며, 옻칠을 하고 둥글게 감았는가 하면, 곧게 펴고 분을 바르고 탈색했으며, 물감을 바르고 물결을 지었으며, 땋고 손질을 했는가 하면 동식물의 기름을 발랐다. 인체 해부라는 관점에서 이 부분에 관심을 기울이는 특별한 이유가 하나 있다. 머리카락은 여러 가지 방법으로 변화를 줄 수 있고, 무엇보다도 자르거나 변형시킨 뒤에도 결국 다시 자라난다. 이처럼 머리카락은 끊임없이 새로워짐으로 생명력 그 자체의 적절한 상징으로 바뀌었고, 어마어마하게 다양한 미신과 금기의 대상이 되었다.

작은 금합에 머리카락 일부를 넣어 주는 행위는 그 상대에게 자신을 완전히 바친다는 의사 표시였다. 그것은 자신의 존재를 일깨워 주는 감상적이고 사랑에 찬 행위 이상의 뜻을 지니고 있었으며, 상대방의 힘에 자신의 영혼을 맡긴다는 상징이었다. 그 머리카락은 주는 이의 귀중한 영혼을 담고 있으며, 사랑을 받는 이가 그것을 목에 걸고 있으면 주는 이를 지배하고 그에게 마법을 걸 수 있는 힘을 얻게 되었다. 중세의 의협심 강한 기사騎士들을 둘러싸고 비범한 사례가 하나 있었다. 고귀한 사랑에 몸바치던 이 용감한 무사들은 싸움터로 나갈 때 모자 안에 연인의 거웃陰毛 몇 가닥을 넣어 쓰고 다녔다.

머리카락에는 마력이 있다고 믿었기 때문에 미신이 성한 사회의 이발사들은 남모르는 장소에 손님의 머리카락을 묻어서 누가 훔쳐가거나 그 머리카락이 주인을 해치는 주술呪術의 재료로 사용되지 못하게 막아야만 했다. 그러한 관습은 오늘이라고 완전히 사라진 것은 결코 아니다. 유럽 농촌 지대에 있는 부모들은 지금도 자녀가 장수하기를 바란다면, 그들의 머리카락을 보관하지 말라는 경고를 듣고 있다. 여기서도 마찬가지로 '잡귀雜鬼'들이 그 머리카락을 찾아내어 그 주인에게 주술呪術을 걸게 될 것을 두려워하는 것이다.

머리카락과 연관이 있는 몸짓 중에는 남자 친구와 이야기를 하면서 손으로 되풀이해서 머리카락을 매만지는 여성들의 동작이 들어 있다. 그녀는 목덜미에서 머리카락을 풀어내리는 듯 획 젖히는가 하면, 머리카락 속에 손가락들을 넣어 빗질하거나 손으로 머리를 솔질하며 뒤로 넘기기도 한다. 이런 일련의 동작들은 한결같이 무의식적으로 몸을 단장하는 몸짓이며, 자신도 모르는 사이에 그 여성은 "당

▲ 머리 손질에 기울이는 정성은 그 손질하는 사람의 성격을 반영한다. 한 올의 머리카락도 제자리에서 벗어나지 않게 단단하고 흠없이 머리 손질을 하는 사람은 철저하게 규제되고 강력한 자기 규율을 지닌 사람임을 알려 준다. 헐렁하게 멋대로 휘날리는 머리 모양을 한 사람은 보다 허점이 많고 개방적인 정신의 소유자임을 암시한다. 때문에 빅토리아 시대의 여성들은 낮에는 머리에 핀을 찌르고 다녔으며, 은밀한 침실에서만 그들의 머리카락을 풀어내렸다.

신을 위해 내 외모를 가꾸고 있어요." 하고 의사 표현을 하고 있는 것이다. 그녀는 미처 깨닫지 못하는 사이에 남성을 자극하는 강력한 유혹의 신호를 보내고 있는 것이다.

고대에는 한층 난폭한 머리카락 접촉 신호 – 자신의 머리카락을 쥐어뜯는 – 가 애도哀悼와 절망의 공통된 몸짓이었다. 극단적인 경우에는 여성들이 슬픔을 표현하기 위해서 자신의 머리카락을 모두 뽑아 시체 위에 흩뿌렸다.

애인, 부모 또는 미용사들이 아니라면, 다른 사람들의 머리카락을 만지는 일은 흔치 않다. 머리 부위는 '보호된 영역'이고, 가볍게 알고 있는 사이에게는 함부로 맡길 수 있는 부분이 아니다. 그 이유는 귀중하고 지극히 섬세한 기관인 눈과 아주 가깝기 때문이다. 오로지 가장 깊이 믿는 짝들만이 상대의 머리카락과 접촉할 수 있다. 이 경우 몇 가지 특징있는 행동을 관찰할 수 있다. 사제가 신도를 축복할 때 '손을 올려놓는다'. 어버이가 사랑스러운 자녀의 머리를 쓰다듬기도 하고, 성인 친구들 사이에 어린애처럼 행동하는 상대에게 '같잖다'는 의미나 경멸하는 투로 그의 머리를 쓰다듬기도 한다. 머리를 맞대고 있는 연인들은 다정하게 머리카락을 서로 비비고 다음에는 사랑의 표시로 머리카락을 쓰다듬고 어루만지며 키스한다.

무엇보다도 일생 중에 직업적으로 머리를 만지는 사람들 – 이용사와 미용사 – 에게 머리를 매만지게 맡겨두고 보내는 시간이 결코 적지 않다. 이 작업은 청결의 요구를 훨씬 넘어서고, 장식과 전시의 필요성까지도 넘어서는 뜻을 지니고 있다. 그 기원은 아득한 원시시대로까지 거슬러 올라간다. 그 때 우리들은 아주 가까운 친척들인 원숭이와 유인원들과 마찬가지로 서로가 상대방의 털을 손질해 주느라 하루 가운데 오랜 시간을 보냈다. 모든 영장류가 그렇듯이 그 행동은 평안하게 지내려는 것 이상의 행동이었고, 집단 내부의 사회적 친밀감을 다지는 한 가지 방법이었다. 그것은 다른 존재를 돌보고자 하는 비공격적인 육체적 접촉이었으며, 이로 말미암아 깊은 신뢰감을 보상으로 받았다. 그로부터 수백만 년이 흐른 오늘날 머리 손질을 하는 사람들의 손에 자신을 맡기는 호사를 누리면서 느끼는 상쾌한 감정이 바로 그것이다.

이마 THE BROW

    사람과 같은 전액^{前額, brow}을 가지고 있다면, 그는 대단히 높은 지능을 지닌 동물임이 틀림없다. 이마^{forehead}와 관자놀이^{temple}, 눈썹^{eyebrow}으로 이루어진 인간의 전액은 우리 조상들의 극적인 두뇌 확장의 직접적인 결과이기 때문이다. 침팬지의 뇌의 용량은 대략 400세제곱센티미터이고, 현대인들의 그것은 1,350세제곱센티미터 정도로 털북숭이 친척들보다 3배가 넘는다. 특히 우리들이 이른바 '눈 위에 얼굴^{face above our eyes}'을 가지게 된 원인은 머리 앞쪽에서의 인간 두뇌의 확장에 있었다.

    인간의 얼굴과 침팬지의 얼굴을 나란히 놓고 자세히 살펴보면, 이마의 차이가 뚜렷하다. 유인원의 경우는 이마가 거의 없다. 인간의 경우는 그것이 눈 위에 수직으로 솟아올라 있으며, 넓고도 미끈한 피부면으로 덮여 있다. 침팬지의 머리털 선^{hairline}은 털이 거의 없는 눈썹까지 가까이 내려와 있다. 사실 유인원의 전액 부위는 인간의 그것과는 완전히 대조적이다.

    아울러 전액마루^{brow-ridge}도 설명이 필요하다. 유인원의 전액마루는 눈 위에 도드라져 튀어나온 뼈로 되어 있어서 물리적인 위해로부터 눈을 보호한다. 인간의 초기 조상들도 역시 이러한 굵은 골격을 지니고 있었지만, 점차 크기가 줄어들어 오늘날의 우리에게서는 거의 찾아볼 수가 없다. 우리들은 왜 그것을 잃었을까? 우리들이 열매 따던 옛날 시절보다 원시 사냥꾼이었을 때에 그것이 훨씬 더 필요했을 것이 확실하다.

    실제로는 그것은 사라진 것이 아니라, 사라진 것처럼 보인다는 것이 그에 대한 대답이다. 만일 유인원과 인간의 옆머리를 비교한다면, 전액마루의 보호선은 대체로 현재와 비슷한 반면, 이마가 그 위로 확대된다는 논리이다. 현대인의 생김새와 유사해졌을 때쯤, 풍선처럼 커지던 인간의 뇌에 의해 늘어난 이마가 고대의 전액마루 돌출로까지 이어졌다. 그 결과 새로운 이마가 눈의 손상을 막아 주는 뼈 장벽이 되어 동일한 보호 기능을 할 수 있게 되었다. 결과적으로 전액마루는 사라진 것이 아니라 묻혀 있을 따름이다.

    맹렬한 사냥 활동으로 위험이 증가함에 따라, 보호 장치를 두 겹으로 강화하기 위해서는 불쑥 튀어나오는 이마와 양쪽 눈 위에 뼈

침팬지의 이마는 털이 나 있고 밋밋하게 경사져 있으며, 눈썹이 없는 눈두덩이가 큼직하게 두드러진다. 그와는 달리 사람의 이마는 가파르게 수직으로 올라가며 털이 없고 도드라지지 않은 눈두덩이에 눈썹이 나 있다.

❤ 인간의 진화 과정에서 보호용 눈두덩이가 사라지기는 했으나, 그것은 겉보기에만 그럴 뿐 실제로는 그렇지 않다. 고릴라와 사람의 두개골 옆모습을 비교해 보면 차이점이 뚜렷해진다.

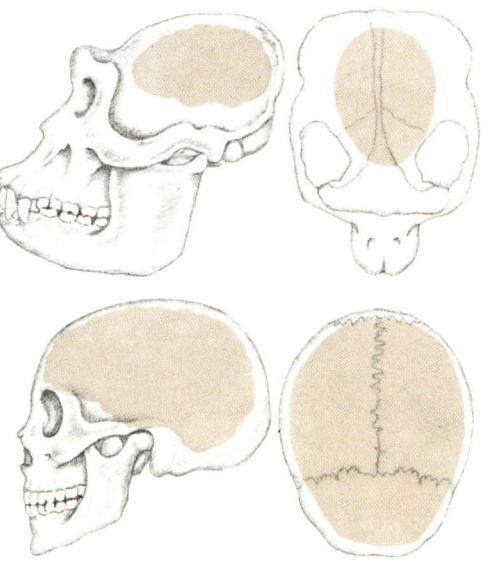

The main function of the eyebrows is to signal the changing moods of their owner.

▶ 얼굴이 풍상에 찌든 노인들은 이마에 영구(永久) 주름살이 새겨져 있다. 그것은 마치 거대한 지문(指紋)을 이마에 새겨놓은 것처럼 보인다.

◀ ▼ 여기에 보이는 두 어린 소녀가 인간의 눈썹이 보내는 신호의 힘이 얼마나 강한가를 대변하고 있다. 마중 인사, 또는 즐거운 놀라움을 나타내는 아치형 눈썹과 슬픔을 담은 빗겨내린 눈썹이 확연한 대조를 이루고 있다.

마루를 그대로 두는 편이 유리했으리라는 논리를 펼 수도 있다. 실제로 그런 일이 일어나지 않은 이유로 빙하시대氷河時代에 추위에 떨던 우리 조상들이 추위를 이기는 방어 장치로 보다 납작한 얼굴을 가지게 된 것을 들 수 있다. 오늘날 에스키모인들에게서 볼 수 있는 유형으로, 평평하고도 지방이 깔린 얼굴로 진화함에 따라 눈 위의 후미진 공동空洞이 줄어들었는데, 상대적으로 추운 기후대에서 공동은 감염에 취약하다. 공동이 줄어듦에 따라 이마가 납작하게 변했다.

유인원과 인간의 눈썹 차이 역시 흥미롭다. 두 경우 모두 진화의 주된 역점은 눈썹을 그 주변과 두드러지게 대조를 이루도록 하는 데 있었던 듯하다. 어린 침팬지의 눈썹은 털이 없고 흐려서 그 위에 있

▲ 이마의 양쪽 옆을 관자놀이라 하고, 영어로 성전 또는 신전과 같은 뜻의 'temple'이라고 하는데, 이것은 위대한 사상가와 예술가들의 신통력(神通力)을 담고 있는 신체 부위가 이 곳이라고 여기는 사람들이 많았기 때문이다. 그러나 그것이 참된 이유는 아니다. 이 경우의 'temple'은 시간이라는 뜻의 라틴어 'tempus'에서 유래되었다. 맥박이 뛰는 것을 볼 수 있는 피부 표면이 바로 이 곳이기 때문이다.

는 검은 털과 대조되어 선명하게 보인다. 젊은 사람들의 새까만 눈썹은 그 위의 옅은 살갗과 대조되어 또렷이 부각된다. 피부가 검은 인종의 경우에도 그 대조가 이루어져, 가까이 있는 사람들은 눈썹의 움직임을 확실하게 볼 수 있다.

이처럼 눈에 띄는 '미모대^{眉毛帶, superciliary patches}' – 눈썹을 가리키는 전문용어 – 의 기능이 그 주인공들의 변화하는 기분을 알려 주는 데 있음은 의심할 여지가 없다. 한때는 그들의 주요 역할이 눈 안으로 땀과 빗방울이 흘러들어가지 못하게 막는 데 있다고 생각했다. 그들이 이마 맨 아래에서 물길을 바꾸는 '도랑' 구실을 하는 것이 조금은 도움이 되었을지 모르지만, 분명히 그들의 으뜸가는 가치는 얼굴의 표현과 연관이 있다. 우리들의 기분이 바뀔 때마다 눈썹의 위치가 변화하여 다양한 전액 신호^{brow signal}를 만들어낸다. 그 가운데 중요한 사례들은 다음과 같다.

1. 눈썹 내리기^{The Eyebrows Lower}. 찡그림이라는 것은 완전한 수직 동작이 아니다. 눈썹들이 아래로 움직임과 동시에 약간 안으로 몰려든다. 이로 말미암아 그 둘 사이의 피부를 죄어 짧은 수직 주름이 생기게 한다. 이 주름의 수효는 개인에 따라 다르고, 어른들은 각기 1, 2,

◀ 숱이 훨씬 짙은 남성의 눈썹 운동은 표정을 한층 더 풍부하게 만들고, 정서적인 긴장이 있을 때 언짢은 표정과 찡그림을 강조한다.

◀ 눈썹 자세로 전달되는 시각 신호들은 눈에 잘 띄는 눈썹 주름잡기로 극대화된다. 나이가 들어가며 눈두덩 살갗의 탄력을 잃어감에 따라 이러한 이랑들이 훨씬 선명하게 드러난다.

3 또는 4줄의 개성있는 '찡그림 무늬$^{frown\ pattern}$'를 지니고 있다. 그들은 대개 비대칭적이어서 눈썹 사이, 즉 미간$^{眉間,\ glabellum}$의 어느 한쪽의 주름이 다른 쪽보다 길거나 깊다.

이마의 가로 주름은 눈썹을 내리는 동작에 의해 펴지는 경향이 있지만, 완전히 사라지지 않을 수도 있다. 인간이라는 동물이 늙어가는 과정의 일부로 일시적 표현인 주름들은 점점 굳어진다. 젊은 시절에는 기분이 바뀔 때마다 나타났다가 다시 사라지곤 했던 살갗의 구김살들이 세월의 흐름에 따라 피부 표면에 영구히 새겨지게 된다. 찡그리지 않은 얼굴에 그려진 찡그림 줄$^{frown-line}$의 정도는 그 개인이 과거에 했던 찡그림의 총 횟수를 가감없이 알려 주는 지표이다.

눈썹 내리기는 매우 다른 두 유형의 상황에서 일어나는데, 이들을 대략 공격형과 보호형으로 가름할 수 있다. 공격적인 맥락에서의 동작은 단순한 반대, 또는 자기 주장의 결의에서부터 고통스러움, 나아가서는 격렬한 분노에 이르는 폭넓은 정도의 범위를 포함한다. 한편 보호적인 맥락에서 그 동작은 눈에 위협이 가해졌을 때 일어난다.

그러나 위험한 순간에 눈썹을 내리는 것만으로는 충분한 보호를 할 수 없어, 동시에 아래쪽에서 뺨이 올라온다. 이들 두 가지 동작이 합쳐져서 최대한의 눈 보호 작용을 하여 계속해서 눈을 뜨고 활동할 수 있다. 이와 같은 눈의 '죄어올림$^{screwing-up}$'은 육체적인 공격을 예상하고 흠칫하는 얼굴, 또는 눈이 아플 정도로 강력한 빛에 노출되는 과잉 조명된 얼굴의 전형적인 형태이다.

아울러 이처럼 방어적인 눈의 '죄어올림'은 웃고 울 때, 그리고 극도의 혐오를 느끼는 순간에도 자주 일어난다. 따라서 이러한 상태들 역시 '과잉노출$^{over-exposure}$'의 유형으로 볼 수 있음을 시사한다.

눈을 보호하는 기능은 전액 부위를 내리는 행위의 원시적인 기원을 설명해 준다. 공격적인 맥락에서 이 내림 동작을 사용하는 사례들은 부수적인 의미를 가진 듯하고, 이러한 분위기로 인해 생길 수 있는 보복 공격으로부터 눈을 보호해야 할 필요성에 바탕을 두고 있다. 우리들은 흔히 찡그린 얼굴이 '사나운^{fierce}' 얼굴이기 때문에 자기 보호와는 연관이 없다고 생각하고 있으나, 이러한 해석은 잘못된 것이다. 사납다고 할 수도 있겠지만, 매우 중요한 감각기관인 눈을 스스

When the body feels under attack, the brow is lowered to protect the eyes.

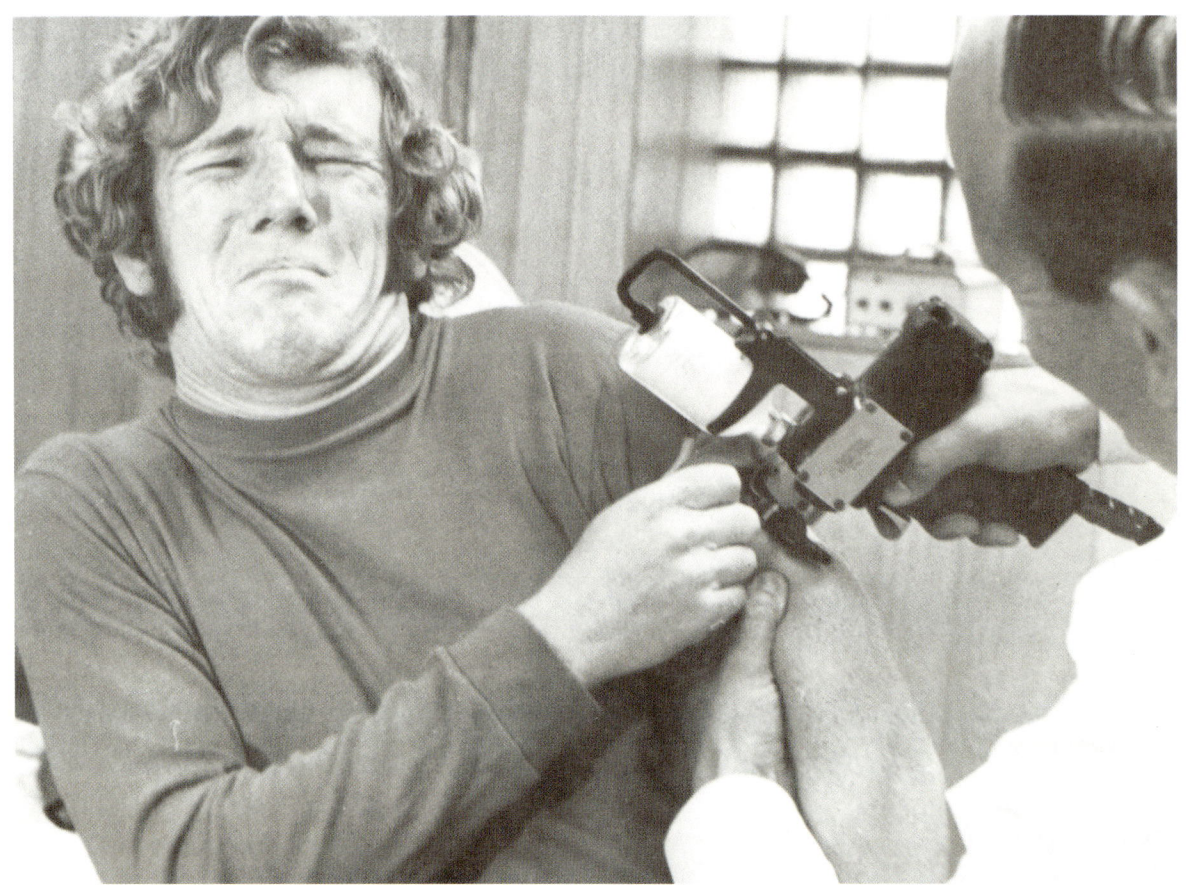

▲ 눈썹 내리기는 원시시대에 실재했든, 또는 상상적인 위험에 대처하는 눈 보호 반응의 일부이다. 무언가가 곧 우리들에게 고통을 주리라 생각되면, 우리들은 '흠칫'하는 동작으로 대응한다. 이 때 즉시 내려온 눈썹과 올라간 뺨이 눈을 에워싸게 된다.

로 보호할 필요가 있다는 사실을 간과할 만큼 겁없이 사납지는 않다. 그와는 대조적으로 진정한 겁없는 공격의 얼굴은 매섭게 쏘아보며 찡그리지 않는 한 쌍의 눈을 내보인다. 그러나 노골적인 적대 행위는 어떤 형태든 보복 반응을 불러일으켜 안전하기 어렵기 때문에 이것은 비교적 드물게 일어난다.

　2. 눈썹 올리기 The Eyebrows Raise. 위에서 말한 움직임과 마찬가지로 이 동작 역시 완벽한 수직을 이루지는 않는다. 눈썹을 올림에 따라, 약간 밖으로 움직여 눈썹 사이가 좀더 벌어진다. 이것은 미간 眉間을 벌리고 그 자리에 있는 수직의 짧은 주름살을 펴는 효과를 낳는다. 그러나 그와 동시에 이마 피부 전부가 위로 몰려 올라가 기다란 가로 구김살들이 무늬를 이룬다. 이들은 서로가 대략 평행선을 긋고 있으며, 대다수의 경우 4~5줄이 그어진다. 때에 따라 적게는 3개 많게

는 10개까지 있으나, 위쪽과 아래쪽의 구김살들은 으레 토막이 나는 까닭에 정확하게 말하기는 어렵다. 오직 가운뎃줄들만이 이마를 완전히 가로지르는 경우가 제일 많다.

이것이 바로 대중 언어에 흔히 등장하는 '주름진 이마furrowed brow'이며, 대개 '걱정 많은 사람'에게서 흔히 볼 수 있다고 생각하고 있다. 그러나 그 표현이 구체적으로 적용되는 범위는 그보다 훨씬 넓다. 지금까지 다양한 저술가들이 그 동작의 뜻을 여러 가지로 풀이해 왔다. 경이, 경탄, 경악, 행복, 회의, 부정, 무지, 오만, 기대, 의문, 불가해不可解, 불안과 공포가 그 실례들이다. 그 의미를 이해할 수 있는 유일한 방법은 그 고대의 기원을 되돌아보는 것이다.

눈썹 올리기는 우리들만이 아니라, 다른 영장류의 종들도 하고 있는 행동 양식이고, 우리들과 마찬가지로 그들도 그것을 시각視覺 증진 장치로 시작했으리라 생각된다. 이마 피부를 당겨 올리는 것과 눈썹의 추켜올림은 전반적인 시각 영역을 증가시키는 즉각적 효과를 가져온다. 잘 알려진 표현을 빌리면, 그것은 일종의 '개안開眼 장치eye-opener'이다. 그리고 그것은 시각적인 입력visual input을 증가시킨다.

원숭이들 사이에서는 그것이 비상시의 반응인 듯하다. 그 동작은 그들이 무엇인가에 맞닥뜨려 도망가고 싶다고 느낄 때마다 나타난다. 그러나 여기에는 그와 동시에 또 하나의 조건이 있다. 그 상황에서 그들이 도망치지 못하게 가로막는 또다른 무엇이 있어야 한다는 것이다. 이 '또다른 무엇'이란 여러 가지 사물일 수 있다. 그것은 공격하고자 하는 상충하는 욕구이거나, 그 자리에 머물면서 계속 그 대상을 보고 싶은 타오르는 호기심, 또는 달아나려는 욕구와 상충하여 그것을 가로막는 기타의 성향일 수 있다. 만약 인간에게 이와 같은 '방해받는 도주thwarted escape'라는 개념을 적용한다면, 놀랍도록 잘 들어맞는다. 사람과 원숭이는 매우 비슷하게 행동한다. 이마에 주름을 잡고 근심에 잠긴 사람은 자신이 빠져 있는 상황에서 도주하고 싶지만, 어떤 이유들로 인해 그럴 수 없는 사람이다. 이마에 주름 잡힌 표정으로 웃고 있는 사람 역시 조금 경계하고 있는 것이다. 그의 자세에는 물러나려는 내면적 요소들이 담겨 있다. 그의 웃음이 진정한 것이라도, 그가 웃고 있는 바가 무엇이든간에 거기에는 곤혹스러운 것이 있다. 이것은 드문 일이 아니다. 많은 익살이 우리들을 공포의 지경까지 몰아가지만, 우리들을 그 안으로 밀어넣지 않는다는 오직 그 이유만으로 우리들을 웃게 한다. 눈썹으로 뻣뻣한 아치 모양을 짓고 있는 오만한 사람도 그를 에워싸고 있는 우둔한 분위기에서 달아나고 싶어한다. 대중적인 표현법을 빌린다면, 우리들은 그에게 어울리는 '하이브로우high-brow: 학식이나 교양이 높은 사람이라는 뜻'라는 이름을 붙여 준다.

이 표정을 눈썹을 내리까는 동작과 비교할 때, 한 가지 문제가 생긴다. 가령 우리들이 바로 앞에 있는 끔찍한 무엇을 보았다고 생각해 보자. 우리들은 눈을 보호하기 위해서 눈썹을 낮추거나, 우리들의 시계視界를 넓히고자 눈썹을 추켜세우게 된다. 두 가지 방법이 모두 도움이 되겠지만, 우리들은 어느 한쪽을 선택해야 한다. 두뇌는 어느 것이 더욱 중요한 요구인가를 가늠하여 얼굴에 지시를 내려야 한다. 예를 들어 원숭이들이라면, 그들은 가장 공격적인 위협을 가할 때는 눈썹을 내리고, 다소 겁먹은 위협을 할 때는 눈썹이 올라가며, 완전히 패배하여 굴복할 때는 다시 눈썹이 내려간다. 그 위치는 인간의 경우도 거의 같다.

인간이 아주 공격적이고 즉각적 보복을 가하려 할

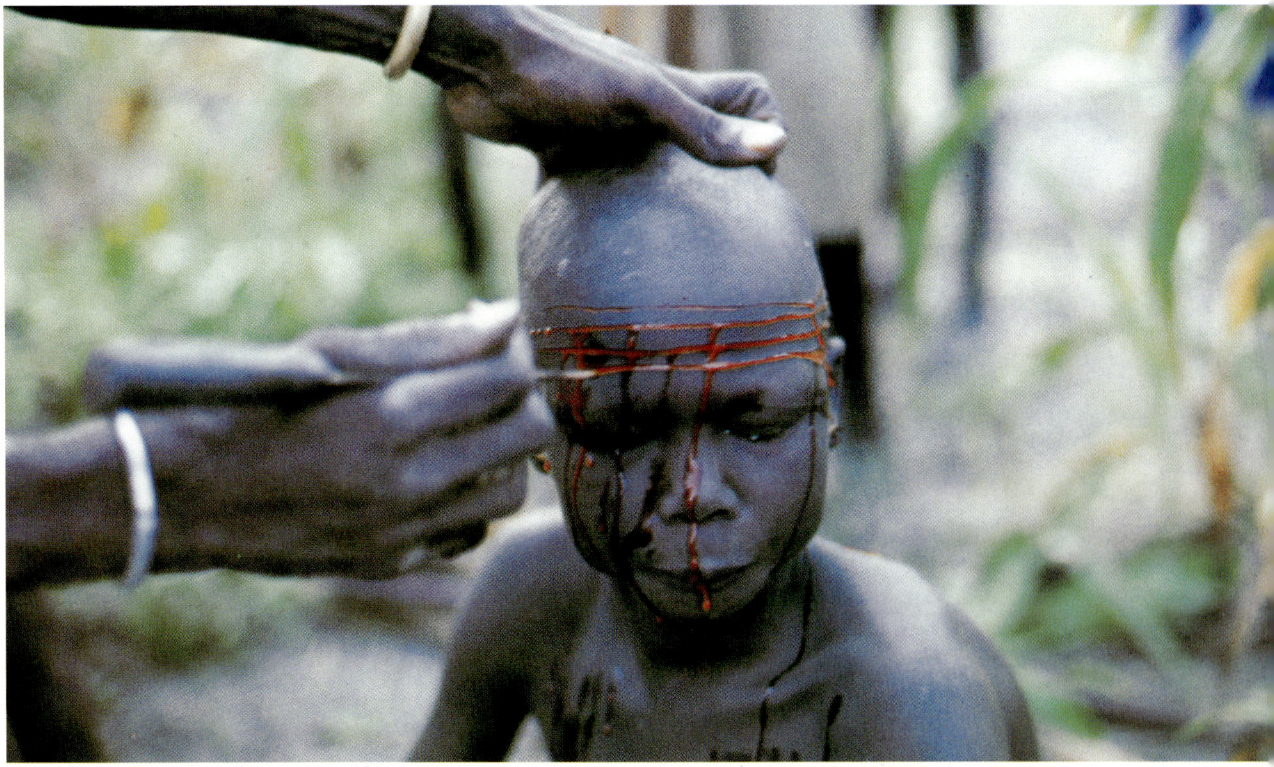

THE BROW

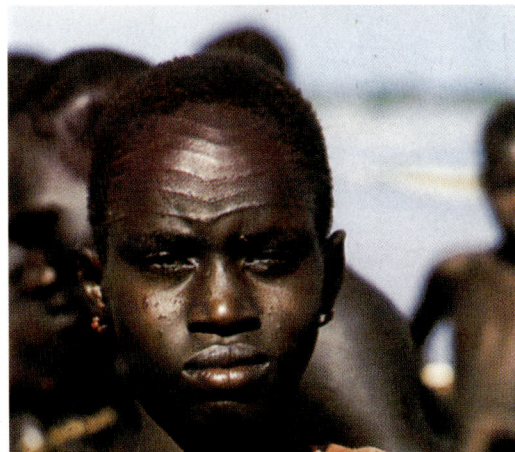

Decorative forehead incisions tend to reduce the expressiveness of the brow.

현대 산업사회에서 이마 부위 장식은 대체로 여성의 눈썹 뽑기와 연필 그리기에 한정되어 있다. 그러나 부족사회에서는 때때로 그보다 과감한 손질을 볼 수 있다. 어떤 부족의 성인 의식에서는 성인이 된 사람의 이마에 일정한 줄무늬를 칼로 새겨넣어 부족의 '표시'를 한다. 그 뒤에 이 칼질 자국은 그 주인공 자신의 감정과는 상관없이 고정된 이마 표정을 갖게 된다. 그보다 더 극단적인 기법이 수단의 일부 지방에서 시행되고 있다. 그 곳에서는 놀랍게도 눈썹 선 바로 위에 줄줄이 짧은 칼자국을 내고 그 안에 잔돌을 넣어 툭 튀어나오는 커다란 '사마귀' 무늬를 만든다. 그러나 대부분의 부족사회에서 이마 장식은 알록달록한 머리띠와 그 밖에 쉽게 제거할 수 있는 장식 등 의상 장식에 한정된다. 인체의 이마 부위는 너무나 표정이 풍부하여 피부 변형을 비롯하여 영구 장식에 인기있는 자리가 되고 있다.

때, 또는 패배하여 임박한 공격을 두려워하고 있을 경우에 그는 시각의 개선 능력을 포기하고 눈썹을 낮추어 눈을 보호한다. 그가 다소 공격적이지만, 동시에 아주 겁을 먹고 있을 때, 혹은 물리적인 공격으로 바뀔 임박한 위험이 없어 보이는 어떤 갈등 상태에 있을 때, 그는 주위에서 일어나고 있는 것을 한층 분명히 볼 수 있는 전술적인 이점을 위해 눈의 보호 기능을 희생하고 눈썹을 추켜세운다.

일단 이들 두 동작은 그들의 주요한 역할을 유지하면서, 미온적인 가벼운 상황에서 암시의 기능으로 쓸 수 있다. 우리들은 그들을 의도적인 신호로 사용한다. 어떤 사람이든 걱정이 되지 않으면서도 일부러 눈썹을 추켜올려 다른 사람에게 "너무 걱정하지 마세요"라는 신호를 보낼 수 있다. 그러나 그 동작들에 일차원적인 본래의 의미가 없다면, 그와 같이 세련된 변형은 불가능했을지도 모른다.

3. 한쪽 눈썹 치켜뜨기 The Eyebrow Cock. 이것은 앞에 나온 두 가지 동작의 혼합으로, 한쪽 눈썹은 추켜세우면서 다른 쪽은 내린다. 그것은 그다지 흔한 표정은 아니며, 많은 사람이 해내기 어려운 것이다.

이 동작에 의해 주어지는 메시지는 그 표정 자체만큼 중간적인 위치에 있다. 얼굴의 반쪽은 공격적인 반면, 다른 반쪽은 겁먹은 표정이다. 어떤 이유에서인지 이러한 모순적인 표정은 여성이나 어린 남성들보다는 성인 남성들에게서 훨씬 빈번히 관찰되고 있다. 눈썹 한쪽을 치켜뜨는 사람의 기분에는 대개 한 가닥 회의懷疑가 깔려 있다. 치켜뜬 한쪽 눈썹은 부릅뜬 다른 쪽 눈과의 관계에서 보면, 물음표와 같은 구실을 한다.

4. 눈썹 짜기 The Eyebrows Knit. 두 눈썹을 한꺼번에 올리고 서로를 좀더 가까이 끌어당긴다. 앞의 동작과 같이 이것도 내리기와 올리기에서 따온 두 가지 요소들로 이루어지는 복합형이다. 안으로의 움직임은 눈썹 내리기에서 가져왔으며, 한결 좁아진 눈썹 사이에 짧은 수직 구김살을 만들어낸다. 위로의 움직임은 눈썹 올리기에서 나왔고, 이마에 가로 구김살을 짓는다. 따라서 눈썹 짜기는 살갗에 두 벌의 주름을 만들게 된다.

이것은 극심한 불안과 비탄이 어우러져 생겨난 표정이다. 또한 그것은 급성이 아닌 만성적인 고통의 어떤 사례에서 관찰된다. 급작스

The Eyebrow Cock expresses a contradictory condition of 'fearless fear'.

▼ 비대칭적인 이마 표정 하나가 있다. 한쪽 눈썹은 언짢은 표정으로 아래로 내려간 반면, 다른 눈썹은 놀라서 위로 올라간다. 이 표정을 짓기란 아주 어렵거나 아예 불가능한 사람들(또다른 비대칭적 표정인 윙크하는 눈짓을 못하는 사람과 마찬가지로)이 많지만, 대개 그것을 사용하는 사람들에게는 값진 얼굴 연기의 하나이다. 모순되는 감정의 순간에 이용되는 이 표정은 회의적이고 미심쩍어하는 마음의 상태를 나타낸다. 그 주인공은 강압적이라 찌푸리고 있으며, 동시에 놀라서 눈썹을 추켜세우고 있다. 이 '두려움 없는 두려움(fearless fear)'의 상태는 시각적으로 '한쪽 눈썹 치켜뜨기(Eyebrow-Cock)'를 통해 표현된다.

럽고 날카로운 고통의 내려간 눈썹과 더불어 '흠칫한 얼굴 Face Wince' 반응을 일으키지만, 오랫동안 무겁게 지속된 고통이 눈썹 짜기 표정을 짓게 할 가능성이 훨씬 크다. 그것은 두통약 광고에 표준적으로 사용된다.

원래 이 동작은 뇌의 이중신호에 반응하는 눈썹의 표현이다. 한쪽은 "눈썹을 올려라"라고 지시하고, 다른 쪽은 "눈썹을 내려라"라고 명령한다. 서로 다른 근육 무리가 반대 방향으로 끌어당기기 시작한다. 첫째 무리가 두 눈썹을 위로 약간 끌어올리고 둘째 무리는 끌어내리면서 안으로 모아들이려 하지만, 고작 서로를 끌어모으는 데 그친다.

모두가 결코 그렇다고 할 수는 없지만, 어떤 경우에는 눈썹의 안쪽 끝이 바깥쪽 끝보다 더 높이 끌려 올라가 '슬픔의 경사 눈썹 oblique eyebrows of grief'이 생겨난다. 이 짜기 동작의 과장된 형태는 상대적으로 많은 비극을 보아온 애도에 젖은 사람들에게서 가장 두드러지게 나타난다. 가령 그보다 비극의 경력이 적은 사람들이 경사진 눈썹 표정을 억지로 지으려 한다 해도, 그들은 자신의 눈썹이 이같이 특이한 자세를 취하려고 애를 쓰고 있다고 느끼기는 하지만, 그다지 효과를 보지는 못한다. 어떤 사람이 이 경사진 눈썹 자세를 얼마나 쉽게 취할 수 있는가를 조사해 보면, 그의 과거가 어느 정도로 불행했었는지를 가늠하는 것이 이론적으로 가능하다.

5. 눈썹 깜박이기 The Eyebrows Flash. 눈썹은 1초의 몇 분의 1 사이에 올라갔다가 다시 내려간다. 이처럼 짧게 위로 올라가는 눈썹 동작은 인류의 중요하고도 전 세계적인 인사 신호이다. 그것은 많은 지역의 유럽인뿐만 아니라, 저 멀리 발리, 뉴기니와 아마존 분지, 때로는 유럽의 영향이 전혀 없었던 곳에도 그 기록이 남아 있다. 어느 경우에나 그것은 동일한 의미를 지니고 있었고, 다른 사람의 존재를 우호적으로 인정함을 가리킨다.

눈썹 깜박이기는 대체로 만남의 첫 단계인 먼 거리에서 이루어지며, 그 뒤를 잇는 악수, 키스와 포옹과 같은 근접 행동의 일부는 아니다. 그것은 곧잘 머리카락을 살짝 치는 동작과 미소를 동반하지만, 단독으로 일어나는 경우도 있다.

▲ 잠시 눈썹 올리기는 복잡한 으쓱하기 몸짓의 일부이다. 이 동작은 절망, 무고함, 결백 또는 남의 어리석은 행동에 대한 짜증을 표현할 때 거부의 몸짓으로 일반적으로 사용된다. 그리고 여기에 완전한 몸짓을 취하려면 눈썹만이 아니라 입, 어깨, 팔과 손의 동작까지 포함된다. 그러나 부분적 으쓱하기는 이 신체 부분들 가운데서 하나 또는 둘 정도로 한정된다. 어떤 경우에는 눈썹만 움직이는데, 이 형태는 대체로 특수한 사회적 맥락에서만 사용된다. 두 친구가 바로 옆에 앉아 있고 제삼자가 어리석은 짓을 하고 있을 때, 친구 중 어느 한쪽이 다른 사람에게 몸을 돌려 잠깐 눈썹을 추켜세워 비난하는 몸짓을 한다. 이 제한된 으쓱하기의 형태는 어리석은 짓을 한 사람의 눈에 띄지 않고 두 친구 사이에만 뜻을 전할 수 있는 이점이 있다.

그것은 본래 놀라움을 나타내는 눈썹 올리기 자세의 순간적인 응용이 분명하다. 그것은 미소와 결합하여 유쾌한 놀라움을 준다. 이 동작은 몇 분의 1초라는 지극히 짧은 순간 동안 놀라운 기분은 금방 사라지고 우호적인 미소가 얼굴을 지배한다.

앞선 내용에서 눈썹 올리기가 그 바탕에 공포가 담겨 있다는 것을 상기시켜 본다면, 이것이 친구 사이의 인사에서 어떤 역할을 한다는 것인지 이상하게 여겨질지도 모른다. 그러나 모든 인사는 아무리 친밀하더라도 예측 불가능의 사회적인 변수를 포함한다. 우리들은 상대방이 지난 번 만남 후에 어떻게 행동할지 알 수 없고, 그가 어떻게 변했는지 전혀 알 수 없다. 이로 말미암아 필연적으로 그 만남에는 얼핏 지나가는 자그마한 공포의 요소가 물들게 마련이다.

인사 신호의 역할에 더하여 눈썹 깜박이기는 일반적인 대화 언어에 '강조 기호^{marking point}'로 흔히 사용된다. 어느 단어를 크게 강조할 때마다 눈썹들이 올라갔다가 다시 내려온다. 우리들 대다수가 이따금 이런 동작을 하지만, 어떤 사람들은 유달리 자주 그리고 과장해서 이것을 사용하고 있다. 그것은 우리들의 구두 의사소통 과정에 "이것이 감탄 부호다"라고 말하는 것과 같다.

6. 눈썹 반복 깜박이기^{The Eyebrows Multi-flash}. 눈썹 깜박이기 동작을 재빨리 연달아서 몇 차례 되풀이한다. 이것은 그루초 막스^{Groucho Marx}를 유명하게 만든 우스개 몸짓이고, 연예계에서 희극배우들이 지금도

The eyebrows can act as simple gender signals…

여성의 눈썹은 선천적으로 남성의 그것보다 숱이 적은 까닭에 곧잘 뽑거나 면도를 하고 가느다란 연필선으로 다시 모양을 내어 그 차이를 과장해 왔다. 남성들에게는 무성한 눈썹이 언제나 매력적인 남성 신호로 받아들여졌다.

그러나 무성한 남성의 눈썹이 가운데서 만날 때는 이야기가 달라진다. 옛날 유럽의 어느 노랫가락이 이렇게 경고한다. "눈썹이 가운데에서 만나는 남자를 믿지 말라. 그의 마음 속에는 거짓이 있으리라". 많은 사람들은 그러한 남자는 늑대 인간이 아니면 흡혈귀라고 믿고 있었다. 이 미신의 기원에는 두 가지 요소가 있는 듯하다. 그 중 하나는 그냥 '털이 있다'는 것이 문제가 된다. 정상적인 경우에는 털이 없어야 할 곳(여기서는 미간)에 털이 덮여 있다. 이것은 자동적으로 그 주인공이 악마나 늑대 인간과 같은 상상 속의 털 많은 존재를 연상시키게 한다. 또다른 요소로 그와 같은 눈썹은 영구적인 찌푸림처럼 보인다는 것이다. 일상적인 찌푸림에서는 눈썹 사이가 구김살이 늘어나 어두워지고, 이러한 뜻에서 '어두운 미간'이라고 말한다. 눈썹 사이에 있는 피부에 시커먼 털이 자라게 되면, 그 사람의 이마는 언제나 불길하게 그늘져 있고 늘 위협적이고 적대적인 인상을 준다. 이러한 경우 남성들마저 이따금 남몰래 조금씩 눈썹을 뽑기 시작한다. 머리털과 같은 속도-하루에 약 3분의 1밀리미터로 자라고 있으므로, 제법 자주 뽑아야 할 필요가 있다. 언제나 눈썹이 머리털보다 짧은 이유는 간단하다. 눈썹은 3~5개월이 되면 빠져나간다. 그와는 달리 머리털은 몇 년 동안 살아 있다.

널리 사용하고 있다. 눈썹이 재빨리 그리고 되풀이해서 오르내리며 짐짓 과장되고 곧잘 색정色情을 가장한 인사 신호의 역할을 한다. 단 한 번의 눈썹 깜박이기 동작이 "안녕!"이라고 한다면, 익살이 섞인 반복 깜박이기는 사실상 "안녕 - 안녕 - 안녕!"이라고 말하는 것과 같다. 만약 한 번의 깜박이기가 "유쾌하게 놀랐어요"라는 뜻이라면, 반복 깜박이기는 "유쾌하게 깜짝 놀랐어요"라고 하는 것과 같다.

7. 눈썹 으쓱하기 The Eyebrows Shrug. 눈썹을 올려 잠시 그 위치에 정지시켰다가 다시 내려놓는다. 이처럼 다시 눈썹을 올린 자리에 '잡아두는 것'은 인사와 강조 기호의 역할을 하는 눈썹 깜박이기 동작과 구분하는 기준이 된다.

이것은 복합적인 으쓱 반응의 눈썹 요소이다. 이 동작은 이외에도 입, 머리, 어깨, 팔과 손의 특별한 자세가 포함된다. 아울러 이 복잡한 표정의 거의 모든 요소는 서로가 분리되어 단 하나, 또는 다른 한

…a matter complicated by fashion and folklore.

최근 몇 년 사이에 서양 여성들이 자기 주장을 강화함에 따라 보다 여성적인 유행의 일부가 축소되는 경향을 보인다. 눈썹 뽑기는 상당히 줄었고, 어떤 여배우는 힘차고 거의 남성적인 눈썹을 뽐내면서도 아름답다는 평을 받을 수 있게 되었다. 여기서 바로 그 여배우가 선천적인 눈썹 모양을 조금도 손질하지 않고 여성과 남성역을 하고 있다. 불과 몇 십 년 전까지만 하더라도 이런 일은 상상조차 할 수 없었다.

두 요소와 결합하여 일어날 수도 있다. 때로 눈썹 으쓱하기는 완전히 독립되어 일어나기도 하지만, 대체로 입 으쓱하기^{Mouth Shrug} – 빠르고 순간적인 입가 내려뜨리기 – 가 따르게 마련이다. 얼굴 으쓱하기^{Face Shrug}라고도 할 수 있는 이 조합은 으쓱하기의 다른 요소들이 없는 경우에도 자주 일어난다.

그러므로 눈썹 깜박이기와는 달리 이 동작은 '행복한'보다는 '슬픈' 입과 연결되는 경우가 흔하다. 따라서 이 동작은 가볍지만 불쾌한 놀라움을 담고 있으며, 바로 그런 뜻으로 자주 쓰인다. 이를테면 두 사람이 함께 앉아 있고 다른 어떤 사람이 부근에 앉아 사회적으로 '불편한' 행동을 하고 있다면, 다정하게 앉아 있는 둘 가운데 한쪽이 다른 쪽에게 눈썹을 으쓱하여 놀랍고도 못마땅하다는 신호를 보낼 수 있다.

또한 눈썹 으쓱하기는 어떤 개인에게는 곧잘 말에 곁들이는 반주

伴奏의 역할을 한다. 우리들 거의 모두가 활발하게 이야기를 할 때 말하고 있는 내용을 강조하기 위해서 반복적이고 자그마한 몸짓을 한다. 말로 무엇을 강조할 때마다 우리들은 시각적인 강조를 덧붙인다. 대다수의 사람들은 강조할 때마다 손과 머리를 계속해서 움직이지만, 어떤 사람들은 눈썹 동작을 즐겨 사용한다. 말을 하고 있는 동안 특별히 강조하는 대목에 맞춰 그들의 눈썹을 반복적으로 으쓱거린다. 이것은 인생의 굴곡에 끊임없이 놀란 듯한 만성적인 '불평꾼'의 전형적인 말씨이다. 그러나 그것은 결코 이 특이한 성격 형태에만 한정되지는 않는다.

눈썹 운동 문제는 이쯤으로 하고 그 해부학으로 방향을 바꾸면, 한 가지 중요한 성별性別의 차이가 있다. 남성의 눈썹이 여성의 그것보다 짙고 숱이 많다. 이 차이를 수많은 형태로 '개선'하며 오늘에 이르렀다. 여성의 눈썹은 인위적으로 가늘고 작게 손질되어 초여성 super-female의 성격을 강조했다. 면도와 뽑기, 칠하기 등의 갖가지 수법을 이용하여 지난 수백 년 동안 이 손질은 계속되었다. 원래 이렇게 하는 이유는 액厄 때움에 도움이 된다는 것이었다. 그 후에는 이것이 신체의 질병, 특히 실명失明을 막는 데 효과가 있다고 여겨졌다. 좀더 뒷날에 와서는 그것이 사람들의 아름다움을 드높이는 수단으로 이용되기에 이르렀다. 어느 경우에 있어서나 그 밑바닥에 깔린 의도는 눈썹의 여성다움을 더욱 과시하려는 데 있었다.

최근에는 눈썹 뽑기의 절정이 세계 대전의 중간기인 1920년대와 1930년대에 찾아왔다. 그 때 매혹적인 다섯 색깔의 눈썹연필들이 어느 화장 가방에나 모두 들어 있었다. 족집게로 눈썹을 솎아낸 다음 연필을 이용하여 가느다란 아치형으로 그려서 눈썹을 강조했다. 가령 어느 특정한 여성이 자기 눈썹이 어울리지 않는 위치에 있다고 생각되면, 눈썹을 모두 뽑고 자기 취향에 맞는 새로운 위치에 인위적으로 완전한 눈썹을 그릴 수 있었다. 실제로 이런 손질을 했을 경우, 거의 예외없이 새로운 눈썹들은 원래 위치의 위쪽에 자리잡게 되었고, 그에 따라 그 얼굴은 좀 덜 '찡그린' 듯한 인상을 주었다.

아마도 인조 눈썹의 가장 이상한 예가 18세기 초 영국에서 나왔다. 이 때도 밀어버린 눈썹의 위치에 새로운 눈썹을 대체했는데, 그

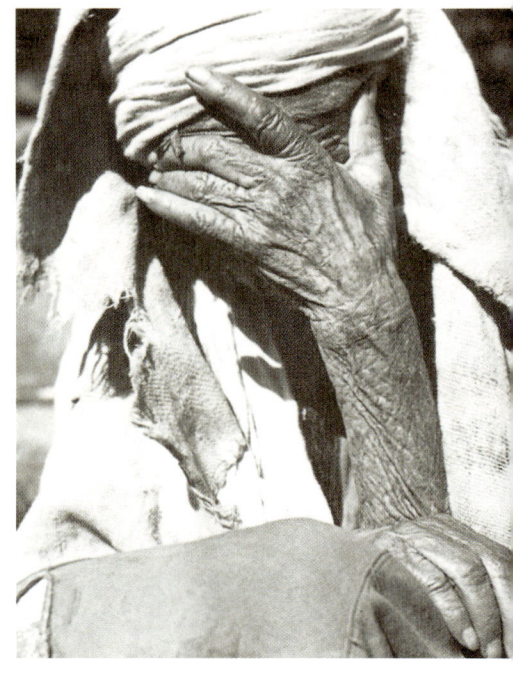

▲ 손이 이마로 가는 동작들이 포함된 몸짓들은 상당히 흔하다. 그 중 일부는 전 세계적으로 통용되고, 다른 것은 일부 지역에만 한정된다. 이마 접촉의 가장 기본적인 형태에는 머리 움켜쥐기와 동시에 얼굴 감싸기가 포함되는데, 이것은 자신의 상황으로부터 도피하려는 사람이 외부 세계와 단절하려 애를 쓰는 우울과 패배, 낙심의 몸짓이다. 고대 그리스와 로마에서는 절망의 몸짓이 주먹으로 이마를 치는 것으로 정형화되어 있었다. 그보다 한결 수수한 변형이 충격과 자기 분노의 순간에 이마를 손바닥으로 탁 치는 형태로 오늘날까지 남아 있다. 그것은 지극히 우둔한 짓을 했음을 방금 깨달은 사람의 "아, 아니야!"라는 반응이다. 그보다 더 의도적으로 꾸며낸 변형이 '자기 관자놀이에 총쏘기' 몸짓으로, 이 때 곧게 편 집게손가락이 총을 대신한다. 뇌의 외피에 나사를 죄듯 이마의 옆구리에 집게손가락을 돌리는 '관자놀이 나사 돌리기' 몸짓 역시 똑같은 의미를 전달하지만, 아울러 다른 사람이 '나사를 풀었다'는 지적을 하고 있기도 하다. 이 모든 몸짓이 아주 간단한 등식 '이마=뇌'에 바탕을 두고 있다.

Hand-to-brow and brow-remoulding symbolism

▲ 이마 변형의 제일 가혹한 형태는 유아기 두개골 전면 내리누르기이다. 어느 부족 문화권에서는 부모들이 갓난아기에게 이와 같은 기형 작업을 뼈가 아직 말랑할 때 하고 있다. 그 결과 그들은 자라더라도 머리가 굉장히 납작하다. 이런 식으로 내리누르면 뇌에 손상이 있는지 여부는 아직 밝혀지지 않았다.

대용품이 아주 괴이했다. 당대의 가짜 눈썹은 '쥐 털'로 만들어졌다. 스위프트 Jonathan Swift, 1667~1745는 이 괴기한 유행을 이렇게 묘사했다. "생쥐 껍질로 된 그녀의 눈썹은 양쪽에 재치있게 붙여졌다".

이러한 야단법석은 한결같이 여성이 외모를 가꾸려는 것과 연관이 있었으므로, 눈썹을 뽑지 않고 자연 상태 그대로 둔다 함은 곧잘 '성별을 무시하는' 강력한 성품을 밝히는 자세로 받아들여졌다. 여성다움을 억제하고 일해야 하는 여성들 역시 눈썹에 손을 대지 않았다. 1930년대에 런던의 어느 종합병원에서 열띤 논쟁을 불러일으킨 사건이 있었다. 당시 어느 부인이 자신의 눈썹을 간호사가 뽑는 것을 허락하지 않았다. 그녀는 이 행위가 개인의 자유를 침해하는 것이라고 불평했으며, 런던의 시평의회는 그녀의 결정을 지지했다. 그 결과 입원 환자들은 병실에 있을 동안 세심하게 손질된 색정적인 눈썹을 남겨둘 수 있었다.

눈썹 면도와 자리바꿈 이외에도 전액前額 부위의 주요한 변형을 들자면, 갓난아기의 이마 모양 바꾸기가 있었다. 세계의 서로 다른 지역의 몇몇 문화권에서는 이러저러한 형태의 머리 납작하게 만들기 head-flattening 관습이 지금까지 이어져 내려오고 있다. 고대 이집트의 지배 계급이 이따금 이 유행을 따랐고, 13세기의 스웨덴과 늦게는 19세기의 프랑스의 농촌 지대, 그리고 아메리카의 인디언 부족 중 일부와 1930년대의 나치 독일의 두개골에도 이런 흔적이 남아 있었다. 그 이유는 다양했다. 때에 따라서 납작한 이마가 좀더 아름답다고 생각되기 때문이었다. 때때로 두뇌의 모양을 바꾸면 지능이 높아진다는 말이 돌기도 했다. 이마를 납작하게 눌러놓은 사람은 머리에 물동이를 이고 다니는 천한 일을 할 수 없었기 때문에 높은 사회적 신분을 과시하기 위한 수단으로 이용되는 사례들도 없지 않았다. 국가사회주의 정권이 지배하던 독일에서는 아리안족의 순수성이라는 나치의 날조된 이론에 현혹된 일부 부모들이 두개골을 묶어 자녀들의 두개골 지수 cranial index 를 높이려는 극단적인 시도를 하기에 이르렀다. 부모들이 모두 알고 있는 바와 같이, 갓난아기의 두개골은 출생 초기에는 놀랄 만큼 유연하여 그 때 머리 모양을 바꾸기란 생각보다 훨씬 수월했다.

THE EYES

눈 THE EYES

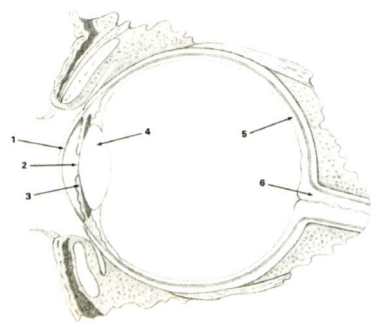

사람의 눈은 인체 중에서도 가장 비범한 기관이다. 눈은 동시에 150만 개의 메시지에 반응할 수 있음에도 탁구공보다 더 크지 않다. 다른 영장류와 마찬가지로 우리들은 얼굴이 평평하고 깊이의 판단을 정확하게 할 수 있는 쌍안시(双眼視)를 지니고 있다. 원래 이 기능은 나무 꼭대기에서 뛰어다니는 생활 양식과 연관되어 발달했고, 거리 측정이 매우 중요했던 원시 수렵 시대에도 그에 못지않게 중요한 역할을 했다. 안구의 핵심적인 구조는 (1)각막, (2)동공, (3)홍채, (4)수정체, (5)망막과 (6)시신경(視神經) 등이다.

눈은 인체의 가장 중요한 감각 기관이다. 우리들이 외부로부터 받아들이는 정보 가운데 80퍼센트가 이 비범한 구조물을 통해서 들어오는 것으로 추산된다. 그토록 온갖 말을 하고 듣지만 우리들은 기본적으로 시각적인 동물^{visual animal}이다. 이 점에서 우리들은 아주 가까운 원숭이 및 유인원과 크게 다를 바가 없다. 모든 영장목^{primate order}은 시각 지배적인 무리로서, 두 눈이 쌍안경처럼 머리 앞으로 나와 넓은 시야를 갖게 한다.

인간의 눈은 지름이 약 1인치에 지나지 않으나, 가장 정교한 텔레비전 카메라도 그에 비한다면 석기시대의 도구에 지나지 않는다. 안구 뒤에 자리잡고 있으며, 빛에 민감한 망막^{網膜}에는 1억3천7백만 개의 세포가 있고, 이들이 뇌에 신호를 보내어 우리들이 무엇을 보고 있는지 알려 준다. 이들 중에서 1억3천만 개는 간상^{桿狀} 세포이며, 흑백시^{黑白視}를 담당하고 있다. 나머지 7백만 개는 원추^{圓錐} 세포로 색각^{色覺}을 담당한다. 이 빛 반응 세포들은 매우 짧은 순간에 150만 개의 동시적인 메시지를 다룰 수 있다. 눈은 너무나 복잡하기 때문에, 태어나서 성인이 될 때까지 가장 조금 성장하는 신체 부위인 것이 놀라운 사실은 아니다. 뇌의 성장률이 눈보다 더 높다.

눈 한복판에는 우리들이 동공이라 부르는 검은 점 – 빛이 통과하여 망막에 맺히는 열린 구멍^{開口} – 이 있다. 동공의 크기는 약한 빛에는 커지고, 강한 빛에는 줄어들어 망막에 맺히는 빛의 양을 조절한다. 이러한 면에서 눈은 조리개가 있는 카메라와 흡사한 기능을 하지만, 그와 더불어 신기한 수정^{修正} 체계를 갖추고 있다. 가령 눈이 아주 좋아하는 무엇을 본다면 동공은 평시보다 확대되고, 싫어하는 대상을 본다면 바늘 끝처럼 오므라든다. 이들 두 가지 반응 중에서 두 번째는 이해하기 어렵지 않다. 동공의 개구를 좀더 조이면 망막에 도달하는 빛의 밝기를 줄여 못마땅한 영상^{images}을 '약화'시키기 때문이다. 우리들이 매력적인 대상을 볼 때 일어나는 동공의 확대는 축소를 설명하는 것보다 더 어렵다. 이럴 경우에는 망막에 지나치게 많은 빛을 들여보내어 우리 시각의 정확도를 떨어뜨리게 된다. 그 결과 선명하고 균형 잡힌 영상보다는 오히려 흐릿하고 은은하게 빛나고 있는 것처럼 보인다. 그러나 이것이 서로 상대방의 커진 동공을 깊이 응시하

Human eyes, unlike those of monkeys and apes, have whites to signal gaze direction.

공들여 만든 의상들이 입과 코, 귀 등의 다른 감각 기관들을 덮는 일은 흔히 볼 수 있다. 그러나 온몸을 덮을 목적으로 의상을 만들었다 하더라도 바깥 세계와 연락이 가능하도록 눈만은 남겨두어야 한다.

다른 영장류들과는 달리 인간은 눈의 흰자위가 뚜렷하다. 인간 눈의 흰자위에 해당하는 부분이 대다수 원숭이와 유인원의 경우는 짙은 갈색이어서 그들의 눈길이 정확히 어느 방향을 보고 있는지 알아내기란 그다지 쉽지 않다. 그러나 인간 사회에서는 함께 있는 사회적 동료들의 변화하는 관심을 파악하는 것이 아주 중요한 의미를 갖게 되었고, 인간의 홍채 양쪽에 있는 선명한 흰자위들이 눈길의 각도, 즉 시각(視角)을 바로 알려 준다.

We all have 'slant eyes' in the womb; only Orientals retain them after birth.

▼ 동양인들의 '올라간 눈꼬리'는 안내각췌피(眼內角贅皮)라 불리는 피부 자락이 있기 때문에 그렇게 보인다. 인간이면 누구나 자궁 안에 있을 때는 지니고 있는 특징이지만, 서양인들의 경우는 태어나기 오래 전에 사라진다. 동양인들은 원래 몹시 추운 지역에서 진화한 것 같다. 얼어붙는 기후 조건에서 눈을 보호해야 할 여분의 피부가 필요했으리라는 추측이다.

고 있는 젊은 연인들에게는 도움이 될 수도 있다. 그들은 빛의 후광에 젖어 있는 듯한 조금은 흐린 영상 - '사마귀투성이'의 영상과는 정반대되는 - 을 보는 것이 도움이 될 수도 있다.

동공 주위에는 근육질에 색깔이 있는 홍채^{紅彩}가 있는데, 이것이 동공의 크기를 바꾸는 수축 원반이다. 이 작업은 불수의근^{不隨意筋}이 하고 있으므로, 우리들이 의도적이거나 의식적으로 동공의 크기를 조절할 수 없다. 동공의 확장과 수축이 시상^{視像}에 대한 우리들의 감정 반응에 믿을 만한 지침^{指針}으로 작용하는 것은 바로 이 때문이다. 우리 동공은 속일 수가 없다.

홍채의 색깔은 사람에 따라 상당한 차이가 있지만, 색소의 변화에 그 원인이 있는 것은 아니다. 어떤 사람들의 눈이 파랗다고 해서 그 사람이 파란 눈 색소를 지니고 있지는 않다. 그들은 다른 사람들보다 색소가 적을 뿐이며, 그로 인해서 그들의 눈은 파란빛을 띠는 것처럼 보이게 된다. 가령 어떤 사람의 동공 주위에 짙은 갈색 테가 둘려 있다면, 그의 홍채 앞 켜에 상당히 많은 멜라닌 색소가 있다는 뜻이다. 만일 이 곳에 멜라닌의 양이 그보다 적고, 그 색소가 홍채의 보다 깊은 켜에 대부분 몰려 있다면, 눈 색깔은 더 엷어지게 된다. 색소가 줄어드는 정도에 따라 담갈색이나 초록에서 회색 또는 파란색으로 바뀐다. 자줏빛은 피가 동공을 통해 비치기 때문이다. 따라서 인간의 맑은 색깔의 눈이란 일종의 빛의 환각^{幻覺}인 것이다. 그것은 멜라닌이 상대적으로 적다는 표시이고, 사람들이 적도에서 햇볕이 덜 쬐는 극지대로 옮겨감에 따라 일어나는, 인체 전반에 걸친 '창백화^{paling}'의 일부로 여겨진다. 백인 갓난아기들과 피부 빛깔이 더 짙은 인종의 아기들을 비교할 때 이러한 차이는 더욱 확연하다. 거의 모든 백인 아기들은 태어날 때 파란 눈을 하고 있다. 그와는 달리 피부 빛깔이 짙은 인종의 아기들은 눈이 검다. 그러나 대다수의 백인들은 성장함에 따라 홍채 앞에 멜라닌 색소가 점차 발달하여 눈빛이 점점 짙어진다. 그리고 그 중 극소수만이 짙은 눈빛이 아닌 '아기 때의 파란빛'을 그대로 간직하게 된다.

동공과 홍채를 각막^{角膜}이라는 투명한 창이 덮고 있으며, 그 주위에 '흰자위', 전문용어로 공막^{鞏膜, sclera}이라고 하는 부위가 있다. 사람

눈의 가장 이상한 특징이 바로 이 비광학적^{non-optical}인 부분에 있다. 인간의 눈 흰자위 부분은 유독 구별되어 보인다. 대다수의 동물들은 동그란 '단추 눈'을 하고 있다. 하등 영장류도 마찬가지로 원숭이들은 대부분 눈 주위의 살갗이 왼쪽과 오른쪽으로 약간 당겨져 눈 '꼬리'가 있다. 그러나 이들의 눈 모양은 달걀꼴보다 원에 더 가깝다. 유인원에 이르면 그러한 경향에서 한 걸음 더 나아가 눈의 형태가 타원으로 기울어져 사람의 눈과 가까워진다. 그러나 여기서도 '흰자위'는 보이지 않고, 홍채 양쪽에 드러난 부위도 짙은 갈색이다. 그와 달리 사람의 경우는 그 부위에 흰자위가 있어 매우 두드러지게 차이가 난다. 이와 같은 자그마한 진화상 변화의 결과로서 우리는 서로 만날 때 눈동자의 방향을 먼 거리에서도 쉽사리 탐지할 수 있게 된다.

눈의 가시적인 부분을 둘러싸고 구부러진 속눈썹으로 테를 두른 눈꺼풀이 있고, 그 가장자리는 기름기가 있어 반들거린다. 그 기름기는 속눈썹 뿌리 바로 뒤에 바늘 끝처럼 미세하게 줄지어 있는 작은 샘들의 분비물로서 생성된다. 이 눈꺼풀들의 일정한 깜박임이 눈을 촉촉하게 하고 각막을 깨끗이 씻어 준다. 이 일을 도와 주는 것은 위쪽 눈꺼풀 밑에 숨겨진 눈물샘의 눈물 분비 작용이다. 그 액체는 2개의 작은 눈물관을 통해서 빠져나간다. 이 관들 역시 눈꺼풀 가장자리에 바늘 끝처럼 보이지만, 앞에 있는 것들보다 더 크다. 그들은 눈꺼풀의 코 쪽, 곧 눈구석에 자리잡고 있으며, 하나는 위쪽에, 다른 하나는 아래쪽에 있다. 이 2개의 관로^{管路}는 하나의 관으로 연결되어 있고, 그 관이 '사용한 눈물'을 코 안으로 내려보내 버리게 한다. 격렬한 감정이나 눈의 자극으로 인해 눈물샘이 만들어내는 눈물을 눈물관이 모두 받아내지 못할 때 사람은 눈물을 흘리게 된다. 여분의 눈물이 뺨으로 흘러내리게 되면 우리는 눈물을 닦는다. 이것이 인간의 눈이 지니고 있는 두 번째의 독특한 특징이고, 우리들은 감정이 벅차 눈물을 흘리는 유일한 육상동물이다.

코 바로 옆의 눈구석에 있는 2개의 눈물관 사이에 작은 분홍빛 덩어리 하나가 있다. 이것이 우리들의 눈꺼풀을 차지하는 세 번째 부위인 눈물언덕이다. 이제는 그 어떠한 기능도 하지 못하는 것처럼 보인다. 수많은 종^{species}에게 이것은 어떠한 가치가 있는 기관이다. 어떤

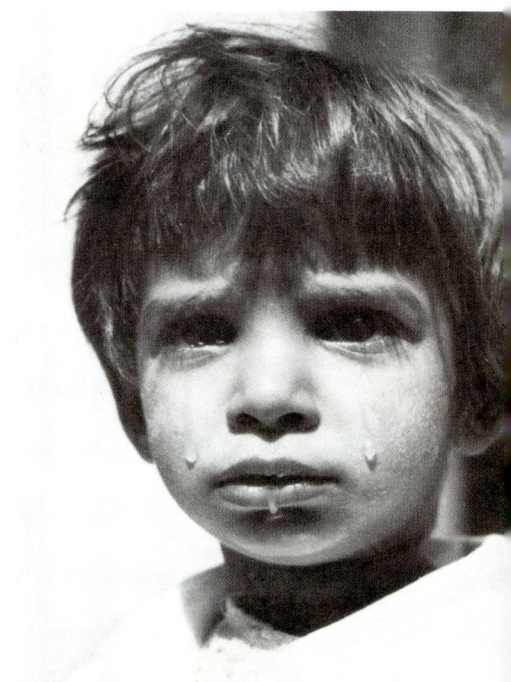

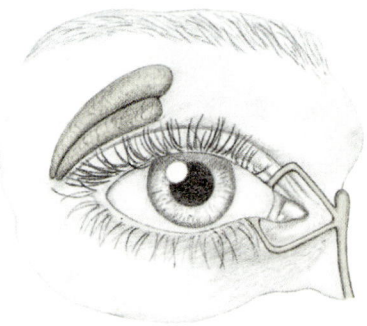

▲ 인간은 감정이 복받칠 때 눈물을 줄줄 흘리며 우는 유일한 육상 동물이다. 눈물의 일반적인 분비 작용은 눈의 각막 표면을 씻어내는 일과 연관이 있다. 그런데 격렬한 감정과 흥분이 치솟는 순간에는 비정상적으로 강한 분비 작용이 일어나면서 눈물이 배어나와 뺨을 타고 흘러내린다. 이것은 단순히 고통의 시각적 신호로 진화한 것이거나, 아니면 그 신체 계통에서 남아돌아가는 스트레스 물질을 제거하는 교묘한 방법일지도 모른다. 이 눈물이라는 액체는 눈 바로 위에 있는 샘에서 분비되어 눈물언덕 가까이에 있는 한 쌍의 도관(導管)을 타고 빠져나간다.

No other land animal weeps with emotion.

종들은 그것을 옆으로 깜박거려 눈을 닦아내는 장치, 말하자면 '자동차 와이퍼'처럼 쓰고 있다. 다른 종들은 색깔이 있어 그것을 번쩍여 신호를 보낸다. 또다른 종들은 완전히 투명하여 자연적인 선글라스로 이용하기도 한다. 물 속으로 들어가는 오리들은 이 부분이 유달리 두껍고 투명하여 물 속으로 자맥질할 때 민감한 각막의 덮개로 이용한다. 원시시대의 우리 조상들이 좀더 물 속 생활에 적응했더라면, 오늘날 우리들의 물 속 활동의 즐거움이 훨씬 클 수 있었을 것이다.

우리들의 눈 위와 아래에 보호용 테를 두르고 있는 속눈썹은 한 가지 예외적인 특성을 지니고 있다. 머리와 몸의 다른 털과는 달리 그것은 나이가 들어도 희어지지 않는다. 한쪽 눈에 약 200개의 속눈썹이 있고, 아래보다는 윗눈꺼풀에 더 많다. 속눈썹은 3~5개월 있다가 빠지고 새 것이 나온다. 그들은 눈썹 털과 같은 수명을 가지고 있다.

또다른 눈 보호 장치가 동양인들에게 있다. 안내각췌피^{眼内角贅皮, epicanthic fold}라는 그들의 몽고주름은 윗눈꺼풀을 피부 자락이 덮고 있는 형태로 '처진^{slant} 눈'의 특성을 갖게 한다. 이 피부 자락은 태아 때는 모든 인종에게 있으나, 동양계에 한해서 성인이 되어도 그대로 남아 있다. 소수의 서양 갓난아기들이 안내각췌피를 가지고 태어나지만, 나이가 듦에 따라 코가 좁아지고 모양이 바뀌면서 점차 사라진다. 동양인들 사이에서는 그 피부 자락이 추위에 대한 일반적 적응 방법의 일부로 남게 된 듯하다. 얼굴 전체에 지방이 더 많아지고 한층 더 납작해져서 혹한에 견디기가 나아졌고, 눈 위에 한 겹 더 붙어 있는 피부 자락은 극단적인 환경에서 섬세하며 연약한 이 부위를 방어하는 데 도움이 된다.

눈은 성별에 따라 작은 차이들이 있다. 남성의 눈이 여성보다 조금 더 큰 반면, 여성의 눈은 남성의 그것보다 흰자위의 비율이 높다. 수많은 문화권에서 눈물샘은 다같이 감정적이더라도 남성보다는 여성에게서 더 활동적인데, 이것이 남성에게 감정을 덜 표현하도록 요구하는 문화적 훈련에 의한 것인지, 아니면 한층 기본적인 생물학적 차이에 이유가 있는 것인지를 가려내기란 어렵다. 그것을 단순히 사회 훈련의 결과로만 보기에는 그 차이가 너무나 크다.

그렇다면 눈물 그 자체를 잠시 살펴보기로 하자. 눈물은 눈의 노

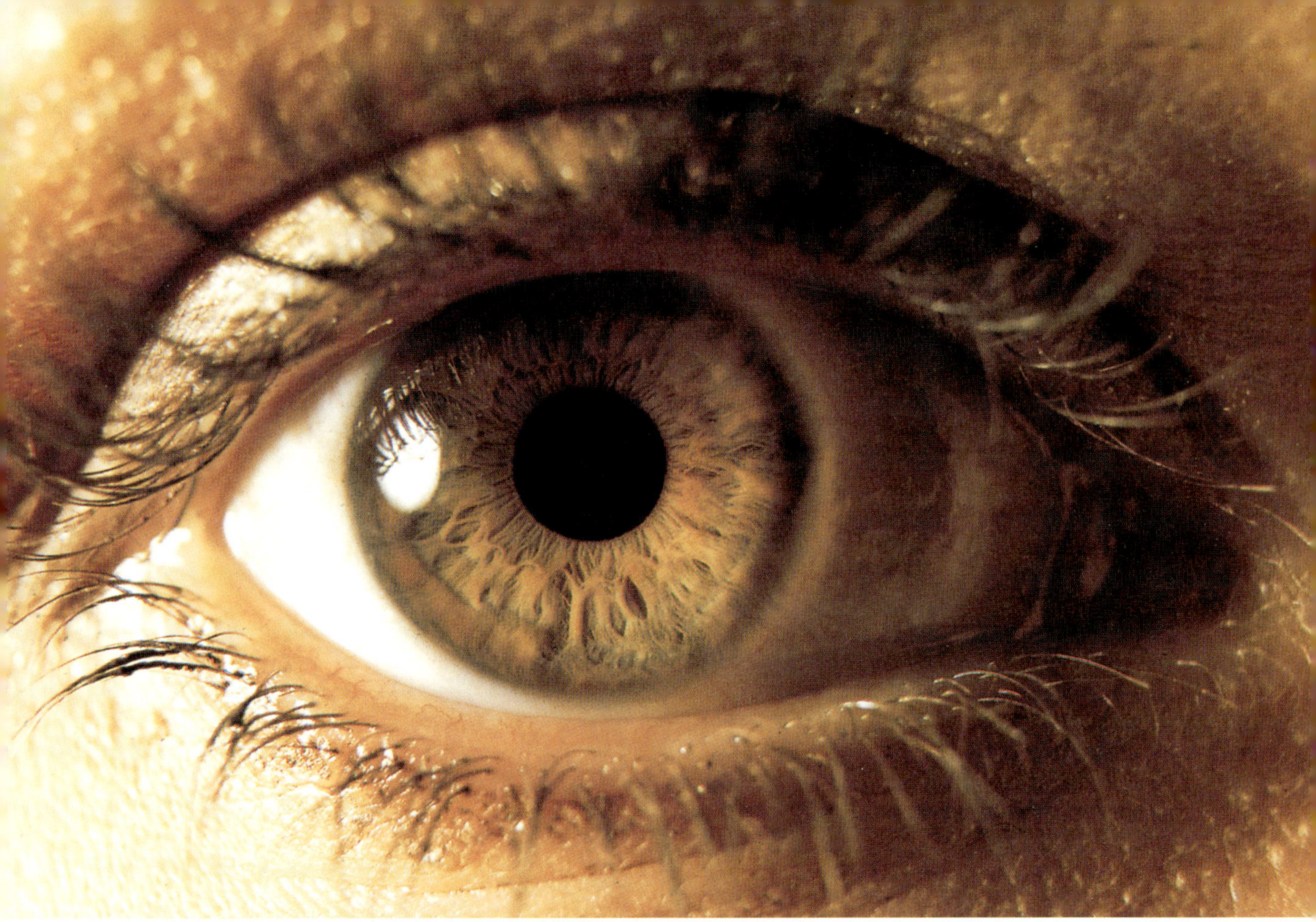
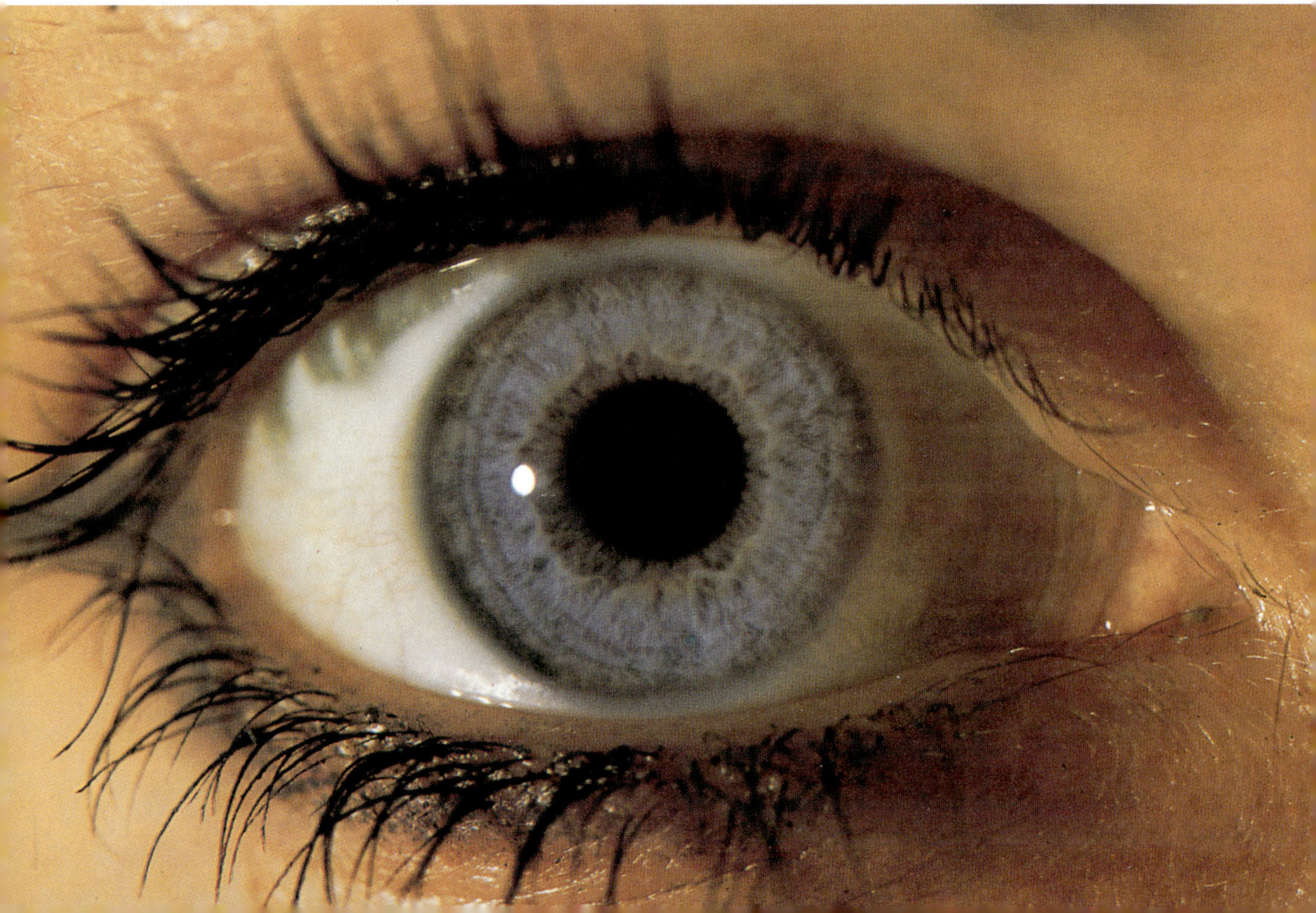

There is no blue pigment in blue eyes.

동공은 들어오는 빛의 양에 따라 그 크기가 시시각각 변하고, 아울러 정신적인 영향을 받아 늘어나고 줄어든다. 우리들이 좋아하는 무엇을 보면 동공이 커진다. 반대로 싫어하는 것을 보면 바늘 끝처럼 줄어든다. 근육질인 홍채는 동공을 에워싸고 있으며, 그 안에 들어 있는 멜라닌의 양에 따라 색깔이 다르다. 백인 갓난아기들은 거의 모두가 파란 눈을 하고 있지만, 그 대다수가 점차 나이가 듦에 따라 눈빛이 훨씬 짙어진다. 피부가 검은 아기들은 태어날 때부터 눈이 검다. 파란 눈에는 파란 색소가 없고, 초록 눈에도 초록 색소가 없다. 이들을 비롯하여 그 밖에 엷은 회색과 자줏빛은 홍채의 각 켜에 있는 멜라닌의 양이 줄어들면서 생기게 된다. 파란 눈이 검은 눈보다 더 연약한 것은 불가사의하다. 파란 눈을 가진 사람들이 빛에 좀더 민감하지만, 다른 면에서는 그에 못지않게 힘이 있다.

출된 표면의 윤활유일 뿐만 아니라, 살균제이기도 하다. 눈물에는 세균을 죽이고 눈의 감염을 방지하는 라이소자임^{lysozyme}이라는 효소가 들어 있다.

　일시적인 눈의 긴장이란 문명인의 공통적인 고통이다. 사실, 우리들의 눈은 현대 생활에서 지척咫尺보다 훨씬 먼 거리에서 능률적으로 일하도록 진화되었었다. 선사시대의 인간들은 책상 앞에 고개를 숙이고 앉거나, 안락의자에 몸을 파묻고 앉아 숫자나 작은 활자들을 읽거나, 스크린에 명멸明滅하는 영상들을 지켜보지 않았다. 그들은 사냥꾼이었으므로, 그들의 눈들은 저 멀리 있는 형상들에 더 많은 관심을 기울였다. 먼 곳보다 가까운 물체에 눈의 초점을 맞출 때 눈 근육은 더욱 긴장한다. 따라서 가까운 거리의 대상들을 보아야 하는 도시인들은 불과 몇 피트 앞을 몇 시간씩 계속해서 응시하여 심한 근육 피로에 시달리게 된다. 우리들이 텔레비전을 보거나 책을 읽을 때, 가

Framing the eyes with the hands transforms the gaze into a super-stare.

까운 거리만이 아니라 시야의 거리에 변화가 없는 것 또한 문제가 된다. 이것은 눈 근육이 부자연스럽게 오랫동안 특정한 정도로 수축하도록 강요하는 것이다. 우리들의 눈이 아플 수도 있지만, 그렇다고 눈에 상해傷害를 입혔다는 의미는 아니다. 그것은 1마일 달리기를 하여 다리가 아프니 상해를 입었다고 할 수 없는 것과 같다. 그들에게 필요한 유일한 것은 휴식이다. 그것은 이따금 스크린이나 책장에서 눈을 돌려 잠시 멀리 있는 물체에 초점을 맞추어 보는 것이면 충분하다.

우리들의 아득한 조상들 가운데 많은 사람에게 약한 시력은 일종의 저주였음에 틀림이 없다. 습득한 시각 정보의 정확성이 떨어질 뿐만 아니라, 약한 시력으로 보려고 애를 쓰다 보면 늘 두통과 편두통이 일어나기 때문이다. 초기 문명권의 사람들에게도 그 저주는 남아 있었다. 문자의 발명과 더불어 그 고통은 더욱 악화되었으며, 수많은 늙은 현인賢人과 학자들이 젊은이들을 고용하여 글을 읽어 달라고 하지 않을 수 없었다. 로마 시대 수사학修辭學의 거장이요, 그리스도와 같은 시대를 살았던 세네카 Lucius Annaeus Seneca, 기원전 4~기원후 65년 추정는 이 심각한 문제를 해결하려고 시도한 첫 번째 인물이 아닐까 생각된다. 그는 시력이 안 좋았음에도 불구하고 '물의 공'을 확대경 삼아 로마 도서관의 책들을 남김없이 읽어낼 수 있었다고 전해진다. 이처럼 독창적인 해결 방안이 일찍이 안경을 개발하는 데 이바지했을 법하지만, 현실은 그렇지 않았다. 13세기에 가서야 영국 철학자 로저 베이컨 Roger Bacon, 1214~1294년 추정이 다음과 같은 기록을 남겼다. "만약 어떤 사람이 수정이나 유리라는 매질을 통하여 글자 또는 다른 미세한 물체를 본다면… 구체球體의 절반에 못 미치는 모양을 가지고 있으며 그것의 볼록한 부분이 눈을 향해 있다면 글자를 훨씬 잘 볼 수 있고, 더 크게 보일 것이다". 그는 그러한 유리가 시력이 안 좋은 사람들에게 유용하리라고 짐작했으면서도 인간의 시력에 대한 이 축복을 개발하려고 서둘지 않았다. 그 세기가 끝나갈 즈음 이탈리아에서 본격적인 독서용 안경이 마침내 등장했다. 다만 그들이 베이컨의 영향을 받았는지는 분명치 않다. 1306년 피렌체의 어느 사제司祭가 강론에서 다음과 같은 말을 했다. "이 땅 위에서 가장 쓸모있는 것으로 손꼽히

'안경(spectacles)' 또는 '쌍안경(binoculars)' 몸짓은 '너를 보고 있어'라고 말하는 장난기어린 동작이고, 얼굴을 변형시키는 효과를 내면서 마치 초집중하며 응시(凝視)에 몰두하고 있는 듯한 인상을 준다. 가령 위협할 의사가 전혀 없을 때라도 하더라도 이 동작을 하는 사람은 약간 위협적인 행동으로 보이게 된다. 테가 굵은 안경도 그와 비슷한 기능을 하며, 그 사용자는 항상 '협박적이고' 인위적인 눈초리를 하고 있는 것처럼 보인다. 모든 영장류와 마찬가지로 우리는 치뜨고 노려보는 한 쌍의 눈에 대한 두려운 정도에 따라 반응하도록 미리 짜여져 있다.

는 안경 제조 기술이 발명된 지 아직 20년이 되지 않았습니다". 거의 같은 시기에 마르코 폴로^Marco Polo, 1254~1324년 추정는 중국의 노인들이 돋보기를 사용하는 장면을 보았다고 기록한 바 있다. 그러므로 14세기에 이르러 안경이 널리, 그리고 본격적으로 사용되었음을 알 수 있다. 15세기에는 근시近視를 교정하는 특수 렌즈가 나타났고, 18세기에는 벤저민 프랭클린^Benzamin Franklin, 1706~1790년이 두 알 안경을 발명했다. 1887년 스위스에서 처음으로 콘택트렌즈가 만들어졌다.

지금까지 살펴본 안경의 짧은 역사는 의학적 관심 이상의 의미를 지니고 있다. 안경은 우리 눈의 겉모습을 바꾸어 놓았기 때문이다. 안경의 모양은 사용자의 얼굴 표정의 일부가 되었다. 묵직한 안경의 윗테는 초대형 찡그림^super-frown이 되어 억세고도 위압적인 인상을 주었다.

폭이 넓고 둥그런 안경테는 눈을 크게 뜨고 노려보는 듯한 인상을 주었고, 둥그런 테는 위로 아치를 그리고 있는 눈썹을 연상시켰다. 여기엔 교묘한 화장술과 같은 속임수는 없었다. 눈 가면이 그 사람의 전체 얼굴 표정을 바꾸어 놓은 것처럼, 안경 또한 얼굴의 일부는 아니지만 안경테의 영향을 받지 않기란 불가능했다.

검은 안경의 효과는 유달리 극적이었다. 앞서 말했듯이, 눈의 흰자위로 뚜렷이 드러나는 의사 전달용 눈의 움직임이 사회적인 만남에서 끊임없이 정보를 제공하는데, 검은 안경은 그 정보를 모두 막아 버렸다. 이리저리 왔다갔다하는 눈, 흘금거리는 눈, 주의를 기울이지 않는 눈, 지나치게 주위를 경계하는 눈, 멍하게 풀려 있는 눈 등 모두가 이 '가리개'를 쓰고 있는 동안 그의 동료들은 볼 수가 없었다. 그

Spectacles are clearly not part of the face.

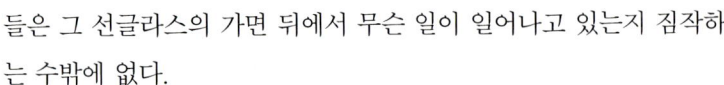

들은 그 선글라스의 가면 뒤에서 무슨 일이 일어나고 있는지 짐작하는 수밖에 없다.

그들은 무엇을 놓치고 있을까? 사람의 눈 움직임은 정확히 무엇을 우리들에게 말해 주는가? 어느 사회적 모임에서 종속적인 사람들은 지배적인 인물을 바라보는 경향이 있고, 지배자들은 특별한 환경이 아니라면 종속적인 사람들을 무시한다. 예를 들어, 우호적이고 순종적인 사람은 방 안에 들어올 때 이리저리 둘러보고 그 안에 있는 모든 사람들을 관찰한다. 높은 신분의 지배적인 인물을 확인하면, 그

안경의 신호 효과를 이용하는 경우가 많다. 오만한 성격의 인물은 찌푸린 듯한 굵직한 안경을 사용하여 그의 으스대는 성격을 부각시킨다. 소심한 팝스타는 '차양', 즉 괴기한 선글라스 뒤에 그의 수줍은 성격을 숨긴다. 평화운동을 하는 명사(名士)들은 공격성이 없음을 시위하기 위해, 그리고 차분한 사람은 허세가 없음을 보이기 위해 철사같이 가는 다랗고 동그란 테의 '할머니 스타일'의 안경을 고른다. 그보다 더 인기있는 장치 중 하나가 햇빛이 나지 않을 때도 선글라스를 쓰는 것이다. 이것은 거침없는 운영자, 냉철한 협상가, 음험한 거래자, 익명의 스타-그리고 후자로 오해를 받고자 하는 무명인(無名人)-가 구사하는 전략이다. 어떤 사람들에게 선글라스는 정체를 위장하는 단순한 수단이지만, 다른 사람들에게는 속마음이 드러나는 눈의 움직임을 숨기려는 술책이다.

Yet it is impossible not to be influenced by them.

는 끈덕지게 그 지배자를 주목한다. 농담이나 논란의 여지가 있는 말이 나오거나 개인적인 의견이 나올 때마다, 그 종속자의 눈길은 지배자에게로 날아가 그의 반응을 살핀다. 그의 '상관boss'은 이러한 주고받음에 대개 초연하고, 일반적인 대화중에는 종속자들에게 거의 눈길을 돌리지 않는다. 그러나 그 중 한 사람에게 바로 질문을 던질 경우에는 대상 인물을 똑바로 쏘아본다. 그의 눈길이 꽂힌 종속자는 잠깐이지만 이 눈초리를 되받을 배짱이 없고, 대답하면서 거의 다른 곳을 바라보고 있다.

이처럼 눈빛을 통한 뚜렷한 위계 질서pecking order가 작용하며, 특정

THE EYES

The power of the gaze to express love and hate, to elevate and degrade, has always impressed.

한 개인과 타인 사이에서 지배하거나 지배당하는 상황에서 적용된다. 동등한 신분의 친구들이 만났을 때는 눈의 움직임이 위의 경우와 상당히 다르다. 여기서는 누구도 종속적이지 않으면서 모두가 '종속적'인 눈의 움직임을 한다. 신체 언어로 우정을 표시하는 제일 간단한 방법은 적의敵意 없음 non-hostility과 지배하지 않음 non-dominance을 보여주는 것이기 때문에 이것이 가능하다. 그러므로 우리는 친구들을 지켜보며, 마치 그들이 지배자이기라도 하듯 눈으로 대우한다. 그들이 말을 하거나 행동을 하면, 우리는 그들을 바라본다. 말하고 있는 우리를 그들이 지켜볼 때면 우리 말에 어떤 반응을 보이는지 알아보기 위해 우리는 이따금 그들을 훑어본다. 이러한 자세로 두 친구는 각기 상대방을 중요한 인물로 대접하고, 그 결과 모두는 흡족함을 느끼게 된다.

어느 지배적인 개인이 아랫사람의 환심을 사려면, 동등한 신분의 친근한 신체 언어를 일부러 사용하면 된다. 피고용자나 어느 하인과 말을 할 때 그는 상대방의 말 한 마디 한 마디를 새겨듣고 짐짓 주의깊은 눈길을 보내 주면 된다. 이와 같은 행위 장치는 선거 운동과 같은 특수한 상황이 아니라면, 지배적인 인물들이 거의 사용하지 않는다.

뜨거운 사랑이나 증오에 사로잡혔을 때만 오랫동안 눈과 눈이 서로 마주볼 수 있다. 몇 초 이상 다른 사람을 똑바로 쏘아보면 대다수의 사람들에게 너무 위협적이라 얼른 눈길을 돌리게 만든다. 오로지 연인들만이 그와 같은 철저한 상호 신뢰가 있어 약간의 두려움도 없이 서로를 응시할 수 있다. 서로의 눈을 뚫어지게 보면서 그들은 무의식적으로 상대방의 동공 확장도를 관찰한다. 거기에 깊고 검은 웅덩이가 있으면, 그들은 직감적으로 서로가 동일한 느낌을 갖고 있음을 알게 된다. 만일 바늘 끝 같은 작은 동공이 있으면, 그들은 불안을 느끼기 시작하고 그들의 관계가 순조롭지 않음을 느끼게 된다.

그러면 사랑하는 이들에게서 미워하는 이들로 말머리를 돌려보자. 성난 인간의 매서운 눈초리는 등골을 오싹하게 한다. 미신이 성행했던 옛날에는 초자연적인 존재들이 인간사人間事를 지켜보고 그 결과에 영향을 끼친다고 믿었다. 이들의 신성한 권력이나 신의 주시注視

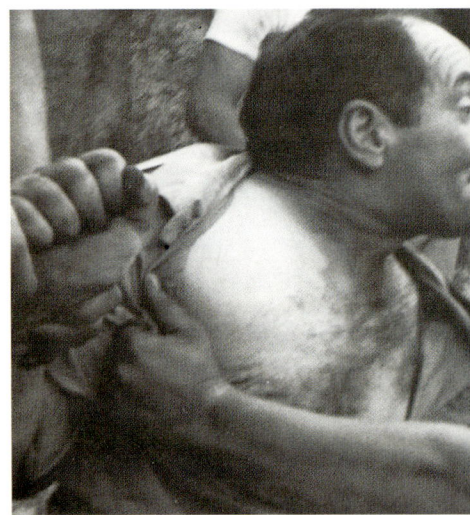

오로지 두 가지 감정적인 상황에서만 두 사람이 오랜 시간 동안 서로의 눈을 가까운 거리에서 노려보게 된다. 그 첫째는 격정적인 사랑이요, 그 둘째는 격렬한 증오이다. 연인들은 서로의 눈을 깊숙이 들여다보며 무의식적으로 진실한 감정을 드러내는 상대의 동공 확장을 살핀다. 그 동공 확장이 크면 클수록 사랑도 크다. 증오하는 사람들은 서로가 적수의 눈길을 돌리게 만들려고 기를 쓴다. 눈을 돌리는 쪽이 심리적인 패배를 시인한다고 보기 때문이다.

는 그들이 눈을 가지고 있음을 의미했다. 그들은 그렇게도 많은 대상들을 보아야 하는 까닭에 당연히 많은 눈을 가지고 만물을 볼 수 있어야 한다고 생각했다. 착한 신들이 관여하는 분야에서는 그들이 보호적인 기능을 한다고 믿었기 때문에, 인간에게 득이 된다고 믿었다. 그와는 달리 악한 눈을 가진 악신^{惡神}들이 있었고, 그들이 눈길을 뻗치면 재앙이 닥친다고 믿었다.

악한 눈의 힘을 믿는 것은 세계에 널리 퍼져 있었고, 그 미신은 지금도 남부 이탈리아와 같은 일부 지역에 남아 있다. 악한 눈은 악한 눈 귀신이 되었고, 이 악의에 차고 유해하며 치명적이기까지 한 악마의 눈은 아무런 예고도 없이 희생자의 목숨을 빼앗아갔다. 그 눈초리가 떨어지는 사람에게는 무서운 재앙이 일어났다. 때로는 평범한 사람이 자기 뜻과는 달리 악한 눈 귀신에게 홀렸고, 그가 바라본 사람들은 누구든지 오래지 않아 어떤 형태로든 고난을 당했다. 줄잡아 두 교황 — 피우스^{Pius} 9세와 레오^{Leo} 13세 — 이 이 무서운 마수에 걸려들었고, 그로 말미암아 그들을 따르던 신도들에게 악몽과도 같은 문제들을 일으켰다.

이단 심문소^{Inquisition}에서 악한 눈 귀신에 홀린 사건들을 심리하던 재판관들은 피의자들을 법정에 데려올 때 뒷걸음질로 들어오게 하여 그들의 치명적인 눈길이 법정 안에 소란을 일으키지 못하게 예방했다고 한다. 여러 문화권의 많은 사람들이 자신을 보호하는 데 도움이 될 만한 호부^{護符}와 부적^{符籍}을 지니고 다녔다. 그 중 일부는 음란하기까지 했는데, 그 이유는 악한 눈 귀신이 그 호부와 부적에 홀려 눈길을 그 곳으로 돌리게 하려는 의도에서였다. 다른 호부나 부적들은 악한 눈 귀신과 '눈싸움을 하기 위하여' 노려보고 있는 눈의 형상을 담고 있었다. 심지어 어떤 갓난아기의 등에는, 악한 눈 귀신이 등 뒤로 몰래 덤벼들 경우를 대비하여 그를 보호하는 역할을 할 눈들을 문신으로 새겼다.

배, 집, 목걸이, 우상, 그릇과 가게 등이 모두 보호용 눈들로 장식됐고, 이 눈들은 고정되어 절대로 깜박이지 않았으며, 어느 눈초리 앞에서도 기가 꺾이지 않았다. 이처럼 원시적인 미신을 비웃을 수도 있겠지만, 우리들은 여전히 그것들로부터 자유롭지 못하다. 노려보

◀ 인생에서 행운과 불운을 믿는 사람들은 곧잘 미신에 빠져 자신의 방을 눈으로 장식한다. 이것을 전문용어로 '액막이 눈'이라 부르는데, 이러저러한 형태로 수천 년 동안 쓰여왔다. 만약 '악한 눈', 또는 흉안(凶眼)이 방 안에 들어와 그 안에 있는 사람에게 그 눈길로 불운을 가져온다면, 그 안에 있는 다른 눈들로 눈싸움에 이길 수 있다는 사상이 그 뒤에 도사리고 있다. 방 안에 있는 인공적인 눈들이 깜박이지 않으면, 결국 그 '악한 눈'이 돌아가지 않을 수 없고, 따라서 그 방의 주인은 아무런 해도 입지 않게 될 것이라고 생각했다. 고대 이후 그와 비슷한 눈들이 배의 이물에 달려 있었고, 지중해 연안에서는 오늘날까지 여전히 그 눈을 볼 수 있다.

는 눈의 위협적인 힘에 대한 믿음은 과거와 같이 뚜렷하지 않지만, 우리들에게도 여러모로 남아 있다. 행운의 말편자가 그 중 하나이다. 원래 그것은 여성의 성기를 상징했다. 행운을 위해 문 위에 걸어두고 악한 눈 귀신의 관심을 다른 곳으로 돌리게 하여 건물 안을 노려보지 못하게 하는 장치였다.

악한 눈 귀신이 저지르는 가장 나쁜 짓은 시기^{猜忌} 때문이라는 생각에서, 피해를 볼 가능성이 있는 사람을 지나치게 칭찬하지 않는 것이 중요했다. 매우 위태로운 순간에 어떤 사람을 훌륭하다고 칭찬하는 것은 어떤 지역에서는 용서될 수 없는 잘못으로 여겨졌다. 그것은 재앙을 불러들이는 일이고, 악한 눈 귀신이 억누를 수 없는 질투를 느껴 그 '훌륭한 사람'을 때려눕히도록 부추기는 행위였다. 말을 기르는 곳에서는 말 주인들이 특정한 말을 칭찬했다가 악한 눈 귀신이 질투하여 그 말의 다리를 부러뜨릴까 두려워했다. 그래서 그들은 찬사 대신에 '다리를 부러뜨려라'라는 말을 하여 악한 눈 귀신이 대수롭지 않게 생각하고 그 말을 내버려두게 했다. 이처럼 기이하고 은밀한 '기원^{good wishes}'의 형식은 또다른 위험 요소가 많은 분야인 연예계에 오늘날까지 남아 있다. 이 곳에선 무대에 등장하기에 앞서 연기자에게 그 말을 해 준다.

원래 이러한 '행운을 비는' 기법은 모두가 그릇된 믿음에서 나왔다. 그 믿음이란 눈이 무엇을 볼 때마다 거기서 태양의 불길과 비슷한 에너지 파장이 나온다는 생각이었다. 레오나르도 다 빈치^{Leonardo da Vinci, 1452~1519년}마저 뜬 눈에서 빛줄기가 흘러나오고, 그것이 실제로 보고 있는 물체와 접촉한다고 생각했다. 그는 눈이 초자연적인 힘을 지니고 있으며, 아울러 악의에 차 있다면 거기서 쏟아져나가는 빛 에너지의 흐름은 상대에게 쉽사리 해를 끼칠 수도 있으며, 나아가서는 치명적일 수 있다고 생각했다. 훗날 빛이 눈에서 나오는 것이 아니고 눈으로 들어간다는 사실이 밝혀지면서, 악한 눈 귀신을 둘러싼 미신의 근거가 무너지고 말았다. 이러한 사실에도 불구하고 그 미신이 지중해 연안과 다른 곳에 지금까지 끈질기게 남아 있다는 사실은 더욱 놀랍다.

오늘날 눈에서 방출되는 여러 가지 눈빛 표정은 그것을 보는 사람들에게 시각 신호$^{visual\ signal}$를 전달하여 시시각각 변화하는 그의 기분을 알려 준다. 이들 표정의 대다수는 굳이 다시 생각할 필요가 없을 만큼 잘 알려지고 명백하지만, 그 중 일부는 간략하게 설명할 필요가 있다.

다소곳이 눈을 내리까는 자세는 이따금 겸손의 신호로 사용된다. 그것은 윗사람을 감히 바라보지 못하는 아랫사람들의 자연스러운 행동에서 비롯되었으며, 그 방향이 제멋대로가 아니다. 아주 다소곳한 '꽃'은 자신의 두 눈을 왼쪽이나 오른쪽으로 돌리지 않고, 오로지 땅바닥을 주시한다. 이 행동에는 절을 하는 암시나 머리를 숙이는 복종의 뜻이 담겨 있다.

눈길을 들어올리는 자세 역시 종종 의도적인 신호로 이용된다. 가령 높은 위치에 잠시 눈길을 머물게 하면, 그 표정은 '결백한 척하는 시늉'의 하나이다. 요즘은 익살로만 연출하는 이 눈 동작은 무죄임을 주장하는 증인이 부끄러움없이 하늘을 우러러본다는 생각에 근거를 두고 있다.

부모들이 말없이 자녀의 기를 꺾으려 할 때는 곧잘 눈을 부릅뜬다. 그 부릅뜸은 응시^{凝視}의 복합형이다. 눈썹을 찡그리며 눈은 크게 뜬 채로 '상대'를 윽박지른다. 이것은 일종의 모순이다. 대체로 눈을 크게 뜨면 눈썹을 치켜뜨게 되는데, 이 경우에는 얼굴의 두 부분이 서로 상충하는 동작을 취해야 한다. 이런 까닭에 그것은 오랫동안 지을 수 있는 표정이 아니다. 그처럼 눈을 부릅뜰 때는 윗속눈썹은 힘겹게 밀려올라가 내려오는 이마 밑으로 거의 사라지게 되고, 부릅뜬 눈의 분계선은 눈썹이 아니라 이맛살이 된다. 이것이 눈의 겉모양을 이상하게 만들기 때문에 그 성격이 아주 뚜렷하다. 이 부릅뜬 눈의 메시지는 일종의 놀란 분노이다.

곁눈질은 들키지 않고 남을 몰래 볼 때 쓰인다. 그것이 부끄러워하는 징후가 될 때는 의도적인 수줍음의 신호로 사용되기도 한다. "나는 당신을 똑바로 보기가 너무 겁나요. 그러나 보지 않고는 견딜 수가 없군요"가 여기에 담겨진 메시지이다. 그리고 이 동작을 묘사하는 대중적인 표현으로 추파를 던진다고 할 때 "누구에게 양의 눈길을 보내다$^{making\ sheep's\ eyes\ at\ someone}$"라고 쓰기도 한다.

우리들이 무척 피로하거나 백일몽을 꾸고 있을 때, 눈의 초점이 흐려지는 현상이 일어난다. 자신이 백일몽을 꾸고 있는 특별한 대상(이를테면, 새로운 연인)이 있다는 신호를 하고 싶은 사람은 동료들에게 강렬한 인상을 주는 한 가지 수단으로 멍한 눈으로 창 밖이나 방 건너편을 일부러 응시한다.

홍채 위 또는 아래에 흰자위가 드러날 만큼 눈을 크게 뜨는 것은 가벼운 놀라움을 나타내는 기본 반응이다. 이 동작은 눈의 시계^{視界}를 넓히고 시각 자극의 반응도를 높이는 한 가지 방법이다. 우리들은 지금 이러한 눈의 자동 반응을 적지 않게 이용하여 의도적이고 '연출된' 놀란 신호를 보내기도 한다.

아울러 눈을 좁히는 데도 의도적인 변형이 있다. 기본적으로 이 동작은 빛이 너무 강하거나 상해의 위험이 있을 때 일어나는 보호 반응이다. 동시에 이것은 엄살 피우는 사람을 봤을 때 그를 경멸하며 불쾌

THE EYES

The eloquence of the eyes is unrivalled.

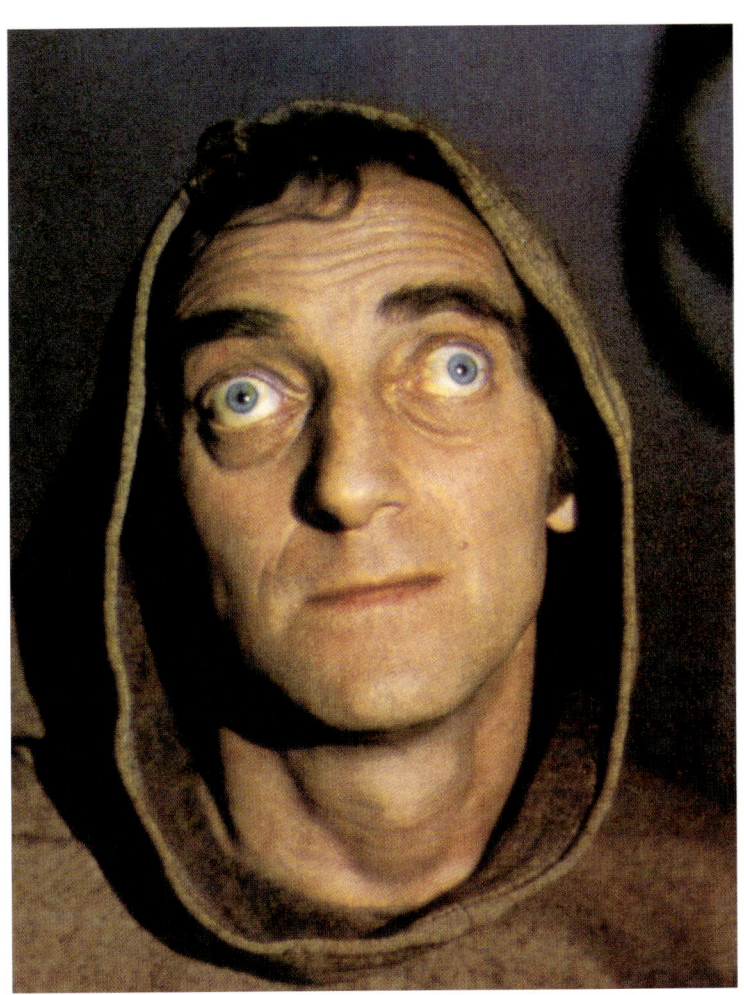

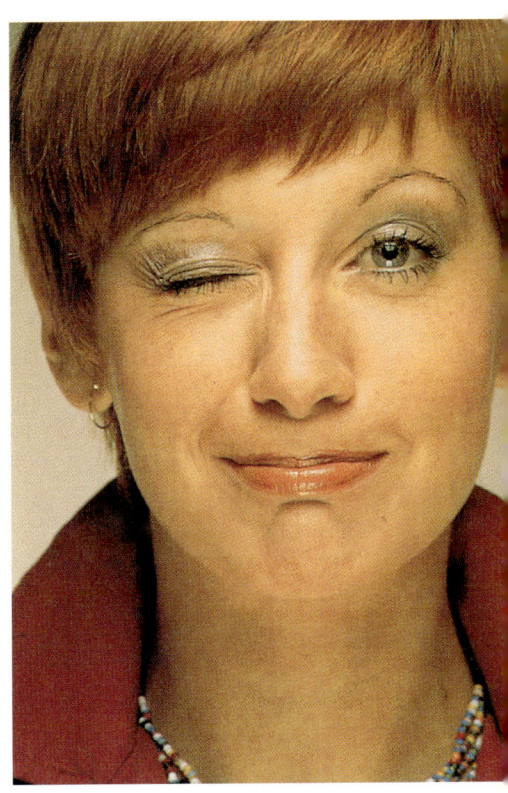

감을 표현하는 표정이 되기도 한다. 이처럼 인위적인 '고통스러운' 표정은, 그 자리에 있는 사람마다 정도의 차이는 있으나 지속적인 고민이 원인임을 암시하고 있다. 그것은 혐오의 표정 – 주위 세계에 대한 오만한 경멸의 표시 – 이다. 동양인들의 눈 위에 있는 특이한 주름은 때때로 '오만'이라는 그릇된 인상을 주기도 한다. 이는 일부러 실눈을 뜨고 있는 듯한 인상을 주기 때문이다.

반짝이는 눈은 그와는 전혀 다른 신호를 보내고 있으며, 직업적인 배우들을 제외하고는 이 표정을 거짓으로 흉내내기란 어렵다. 깜박거리고, 번득이며, 반짝거리는 눈의 표면은 일련의 감정 때문에 눈물샘에서 나온 다소 많은 분비물로 차 있지만, 그 감정이 실제로 울

여기 다섯 가지 눈 표정이 있다. 이것은 우리들이 함께 있는 사람에게 자신의 감정을 전달하는 수많은 몸짓 가운데 일부이다. 기본적으로 그것은 우리들이 눈을 보호하기 위해 눈을 감거나, 주위를 좀더 넓게 받아들이려 평상시보다 눈을 크게 뜨는 정도에 따라 관계가 있다. 집 밖에 있는 사람이 눈을 가늘게 뜨는 것은 쏟아지는 햇살에 대한 단순 반응이지만, 집 안의 희미한 빛 속에서 고통스러운 혐오감을 전달하고자 하는 사람이 그와 비슷한 표정을 사용하기도 한다. 놀라서 활짝 뜬 눈은 화장술로 짐짓 과장할 수 있다. 이 수법은 인도 무용수들에게 인기가 있는데, 그들의 눈 동작은 무용 동작과 뗄 수 없는 한 부분을 이루고 있기 때문이다. 때로 한쪽은 뜨고, 다른 눈은 감기도 한다. 우리들은 이 동작을 눈 깜빡임(Wink), 때로는 추파라고 한다. 사실 이것은 지시적인 눈감기이며, 감겨진 눈은 친구를 겨냥하여 무언가 숨겨진 것–우리들만이 알고 있는 비밀–이 있음을 암시한다. 만약 반대되는 성(性)의 낯선 사람에게 이 눈짓을 한다면, 서로가 공감하는 성적 욕구(아직 말하지는 않았지만)가 있음을 은근히 암시하는 것이다. 하늘을 우러르며 천진한 척하는 희극배우의 눈은 이중적인 뜻을 품고 있다. 그는 꼬고 있는 아가씨로부터 눈길을 돌려 수줍은 척하고, 동시에 하늘을 쳐다보며 하느님의 용서를 빌고 있는 듯한 시늉을 한다.

The cosmetic enhancement of eye impact.

음을 터뜨릴 만큼 강렬하지는 않다. 이것이 정열적인 연인, 열렬한 팬들, 자랑스러워하는 부모와 승리를 거둔 운동 선수들의 반짝거리는 눈이기도 하다.

또한 번민과 근심, 상실 등 다시 말해서 소리내어 울기 직전의 강한 감정 상태에서 빛나는 눈도 그러한 눈이다.

울음 그 자체도 매우 강한 사회적 신호이다. 인간은 울지만 다른 영장류는 울지 않는다는 사실은 적지 않은 관심을 불러일으킨다. 여기서 그 차이를 우리 조상들이 몇 백만 년 전 수중 생활 단계를 거쳐왔다는 점에서 찾으려는 의견이 나오기도 했다. 바다표범들은 감정적으로 불행할 때 울지만, 인간을 제외한 땅 위의 포유류는 그렇지 않다. 해달[sea otter] 역시 제 어린 것들을 잃으면 운다. 이로 미루어 눈물을 많이 흘리는 것은 바다로 되돌아간 포유류가 눈물로 눈 청소 기능을 개선한 부산물이라는 견해가 있다.

수중 생활을 근거로 하는 이 설명은 논리적임이 틀림없다. 가령 인간이 몇 백만 년 전에 수중 단계를 거치고, 바닷물에의 장시간 노출에 대응하여 눈물 생산을 증가시킨 뒤에 눈물 많은 눈을 그대로 간직한 채 대초원의 사냥꾼으로 땅 위로 돌아왔다면, 새로운 사회적 신호로 감정적 울음을 활용함직도 하다. 이러한 논리는 인간만이 이러한 특성을 지닌 영장류가 된 이유를 설명해 준다. 그의 대안이 됨직한 해석도 있다. 그에 따르면 눈물의 산출량을 증가시킨 원인은 대초원의 먼지 많은 환경이었으며, 눈물 많은 감정적 울음은 개선된 눈 청소법의 부산물이었다. 설사 먼지 많은 환경에 있는 다른 포유류들이 한결같이 어려움에 처해서도 울지 않는다는 점을 지적한다면, 그들은 모두가 털이 난 뺨이 있어 눈물을 흘리더라도 보이지 않는다는 반론을 제기할 수 있다. 인간의 반들거리는 얼굴 살갗에서만 가까이 있는 사람에게 반짝이는 눈물방울이 힘찬 시각 신호의 구실을 하게 된다.

눈물을 흘리는 눈을 전혀 다른 각도에서 해석하기도 한다. 그것은 눈물은 오줌과 마찬가지로 노폐물 배설이 그 주요 기능이라는 의견에 바탕을 두고 있다. 슬픔에 의한 눈물과 눈의 표면에 가해진 자극으로 인한 눈물을 화학적으로 분석해 본 결과, 얼굴에 흘러내린 두 가지 액체에 포함된 단백질이 서로 달랐다. 이에 따라 울음이란 일차적으로 신체 안에 있는 지나친 스트레스 화학물질을 제거하는 방법이며, "실컷 울고 나면 기분이 후련하다"는 이유 - 생화학적인 기분 전환 - 를 설명하게 된다는 주장이 나올 수 있다. 우는 사람의 젖은 뺨은 함께 있는 사람으로 하여금 그 슬픔에 잠긴 대상을 껴안고 위로하도록 유도하고, 그 시각적 신호가 이 노폐물 제거 기능의 이차적인 이용법으로 풀이될 수 있다. 이러한 이론 역시 침팬지와 같은 동물이 울지 않는다는 사실과 조화시키기 어렵다. 침팬지들은 야생생활 중에서도 사회적인 분란으로 인해서 극도의 스트레스를 겪을 때가 있다.

그러면 울음이라는 극적인 주제는 이쯤해 두고 눈 깜박이기라는 보다 범속한 소재로 방향을 바꾸기로 하자. 오늘날 이와 관련하여 몇 가지 의도적인 신호들이 사용되고 있다. 일반적인 눈 깜박이기는 하루에 여러 차례 각막 표면을 깨끗이 하고 적셔 주는 자동차 와이퍼 작용이며, 대략 40분의 1초가 걸린다. 눈물 산출량이 늘어나기 시작하는 격정 상태에서는 그와 함께 눈 깜박이기 비율이 높아져가므로, 깜박이기 횟수가 기분 지표[mood index]의 역할을 할 수 있다. 눈 깜박이기의 변형들로는 '반복 눈 깜박이기[Multiblink]', '큰 눈 깜박이기[Superblink]', '속눈썹 떨기[Eyelash Flutter]'와 '눈짓[Wink]'이 있다. 반복 눈 깜박이기란 눈물이 흐르기 직전의

사교적인 모임에서 사람을 만날 때, 우리는 눈 부위에 관심을 집중시키는 성향이 있기 때문에 온갖 다양한 눈짓들이 뚜렷이 드러나게 된다. 눈을 파르르 떤다면 당장 눈치를 채겠지만, 발이 떨린다면 그것을 바로 알아차리기란 어렵다. 그런데도 우리들은 그 정도로 만족하지 않았고, 수천 년에 걸쳐 우리들의 눈을 더욱 도드라지게 하는 갖가지 수단을 동원했다. 일찍이 이 땅 위에 문명이 발생한 이래로 사람들은 속눈썹에 검은 칠을 하여 그 움직임을 더욱 돋보이게 했고, 눈의 모양을 과장하기 위해 눈꺼풀에 테를 둘렀으며, 얼굴 색깔과 눈의 흰자위를 더욱 선명하게 대조시키기 위해 그 주위 살갗에 물감을 칠했다. 오늘날 이런 유형의 화장은 거의 전적으로 여성에게 한정되고 있지만, 항상 그랬던 것은 아니다. 17세기에 존 불워는 "터키인들은 검은 가루를 장만하여… 가느다란 연필을 이용하여 그들의 눈꺼풀 밑에다 칠했다"는 글을 남겼다. 그의 저서에 어느 화가가 그린 삽화를 보면, 터키의 아름다운 여인이 아니라 콧수염이 당당한 남성이다.

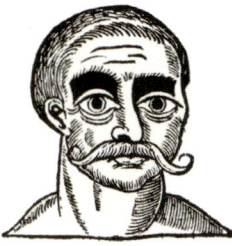

The People of *Camdon* Ifland put a certaine blackneffe upon their Eye-lids.
The *Turks* have a black powder made of a Mineral called *Alchole*, which with a fine pencill they lay under their Eye-lids, which doth color them black, whereby the white of the Eye is fet off more white: with the fame powder alfo they co'our the haires of their Eye-lids, which is practifed alfo by the Women. And you fhall finde in *Xenophon*, that the *Medes* ufed to paint their Eyes.

사람에게서 일어난다. 그것은 눈물이 쏟아지기 전에 눈을 구출하려는 다급한 시도이며, 이로 말미암아 그 동작은 동정적인 슬픔의 의식적 신호로도 사용될 수 있다. 큰 눈 깜박이기는 단 한 번의 크고 과장된 깜박이기로, 정상적인 경우보다 속도가 더 느리고 동작이 더 크다. 그것은 놀란 시늉의 멜로 드라마적 신호로 사용되고 있으며, 꾸며진 '극적' 동작으로만 이용된다. 그 메시지는 다음과 같다. "나는 내 눈을 믿을 수가 없어요. 그래서 내가 보고 있는 것이 정말로 저기 있는지 확인하기 위해서 크게 눈을 깜박여 깨끗이 닦는 중이라오". 속눈썹 떨기는 눈이 빨리 여닫히는 퍼덕임이 있어 반복 눈 깜박임과 비슷하지만, 눈을 뜨는 정도가 더 크다. 이 동작은 눈을 크게 뜨고 '천진한' 표정으로 연출한다. 이것 역시 꾸며지고 아양을 띤 극적 동작의 일종으로, "귀여운 나를 보고 화를 낼 수는 없을 거예요" 하는 맥락에서 사용된다. 눈짓^{Wink}은 고의적인 한쪽 눈 깜박임으로, 눈짓하는 사람과 받는 사람이 어떤 일종의 공모^{共謀} 상태에 있음을 뜻한다. 눈짓의 메시지는 "당신과 나는 다른 모든 사람들을 몰래 배제한 공동의 행위에 잠시 참여하고 있소" 하는 내용이다. 사교적인 모임에서 친구 사이에 이루어질 경우, 이 동작은 눈짓하는 사람과 그 상대가 어떤 문제에 은밀히 공감하고 있으며, 그 자리에 있는 다른 사람들보다 두 사람 사이가 더 가깝다는 암시를 주게 된다. 낯선 사람들 사이에서 이 동작이 일어난다면, 이 몸짓은 통상 거기에 개입된 사람들의 성별과 관계없이 강한 성적^{性的} 초대 신호를 보내게 된다. 두 사람이 은밀히 이해하고 있음을 암시하고 있으므로 비밀스러운 눈짓은 제삼자가 외부인으로서의 소외감을 느끼게 하는 놀림의 제스처로 공공연히 사용될 수 있다. 공개 여부와 관계없이 그 몸짓은 예절에 관한 글을 쓰는 전문가들이 온당치 못하다고 생각하고 있으며, 어느 권위자는 "유럽에서 여성이 눈짓하는 행위는 '상류 사회'의 예절에 어긋나고, 옆구리를 찔러 의사를 전달하는 행동과 같은 것으로 분류할 수 있다…"고 단정했다. 원래 눈짓은 '지향적인 눈 감음^{directional eye closure}'으로 기술할 수 있었다. 눈 감음은 그 비밀이 보고 있는 상대방에게만 겨냥되고 있다는 것을 암시한다. 다른 한쪽 눈은 이 사사로운 의사 교환에서 배제^{排除}된 세상의 나머지 사람들을 위해 열려 있다.

코 THE NOSE

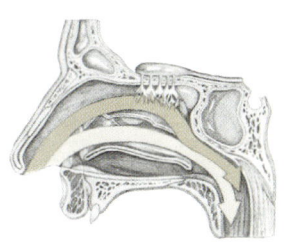

인간의 코는 이상한 냄새를 맡는 것 이외에도 들이마신 공기를 데우고 깨끗하게 한 다음 습기를 더하여 섬세한 폐로 들여보내는 공기 조절 장치로서 매우 중요한 역할을 한다. 이 일에 협업하는 것-그리고 목소리에 공명을 더하는 것-이 부비강(副鼻腔, 코곁굴)이다. 우리들이 이 값진 코곁굴로 인해 치르는 대가가 아주 흔한 축농증이다.

인간의 코는 독특하다. 솟아오른 콧날, 도도록한 코 끝과 아래로 열려 있는 콧구멍이 눈에 띈다. 우리와 제일 가까운 친척인 원숭이와 유인원과도 비슷한 구석이 없다. 기다란 코를 가지고 있으면, 그에 어울리는 기다란 얼굴을 가지고 있기 마련이다. 그런데 우리들은 납작한 얼굴에 기다란 코를 가지고 있다. 이같이 괴상한 모습에는 특별한 설명이 필요하다.

일부 해부학자들은 진화 과정에서 인간의 얼굴은 점차 평평해진 반면, 코는 썰물 뒤에 드러난 바위처럼 그 자리에 그대로 서 있게 되었다는 절름발이 주장을 내놓았다. 이 견해를 받아들이기는 어렵다. 주변 얼굴 요소들에 비해 이 코가 지닌 독립성은 매우 긍정적이어서, 지금까지 '튀어나온 기관^{projectile organ}'이라고 불려온 이 신체 부위는 그 소유자에게 특별한 생물학적 이익을 주고 있음이 명백하다. 이제까지 제시되어 온 몇 가지 이점을 들어보면 다음과 같다.

첫 번째 이론에 따르면, 인간의 우뚝 솟은 코^{proboscis}는 일종의 공명기^{共鳴器, resonator}이다. 이처럼 확대된 형태는 인간 발성^{vocalization}의 중요성이 점차 강화되는 추세를 뒷받침하는 움직임으로 해석된다. 목소리가 진화하고 말이 발달함에 따라 코도 발달하게 되었다는 논리이다. 이 점을 설명하려면, 엄지손가락과 집게손가락으로 코를 꼭 잡고 말을 해 보기만 해도 된다. 발성의 질이 극적으로 떨어진다. 이러한 이유에서 오페라 가수들은 감기에 걸리는 것을 극도로 두려워한다. 이처럼 인간이 또렷한 목소리를 내려면, 능률적으로 공명할 수 있는 커다란 공동-숨겨진 비강^{鼻腔}-만 있으면 되지 않을까 하는 의문이 생긴다. 그렇다면 우리들은 여전히 바깥에 불쑥 튀어나온 코가 있어야 할 또다른 설명을 준비해야 한다.

두 번째 이론은 코를 방패-눈을 보호하기 위한 뼈로 된 방어물-로 보고 있다. 가령 엄지손가락 끝을 광대뼈에 올리고 다른 손가락 끝을 눈썹에 두고, 또다른 손가락 끝을 콧날에 올려놓는다면, 그 손이 눈을 에워싸고 있는 3개의 방어용 돌출부를 누르고 있음을 알게 될 것이다. 이 뼈의 삼각이 정면으로 오는 타격으로부터 약하고 상해를 입기 쉬운 눈을 보호한다. 고대 우리 조상들이 열매 따던, 조금은 편안한 생존 방식에서 사냥의 모험과 위험으로 방향을 전환했

인종에 따라 코의 형태에는 상당한 차이가 있다. 특히 다양한 인종들이 진화해 온 환경의 유형과 밀접한 관계가 있다. 덥고 메마른 기후대에 살고 있는 사람들은 크고 우뚝한 코를 갖게 된다. 고온다습한 지역에서 살아온 사람들의 코는 더욱 넓고 납작하다. 코가 환경에 잘 적응한 공기 조절 장치라는 점을 생각해 보면, 이 점을 쉽게 이해할 수 있다. 그리고 이것은 일반적으로 밝혀진 사실과 일치한다. 이를테면 사막의 아랍인들은 크고 높이 솟은 코를, 열대우림의 거주자들은 납작하고 뭉툭한 코를 가지고 있다. 여기에는 몇몇 분명한 예외가 있다. 아프리카 칼라하리 사막의 부쉬맨(Bushman)과 사막에 살고 있는 오스트레일리아의 원주민 부족들은 둘 다 낮고 넓은 코를 가지고 있다. 그러나 이 사실은 간단히 설명될 수 있다. 양쪽이 모두 조상이 진화해 온 본고장에 살고 있지 않고, 아주 최근에 그 메마른 지역으로 이주하였기 때문에 환경과 코의 형태는 관련이 없다.

A baby's nose is sometimes so appealing that adults cannot resist touching it.

대체로 남성의 코가 여성의 코보다 크다. 이런 면에서 여성의 얼굴은 유아(幼兒) 상태에 더 가깝다. 납작 뭉툭한 코가 달린 얼굴은 보호 본능을 자극하는 강력한 매력을 지니고 있어 성인의 보호 본능을 몹시 자극한다. 진화 과정에서 성인 여성들이 보다 어린애 같은 모습을 간직하여 이러한 인간 본성을 자극하고, 남성의 보호 감정을 불러일으켰던 것 같다. 갓난아기의 작은 코는 이와 같은 뿌리칠 수 없는 매력을 발산하여 성인들은 그것을 만지지 않고는 배기지 못한다. 유형화된 얼굴 모형으로 실험한 결과, 작고 납작한 사람의 코가 보여 주는 반응은 전 세계적으로 강력하고 보편적인 것으로 우리 인종의 선천적인 성향이라 생각된다. 월트 디즈니(Walt Disney)와 같은 만화가들은 독자와 관객들에게 최고의 호소력을 지니고 있는 인간과 동물들을 등장시키기 위해 이 특성을 최대한으로 이용해 왔다.

을 때, 그러한 보호 장치는 더욱 중요한 의미를 갖게 되었을 것이다. 오랜 경력을 가진 권투 선수들의 일그러진 얼굴이 이와 같은 이론을 뒷받침한다. 콧등에는 지금까지 맞은 흔적이 보이지만, 두 눈은 여전히 대체로 예리하고도 영민하다.

세 번째 발상은 다소 공상적이지만, 코를 또다른 종류의 방패 – 물을 막는 방패 – 로 생각했다. 우리 조상들은 몇 백만 년 전에 수중 생활 단계를 거쳤을 가능성이 있으며, 그 수중 생활 동안에 우리 신체가 여러모로 그 곳에 적응했을 것이라는 주장이다. 이 견해에 의하면, 코는 자맥질할 때 물이 밀려들어오는 것을 막는 방패이다. 우리들이 선 채로 물 속에 뛰어들 경우에는 코를 꼭 잡지만, 머리를 먼저 담그는 다이빙을 할 때는 그럴 필요가 없다. 이건 사실이다. 그러나 우리들이 오랜 수중 생활 단계를 거쳤다면, 바다표범처럼 콧구멍 마개를 발달시키는 방향으로 보다 분명한 진화 과정을 거쳤을 것이다. 물 속에서 코를 꼭 닫기 위해서는 작은 진화의 단계를 거치기만 해도 되었을 것이다. 그랬더라면 밑으로 콧구멍이 나 있는 기다란 코를 발달시킬 필요가 없었을 것이고, 물 속의 유인원에게는 덮개 달린 코가 훨씬 쓸모가 있었을 것이다.

그러나 사람의 코 모양은 그와는 조금 다른 유형의 방패 – 먼지와 바람에 날린 티끌을 막는 방패 – 로서의 역할을 하도록 도와 준 듯하다. 평안하던 숲을 떠나 탁 트인 들판과 보다 척박한 환경으로 나아감에 따라 우리들의 먼 조상들은 거칠고 바람 많은 풍토에 맞닥뜨리게 되었을 것이며, 이 곳에서는 아래로 뚫린 코가 제대로 된 역할을 했을 것이다. 다음 네 번째 이론이 가장 설득력이 있어 보인다. 이에 따르면 코를, 우리 조상들이 지구 위의 보다 춥고 메마른 지역으로 퍼져나가면서 늘어나는 불편에 점차 적응하기 위한 공기 조절 장치 air-conditioning plant 로 보고 있다. 이 점을 이해하려면 콧속을 볼 필요가 있다.

콧구멍을 통해서 안으로 들어온 공기는 그냥 폐 안으로 들여보내도 될 만큼 이상적인 상태일 경우가 매우 드물다. 폐는 받아들일 공기에 대해서 아주 까다롭다 — 그것은 온도 화씨 95도(섭씨 34도)에 습도 95퍼센트, 그리고 먼지가 없어야 한다. 쉽게 말해서 그것은 따뜻하고 다소 습하며 깨끗하여, 폐의 섬세한 내막內膜이 마르거나 상처를 입지 않도록 예방할 수 있어야 한다. 코는 24시간마다 규칙적으로 500제곱피트 이상의 여과된 공기를 공급하여 이 일을 눈부시게 해낸다.

복잡한 비강의 내막 전체는 점막粘膜으로 덮여 있고, 여기서 하루에 약 2파인트 pint 의 물을 분비한다. 이 촉촉한 표면은 한시도 가만히 있지 않는다. 거기에는 섬모 cilia 라 불리는 미세한 털 수백만 개가 박혀 있으며 항상 움직이고 있다. 이들은 1분에 250회 정도 흔들리며 점액 모포를 1분에 0.5인치가량 움직인다. 중력의 도움을 받아 그 점액층이 목구멍 뒤로 흘러내려가 삼켜진다. 복잡한 비강鼻腔 체계를 거쳐 점액층을 내보내는 데는 약 20분이 걸린다. 이런 현상이 일어나고 있는 사이에 이들 공동을 지나가는 공기는 점차 온도와 습도가 높아진다. 공기 속에 있던 먼지와 티끌이 점막에 모였다가 쓸려나간다. 폐는 다시 한 번 안전하게 숨을 쉬게 된다.

능률적인 설계에 의해 폐로부터 내쉬는 숨이 코를 거쳐 바깥의 대기로 나가는 사이에 그 열기와 습기 일부를 잃게 된다. 들어올 때 공기에 주었던 온도와 습도의 4분의 1가량을 밖으로 나가기 전에 빼앗기게 된다. 나머지 4분의 3은 몸 밖으로 나가게 되는데, 이것은 몹시 추운 겨울날 집 밖에서 숨을 쉴 때 콧김으로 선명하게 보인다. 하루 평균 이런 식으로 약 0.5파인트의 수분을 빼앗긴다.

병원의 환자가 어떠한 사유로 코를 쓸 수 없게 된다면, 채 하루가 지나기도 전에 그의 폐는 심각한 난관에 봉착하게 된다. 그런 사람들을 위해 인조 코를 만들고자 시도했으나 수많은 어려움에 부딪치게 되었다. 이러한 사실은 사람의 코가 지니고 있는 놀랍고도 능률적인 공학적 기능을 반증한 것과 다름이 없다. 게다가 코는 믿기 힘들 정도의 극한적 환경에서도 제 기능을 할 수 있다. 이를테면 화씨 영하 30도의 극심한 추위를 경험한 사람이라면, 그러한 온도에서 숨을 들이쉴 때마다 콧구멍 언저리에 있는 습기가 꽁꽁 얼어붙는다는 것을 잘 알고 있을 것이다. 그런데 숨을 내쉴 때마다 다시 녹는다. 그 감촉이 결코 상쾌하지는 않으나, 그것은 코 안의 공기 조절 장치가 여전히 제 임무를 충실히 수행하고 있다는 것을 이따금 일깨워 주는 것이다.

제2차 세계 대전 당시 어느 전투기 조종사가 조종석의 덮개를 잃어버려 어쩔 수 없이 화씨 영하 25도의 얼어붙은 대기를 뚫고 시속 250마일로 돌아가야만 했다. 그 때 인간의 코가 얼마나 효과적인가

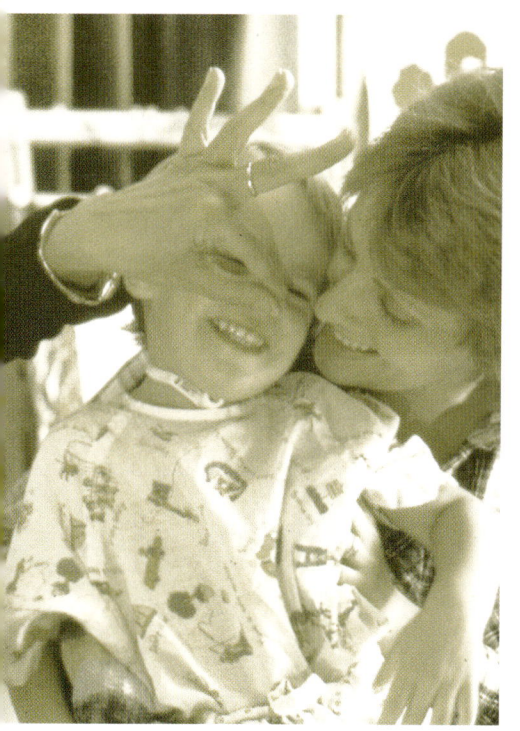

를 생생히 보여 주었다. 2시간 동안 이러한 고통을 겪은 뒤, 노출된 그의 얼굴의 다른 조직들은 동상으로 파괴되었지만, 내부는 목구멍이 아픈 것 외에 다른 상해는 없었다. 곧잘 웃음거리가 되기는 하지만, 인간의 코는 정말 놀라운 기관이라는 데에는 이견이 없다.

이와 같은 공기 조절 기능이 제대로 작동하려면, 코가 될 수 있는

The very best noses hardly exist at all.

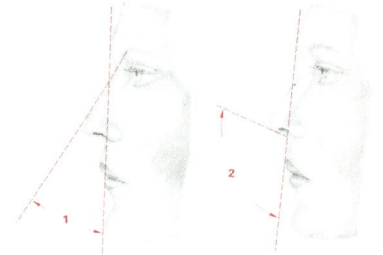

작은 코가 아기 같고 따라서 매력이 있다고 보기 때문에, 크고 불쑥 튀어나온 코는 여성의 얼굴을 추하다고 생각하게 한다. 그런 코는 부모의 보호 감정을 자극하지 못하므로, 그 소유자를 보호하고 싶은 감정이 들지 않는다. 반면에 유달리 작은 코를 가진 여성 모델이나 여배우는 매력이 있을 뿐만 아니라 아름답기까지 하다. 이와 같은 이유로 육체적인 매력을 바탕으로 직업 활동을 하는 수많은 여성들이 성형수술을 하여 (1)코와 얼굴의 각도, (2)중축(中軸)과 입술 각도를 적절한 수준으로 낮추고 있다. 이 중 첫째 각도는 36~40도 사이여야 하고, 둘째는 90~120도 사이여야 한다.

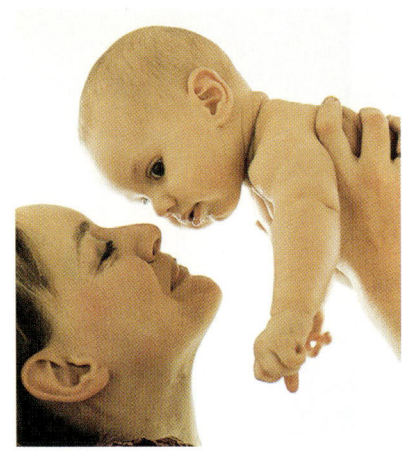

한 커야 한다. 하지만 지나치게 튀어나오면, 전면前面 시각을 가로막고 상처를 입을 위험이 커진다. 그래서 적절한 타협점이 있어야 하는데, 그 타협의 결과가 얼굴 중심부에 있는 뼈와 물렁뼈 그리고 살로 된 삼각형 뭉치인 것이다.

이 공기 조절 이론air-conditioning theory을 시험할 수 있는 한 가지 방법이 있다. 이 이론에 따르면 춥거나 건조한 지역에 사는 사람들은 고온다습한 열대 지역에 사는 사람들보다 코가 더 크고 불쑥 튀어나와야 한다. 전 세계의 코 분포도를 살펴보면, 이것이 사실임을 바로 알 수 있다.

춥고 메마른 기후대에서 폐로 들어가는 공기 속 습기의 경우 1퍼센트 정도만 바깥 대기에서 공급되고, 나머지 99퍼센트는 코의 내막

Males too are restyling their noses.

요즘 일부 남성 연예인들 역시 그들의 코를 낮추어 용모를 바꾸게 되었다. 이에 따라 그들의 남성다움이 줄어들고 한결 어려 보임에도 불구하고, 이것은 또다른 매력을 낳아 그들의 대중적인 이미지를 개선하는 데 도움을 준다. 일반적으로 매우 큰 코를 가진 남성들은 이와 같은 성형수술에 깊은 관심을 갖는다. 그러나 때로는 여기서 보는 바와 같이 남성의 코로 전혀 이상하지 않음에도 거의 여성적이라고 할 만큼 줄여서 놀랍도록 색다른 얼굴 모습을 만들어낸다.

이 공급하는 것으로 계산된다.

시원하고 다습한 기후에서는 9퍼센트의 습기가 공기에서 나오고, 91퍼센트는 코의 내막內膜이 공급한다. 무덥고 메마른 기후에서는 27퍼센트의 습기가 공기로, 73퍼센트는 코의 내막으로 마련된다. 무덥고 다습한 기후대에서는 극명한 차이가 난다. 76퍼센트는 습기가 바깥에서 들어오고, 코 내부에서는 24퍼센트만 공급하면 된다.

여기서 다음과 같은 결론이 나온다. 만약 우리 옛 조상들이 고온다습한 열대에서 출발했다면, 고릴라 및 침팬지와 같은 열대 숲 속의 유인원들과 비슷한 납작하고 넓은 코를 가지게 되었을 것이다. 그 후, 그들이 사냥감을 찾아 덥고 건조한 들판으로 옮겨갔다면 그들의 코는 어느 정도 재정비가 필요했을 터이고, 공기 조절 단위의 출력을 높이기 위하여 크기가 커져야 했을 것이다. 훗날에 와서 좀더 북쪽, 지구의 보다 추운 지역으로 퍼져나감에 따라 코에 대한 요구는 훨씬 커지고, 그 모양도 납작한 유인원의 코와는 점차 멀어지게 되었을 것이다. 물론 오늘날에는 유인원과 같이 납작한 코를 가진 사람은 없다. 현대의 모든 인간들은 어디에 살고 있든지 이와 같은 기후 변화를 거쳐온 인간의 후손들이므로 보다 크고 전형적인 인간의 코를 가지게 된 것이다. 그런데 지구 표면의 많은 지역으로 퍼져나간 뒤에 인류는 옛 본거지로 되돌아가기도 하였기 때문에, 사실상 오늘날 이 지구 위에는 모든 기후대에 사람들이 살고 있다. 현재의 기후대에 오랫동안 살아온 사람들은 그에 상응하는 코를 가지고 있다. 치밀한 지도를 작성해 본다면, 비지수鼻指數, nasal index에 따라 사람들을 분류하고 그들을 온도와 습도에 상응하는 지역 집단으로 나누는 것이 가능함을 보여 준다. 그렇다고 이것이 우리가 흔히 '인종'이라고 부르는 것으로 분류한다는 것을 의미하는 것은 아니다. 예를 들어 고온다습한 지역, 이를테면 서아프리카에 사는 흑인들이 동아프리카의 보다 건조한 초원에 사는 한층 더 검은 사람들보다 훨씬 납작한 코를 가지고 있다. 그리고 보다 건조하고 추운 지역에 사는 백인들은 상대적으로 온화한 기후대에 사는 백인들보다 코가 더 높고 좁으며 훨씬 뾰족하다. 코 모양은 그 조상들이 숨쉬던 공기의 종류를 암시할 뿐, 그 이상을 알려 주지는 않는다.

The phallic symbolism of the larger male nose is based on a popular myth.

그러므로 요약한다면 인간의 코는 공명기共鳴器요, 뼈로 된 방패이며, 덥고 습한 에덴 동산으로부터 인류가 더 넓게, 더 멀리 퍼져나감에 따라 한층 높고 길게 자라나 그 공기 조절 기능을 최대한으로 발휘해 왔다. 그러나 코에는 그 이상의 역할이 있다. 코는 냄새와 '맛'의 주요 기관이기도 하다. 후각 작용은 코의 통로 위쪽에 있는 작은 동전 크기의 냄새 탐지 세포대細胞帶 2개가 맡고 있다. 이 세포대들은 노르스름한 세포 약 500만 개(개의 경우는 약 2억2천만 개)로 이루어져 있다. 우리들은 일반적으로 알고 있는 것보다 방향芳香과 냄새에 훨씬 민감하다. 우리들이 개만큼 공기 냄새를 잘 맡지 못하기 때문에 이런 면에서 장비가 낙후되었다고 생각하기 쉬우나 사실은 그렇지 않다. 우리들은 공기 속의, 수십억 분의 1로 희석된 물질을 탐지할 수 있는 대단하고 완전한 능력을 갖추고 있다. 그리고 사람의 코는 매우 민감하여 방금 깨끗한 '종이 카페트'를 가로질러갔으나 보이지 않는 사람의 발자국을 좇아갈 수 있다는 것이 여러 실험을 통해 입증되었다. 우리들의 코가 지닌 능력을 얕잡아보는 이유는 다름이 아니라, 우리들의 코의 기능을 무시하고 점차 방해해왔다는 데 있다. 우리들은 자연적인 향기를 맡기 힘든 크고 작은 도시에 모여 살고 있다. 우리들은 자연스럽고 건강한 우리들의 몸냄새를 질리고 변질되어 쉬어 버리게 하는 옷을 입고 있는가 하면, 우리 몸의 향내를 죽이고 가식假飾적 냄새가 나게 하는 물질을 잔뜩 뿌린다. 심지어 우리들은 '후각 작용'을 무시하여 잊어 버리려 하고, 나아가서는 영원히 버려야 할 원시적이고 야만적인 고대의 능력으로 생각한다. 오로지 전문적인 영역 - 포도주 감별사, 향수 감식가 - 에서만 현대인의 코를 훈련하여 그 비상한 잠재력을 최대한으로 개발하려고 노력하고 있다.

필자는 앞에서 코를 냄새와 동시에 맛의 주요한 기관이라고 했는데, 이에 관해서는 설명이 필요할 듯하다. 혀가 맛의 중심 기관이지만, 그 능력은 아주 미약하다. 그것은 오직 4가지 성질 - 단맛, 신맛, 쓴맛과 짠맛 - 만을 구별할 수 있다. 현대 사회의 주방에서 마련되는 폭넓고 다양한 음식들을 우리들이 씹고 삼키고 있을 때, 음식의 온갖 '맛들'을, 군침을 흘리는 부지런한 혓바닥이 아니라 우리들의 비강鼻腔 저 위쪽 자그마한 후각 세포대에서 알아내고 있다는 것이다. 우리들

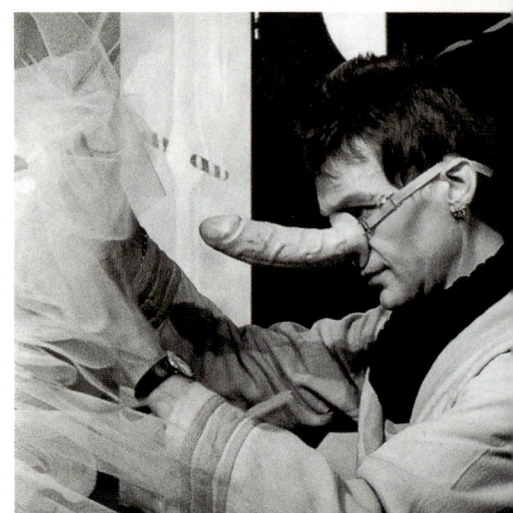

Yet parallel changes do occur in both nose and penis during male sexual arousal.

상대적으로 큰 인간의 코는 본질적으로 남성답다고 느껴지기 때문에, 흔히 남근(男根)의 상징으로 여겨진다. 여기서 남성의 코가 크면 클수록 음경도 크다는 속된 신화가 나오게 되었다. 이런 까닭에 유달리 긴 코를 가진 사람―예를 들어 시라노 드베르즈라크와 같이―은 화제의 인물이 되고, 끊임없이 외설적인 농담의 대상이 된다. 사실 코의 크기와 음경 사이에는 아무런 연관이 없지만, 이들 두 기관은 한 가지 동일한 성질을 지니고 있다. 성적인 흥분기에 그들은 둘 다 피가 가득차게 되고 부풀어 한층 민감해진다. 아울러 더 뜨거워진다. 어느 성실한 연구가는 성교중인 남성의 코 온도를 측정하였고, 코의 해면 조직 혈관에 피가 가득하여 일어난 온도 차이가 화씨 3.5도에서 6.5도까지 예외없이 올라간다는 사실을 밝혀내기까지 했다.

▲ 현대의 영웅들은 보다 작고 납작한 코의 소유자인 경향이 짙다. 그 이유는 오늘날의 독립적인 여성들의 눈에 비치는 위협적인 남근 이미지를 약화시켜 거부감을 줄여 주는 효과가 있는 데서 찾을 수 있다. 과거에 미남이라고 생각했던 남성들은 현대의 기준에 따르면 유달리 코가 큰 경우가 많은 것만은 분명하다.

이 음식을 입으로 가져갈 때 냄새 입자들이 코를 통해서 직접 그 곳으로 가거나 입으로부터 간접적으로 그쪽으로 간다. 음식의 맛이 혀위에서 좋을 수도 있지만, 콧속에 전해진 냄새에 의해서 좋을 수도 있다.

악취를 연상시키고 원시 동물들의 '주둥이^{snout}'와 연관이 있을 뿐만 아니라, 감기에 걸렸을 때는 콧물까지 흐르는 성향이 있다 보니, 사람의 코는 얼굴 가운데에서도 '조롱'의 대상이 되기도 했다. 우리들은 이글거리는 눈, 고운 뺨과 관능적인 입술을 경외롭게 이야기한다. 그러나 우리들이 코를 화제에 올릴 때는 으레 모욕적인 어투로 말한다. 영어로는 schnozzle, conk, hooter, bugle, snoot 등의 품위가 떨어지는 이름을 붙여, 우리들의 코가 이룩한 공학적이고 화학적인 탐지의 업적을 경멸하고 있다. 인간의 코가 아름답기 위해서는 어떤 특성이 없어야 한다. 말 그대로, 전적으로 아무 특징이 없어야 한다는 말이다. 번들거리는 화보 잡지에 나오는 모델들의 얼굴을 잠깐 훑어보더라도 가장 뛰어난 코는 거의 나오지 않는다. 과장된 사진 속에, 오직 두 개의 자그마한 콧구멍만이 실려 있을 뿐이다. 이러한 사정은 20세기에 들어와서 더욱 두드러졌으니, 왜 그렇게 되었느냐를 물어보는 것이 당연하다.

심미적인 측면에서 코가 저평가되기까지의 과정을 이해하려면, 태초의 인류가 어떤 유형의 코를 가지고 있었던가를 되돌아볼 필요가 있다. 갓난아기들은 대개 자그마한 단추 같은 코를 가지고 있다. 어린시절을 지나면서 이 작은 돌출부는 얼굴의 다른 부분에 비례하여 커지며, 성년이 되어서는 그 크기가 최고에 달한다. 이에 따라 작은 코=젊은 코라는 등식이 성립된다. 이러한 상황에 더하여 '젊음 숭배^{cult of youth}'가 등장하면서, 코가 작으면 작을수록 젊어 보인다는 등식이 더욱 당연하게 받아들여졌다.

여성의 얼굴에서 이러한 코의 필요성은 더욱 증대된다. 평균적으로 남자의 코가 여자의 코보다 크기 때문이다. 따라서 젊은 여성다우려면, 코가 작아야 하는 것은 더욱 중요한 의미를 갖게 된다. 바로 여기서 성형수술이 등장하게 된다. 소수의 여성들이 이상한 코나 아주 큰 코를 자랑하기는 하지만, 그건 아주 드문 일이다. 그쯤 되려면 바브라 스트라이샌드 Barbra Streisand 와 같은 강력한 개성을 지니고 있어야 한다. 다른 사람들은 묵묵히 참고 살아가거나, 수술의 도움을 받으려 한다. 최근 몇 십 년 사이에 '코 줄이기 nose bob' 수술이 점차 인기를 끌고 있다.

남성의 경우에는 억세고 우뚝한 코가 그들의 남성다움을 드높이기 때문에 그다지 문제가 되지 않는다. 과거에는 중요한 인물이 되려면, 그것은 거의 필수 요건이었다. 에드거 앨런 포 Edgar Allen Poe 는 이런 말을 서슴지 않았다. "몽땅한 코를 가진 신사란 그 말 자체가 모순된다". 나폴레옹 Napoleon Bonaparte 은 이렇게 단언했다. "코가 큰 사람을 내게 데려오시오… 치밀한 두뇌 작업이 필요할 때면, 나는 언제나 달리 결함이 없을 경우 코가 기다란 사람을 선택하고 있소…". 그리고 에드몽 로스탕 Edmond Rostand 이 창작한 유명한 인물 시라노 드베르즈라크 Cyrano de Bergerac 도 이 말에 분명히 동의하리라. "내 코는 위대하다! 이 악랄하고 몽땅한 당나귀 코, 이 빈대머리야. 너에게 알려 주마. 나는

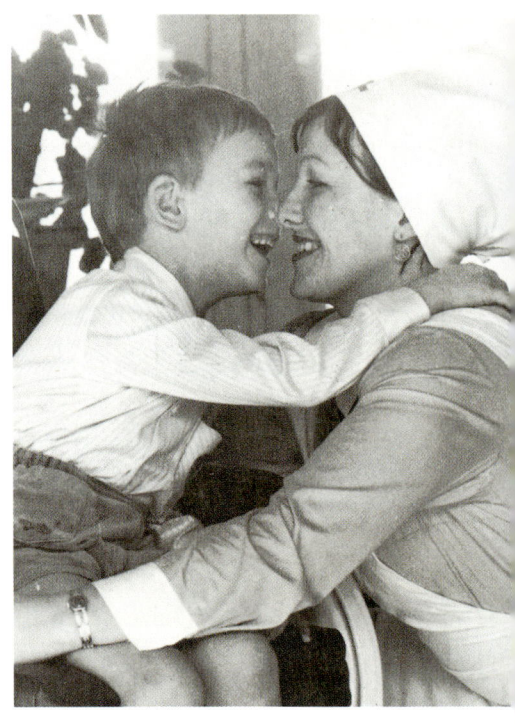

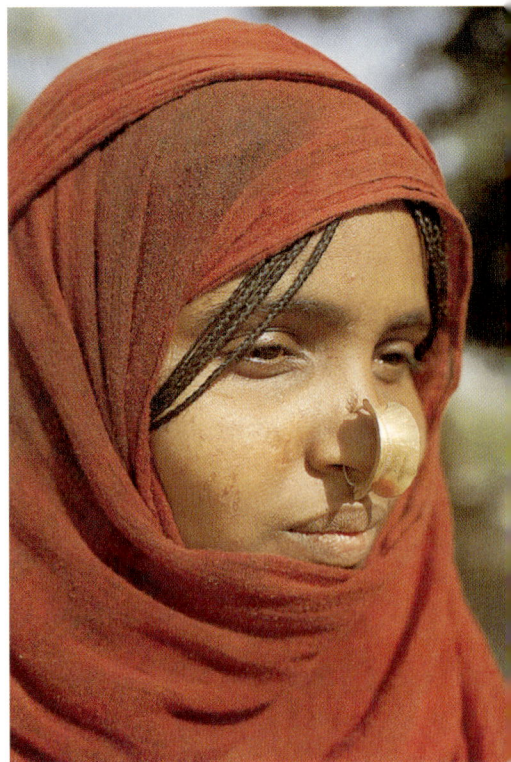

Nose-to-nose contact as a playful gesture and as a formal greeting.

이처럼 큼직하게 달라붙어 있는 살덩어리가 자랑스럽다. 큰 코는 나와 같이 친절하고 선량하며, 정중하고 기지^{奇智}가 있고, 너그러우면서도 용감한 사나이에게 어울리는 징표이니까". 샤를 드골^{Charles de Gaulle}에서 슈노즐 듀랜티^{Schnozzle Durante}에 이르는 숱한 명사^{名士}들이 이 말에 분명히 동의할 테지만, 현대에 이르러 남성 영웅의 코는 조금 줄어들고 있다. 억세고 힘찬 코는 남성 우위론자들이 내비치는 위협이요, 공격적인 전사의 방패이며, 남녀 평등에 모욕이라는 인상을 준다. 오늘날 새로운 유행은 소년의 웃음띤 작은 코의 남성들이다.

여기에는 깊은 심리적 사연이 있을 법하다. 아주 큰 코는 단순히 남성적인 것뿐만 아니라, 남근^{男根}의 상징이기도 하다. 남성은 신체의 앞쪽 중심선 위에 오로지 2개의 기다란 육질 돌기^{肉質 突起}를 가지고 있다. 그 중 하나는 코이고, 다른 하나는 성기이다. 의식적이면서 익살의 대상이거나 무의식적이면서 진지한 자세의 어느 경우든지 이 둘 사이의 상징적 성질의 등식화^{等式化}는 불가피하다. 이러한 현상은 이미 몇 세기를 이어져 내려왔고, 고대 로마에서도 널리 알려졌다. 거기서는 남자의 코 길이가 그의 정력을 말해 준다고 했다. 이리하여 '로마의 코^{Roman Nose}'는 특별한 찬사가 되었다. 아울러 상징적으로 어떤 성범죄를 처벌하기 위하여 코를 잘랐다. 그러므로 현대의 여성 인권 운동이 일어난 이후, 지나치게 긴 코를 가진 남성은 영웅이 아니라 강간범으로 암시되기도 했다. 따라서 큰 코를 가진 사람은 물러나야 했다.

부족사회에서는 곧잘 코가 전혀 다른 의미로 쓰이게 되었고, 그것을 상당히 중요시했다. 거기서는 콧구멍을 '영혼의 길'이라 보았다. 오늘날 우리들은 미처 깨닫지 못한 채 여전히 그 의미를 따르고 있다. 만일 함께 있는 사람이 재채기를 하면 '당신에게 은총을 Bless you'이라고 한다. 재채기의 힘에 의해 영혼의 일부가 콧구멍으로 달아날지 모른다고 생각한 까닭에 그와 같은 은총을 빌었던 것이다. 그 뒤, 중세에 와서 전염병의 초기 단계에서 심한 재채기를 할 때도 은총의 의미를 확대하여 이 말을 사용했으며, 지금까지도 일종의 유물로 남아 있다.

열대의 어느 부족사회에서는 환자를 치료할 때 코를 막는다. 질병으로 말미암아 그의 영혼이 육신을 떠나지 못하도록 막기 위해서였다. 에스키모의 한 풍습에 따르면, 장례식 조문객들은 자신의 영혼이 떠나가는 영혼을 따라가는 것을 막기 위해 가죽이나 머리털, 마른 풀 따위로 코를 막아야 했다. 셀레베스 제도에서는 중병을 앓고 있는 사람의 콧구멍에 낚싯바늘을 달아놓는다. 달아나려는 영혼을 꿰어둠으로써 그의 육신을 떠나지 못하게 하려는 의도이다. 수많은 문화권에서 영혼이 나가지 못하게 시체의 콧구멍을 막고 있으며, 인류학자들의 연구 결과를 보면 코를 영혼의 탈출 통로로 보는 믿음이 놀랄 만큼 널리 퍼져 있음을 알려 주는 사례들이 그 밖에도 많음을 알 수 있다. 그 모두가 영혼은 어떤 방법으로든 호흡 – 생명의 숨결 – 과 연결되어 있다는 사상에 바탕을 두고 있다. 코를 들락거리는 일반적인 호흡은 균형을 이루고 있어 아무것도 없어지지 않는다. 그러나 순간적인 재채기와 죽어가는 사람의 힘겨운 헐떡임은 그 균형을 깨는 행동이기 때문에 미신에 따른 예방 조치를 취해야 했다.

코에 관한 또다른 고대의 믿음이 있다. 그 모양으로 그 주인공의 진짜 인격을 가늠할 수 있다는 생각이 그것이었다. 그것은 마침내 관상학^{physiognomy}이라는 준과학으로까지 발전했으며, 18세기 초에는 오직 코만을 다루는 특수 분과로 비상학鼻相學, noseology이 있었다. 그 관상학의 논리 가운데에는 오직 한 가지 핵심적인 요소가 있을 뿐이며 그것도 너무 뻔한 것이어서 이렇다 할 가치가 없다. 가령 어느 특정인이 어떤 모양이든 유난히 못생긴 코를 가지고 있거나 깜짝 놀랄 만큼 잘생긴 코를 가지고 있다면, 어느 경우든 그 얼굴의 외형이 함께 있는 사람들의 행동에 영향을 주게 마련이다. 못생긴 코로 인해서 조롱을 당하거나 아름다운 코 덕택에 사랑을 받는다면, 결국 그 주인공의 인성人性 발달에 영향을 준다. 못생겨서 조롱을 받은 어린이는 잘생기고 인기있는 사람과는 다른 유형의 인성을 지닌 성인이 된다. 이러한 주장하에서 코의 형태는 성인의 성격과 어느 정도 관계가 있지만, 코의 곡선의 미세한 차이가 모든 인성의 특징과 밀접한 관련이 있을 수 있다는 주장은 전혀 다른 문제이다.

변화하는 감정의 지표를 코 모양에서 읽는다는 것은 중요한 읽음이다. 얼굴 전체가 그렇듯 코도 표정 근육이 갖추어져 있어, 우리들 코의 움직임과 자세로 - 적어도 어느 정도는 - 우리들의 감정을 보여 줄 수 있다. 코는 눈이나 입보다는 표현력이 훨씬 뒤떨어지지만, 보는 사람들에게 여러 가지 구체적인 신호를 보낼 수 있다. 거기에는 강한 혐오의 코 주름잡기Nose Wrinkle, 불신의 코 비틀기Nose Twist, 불안의 코 찡긋거리기Nose Twitch, 구미에 맞지 않는다는 코 죄기Nose Constriction, 분노와 공포의 코 벌름거리기Nose Flare, 짜증이나 거부 반응의 콧김 불기Nose Snort와 탐지된 냄새에 대한 반응으로서의 코 킁킁대기Nose Sniff가 있다. 다소 단순화하기는 했지만, 우리들이 마음대로 다룰 수 있는 코 신호들의 범위를 적절히 보여 준다. 거기에다 코 훌쩍이기, 코골기와 재채기를 더하면, 인간의 코가 할 수 있는 신호의 거의 전부가 나오게 된다. 복잡한 기분이 뒤섞인 표정을 지어낼 수도 있지만, 위에서 거론한 것들이 기본 요소들이다.

또 우리들은 갖가지 방법으로 코를 만진다. 우리들이 속임수를 쓰고 있을 때 우리는 코에 손을 대거나 문지르기도 한다. 한편 결정을 내리기 어려운 문제로 생각에 잠겼거나 기진맥진한 상태에 있을 때는 자기 콧등을 꼬집고, 따분하거나 욕구 불만이 있을 때는 코를 후빈다. 이들은 모두가 자기 위안의 몸짓으로서 자동 접촉 신호들이다.

코와 코의 접촉은 어른과 어린이 사이에 이따금 장난삼아 쓰여지고 있다. 정식 인사로는 마오리족의 의식 행사에서 주로 사용된다. 이 동작은 흔히 '코 문지르기(nose-rubbing)'로 일컬어지지만, 실제로는 코 끝이 살짝 닿을 뿐이고 뒤에는 전형적인 서양의 악수가 따른다.

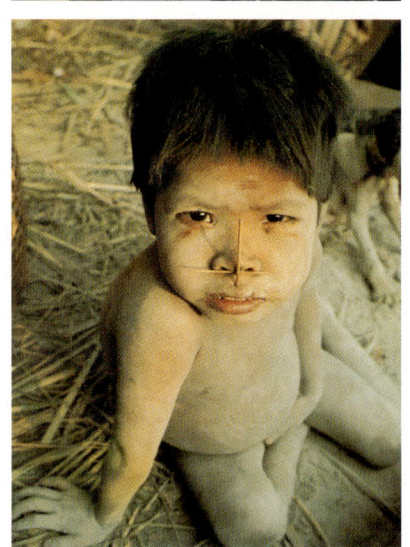

세계의 많은 지역에서 코 장식을 쓰고 있다. 코의 중격(中隔)의 아래쪽이나 살이 두꺼운 콧구멍 날개에 하나 또는 그 이상의 구멍을 뚫는다. 남자 어린이의 경우 이러한 코 변형은 '또다른 할례'의 예로 생각되어 왔다. 그러나 어느 경우든 코의 영구 상해는 장식 이상의 의미를 지니고 있다는 사실만은 분명하다. 그것은 그 주인공에게 지속적인 표적을 남겨 그들이 특정 집단이나 사회의 구성원임을 영구히 낙인찍게 된다.

어느 경우든 코를 만지는 사람은 잠시나마 작은 도움이 필요하다는 것을 표현하는 것이고, 자신의 손이나 손가락을 대어 기운을 북돋우어 줌으로써 스스로에게 도움을 주고 있다는 것을 나타내는 것이다.

가령 어려운 질문을 받고 적절한 대답을 찾으려 애를 쓰면서 마음 속의 흔들림을 숨기려 한다면, 불쑥 손을 코로 올려 만지고 문지르며, 움켜쥐는가 하면 누르기도 한다. 그 갈등을 일으키는 순간, 섬세한 코 조직들에 스트레스 반응이 일어나 거의 느낄 수 없을 정도의 따끔거리나 가려움이 생기고, 손이 서둘러 구원에 나서서 코를 쓰다듬는 것으로 그것을 가라앉힌다. 이런 현상은 서툰 거짓말쟁이가 사실이 아닌 말을 하고 있을 때 유난히 눈에 띄고, 노련한 사람의 눈에 그 코 동작은 바로 포착되고 만다.

깊은 생각에 잠겼을 때 콧날을 꼬집는 동작의 원인도 위와 동일한 것으로 여겨진다. 스트레스에 대한 코 반응의 일부로 가볍고도 일시적인 통증이 콧날 밑에 있는 코의 동공에 일어나기 때문이다. 손가락으로 콧날을 잡고 누르는 동작은 이 고통을 해소하거나, 적어도 그 아픔에 대한 반응의 구실을 한다.

오늘날 코 후비기는 공공연한 문화적 금기禁忌에 속한다. 그러나 사람들이 혼자 있거나, 혼자 있다고 느낄 때마다 코 후비기라는 사소한 위안慰安 동작으로 권태나 욕구 불만을 표시하는 경우가 있다. 복잡한 도로에 갇혀 파란 신호를 기다리고 있는 운전자들은 차 안에 다른 사람이 없다면, 불만으로 인한 코 후비기를 할 가능성이 아주 높다.

유럽에서 다른 사람의 코에 손을 대는 행위는 점잖거나 우호적인 것과는 거리가 멀고, 잔인하거나 악랄한 것으로 여겨졌다. 그들은 좋은 일로 타인의 코에 손을 대는 경우가 거의 없었으므로 코가 기대할 수 있었던 최상의 대우는 가볍게 비틀리거나 한 대 얻어맞는 것이었다. 최악의 경우에는 지극히 야만적인 처벌 방식-코 째기-이 기다리고 있었다. 이 때는 콧구멍에 칼을 넣어 째 버렸다. 9세기에 세금을 내지 않은 사람들을 처벌하려고 이 방법이 도입되었다. 요즘엔 세무 관리들이 예전처럼 칼을 집어들진 않지만, 서양 사회에서 큰 죗값을 치른다고 할 때 쓰는 "코를 통해 갚는다 to pay through the nose"라는 속담 속엔 그 옛날에 있었던 형벌의 흔적이 아직도 남아 있다.

서양의 경우 오붓한 장소에 있는 연인들 사이에서만 코를 통해 친밀한 접촉을 할 수 있었다. 정사할 동안에는 코 비비기, 코 누르기와 코 키스가 으레 등장했지만, 성적인 접촉이라는 맥락 외에는 그와 같은 동작들이 전혀 발달하지 않았다. 태평양의 섬 사람들 사이에는 그와 같은 현상들이 성적 상황만이 아니라 비성적非性的, non-sexual 상황에서도 일어나고 있다. 어느 트로브리앤드 Trobriand Islands: 뉴기니의 동쪽 솔로몬해에 있는 산호섬으로 파푸아령에 속해 있다=역주 남성이 자신의 정사를 그린 대목을 말리노프스키 Bronislaw Kaspar Malinowski, 1884~1942년, 폴란드 출신의 영국 인류학자=역주가 번역한 글을 인용해 본다. "…나는 그녀를 포옹한다. 나는 그녀를 내 온몸으로 꽉 껴안는다. 나는 그녀와 코를 서로 문지른다. 우리들은 서로의 아랫입술을 빨아 욕정을 자극한다. 우리들은 서로의 혀를 빨고, 서로의 코를 물며, 서로의 턱을 물고 뺨을 물고는 겨드랑이와 사타구니를 쓰다듬는다…".

순수 사교적인 맥락에서 태평양 지역의 종족들은 서양인들의 사교적 키스와 거의 마찬가지로 코와 코의 접촉을 구사했다. 이 동작을 흔히 '코 문지르기 nose-rubbing'라고 말하고 있으나, 이건 잘못이다. 일반적으로 문지르기 동작들은 말리노프스키가 앞서 묘사한 경우와 같은 육욕적 상황에 국한된다. 공개된 장소에

서라면 그 동작은 코 끝 대기나 누르기를 넘지 않는다. 그것은 각자 코로 상대방의 몸 냄새를 들이키는 상호 후각 작용 mutual smelling 의 개념에 바탕을 두고 있다.

정식 인사로서의 코 접촉은 때에 따라 엄격한 신분율身分律의 규제를 받았다. 티코피아 Tikopia 문화권에서는 인사하는 사람의 코가 닿을 수 있는 신체 부위인지, 또 닿으면 안 되는 신체 부위가 어디인지에 대해 명시되어 있었다. 코와 코, 또는 코와 뺨의 접촉은 동등한 사회 계층 사이에서만 허용되었다. 손아래가 손위를 만날 때는 코와 팔목 접촉만이 허용되었고, 부하가 아주 높은 상전에게 인사를 할 경우에는 코와 무릎의 접촉이 가능했다.

오늘날 코 인사는 시들어가고 있다. 생활 방식이 점차 세계화되고, 여행이 증가하고 문화가 뒤섞이고 있으며, 관광과 국제 무역이 확대되었다. 이러한 것들이 인사 방법의 통일성 확립에 이바지하게 되었고, 악수가 지구상의 거의 모든 지역으로 퍼져서 어디에서나 볼 수 있게 되었다. 요즘에는 마오리 Maori, 폴리네시아족으로 뉴질랜드의 원주민=역주 의 고위 인사들이 만날 때면, 코 접촉을 스치듯 하고 힘차게 악수를 한다. 새로운 인사법이 옛 인사법을 밀어내고 있는 중이다.

▲ 어떤 동물들은 코마개가 있어 마음대로 콧구멍을 닫을 수 있으므로 이를 보고 이러한 특징이 없는 인간의 코가 설계상 결함이 있다고 생각할 수도 있다. 오늘날 우리 주변에는 악취가 나는 물질들이 너무 많아서 콧구멍을 닫을 수 있게 된다면 대단히 편리할 것이라는 생각이 들 수도 있다. 북아일랜드의 어느 거리에서 최루탄 가스를 맡은 이 어린이들에게 이러한 능력이 있다면 확실히 도움이 될 것이다. 불행히도 우리들은 위험한 화학적 냄새들이 없는 시기에 진화했으므로, 이러한 방향으로 우리들의 코를 개선해야 할 절박한 이유가 없었다.

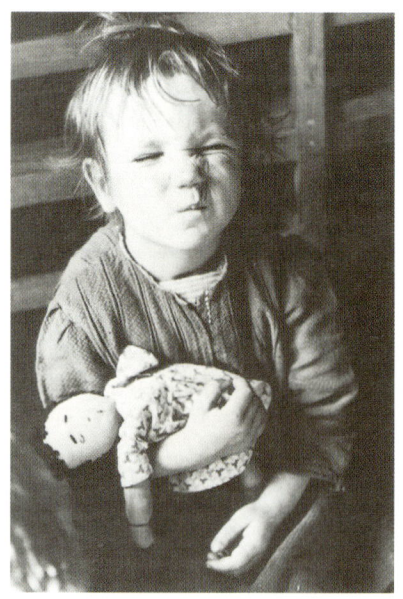

▲ 혐오를 나타내는 코 찡그리기는 불쾌한 냄새에 대한 반응에 그치지 않고, 이제는 모든 종류의 반감을 드러내는 표현 동작으로 바뀌었다.

귀 THE EARS

사람의 귀에서 보이는 부분은 그리 대단한 것이 아니다. 진화 과정에서 우리의 귀는 그 길고 뾰족한 끝과 운동 능력을 잃어 버렸다. 그 섬세하고 민감한 가장자리들 역시 사라져 버리고 '말려든 테'로 오므라들었다. 그러나 이것을 쓸모없는 자투리라 생각해 업신여겨서는 안 된다.

외이^{外耳}의 주요 기능은 여전히 소리 모으기 – 살과 피로 된 귀 나팔^{ear trumpet} – 장치로 남아 있다. 다른 짐승들과는 달리 우리들은 갑자기 들리는 소리의 방향을 잡으려 할 때 귀를 일으켜 세우거나 돌릴 수는 없다. 그러나 우리들은 지금도 3도 이내의 소리 근원을 탐지할 수 있다. 사람은 귀의 기동성^{ear mobility}을 크게 잃은 대신 머리의 기동성^{head mobility}으로 보완하고 있다. 사슴이나 영양은 경계해야 할 소리를 들으면, 머리를 추켜들고 귀를 이리저리 비틀 듯 움직인다. 우리는 그런 소리를 들으면 머리를 돌림으로써 거의 같은 구실을 하고 있다.

우리들의 귀는 머리 양쪽에 그처럼 딱딱하게 고정된 듯이 느껴지지만, 지난 날 자랑하던 그 운동의 잔영^{殘影}이 아직 남아 있다. 가령 거울을 들여다보며 귀 부근의 근육에 힘을 주면, 귀가 머리 양쪽에 납작하게 달라붙으려고 애를 쓰면서 보호 동작의 흔적을 보여 준다. 움직일 수 있는 큰 귀를 가진 동물들은 거의 예외없이 싸울 때 상해를 입지 않기 위해서 귀를 머리에 납작하게 갖다 붙인다. 그리고 우리들의 귀는 평소에 납작하게 달라붙어 있음에도 불구하고 우리들이 질겁하여 머리 피부에 힘을 주면, 귀가 자동적으로 그 동작을 하게 된다.

우리 외이^{外耳}의 모양은 소리를 왜곡되지 않게 고막에 전달하는 데 중요한 역할을 한다. 만약 우리가 거액의 몸값을 요구하는 괴한에게 납치되어 우리의 귀가 잘리는 만행을 당했고, 후에 구출되었다고 가정한다면, 청력이 전에 비해 훨씬 떨어진 것을 깨닫게 될 것이다. 우리들의 이도^{耳道}와 고막은 '공명계^{resonant system}'를 이루며, 우리는 다른 소리들을 희생시키면서 강화되는 몇몇의 소리를 듣게 된다. 얼핏 보기에는 아무렇게나 만들어진 듯한 귀 모양 – 그 휘어지고 접힌 귓바퀴 – 이 사실은 위에서 지적한 왜곡과 혼란을 방지하는 특수 설계 형태인 것이다.

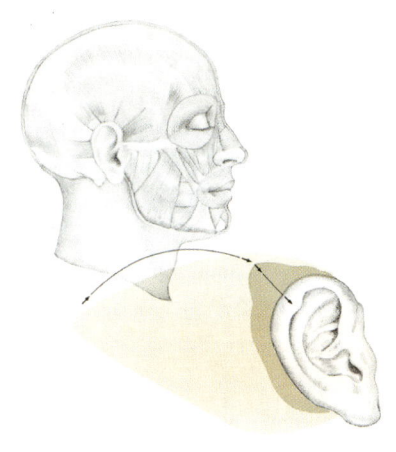

▼ 사람의 귀는 다른 영장류에 비해 기동성은 크게 줄었으나, 여전히 지난 날의 영광을 말해 주는 흔적이 남아 있다. 해부학자들은 우리들의 귀 주변에는 9개의 근육 흔적들이 남아 있어, 귀가 까딱까딱 움직이던 지난 시절을 이따금 일깨워 준다는 사실을 밝혀냈다. 심지어 오늘날에도 어떤 사람들은 상당한 연습을 거쳐 제법 인상적인 귀 동작을 할 수 있다. 4명 중 1명꼴로 귓바퀴에 자그맣게 튀어나온 혹은 눈에 띄는 또다른 흔적으로 남아 있으며, 이를 가리켜 '다윈 점(Darwin's Point)'이라고 한다. 찰스 다윈은 이것을 우리의 귀가 한때 길고도 끝이 뾰족했음을 알려주는 마지막 흔적이라 생각했다.

THE EARS

우리 귀의 부차적인 기능은 온도 조절이다. 코끼리들은 몸이 너무 더워지면 커다란 귀를 흔들어 몸을 식힌다. 피부 표면 가까이에는 핏줄이 아주 많으며, 많은 종들이 이렇게 체온을 낮추는 것을 주요한 방법으로 삼고 있다. 우리들에게 그 방법은 온도 조절thermo-regulation의 역할로는 미미하지만, 사회적인 신호로는 매우 중요하다. 감정적인 갈등의 순간에 몸이 확 달아오를 때면 귀가 새빨갛게 될 수 있다. 이 귀 붉히기는 옛날부터 화제의 대상이 되어 왔다. 약 2천 년 전에 플리니우스Plinius는 이런 글을 남겼다. "우리의 귀가 얼얼하고 따끔거리면, 우리가 없는 자리에서 누군가 우리에 대한 얘기를 하고 있는 것이다". 그리고 셰익스피어William Shakespeare는 베아트리체로 하여금 그녀가 다른 사람들의 화제에 올라 있을 때 이런 질문을 던지게 한다. "내 귓속에 무슨 불이 있을까?"

끝으로 우리들의 귀는 보드랍고 살이 붙은 귓불을 발달시키면서 새로운 성性적 기능을 지니게 된 듯하다. 이것은 우리들과 제일 가까운 동물들에게는 없고, 우리들의 성기능이 증가함에 따라 그 일부로 진화한 인간에게만 있는 특징으로 보인다. 초기의 해부학자들은 아무 기능도 없다고 무시했다. 그래서 "장식품을 달기 위해 구멍을 뚫을 때 외에는 분명히 아무런 쓸모가 없는 새로운 특징"이라고 치부했다. 그러나 최근의 성 행태 관찰로 극도의 성적 흥분 상태에서는 귓불이 피로 가득차 팽팽해진다는 사실을 밝혀냈다. 이로 말미암아 그들은 촉감에 매우 민감해진다. 정사중에 귓불을 만지작거리고 빨며 키스를 하면 많은 사람들에게 강력한 성적 자극이 된다. 미국 인디애나주에 있는 성 연구소Institute for Sex Research의 킨제이Kinsey 박사와 그의 동료 학자들은 아주 드문 사례이기는 하지만, "여성 또는 남성이 귀의 자극만으로도 오르가슴에 도달할 수 있다"고 밝히기도 했다.

외이의 중심에는 그늘진 '구멍earhole'이 있고, 거기서 길이 1인치가량의 좁은 도관導管인 귓구멍이 있다. 이 귓구멍은 살짝 휘어져 그 안에 있는 공기를 따뜻하게 유지하는 데 도움이 되는 모양을 하고 있다. 귓구멍 끝에 있는 고막이 제대로 기능하려면, 이 온기가 중요하다. 고막 그 자체는 지극히 정교한 기관이며 보호가 필요하다. 귓구멍이 고막을 아늑하고 따뜻하게 지켜 줄 뿐만 아니라, 물리적 상해를

똑같은 귀를 가진 사람은 없기 때문에, 한때 모든 동물은 귀의 형태에 따라 구분해야 한다는 말이 있어 왔다. 귓불이 어떻게 붙어 있느냐가 형태 구분의 주요한 기준이 된다. 유럽인들 가운데 3명 중 2명이 뺨에 붙지 않고 늘어진 형태인 분리형 귓불을 가지고 있으며, 나머지 한 명 정도는 아주 매끈하게 붙어 있는 부착형 귓불을 가지고 있다. 귓바퀴의 주름에도 그보다는 작지만 많은 변화가 있어, 우리 개개인이 각기 개성있는 귀 지도(ear map)를 가지고 있다.

▲ 인간의 귀는 다른 영장류의 그것보다 두껍고 살이 많다. 사랑놀이를 할 때 귀에 피가 가득차게 되고, 성적인 흥분이 진행됨에 따라 점차 감촉에 민감해진다. 귓불에 키스를 하고, 혀로 핥거나 곱게 씹으면 또 다른 성감대가 된다. 이런 면에서 귀는 얼굴의 접촉을 보다 빈번하게 만든 인간의 성행위 자세의 변화를 반영하고 있다.

Human ears are remarkable for their individuality and their erotic earlobes.

▼ 일찍부터 미술가들은 악마를 뾰족한 귀를 가지고 있는 모습으로 묘사했다. 오늘날 악마는 익살의 대상이 되었고, 어린아이들에게 겁을 줄 때나 필요한 악귀로 전락하고 말았다. 그러나 공상 과학 소설의 영역에서는 뾰족하게 추켜올라간 귀가 외계(外界)의 이질적 인간의 상징으로 아직도 등장하고 있다.

입지 않도록 막아 준다. 그러나 이러한 보호에 따른 우리들이 지불해야 하는 대가가 있다. 우리 몸에 손가락으로 깨끗이 닦아낼 수 없는 오목한 곳, 즉 함요(陷凹, recess)가 생기게 된 것이다. 우리들은 신체의 다른 부분들은 비교적 쉽게 손질할 수 있어서 때와 작은 기생 동물을 제거하고, 또다른 열려 있는 함요인 콧구멍을 깨끗이 하기 위해서는

콧김을 불거나 쿵쿵대고 코를 풀면 된다. 그러나 만약 침입자가 우리 귓구멍에 들어오면, 우리들은 어찌할 재간이 없다. 가느다란 꼬챙이로 그 귀찮은 것을 제거하려다가 고막을 다칠 위험이 크므로, 이러한 침입에 대한 특수 방어 조치가 분명히 필요하다. 진화상의 해결책으로 보다 큰 벌레들을 막기 위해서는 털이 났고, 더욱 작은 것들을 물리치기 위해서는 귀지가 생기게 되었다. 오렌지빛의 귀지는 쓴맛이 나며, 벌레들을 물리치는 성질을 지니고 있다. 이 귀지는 아포크린샘(apocrine gland) – 겨드랑이와 가랑이에 억센 냄새가 나는 땀을 만들어 내는 것과 같은 유형 – 이 고도로 변형된 자그마한 4천 개의 귀지샘(ceruminous gland)으로부터 만들어진다. 이와 같은 진화 전략에 맞서 기생충들이 반격하게 되었는데, 어떤 진드기들은 끈끈하고 냄새가 고약한 귀지의 불쾌함에 저항력을 기르게 되었다.

THE EARS

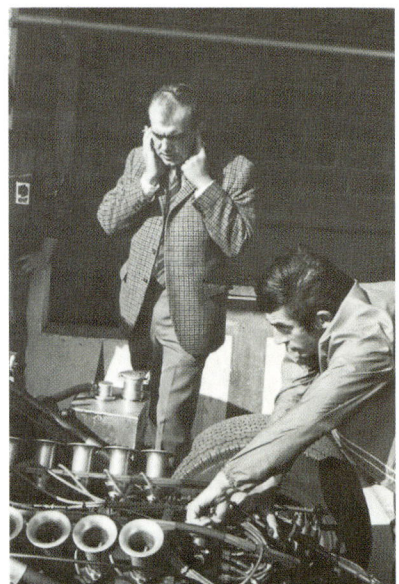

우리들은 옛 조상들보다는 훨씬 시끄러운 세상에서 살고 있음에도 우리의 귀는 그에 제대로 적응하지 못했다. 너무 시끄러운 소리-특히 오랫동안-에 노출되면 현기증과 구토가 일어나기도 한다. 음량(音量)은 데시벨(decibel)로 측정한다. 속삭임은 약 20데시벨이고, 일반 대화는 약 60데시벨. 공장의 고통스러운 소음은 100데시벨이며, 디스코홀의 소음은 곧잘 이 수준을 넘어선다. 귀 가까이에서 쏜 총소리는 160데시벨 정도 된다. 아주 큰 소리에 잠시 노출되면 일시적으로 청각이 마비된다. 장기적으로 노출되면 영구적인 청각 장애가 되기 쉽다. 유달리 시끄러운 디스코홀이나 록 콘서트에 다니는 사람들은 다음 날 온종일 약간의 환청이 일어나며, 그 동안 그들의 집중력이 평균 이하로 떨어진다. 귀를 많이 혹사하면 그 감도(感度)가 그만큼 상처를 입는다.

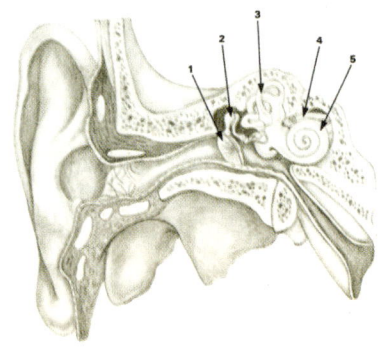

▲ 중이(中耳)와 내이(內耳)의 핵심적인 구조는 다음과 같다. (1)고막, (2)추골(槌骨), 침골(砧骨), 등골(鐙骨)이라 부르는 3개의 작은 뼈, (3)반고리관(삼반규관), (4)청신경, (5)와우각(蝸牛殼, 달팽이관)

Our ears evolved in a quieter world.

귀지의 신기한 한 가지 성질은 인종에 따라 그 상태가 다르다는 점이다. 모든 흑인은 대다수의 백인과 마찬가지로 끈끈한 귀지를 가지고 있으나, 일부 백인들과 황인종은 마른 귀지를 가지고 있다. 귀지는 두 종류가 모두 맛이 나쁘지만, 끈끈한 귀지는 표면이 불쾌하여 원치 않는 침입자가 눌러살지 못하게 막는 데 도움이 된다. 이 때 왜 흑인과 백인들이 끈끈한 귀지를 통해 동양인들보다 침입자로부터 더 보호받게 된 건지 그 이유는 전혀 밝혀지지 않았다.

여기에서 귀의 내부 구조에 대한 것까지 자세히 논할 수는 없다. 간단히 설명하자면 고막을 때리는 소리의 진동파가 신경 자극으로 바뀌어 뇌에 전달된다. 고막은 믿기 어려울 만큼 민감하여 그 표면은 10억 분의 1센티미터만 움직여도 그 진동을 탐지할 수 있다. 뒤이어 이 움직임이 중이(中耳)에 있는 3개의 이상한 뼈인 추골(槌骨), 침골(砧骨), 등골(鐙骨)로 전달된다. 여기서 그 진동은 22배나 증폭된다. 그러면 이와 같이 확대된 신호가 내이(內耳)로 전달되고, 이상하게도 달팽이 모양을 한 기관, 즉 달팽이관에 가득찬 액체를 자극하게 된다. 이 액체가 진동하면서 그 안에 있는 털 모양의 신경 세포를 자극한다. 여기에는 이러한 신경 세포들 - 하나하나가 각각의 특수한 진동에 조율되어 있다 - 이 수천 개 있고, 그들은 청신경을 통하여 그들의 메시지를 뇌에 보낸다.

아울러 내이에는 균형을 잡는 중추기관인 반고리관이라는 3개의 관이 있으며, 그 중 하나가 상하 운동을, 둘째가 전진 운동을 그리고 셋째가 좌우 운동을 관리하고 있다. 우리들의 옛 조상들이 뒷다리로 일어나서 두 발 걷기 *bipedal locomotion* 를 처음으로 하게 되었을 때, 이 기관의 중요성이 극적으로 증가하게 되었다. 네 발로 다니는 동물은 상당히 안정되어 있지만, 직립 생활 *vertical living* 을 하려면 끊임없이 미세한 균형을 잡아나가지 않으면 안 된다. 우리들은 이들을 균형 기관으로 당연하게 여기고 있긴 하지만, 사실 이들은 소리를 다루는 귀의 일부를 넘어 우리들의 생존에서 한층 더 핵심적인 기능을 하고 있다. 균형 감각을 완전히 잃은 사람보다는 청각 장애인이 훨씬 살아가기 쉽다.

우리들의 청각이 지니고 있는 안타까운 점 중 하나는 우리들이 태어나자마자 청각이 쇠퇴하기 시작한다는 점이다. 갓난아기는 1초

The lore of the ears-factual and fanciful.

에 16주파^{Hz}에서 3만 주파^{Hz}에 이르는 주파수의 음파를 알아낼 수 있다. 사춘기에 이르면 그 상한^{上限}은 이미 초 당 2만 주파로 떨어진다. 60세에 이르면 이 수치는 약 1만2천으로 떨어지고, 나이가 듦에 따라 우리들의 탐지 능력은 계속해서 떨어진다. 나이가 아주 많아지면 조용한 곳에서 한 사람의 목소리를 듣는 즐거움을 맛볼 수는 있겠지만, 사람들이 북적대는 곳에서 대화를 나누기는 어렵다. 청각의 범위가 크게 줄어들게 됨에 따라 동시에 몇 사람이 이야기하면 서로 다른 목소리를 가려내지 못하기 때문이다.

현대의 하이파이 시스템은 최고 초 당 2만 주파까지 제 능력을 발휘할 수 있다. 그런데 그러한 하이파이 시스템을 설치하기 위해 방금 거액을 들인 중년 가장이 그 정도의 음역을 감상할 수 있는 가족은 어린 자녀들밖에 없다는 사실을 알게 된다면 울화가 치밀 일이다. 그로서는 초 당 1만5천 주파 이상을 탐지할 수 있다면 다행이다.

우리들의 귀는 음량적인 측면에서 한 가지 심각한 약점을 지니고 있다. 다른 동물들과 마찬가지로 우리들은 비교적 고요한 세계에서 진화했고, 그 곳에서는 으르렁거리는 짐승 소리와 비명 소리가 가장 큰 소리였다. 거기서는 우리들의 예민한 고막을 해칠 만한 그 이상의 큰 소리가 없었으므로, 우리들은 아주 큰 소리에 대한 특수 방어 장비를 개발하지 않았다. 오늘날 우리들의 무한한 재능 덕택에 우리들은 우리의 청각을 너무 쉽게 손상시킬 수 있는 우레 소리를 내는 기계, 고성능 폭발물과 다양한 온갖 초고음$^{super-sound}$을 만들어냈다.

인간의 귀가 지니고 있는 이 약점을 적대적 관계에 있는 군사 세력이 쉽게 이용할 수 있다. 185데시벨^{decibel}의 소리만 만들어내도 적군의 고막을 터뜨릴 수 있다. 고작 150데시벨의 소음에도 오랫동안 노출되면 영구히 청각장애인이 된다. 한편 아직 논란이 있기는 하지만, 200데시벨의 소리는 사람에게 치명적이라는 주장이 있어 왔다. 귀는 우리들이 진화해 온 세계와 지금 살고 있는 세계가 얼마나 다른가를 분명히 일깨워 주고 있다.

다시 외이^{外耳}로 돌아가 보자. 귀 모양으로 사람을 하나하나 식별할 수 있다는 주장이 있어 온 지는 이미 오래이다. 지난 세기에 이 특징을 이용하여 범인을 판별할 수 있을 것이라는 의견이 나왔으나,

▲ 현대의 납치범들은 인질들의 귀를 잘라서 가족에게 보내고, 그들을 괴롭게 만드는 수법으로 몸값을 받아내는 악랄한 수법을 고안해냈다. 1970년대 초, 이탈리아에서 일어난 유명한 게티 납치 사건의 경우, 그의 오른쪽 귀가 잘렸다. 이와 같은 불행을 당한 사람들은, 크기가 얼마 되지 않음에도 불구하고 귀가 집음기(集音器)로 아주 뛰어나며, 소리가 귓구멍으로 들어갈 때 귀의 마루와 주름의 특수 설계가 소리의 일그러짐을 막는 데 도움이 된다는 사실을 깨닫게 된다.

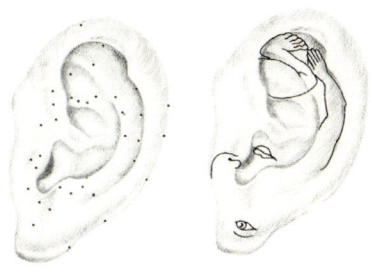

▲ 지압(指壓)과 침술(針術)의 세계에서는 귀의 모양에 기이한 상징성을 부여하여 거꾸로 선 태아(胎兒)가 그 안에 숨겨져 있다고 본다. 이를테면 태아의 눈이 귓불의 중심이 된다. 따라서 안질(眼疾)을 앓는다면, 귓불에다 지압을 하거나 침을 놓는다.

이것과 경쟁하던 방법 – 지문 감식법$^{finger-printing}$ – 이 승리를 거두어 귀 모양 분류법$^{ear-typing}$은 자취를 감추고 말았다. 그러나 귀의 세부 모양이 같은 사람을 찾아낼 수 없다는 것만은 여전히 진실이다. 귀는 13개 부위로 나뉘는데, 그 중 두 가지는 특별히 거론할 만하다.

첫째가 살이 많은 귓불이다. 그 크기의 다양성 이외에도 이 귓불은 한 가지 중대한 분류사의 특징을 지니고 있다. 우리들은 각자 '분리형 귓불'이 아니면 '부착형 귓불'을 가지고 있다. 분리형 귓불은 머리와의 접촉점에서 약간 아래로 처져 있다. 부착형 귓불은 그와는 다르다. 어느 의사가 유럽인 4,171명의 귀를 검사한 결과 그 중 64퍼센트가 분리형 귓불이고, 나머지 36퍼센트는 부착형 귓불을 가지고 있음을 알게 되었다.

둘째는 다윈 점$^{Darwin's\ Point}$이라 불리는 귓바퀴의 작은 덩어리이다. 그것은 대다수의 귀에 있으나, 흔히 아주 미미하여 찾아내기 어렵다. 접힌 귓바퀴를 꼭대기에서 시작하여 그 안쪽 가장자리를 따라 더듬어 내려오면, 귀 높이의 3분의 1가량 되는 곳에서 그 덩어리를 만나게 된다. 그것은 약간 도도록하게 느껴지며, 돋아난 여드름보다 더 크지 않다. 그러나 다윈은 우리들이 작은 소리를 탐지하려고 자유로이 움직일 수 있는 길고 뾰족한 귀를 가지고 있던 원시 시대부터 있었던 유서깊은 흔적이라고 확신했다. 그의 말을 그대로 인용하면 "이 점들은 과거에 뾰족하게 꼿꼿이 서 있던 귀 끝의 흔적이다". 세밀한 조사와 연구를 통하여 유럽인들의 약 26퍼센트에서 그 흔적이 뚜렷이 나타난다는 사실을 밝혀냈다.

이와 같은 세부의 변화와 차이로 귀가 범죄 감식의 적절한 근거가 될 수 있는 이유는 있지만, 현재 지문법이 많은 진전을 보여 왔기 때문에 다가올 미래에 귀 모양 감식법의 필요 여부는 불확실하다. 불행히도 오늘날 귀를 면밀히 연구하고 있는 유일한 사람은, 얼굴의 구조적 비례 관계를 바탕으로 성격과 인성을 감식할 수 있다는 낭만적인 주장을 하는 당대의 관상가^{Physiognomist}들뿐이다. 20세기에 들어와서도 오래 전에 모든 신뢰성을 잃어버린 그들의 몽상적인 해설들이 놀랍게도 1980년대에 되살아났다. 가까이는 1982년에 큰 귀는 성취자의 귀요, 작고 모양이 좋은 귀는 순종형^{conformist}이며, 뾰족한 귀는

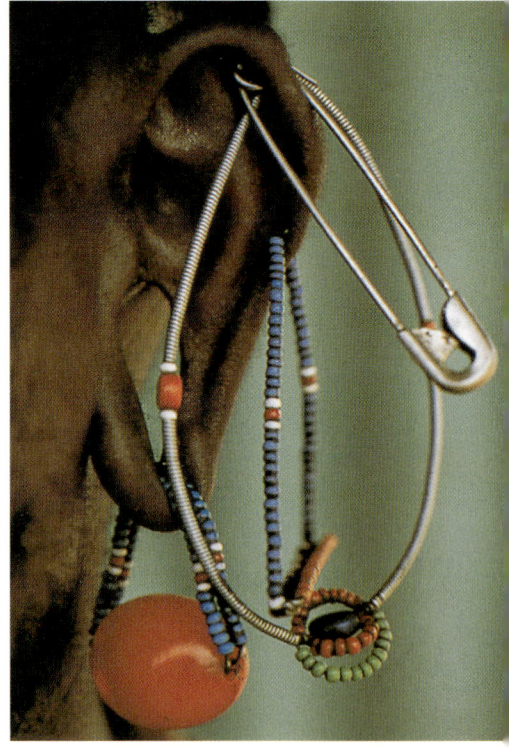

초기 청동기시대 이후 4천 년이 넘도록 귀고리를 해 왔는데, 이는 오늘날에도 가장 대중적이고 널리 퍼진 자발적 신체 상해(傷害) 형태로 이어져 왔다. 본래 일어날지 모르는 어떤 위험을 막기 위해 사람들이 귀고리를 했으나, 오래지 않아 '행운의 호부(護符)'로서 그것의 역할은 둘째 자리로 밀려나고, 재산과 사회적 지위를 자랑하는 고위 신분의 상징으로 쓰이게 되었다. 이러한 맥락에서 그 상징이 아주 거추장스럽고 무거워지는 사례가 많아서 뼈가 없는 귀의 살이 상당한 고통을 당했다. 최근에서야 안락의자 세대(Armchair Age)의 '안락 제일주의(comfort doctrine)'에 맞서는 도시의 젊은 반항아들이 사회적인 표적으로서 귀에 복합적 구멍 뚫기를 하기에 이르렀다.

The multi-pierced ear is now found worldwide.

기회주의자의 그것이라는 해석이 통하고 있었다. 이들과 더불어 그 밖의 수백 가지 '해설'들이 자세히 서술되는 경우가 많은데, 한결같이 인간 지능^{human intelligence}을 모독하는 것뿐이어서 현재 그들이 누리고 있는 인기는 납득하기 어렵다.

얼굴의 세부를 연구하는 범죄학자들은 얼굴의 구도^{構圖}로는 귀의 모양을 절대로 예측할 수 없다고 보고한 바 있다. 가령 둥근 얼굴과 모난 얼굴을 앞에 놓고 어느 쪽에 보다 둥근 귀가 있고 모난 귀가 달려 있을지를 알아맞히기란 불가능하다. 체형 판정 전문가들은 이 견해에 완전히 동의하지는 않는다. 그들은 내배엽형^{內胚葉形, endomorph}과 외배엽형^{外胚葉形, ectomorph}이 각기 다른 형태의 귀를 가지고 있다고 주장한다. 내배엽형의 귀는 머리에 납작하게 달라붙어 있으며, 귓불과 귓바퀴^{pinna}가 모두 발달되어 있다. 그와는 대조적으로 외배엽형의 귀는 귓바퀴가 옆으로 불거져나가서 귓불보다 귓바퀴가 더 발달되어 있다. 범죄학자들은 오로지 머리 부분만을 고려하는 반면, 체형 판정가^{somatotyper}들은 신체의 전체적인 형태를 조사하기 때문에 이러한 견해 차이가 생긴 것으로 보인다.

귀는 지금까지 상징적으로 몇 가지 역할을 맡아 왔다. 그것은 하나의 구멍을 에워싼 살갗 자락이므로 어쩔 수 없이 여자 성기의 상징으로 받아들여지게 되었다. 예를 들어 유고슬라비아에서는 외음^{外陰}의 속어를 '다리 사이에 있는 귀'라고 한다. 어떤 문화권에서는 귀의 인위적 변형^{mutilation}을 여성 할례^{female circumcision}의 대용으로 삼았다. 동양의 어느 지역에서는 사춘기의 처녀들이 귀에 구멍을 뚫는 강제적인 성년 의식^{initiation ritual}을 치른다. 고대 이집트에서는 간음한 여자를 처벌할 때 예리한 칼로 귀를 잘라냈다. 귀를 성기의 대용으로 여긴 또다른 본보기였다. 서로 다른 수많은 문화권에서 귀를 여자의 성기로 보았기 때문에, 어느 비범한 사람들이 귀를 통해 태어났다는 설화가 있더라도 특별히 놀라운 일은 아니다. 힌두의 태양신 수리야^{Surya}의 아들 카르나^{Karna}는 이 귀에서 나타났다고 한다. 그와 마찬가지로 어떤 전설에 따르면 원래 석가모니^{Buddha}도 귀를 통하여 태어났다고 전해진다. 라블레^{François Rabelais}의 작품 중에서 「가르강튀아^{Gargantua}」 역시 이처럼 괴상한 방식으로 이 세상에 등장한다.

이것과 전혀 다른 귀의 상징 유형을 보면, 이 기관은 지혜를 대표한다. 하느님의 말씀을 듣는 것이 귀라는 데 그 근거가 있다. 어린이들이 버릇없이 굴 때면 어른들이 귀를 잡아당기기도 했다. 귀에 자극을 주어 그 곳에 잠들어 있는 지능을 깨우려는 것이 그 이유였다.

그보다 더 괴상한 믿음이 퍼진 때도 있었다. 뼈없이 살만 있는 귓불은 뼈가 없고 살만 있는 남자의 성기와 어떤 연결이 있다고 생각했다. 동양에서 왕실의 자녀를 가르치는 스승들은 어린 왕자들에게 보다 직접적인 체벌을 가하지 못하게 되어 있었으나, 행실이 나쁘면 귀를 잡아당길 수는 있었다. 그렇게 하면 왕자들을 처벌하게 될 뿐만 아니라, 그들의 성기를 늘여서 성적인 정력을 북돋우게 된다고 생각했기 때문이다.

이처럼 기이한 미신의 일부가 귀고리를 달기 위하여 귀를 뚫는 고대의 풍습으로 변질하기에 이르렀다. 인위적인 신체 변형의 이 원시적 형태는 몹시 끈질겨서 현대 세계에서도 널리 인기를 끌고 있는 인위적인 변형의 몇몇 유형 가운데 하나이다. 오늘날 귀를 뚫는 대다수의 사람들은 온전히 장식을 목적으로 하며, 한때 이 행위가 무엇을 의미했는지 알지 못한다. 옛날에는 몇 가지 설명이 있었다.

악마와 그 밖의 악령들이 사람의 몸을 차지하고자 언제나 그 안으로 들어가려고 기를 쓰고 있으므로, 그들이 접근할 수 있는 모든 구멍을 막아야 할 필요가 있었다. 귀에 행운의 호부(護符)를 차고 있는 것이, 귀에 들어오려는 온갖 마귀들을 막아낼 수 있는 가장 좋은 방법이라 여겼다.

귀는 지혜의 자리이기 때문에 제일 지혜로운 이가 아주 큰 귀, 특히 커다란 귓불을 가졌을 것으로 생각했다. 따라서 귓불을 잡아당겨 길게 늘어지게 하는 무거운 귀고리들은 선천적인 지혜와 지능을 틀림없이 증가시킬 것이라고 보았다. 석가모니는 그의 위대함에 부합하게 유난히 너그러운 귓불을 가지고 있었다고 전해진다. 초기의 힌두, 불교와 중국의 조상(彫像)을 연구해 보면, 그 대상들이 중요한 왕족들일 경우에는 으레 기다란 귓불이 있음을 알 수 있다.

뱃사람들은 이렇다 할 이유도 없이, 구멍을 뚫은 귀에다 귀고리를 달고 있으면 물에 빠져 죽지 않는다고 믿었다. 동시에 그들은 귀고리

1980년대에 남성 귀고리가 다시 나타나자 나이든 세대들의 거센 비난이 쏟아졌다. 그들은 귀고리를 여성적이라 생각하고 있다. 얼마 전 어느 학교의 교장은 남학생들에게 눈에 거슬리는 귀고리가 보이지 않도록 교실에서는 그들의 귀에 반창고를 붙이라는 지시를 내렸다. 이와 같은 태도는 남성 귀고리의 오랜 전통을 무시하고 있다. 심지어 셰익스피어(위)도 귀고리를 했다. 당초에 귀고리 하나만 하는 것은 미신이었다. 옛날에는 어느 남자가 그의 아내 또는 애인과 한 쌍의 귀고리를 나누어 각기 하나씩 걸고 있으면, 그 남자가 아무리 멀리 떠나도 다시 만날 수 있다고 믿었다. 그리하여 멀고도 험난한 항해에 자주 나서는 옛날의 선원들 사이에서 유달리 인기가 있었다. 한 쌍의 귀고리 중 하나를 걸고 있으면, 사랑하는 이들에게 안전하게 되돌아갈 가능성이 그만큼 커진다고 생각했다. 해적들 역시 한쪽에 금귀고리 하나씩을 걸고 다니기를 좋아했지만, 그들이 오직 한 여인에게만 사랑을 쏟는 경우란 그리 많지 않았다. 그들이 한쪽에만 귀고리를 한 이유는 달랐다. 그들의 무거운 금귀고리는 어느 낯선 곳에서 살해되거나 뱃전으로 나가떨어져 바다에 빠져 죽은 뒤, 어느 낯선 바닷가에 떠밀려갔을 때 비참하지 않은 매장(埋葬)을 하기에 넉넉한 금덩이를 귀에 달고 다니려는 데 그 목적이 있었다. 금은 어떤 방법으로 지니고 다니든 쉽게 도둑을 맞거나 잃어버릴 수 있지만, 아무리 술에 취해 깊은 잠에 곯아떨어졌더라도 귀에 걸린 금귀고리를 도둑이 빼내려 한다면 그 사람을 깨우게 마련이었다. 세계 어느 지역에서는 도둑의 귀를 잘라 처벌했는데, 위와 비슷한 맥락에서 그 이유를 설명할 수 있을 듯하다.

Even Shakespeare sported a ring in his ear.

가 나쁜 시력을 고쳐 준다고 굳게 믿었다. 그러한 미신들이 어떻게 생겨났으며 아직도 남아 있을 수 있었는지는 알기 어려우나, 뱃사람들과 남성의 귀고리는 동의어가 될 만큼 그 미신들은 끈질기게 살아 있다.

오랜 세월을 거치면서 귀고리를 하는 원래의 다양한 사연들은 잊혀졌다. 그 관습은 그냥 전래적이라고 알려지게 되었다. 오늘날에는 부족이나 도시인들 거의 모두에서 신분이나 아름다움을 강조하기 위해서 귀고리가 쓰이고 있다. 기다란 귓불이 유행하는 나라에서는 인위적인 신체 변형 작업이 어린시절에 시작되어, 꼬마 어린이들의 귓불에도 구멍이 뚫려 있다. 뒤이어 이 작은 구멍들이 해가 감에 따라 점점 커져서 아래로 처져 내려간다. 사춘기에 이르러 제일 기다란 귀를 가진 처녀들만이 아름답다는 평가를 받는다. 최고의 매혹적인 미녀들은 귀가 젖가슴까지 내려와야 한다. 만일 그 과정에 길게 늘어진 귓불에 매달린 고리가 지속적으로 당기는 힘과 묵직한 귀장식의 무게를 견디지 못하여 귓불이 뚝 끊어지면, 그 처녀의 아름다움은 한순간에 망가진다. 이처럼 과장된 귀 전시 행위가 남성의 몫이 되는 지역에서는 귓불이 끊어지더라도 그다지 큰 재앙은 되지 않는다. 문제의 남성은 잘린 끝을 묶어 놓으면 그만이다.

서양에서는 그토록 오랫동안 귀고리가 순전히 여성의 장식으로만 유행했으나, 최근에는 귀고리를 하는 남성의 숫자가 늘어나고 있다. 처음에는 귀고리를 하고 있는 남자들은 모두 여성의 역할을 하는 동성애자들로 치부되고 말았으나, 그 유행이 보다 전위적인 avant-garde 젊은 이성애자heterosexual들로 번져갔음이 머지않아 밝혀졌다. 이로 말미암아 얼마간 혼란이 일어났고, 거기에는 일종의 암호가 있다는 이야기가 돌기 시작했다. – 왼쪽 귀에 구멍을 뚫고 귀고리를 한 남성은 동성애자homosexual이고, 오른쪽 귀에 구멍을 뚫어 귀고리를 한 남성은 반항적인 이성애자라고 했다. 혹은 그 반대라고도 했는데, 거기에 문제가 있었다. 다시 말해 어느 쪽이 무엇을 의미하는지를 기억할 수 있는 사람이 하나도 없었다. 결국, 남성의 귀고리는 그 성적인 의미를 완전히 잃어버리고, 단지 중년 청교도들의 신경을 건드리는 일반적인 방법으로 변질되고 말았다.

1970년대에 펑크 록Punk Rock이 잠시 꽃피면서 조잡하게 뚫은 귓불에 찔러넣은 괴이한 물건들로 인해서 극도의 혐오를 일으키는 요소가 확대되었다. 가장 즐겨 사용한 물건이 커다란 안전핀이었다. 게다가 이 새로운 물결의 선구자들은 면도칼에서 전구電球에 이르기까지 온갖 물건을 매단 사슬을 걸고 다녔다.

1980년대에는 고급 패션가에서 들려오는 이야기에도 아랑곳하지 않고 남성의 귀고리는 그 영역을 훨씬 넓혔다. 심지어 일류 미식축구 선수들마저도 남성다운 귓불 한쪽에 멋진 다이아몬드 장식을 번득이며 거액의 새 계약서에 서명하는 장면을 볼 수 있다. 이러한 유행을 따르면서 그들은 젊은 투사들도 여성 못지않게 정교한 몸 장식을 할 권리가 있다는 것을 거듭 주장하는 듯하다. 요즘에는 남성과 여성이 모두 이러한 유행의 최신 경향 – 여러 개의 피어싱multi-piercing – 을 따르고 있음을 볼 수 있다. 귀에다 구멍 하나만을 뚫지 않고, 귓바퀴를 빙 돌아가며 구멍을 여러 개 뚫어 온갖 귀고리를 달고 다닌다. 이것은 어느 부족 문화권에서는 잘 알려진 장치이지만, 서양의 도시 사회에서는 일찍이 기록된 적이 없는 행태였다.

귀가 포함되는 몸짓과 동작으로 눈길을 돌리면, 그 레퍼토리가 극히 한정되어 있음을 솔직히 인정하지 않을 수 없다. 우리들은 소음을 줄이기 위해 귀를 막고, 소리를 키우려고 귀에다 손을 갖다댄다. 우리들은

The complicated world of ear-touch gestures.

▲ 귀가 포함되는 부분적인 몸짓은 아주 적다. 눈에 익은 것 중 하나가 '당나귀 귀(donkey's ears)' 동작으로, 두 손의 엄지손가락 끝을 두 귀에 하나씩 꽂고 손가락들을 수직으로 펴고, 조롱을 당하는 상대에게 비웃듯 까딱거린다. 이것은 여러 나라에서 어린이들의 욕으로 인기가 있다. 그러나 성인들이 위협 수단으로 쓰기는 하나 어린애 같다는 인상을 줄까 두려워 매우 드물게 사용된다. 그러나 중동에서는 그보다 훨씬 호전적인 변형이 있다. 아랍의 성인들이 그 몸짓을 할 때는 엄지가 아니라 새끼손가락을 귀에 꽂는다는 데 차이가 있다. 그리고 이 때는 손바닥이 앞이 아닌 뒤로 향하고, 손가락을 펴면 대략 뿔이 달린 사슴의 형상을 하게 된다. 시리아, 레바논과 사우디아라비아 같은 나라에서 이 몸짓의 메시지는, 그 신호를 받는 사람이 바람난 아내를 둔 못난 남자라는 뜻이다.

▲ 은밀한 귓속말 몸짓을 짐짓 공개적으로 사용하는 것은, 잘난 척하는 사람들이 남을 업신여겨 '따돌리는' 시늉을 할 때 곧잘 쓰는 수법이다.

결정을 내리지 못하고 우물쭈물하고, 무슨 말을 해야 할지 생각나지 않을 때 귀를 문지르거나 잡아당긴다. 그리고 혼자 있을 때 곧잘 새끼손가락(어떤 나라에서는 '귀 손가락earfinger'이라는 그럴듯한 이름을 붙이고 있다)으로 귀를 깨끗이 하려고 후비지만, 아무런 소용이 없다.

가장 흥미로운 귀 몸짓은 간단한 귓불 만지기earlobe touch이다. 이것은 나라에 따라 여러 가지 의미를 지니고 있다. 때때로 그 몸짓을 하는 사람은 엄지와 집게손가락으로 귓불을 가볍게 잡고 당기는가 하면, 때로는 집게손가락으로 툭툭 튕기기도 한다. 이탈리아와 유고슬라비아를 비롯하여 어느 나라에서는 다른 남성에게 이런 몸짓을 하는 것은 아주 위험하다. 상대가 여자 같다(그러니 귀고리를 해야 하겠다)는 암시이기 때문이다. 포르투갈에서는 그 의미가 매우 달라진다. 거기서는 무엇이 유달리 좋거나 맛이 있다는 것을 가리키고, 아가씨에서 음식에 이르기까지 거의 모든 대상을 묘사하는 데 쓰인다. 포르투갈에 있는 이탈리아인들은 상대에게 모욕감을 주기 위해 귀를 만진 것이 전혀 다른 반응을 불러일으켜 혼란에 빠질 것이고, 반면 이탈리아에 있는 포르투갈 사람들은 상대방을 찬미하는 귀 만지기를 했다가 병원에 입원하는 신세가 되어 놀랄 것이다. 이 경우 스페인 사람이라면 전혀 다른 의미를 가진다. 그에게 귀 만지기는 누가 공술꾼 – 술집을 돌아다니며 다른 사람들 틈에 끼여 술을 마시고 술값을 일절 내지 않는 귀찮은 사람 – 이라는 뜻이다. 그는 친구들을 '마치 귓불처럼 걸어놓은 듯' 남겨놓고 나가 버린다. 그리스와 터키에서 귀 만지기는 으레 그 몸짓을 하는 사람이 상대방에게 조심하지 않으면 귀를 잡아당기겠다는 뜻이며, 어린이들에게 그것은 어떤 벌을 주겠다는 경고이다. 말타에서는 그 몸짓이 누군가가 첩자여서 '온통 귀를 곤두세우고 있으니' 말조심하라는 신호이다. 스코틀랜드에서는 불신 – "내 귀를 믿을 수 없어요" – 을 나타내는 몸짓이다. 이것은 다양한 메시지를 지닌 몸짓이어서 어느 지역에서는 점차 강화되고, 다른 곳에서는 사실상 거의 알려지지 않은 채로 남아 있는 연상聯想이 따르는 귀 상징성ear symbolism의 다양한 형태를 말해 주고 있다.

뺨 THE CHEEKS

옛날부터 보드랍고 매끈하며 발가벗은 뺨은 인간의 아름다움, 천진함과 정숙을 표현하는 부위로 생각되어 왔다. 젖먹이의 너무나 둥그스름한 뺨은 – 인간에게만 있는 특징 – 부모의 사랑이라는 뜨거운 감정을 불러일으키게 하는 강한 자극 부위 중 하나이다. 이처럼 매끈한 뺨과 열렬한 사랑이 일찍부터 연결되었던 흔적이 우리 성인들의 관계에도 남아 있다. 우리들은 애틋함을 느낄 때면 인체의 이 부위에 애정을 쏟게 된다. 손을 내밀어 사랑하는 이의 뺨을 어루만지고 키스하며 쓰다듬거나 살짝 꼬집어 부모와 자녀 사이의 순수한 사랑을 나타낸다. 젊은 엄마가 자기 뺨을 갓난아기의 뺨에 비비듯이, 연인들은 뺨을 맞대고 춤을 추기도 하고 오랜 친구들은 뺨에 키스를 하며 얼싸안고 뺨을 비빈다. 상징적으로 뺨은 인체 가운데 가장 보드라운 부분이다.

뺨은 또한 그 주인공의 진실된 감정을 드러내기 쉬운 부위이기도 하다. 뺨이 감정적인 색깔 변화가 가장 두드러지게 나타나는 곳이기 때문이다. 부끄러움 또는 성적 당혹감으로 인한 홍조^{紅潮}는 뺨의 한복판 – 새빨갛게 변하는 2개의 작은 점들 – 에서 시작되며, 뺨의 나머지 부분으로 재빠르게 번진다. 그 홍조가 한층 더 강화되면 목, 코, 귓불과 가슴 위 등 다른 부분으로 옮아간다. 한번은 마크 트웨인^{Mark Twain}이 무서운 잘못을 저지른 것처럼 부끄러움으로 뺨이 새빨갛게 물드는 인간에 대해 이렇게 말했다. "인간은 얼굴을 붉히는 유일한 동물이라고. 또는 그래야만 하는 것이 인간이라고". 그러나 이것은 홍조를 설명하는 올바른 방법이 아니다. 홍조를 가진 사람들의 일반적인 특징은 젊고 자의식이 강하지만, 사회적으로 다소 수줍어하는 사람이며, 대개 그들은 이렇다 할 개인적인 경험이 없는 것과 숙련된 전문가들 사이에 있을 때 어울리지 않는 천진함이 있다는 것을 제외하면 부끄러워할 이유가 없는 사람들이다.

홍조가 성적인 상황에서 되풀이하여 나타난다는 사실로 인해서 그것은 처녀의 동정^{童貞}을 표현하는 특수한 성적 전시 행위라는 인상을 주게 되었다. '홍조 띤 신부^{blushing bride}'란 결혼식에서 인기있는 상투어이다. 여기서 홍조는 참석한 모든 사람들이 신부의 처녀성 상실이 임박했다고 은밀히 예상하고 있다는 생각으로 말미암아 일어나

▼ 젖먹이의 토실토실한 뺨은 어버이의 심성을 지니고 있는 성인들에게 강렬한 자극을 준다. 갓난아기의 동그스름한 뺨은 인간에게만 있는 특징이다. 이는 어린 원숭이나 유인원에게는 없고, 오로지 인간의 어버이에게 애정을 '풀어놓게 하는 장치(releaser)'로 진화해 온 것 같다.

THE CHEEKS

Rounded, dimpled, smooth and creased cheeks.

는 자의식의 결과이다. 홍조는 아주 젊은 성인이 구애求愛할 때나 바람을 피울 때 밀접한 관계가 있다고 여겨졌고, 이에 따라 성적 매력과 연관을 지니게 되었다. 현대의 성교육이 이 문제에 대해서 훨씬 개방적이고 솔직하게 만들기 전에는 적어도 그랬었다. 홍조를 띠지 않는 처녀는 자신의 성적 특성을 모르거나, 부끄러움을 모르는 것이라 생각했다. 성행위에 관한 말이 나올 때 얼굴을 붉히는 여자는 분명히 자신의 성적 특성을 알고 있지만, 아직은 순진하다. 그러므로

인체가 과열되면, 제일 먼저 나타나는 증상 중 하나가 뺨이 상기되는 것이다. 외부 온도가 정상 범위 이상으로 올라가거나, 열병이나 정서적 흥분으로 인해서 체온이 갑자기 올라갈 때 이 같은 현상이 일어난다. 이 붉어짐은 피부 혈관 확장으로 인해 일어나는데, 이 때 피부 혈관이 늘어남에 따라 피부 가까이에 뜨거운 피가 많이 지나가게 되고, 몸의 열기를 식혀 정상 상태를 유지하는 데 목적이 있다. 피부색이 옅은 인종의 경우에는 이러한 뺨 색깔의 변화가 정서적 상태를 가리키는 중요한 신호로 작용한다. 그들은 의식의 제어를 받지 않는다. 우리들이 사회적 활동중에 당황하거나 노하거나 혹은 불편을 느껴 그 사실을 숨기려 해도, 우리들의 뺨은 그런 거짓 시늉하기를 거부한다. 그러한 상황에서 우리들이 취할 수 있는 유일한 보호책은 어떻게 하든 그것을 덮어 버리는 것이다. 빠르게 손짓을 하거나, 짙은 화장을 하고, 또는 피부가 햇빛에 까맣게 그을렸다면, 그 난처한 얼굴색을 숨길 수 있다. 그 밖의 중요한 특징—특히 아름다운 뺨의—은 그 매끈함이다. 이에 대한 오직 하나의 예외가 보조개이다. 이 보조개는 오목한 데가 많은 갓난아기의 몸을 연상시키는데, 한때는 하느님의 손가락 자국이라고 칭하기까지 했었다. 짙은 주름이 잡힌 뺨은 곧잘 개성적인 표현을 할 수 있지만, 아름답다고 생각하지는 않는다. 그것은 나이가 듦에 따라 피부의 탄력이 사라진다는 것을 말해 주기 때문이다.

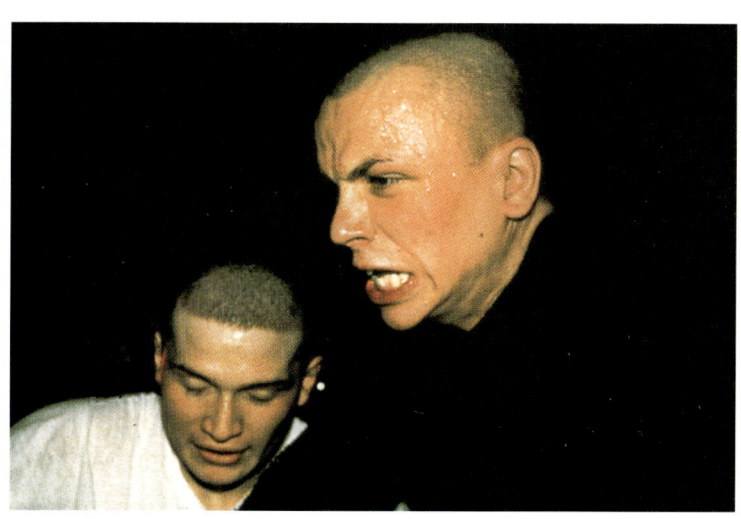

홍조란 기본적으로 처녀성을 알려 주는 인간의 색채 신호라고 말할 수 있다. 이러한 각도에서 옛날의 노예 시장에 내놓은 여자들 중에서, 첩실로 사 가고자 하는 남자들 앞을 걸어갈 때 얼굴을 붉히는 여자는 값이 올라갔다는 사실은 눈여겨볼 만한 일이다.

한편 뺨은 분노의 지표指標 — 시뻘겋게 달아올랐을 때 — 역할을 하기도 한다. 이것은 뺨 한가운데서 퍼져나가지 않고 오히려 그 색깔이 전반적으로 퍼진 것이며, 붉어짐의 또다른 형태이다. 만약 화를 내는 사람이 대머리라면, 머리의 정수리까지 그 붉은 빛이 퍼진 것을 볼 수 있다. 성난 남자 또는 여자의 기분은 억제된 공격 자세의 일종이다. 그 또는 그녀가 무서운 협박을 할 수 있지만, 그 빨간 피부는 좌절된 기분을 나타내는 것이다. 즉시 행동을 취하려는 진실로 공격적인 인간의 뺨은 살갗에서 피가 빠져나가 아주 파랗게 질려서 거의

> *A beautiful face may sometimes be enhanced by a blemish-renamed a 'beauty spot'.*

하얗게 된다. 이것이야말로 어느 순간이라도 공격에 뛰어들 가능성이 있는 사람의 얼굴이다. 그와 마찬가지로 극도로 겁을 먹게 되면, 공포의 감정으로 뺨은 하얗게 변하고, 도망을 가거나, 궁지에 몰리면 공격할 준비를 하게 된다. 난폭한 군중을 진압하려고 고군분투하는 젊은 경찰관들의 얼굴을 살펴보면 도움이 된다. 헬멧을 쓰고 줄지어 서 있는 얼굴들을 자세히 살펴보면, 한 줄로 서서 군중들에게 동일한 위협을 받고 있으면서도 하얀 얼굴, 시뻘건 얼굴과 분홍빛 얼굴이 뒤섞여 있음을 알 수 있다. 하얀 얼굴은 치고 나갈 준비가 되어 있고, 붉은 얼굴은 화가 났으면서도 당황하고 있으며, 분홍빛은 이전에 모든 것을 경험한 얼굴이다. 이와 같이 사람의 뺨은 다양한 감정 상태를 신호로 전달한다.

현대에 와서는 일광욕을 하는 사람들의 구릿빛 뺨은, 휴양지의 바닷가에서 햇빛 속에 누워 시간을 보낼 수 있는 사람들의 신분 신호^{status signal}가 된다. 이것은 비교적 최근의 현상이다. 지난 여러 세기에는 높은 신분의 여성 – 혹은 당시에 쓰였음직한 표현을 빌리면 '사교계의 젊은 부인' – 이라면 햇볕에 그을린 피부를 보면 기절했을 것이다. 당시에는 구릿빛 피부란 오로지 한 가지로, 들판에서 땀을 흘리는 농민을 뜻했다. 상류 계급의 젊은 숙녀들은 갈색 피부를 지극히 혐오해서, 공원을 산책할 때도 차양 모자를 쓰거나 양산을 들고 다니며 조금이라도 피부가 그을리지 않도록 특별히 관심을 기울였다.

역사상의 어느 시기에는 이러한 태양 기피 태도로 인해서 화장품의 도움을 받아가며 뺨을 하얗게 가꾸었다. 그리고 구릿빛과는 다른 발그레한 뺨을 건강과 선천적인 생기의 징표로 보았던 다른 시대에는 뺨 한가운데를 연지로 칠했다. 연지를 바르지 않은 젊은 여성들이 중요한 사교 모임에 참석할 때면, 밖에서 뺨을 꼬집어 핏기가 돌게 하는 장면을 흔히 볼 수 있었다. '홍조 띤 얼굴^{blusher}'은 오늘날까지 여성의 미용계에서 여전히 인기를 누리고 있다. 다만 패션계가 상업적인 목적으로 유행을 유지하려고 애를 쓰다 보니 해마다 바뀌는 경향이 있다. 이와 같은 형태의 화장술은 건강한 듯한 신호를 보낼 뿐만 아니라, 동시에 십대의 천진한 홍조를 연상케 해서 성적인 맥락에서 이중의 이점을 지니고 있다.

♥ 뺨에 있는 흠을 감추기는 어렵다. 그런데 이 부위의 사마귀나 검은 점, 보조개로 고민하던 숙녀들은 재빨리 한 가지 해결법을 찾아냈다. 비너스는 태어날 때부터 뺨에 '미색점(美色點: beauty spot)' 즉 검은 점이 있었고, 따라서 그녀를 따라하면 더 아름다워질 수 있다는 말이 사교계의 여성들 사이에 널리 퍼지게 되었다. 그렇게 그들은 작은 흠을 검은 조각으로 덮거나 화장용 연필로 장식해 검은 점으로 바꾸었다. 이러한 형태의 뺨 장식 인기가 대단하여 티 하나 없이 매끈한 피부를 가진 여성들까지 여기에 가세하게 되었고, 얼굴 장식물과 미색점을 이용했다. 18세기 초에 이 유행은 커다란 영향력을 발휘하여 그 미색점의 위치가 정치적인 의미를 띠게 되었다. 그리하여 휘그(Whig)당 여성들(따라서 우익)은 오른쪽 뺨을 장식했고, 토리(Tory)당 여성들(따라서 좌익)은 왼쪽 뺨을 꾸몄다. 그 미색점은 단순히 하나의 점으로 그치지 않고, 별, 조각달, 왕관, 마름모꼴과 하트형으로 모양을 정교하게 바꾸어나갔다.

▶ 고대 그리스에서 이상적인 여성의 얼굴형은 뭉툭한 끝이 위로 올라가는 달걀형이었다. 이 모양이라면, 뺨은 갸름하여 점점 좁아지면서 아래로 밋밋하게 내려갔고, 여성들의 보다 작고 가냘픈 턱을 강조했다. 오늘날에는 이 사진의 '달걀 머리(egg-head)' 상상도에서와 마찬가지로 앞서 말한 고전적 형태를 물구나무 세우는 성향이 있다. 이 변화는 현대의 미인상이 한층 아기 얼굴 같은 여성으로 기울고 있다는 뜻이다. 거꾸로 선 달걀 모양은 뺨을 좀더 오동통하게 만들고, 갸릉거리는 어미고양이를 장난기 있는 성적(性的) 새끼고양이로 바꿔놓는다.

색깔 이외에도 뺨의 모양이 중요하다. 유럽에서는 보조개가 하느님이 손가락으로 눌러 생긴 자국이라는 말이 있는 까닭에 보조개 있는 뺨을 언제나 매력있는 뺨으로 생각해 왔다. 보조개는 요즘도 그리 흔하지 않고 드문 편이라서 그에 따른 전설과 미신이 이례적으로 많은 듯하다. 보조개를 둘러싼 옛시와 속담들이 많이 있다. "그대 뺨의 보조개 하나/수많은 가슴을 사로잡으리…"와 "뺨에 보조개가 있는 사람은 절대로 살인을 범하지 않는다"라는 시 구절과 속담이 그 실례들이다.

초기 그리스인들 사이에서는 뺨의 모양을 아름다움의 기준으로 중요하게 여겼고, 그리스인들에게는 '뺨 어루만지기 Cheek Stroke'라는 특별한 몸짓이 있었다. 이 동작을 할 때는 한 손의 엄지와 집게손가락을 뺨 위쪽의 양쪽 광대뼈에 각기 하나씩 갖다대었다. 이 출발점에서 손으로 뺨을 부드럽게 어루만지며 턱을 향해 내려가서 손가락을 떼었다. 이 동작을 하는 동안 손가락 둘은 점차 가까워지며 차차 늘어지는 형태를 얼굴에다 그린다. 그리스인들이 아름다움의 이상형으로 생각한 얼굴이 바로 이 달걀형이었다. 현대의 그리스인들도 옛날과 다름없이 이 몸짓을 이런 식으로 해석하고 있다. 다른 유럽인들에게 이 동작은 상당히 다른 의미를 지니고 있다. 대다수의 사람들에게

THE CHEEKS

▲ 연인들이 서로의 몸을 쓰다듬을 때, 뺨이 친밀한 접촉을 할 수 있는 첫 번째 부위가 된다. 오랫동안 씨름하듯 밀착된 포옹을 하면서 되풀이하여 뺨을 쓰다듬고 만지고 누르고 입맞춘다. 이러한 행동은 젖먹이 시절에 어머니의 품에 안겨 우리들 모두가 즐겼던 사랑스러운 뺨 접촉에 그 뿌리를 두고 있다. 아울러 격정적인 마중 또는 작별 인사를 할 때 뺨 껴안기와 뺨과 뺨 접촉이 그렇게 흔한 이유를 이로써 설명할 수 있다.

이것은 얼굴이 야윈 사람들을 암시하며 질병이나 수척함을 뜻한다. 아울러 그것은 지방에 따라 다소 수수께끼 같은 의미를 지니고 있다. 이를테면, 유고슬라비아에서는 성공의 표시이다. 얼핏 보기에 뺨 어루만지기와 성공 사이에는 뚜렷한 연관이 없지만, 내게 자료를 제공한 유고인들은 그 동작이 얼굴에서 크림을 닦아내는 시늉이라고 설명했다. 거기서 나오는 상징적 등식은 다음과 같다. '크림을 마음껏 먹는 사람=성공한 사람'.

지역에 따라 그 밖에도 여러 가지 뺨 신호가 있다. 아랍인들 사이에서 잘 쓰이는 모욕은, 뺨에 바람을 채워 부풀게 한 다음 집게손가락으로 찔러 꺼지게 하여, '부풀어 올랐던' 상대방이 풍선처럼 침을 맞았다는 것을 암시한다. 이 몸짓은 상대방이 헛소리를 한다고 생각할 때 쓴다. 많은 지역에서 뺨 부풀리기는 누가 뚱뚱하거나 너무 많이 먹는다는 신호로 쓰이지만, 그럴 경우에는 집게손가락으로 뺨의 바람을 빼지 않는다.

영어로 '건방지다'는 형용사로 'cheeky'가 있는데, '뺨에 혀를 넣는다 tongue-in-cheek'로 알려진 몸짓에 그 유래가 있으며, '성실하지 않은'의 의미가 있다. 이 때 동작을 하는 사람은 한쪽 뺨에 혀를 잔뜩 밀어넣어 뺨 모양을 일그러뜨려 상대에 대한 불신을 표현한다. 이것은 그 몸짓을 하는 사람 스스로가 비판적인 말을 자제하도록 하는 방법으로, 혀를 뺨에다 꽉 눌러 붙이면 '혀 끝에서 맴도는 on the tip of his tongue'의 뜻으로, 말이 나가지 못하게 한다는 생각에서 유래된 것이다. 이

성인 남성들 사이의 격렬한 신체 접촉에는 상당한 변형들이 있다. 어느 문화권에서는 그 몸짓을 남자 동성애자들의 행위로 보아 금기시된다. 그러나 다른 문화권에서는 전혀 규제되지 않고, 심지어 오늘날에도 이성애자(heterosexual)인 두 남성이 격한 마중, 작별 인사 및 축하 인사를 하는 순간에 전혀 성적 의미가 없는 입과 입의 키스를 종종 목격할 수 있다. 그러나 대다수의 현대 사회에서는 이 두 가지 극단 사이에 타협이 이루어져, 격렬한 남성과 남성의 접촉으로 뺨과 뺨의 포옹을 즐겨 사용한다.

Non-sexual cheek-to-cheek kissing between males.

런 식으로 '뺨'을 보이는 행동은 특히 어린이들이 할 때 무례하다고 생각했고, 빅토리아 시대 초기에 '뺨cheek'과 '건방진cheeky'이라는 낱말들이 영어에 들어가게 되었다.

대체로 이탈리아에 국한되고 있는 또다른 몸짓은 뺨 나사박기Cheek Screw이다. 집게손가락을 뺨에다 누르고 돌려서 살에다 나사를 죄듯이 하는 시늉을 한다. 이탈리아 북부 토리노에서 남쪽 시칠리아와 사르데냐에 이르기까지 거의 모든 사람들이 이 동작을 알고 있다. 그것은 한결같이 "좋습니다!"라고 하는 동일한 의미를 지니고 있다. 원래 그것은 요리사에 대한 찬사로서, 파스타가 'Al dente' 즉 '이에 딱 맞는다'고 하는 뜻이다. 말을 바꾸어, 집게손가락이 뺨 안에 있는 치아들을 가리키면서 음식이 조금도 빈틈없이 꼭 맞게 조리되었음을 알렸다. 그러나 시간이 흐름에 따라 그 동작은 점차 넓은 맥락으로 쓰이게 되어, 좋은 것은 무엇이든 그 안에 포함되게 되었다. 아가씨를 상대로 사용할 경우에는 대략 "아주 매력이 있다"는 뜻과 같다.

스페인 남부에서는 똑같은 뺨 나사박기가 전혀 다른 의미를 갖는다. 거기서는 옴폭 들어간 보조개 뺨을 가리키고, 상대방이 여자 같다는 뜻으로 대단한 모욕으로 이용하고 있다. 이런 까닭에 휴가차 스페인에 온 이탈리아 사람이 음식이 좋다고 요리사에게 찬사를 보냈다가는 예상했던 반응이 빗나갈 위험이 크다.

독일에서는 이와 똑같은 몸짓이 "미쳤군요!" 하는 또다른 뜻을 지니고 있다. 그것은 운전자들이 서로 욕을 할 때 쓰는데, 이미 잘 알려지고 널리 쓰이고 있는 관자놀이 나사박기Temple Screw의 변형이다. 이 몸짓은 특별한 이유 때문에 독일에서 쓰이게 되었다. 그 이전까지만 하더라도 운전자들이 관자놀이 나사박기를 할 때마다 번번이 경찰관들은 '모욕 행위'를 이유로 그들을 기소했었다. 그에 대한 대응책으로 집게손가락을 뺨으로 낮추어, 거기에다 '나사 풀기Screw Loose' 동작을 하고, 걸리면 그 때 이가 아파서 그랬노라고 변명했다.

두 손바닥을 마주보게 한 다음 한쪽 손등에다 뺨을 얹는 몸짓은 "잠이 와요"라는 뜻의 표현으로 널리 퍼져 있다. 잠자는 행동을 가장 전형적으로 나타내는 순간이 뺨을 베개에 댈 때라는 사실에 바탕을 둔 동작이다. 사람들이 피로하거나 따분해도 책상이나 테이블에 그

THE CHEEKS

냥 앉아 있어야 할 때는 무거운 머리를 한 손으로 떠받치듯 하는 휴식 자세를 취할 가능성이 가장 높다는 사실은 아주 흥미롭다. 연사演士나 교사가 이런 자세를 하고 있는 사람을 본다면, 자신에게 문제가 있음을 깨달아야 한다. 권태를 한층 더 뚜렷이 보여 주는 동작은 뺨 구김살 Cheek Crease 이다. 이 경우에는 한쪽 입 끝이 잔뜩 돌아가 뺨의 살이 몰려 올라간다. 동시에 이 동작은 불신을 의미하고, 본질적으로 강한 야유의 몸짓이다.

지중해 연안의 어느 지역에서는, 자기 뺨을 꼬집는 것은 무엇이 아주 훌륭하거나 맛이 있다는 신호이다. 어느 곳에서는 다른 사람의 뺨에 이와 똑같은 동작을 하면 애정의 표시가 된다. 고대 로마에서도 인기가 있었으니, 이 몸짓은 2천 년이 넘도록 이런 뜻으로 쓰이고 있다. 일반적으로 어른들이 아이들(아이들은 싫어하는 경우가 많다)에게 이 몸짓을 쓰고 있지만, 어른들 사이에서도 장난삼아 사용할 때가 있다. 손바닥으로 뺨 쓰다듬기 Cheek Pat 를 하는 것은 조금은 덜 짜증스러운 대안으로 이용되지만, 이것 역시 너무 세게 하면 기분이 상할 수 있다. 거짓 애정을 표현하는 경우, 이 쓰다듬기 동작은 쉽사리 뺨 때리기에 가깝게 확대되어, 피해자는 자신이 모욕을 당했음을 뻔히 알면서도 그 동작이 호의적인 몸짓에 너무 가까워 어쩔 도리가 없는 난처한 상황에 빠지게 된다.

뺨 때리기 Cheek Slap 는 그 자체가 이중적인 전통을 갖고 있다. 그것은 어느 남성에게 결투를 신청하는 고전적인 방식이며, 동시에 반갑지 않은 남성의 관심에 대한 숙녀의 전형적인 행동이기도 했다. 두 경우 모두 그 때리기는 모욕에 대한 반응이지만, 그 결과는 전혀 다르다. 본질적으로 뺨 때리기는 '보여 주기식 – 타격 display-blow'이다. 다시 말하면 소리는 요란하지만 신체적인 상해는 아주 작아서 피해자의 즉각 방어 또는 공격 행위를 불러일으키지는 않을 정도의 타격이다. 비록 피해자가 당장 발끈하기는 하지만, 그 의미는 나중에 가서야 드러난다.

이와 반대되는 감정의 표시로는 뺨 키스 Cheek Kiss, 뺨 만지기 Cheek Touch 와 부드러운 뺨 어루만지기 Cheek Stroke 가 있다. 뺨 키스는 동등한 신분의 두 사람 사이에만 적합한 상호적인 동작이다. 그것은 변형되

뺨 부위가 화장하는 곳으로는 인기가 있지만, 흉터가 남는 상처내기와 의도적인 신체 상해의 목적으로는 그다지 흔하게 이용되지 않는다. 뺨은 매끈한 피부로 가장 관련이 있는 신체 부위이며, 변화무쌍한 얼굴 표정을 지을 때 움직인다는 것이 그 이유의 일부가 된다. 그럼에도 어느 부족 문화에서는 뺨 상처내기를 찾아볼 수 있다. 가령 중동의 카디리 데르비시족은 지금도 뺨에다 산적처럼 꼬챙이를 꿰고 다닌다. 그런데도 그들은 전혀 아파 보이지 않으며, 종교의식 중에 그들은 황홀경에 도달하기도 한다.

The painting, scarring and skewering of the cheeks.

고 약화된 입 키스로서, 서양 각국에서는 사교적인 모임의 의례적인 인사와 작별 인사로 널리 퍼져 있다. 립스틱을 칠한 경우에는 입술을 뺨에 대지 않은 채 키스 소리만 내며 뺨과 뺨을 마주 누르는 사례가 훨씬 많다. 그러나 문화적 구분에 따라 그 빈도가 다르다. 연예계와 상당히 화려한 사교계에서는 지나치게 자주 사용하는 반면, 저소득층에서는 가까운 가족들을 제외하고는 극히 드물다. 나라에 따라 이 차이는 달라진다. 동유럽의 일부 지역에서는 심지어 성인 남성들 사이에서도 원래의 입과 입의 키스 인사가 여전히 흔하고, 뺨으로 위치를 바꾸지 않았다. 일부 서유럽 사람들은 그러한 행동의 의미를 완전히 오해하여 남자 동성애자의 징표로 보았다.

뺨 부위의 손상은 그다지 자주 있는 일이 아니었다. 얼굴 운동을 시켜야 할 상황이 너무나 많았기 때문이다. 그러나 옛날에는 애도^{哀悼}하는 여성들이 자신의 슬픔을 가장 분명히 표시하는 방법으로 뺨을 할퀴어 피를 흘리는 풍습이 있었다. 존 불워^{John Bulwer}의 연구에 따르면, 이러한 행태로 말미암아 '뺨 매끈하게 가꾸기' 법률이 통과되기에 이르렀다. "로마의 옛 여성들은 비통해할 때면 자기 뺨을 찢고 할퀴었다… 그리하여 원로원^{Senato}이 이 사실에 주목하여, 이를 금지하는 법령을 만들어 다음과 같이 지시했다. 이후로 어떤 여성도 비탄이나 애도하는 나머지 자기 뺨을 찢거나 할퀴어서는 안 된다. 뺨은 정

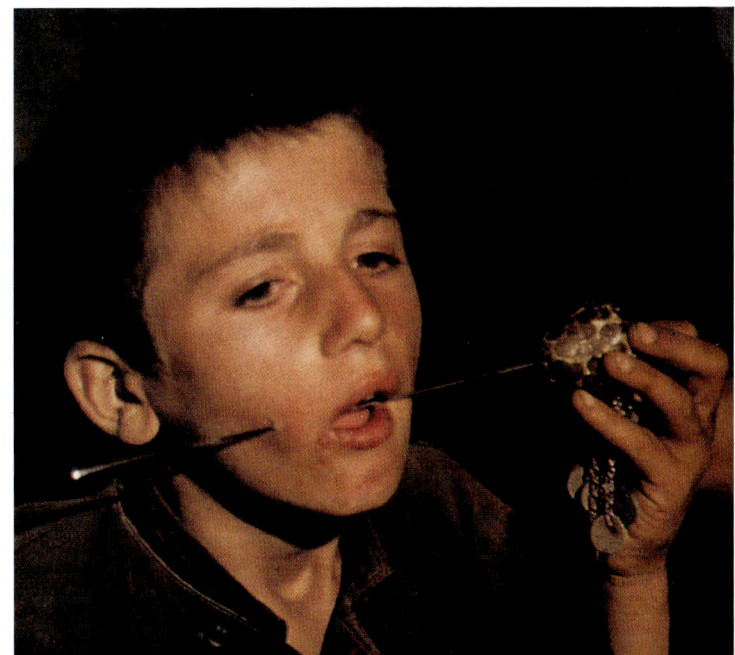

What the cheek pinch signifies depends on the context and the pressure applied.

▶ 고전 시대 이후로 친구의 뺨을 가볍게 꼬집는 것은 애정 표현 또는 축하 인사의 상징으로 생각해 왔다. 그러나 지나치게 힘을 넣는다면, 그 몸짓은 애정의 쓰다듬기가 아니라, 그 즉시 불쾌한 폭행이 된다. 수많은 형태의 신체 접촉을 할 때 힘을 더 넣게 되면 그 의미가 달라지고, 부드럽고 친밀한 동작과 불쾌하고 공격적인 그것 사이의 미묘한 문턱을 오간다. 때때로 매우 고통스럽고 적대적인 형태로 이끄는 의도적인 장치로서 부드러운 접촉을 이용하기도 한다.

▼ 말을 듣고 있는 사람이 손으로 뺨을 괼 때, 그것은 그가 정신을 집중시키려 노력하고 있음을 표현하는 것이다. 그가 혼란에 빠졌거나, 지쳤거나, 혹은 오히려 지루하다는 뜻일 수도 있다. 때때로 듣는 사람이 자신을 깨우려는 듯 멍청하니 뺨을 꼬집기도 한다. 어느 연사(演士)가 청중 가운데 '뺨을 괴고(cheek supports) 있는 사람들'이 늘어나고 있는 것을 본다면, 그는 연설법 공부를 좀더 해야 할 필요가 있다는 사실을 깨달아야 한다.

숙과 수치가 자리하고 있는 곳이니라".

한편 프로이센 학생들은 곧잘 뺨에 상처를 내거나, 남을 시켜 상처가 나게 하고 결투로 생긴 상처라며 뽐내기도 했다. 어떤 상처는 실제로 결투를 하여 생겼지만, 다른 경우에는 그런 인상을 주기 위해 일부러 만들어내기도 했다. 면도칼을 지닌 깡패들이 거리에서 싸우던 이탈리아에서는 칼자국이 난 뺨이 억센 기질과 '엘리트' 집단의 구성원으로서의 상징으로 통했다. 이런 까닭으로 나폴리에는 이 날까지 남자들이 엄지손톱으로 자기 뺨을 죽 긋는 시늉의 몸짓이 남아 있다. 그는 자기의 어느 친구 또는 그들이 지켜보고 있는 사람의 교활성, 능란한 수법이나 억센 기질을 찬양하는 표시로 이런 동작을 한다. 그 몸짓은 그 사람이 '폭력 조직의 흉터 있는 회원'임을 암시하고 있다.

부족사회의 뺨 장식에는 다양한 얼굴 그림, 문신, 새김과 구멍뚫기가 있다. 앞서 거론한 연지와 분의 일상적인 화장술을 제외하면 서양 사회는 이러한 얼굴 장식에 비교적 자유로운 편이다. 다만 1970년대에 런던에서 일어난 펑크 록 Punk Rock 운동과 더불어 잠시 되살아나 남녀 모두가 입 주위 뺨에 안전핀을 꽂고 다니는 것을 볼 수 있었다. 이처럼 초기 펑크족들의 야만적이고 인위적인 인체 변형이 점차 누그러져 결국 가짜 안전핀이 나오게 되었다. 이것은 실제로 살을 꿰어 상처를 내지 않고 그런 인상만 주는 상품이었다.

입 THE MOUTH

나이가 많아짐에 따라 무표정일 때의 입술 위치가 일생을 지배해 온 감정 상태를 반영하는 경향이 있다. 행복, 슬픔, 분노, 우울, 열정, 혹은 긴장 등 우리들의 생활방식과 정서에 따라 우리들의 입술선은 그대로 표정으로 굳어진다. 오랜 일생이 근심과 걱정으로 가득찼던 어느 노인은 행복한 순간에도 입 끝을 들어올려 함박웃음짓는 것을 어려워한다. 그들의 입가는 고집스럽게 축 처져 있다.

사람의 입은 일을 너무 많이 한다. 다른 동물들도 입으로 여러 가지 일 – 물기, 핥기, 빨기, 맛보기, 씹기, 삼키기, 기침하기, 하품하기, 으르렁대기, 비명 지르기, 꿀꿀대기 등 – 을 하지만, 우리들은 이 목록에 더 많은 기능을 추가하여 사용하고 있다. 우리들은 말하고 휘파람을 불며, 미소짓고 웃으며, 키스하고, 담배를 피울 때도 입을 사용하고 있다. 지금까지 입이 '얼굴의 싸움터 the battleground of the face'라고 묘사되어 왔다고 해서 그리 놀랄 일은 아니다.

다른 싸움터와 마찬가지로 세월의 흐름에 따라 거기에도 닳고 시든 흔적이 보인다. 노인들은 혀의 수많은 맛봉오리味蕾들을 잃게 되어 음식에 양념을 많이 첨가해야 한다. 치아는 닳아서 새로 해 넣어야 한다. 근육으로 이루어진 입술은 그 탄력성을 잃고 서서히 주름진 상태로 영구히 자리잡게 된다. 노인들 입의 '느긋한' 표정은 그들의 개인적인 이력을 말해 주는 주요한 단서를 마련해 준다. 가령 그들의 일생이 음울했다면, 늘 사용하던 슬픈 입 표정이 영영 축 처진 입 모양으로 굳어지게 된다. 그들의 생활에 웃음이 가득했다면, 이 사실 역시 노년의 입술 모습에 반영된다.

입은 신체 가운데에서도 제일 바쁜 기관 중 하나일 뿐만 아니라, 표정을 가장 잘 나타내는 기관이다. 사람의 변화하는 기분에 따라서

THE MOUTH

인간의 입은 동물계에서도 가장 표정이 풍부하다. 우리들의 가장 가까운 친족이라 할 수 있는 침팬지의 기동성있는 입술마저 우리들의 그것과는 견줄 수 없다. 시각장애인으로 태어난 갓난아기를 연구한 결과, 우리들은 변화하는 기분에 따라 일련의 기본적인 입 표정을 짓도록 유전적으로 짜여 있음이 밝혀졌다. 그러나 비장애 어린이들은 문화적 학습을 통해 이 표정들을 상당히 세련되게 다듬는다. 4개의 서로 다른 대조적 동작, 즉 열고 닫으며, 앞뒤로 움직이고, 위아래로 움직이며, 긴장과 이완을 반복하는 운동 방식을 조합하여 입술은 경이롭도록 섬세한 시각 신호 체계를 개발할 수 있는 능력을 가지고 있다.

The expressiveness of the human mouth is unmatched.

입은 열림과 닫힘, 앞과 뒤, 위와 아래, 팽팽함과 느슨함이라는 네 가지 서로 다른 방향으로 입술 위치에 영향을 주기 때문이다. 이 네 벌의 변형들을 여러 가지로 조합하면 입 표정의 범위는 매우 넓어진다. 이러한 변화는 아주 복잡한 근육 무리에 의해 만들어지는데, 그 기본적인 작용 방식은 다음과 같다.

입술 둘레에는 힘있고 동그란 구륜근^{口輪筋, orbicularis oris}이 있고, 이 근육이 수축하면 입술이 닫힌다. 이 근육은 우리들이 입술을 꽉 다물거나, 입술을 꽉 붙이는 표정을 지을 때 가장 힘이 들어가게 된다. 이것을 단순한 괄약근^{sphincter}으로 생각하기 쉽지만, 그런 생각은 이 근육의 기능을 과소평가하는 것이다. 그 근육 전체가 오므라들면 입술이 닫히지만, 보다 깊은 힘줄이 한층 힘차게 작용하면 그 수축력에 의해 닫혀진 입술이 치아에 달라붙는다. 그와는 달리 표면의 근육이 활동을 더하면, 입술이 닫히면서 앞으로 튀어나오게 된다. 그러므로 동일한 근육이 서로 다른 방향으로 작용하면 키스를 유도하는, 가볍게 내민 연인의 입술이 되기도 하고, 얼굴에 강타를 예상하는 긴장한 권투 선수의 꽉 다문 입술이 되기도 한다.

다른 입 근육의 대다수는 중심에 있는 이 동그란 근육에 대항하

117

The extreme mobility of the mouth.

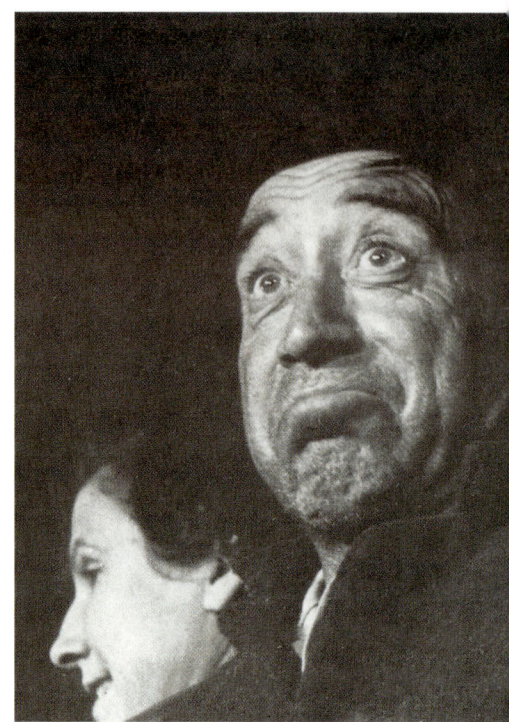

여 일하며, 입을 이쪽 또는 저쪽으로 열려고 애를 쓴다. 아주 단순화시켜 말한다면, 거근(擧筋, levator)은 윗입술을 들어올리고, 슬픔과 경멸의 표정을 짓는 데 도움이 된다. 협골근(頰骨筋, zygomaticus)은 미소와 폭소의 즐거운 표정을 지을 때 입을 위와 뒤로 끌어올린다. 삼각근(triangularis)은 슬픔에 잠겨 침울한 표정을 지을 때 입을 아래, 그리고 뒤로 끌어당긴다. 하인근(下引筋, depressor)은 아랫입술을 끌어내려 혐오와 풍자 등의 표정을 짓는 데 도움이 된다. 또한 턱 거근(levator menti)이 있어 턱을 들어올리고 아랫입술을 내밀어 도전적인 표정을 짓기도 하며, '나팔수의 근육'이라는 별명이 붙은 협근(頰筋, buccinator)은 뺨을 치아에 밀어붙인다. 우리들이 악기를 불 때뿐만 아니라, 음식을 씹을 때도 이 근육의 도움을 받는다. 심한 아픔이나 공포, 번민에 찬 분노를 느낄 때 우리들은 목 부위에 있는 또다른 근육인 활경근(闊頸筋, platysma)을 이용한다. 이 근육은 신체의 상해를 예상하여 목을 긴장시키며, 이 일의 일부로 입을 아래와 옆으로 끌어당긴다.

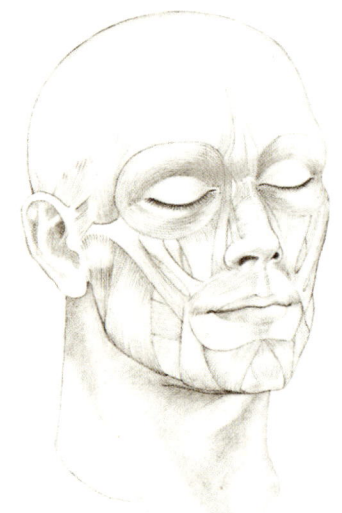

우리들의 입 표정에는 다양한 발성법(vocalization)이 동반되어 문제를 한층 복잡하게 만든다. 이들은 어느 정도의 입 여닫힘 동작을 추가하여 미묘한 얼굴 신호에 새로운 요소를 도입한다. 예를 들어, 분노와 공포의 대조적인 얼굴을 보기로 하자. 여기서는 입 끝을 뒤로 끌어당기는 정도에 따라 차이가 드러난다. 분노할 때는 그들이 적을 향해 돌진하듯 앞으로 밀고 나간다. 반대로 공포에 질릴 때는 그들이 공격을 받아 후퇴하듯 뒤로 물러난다. 이처럼 입 끝을 반대로 움직여 입을 열고 소리를 지르고, 입을 다물고 조용히 있을 수 있다. 말없는 분노는 입술이 꽉 붙어 있고 입 끝이 앞으로 나간다. 고함을 치거나 으르렁대는 소리치는 분노 상태에서는 입이 벌어져 아래와 위의 앞니들이 다같이 드러나지만, 여기서도 다시 입 끝이 앞으로 나가 이 모양이 대략 네모를 이룬다. 말없는 공포에서는 입술이 팽팽하게 당겨져 입 끝이 한껏 뒤로 물러나며 넓은 가로줄이 생겨난다. 숨을 헐떡이거나 비명을 지르는 요란한 공포에서는 입이 쩍 벌어지고 입술은 위와 동시에 뒤로 당겨진다. 공포로 말미암아 입술이 뒤로 당겨져서 비명을 지르는 사람의 이는 으르렁대는 사람의 그것보다 훨씬 적게 드러난다.

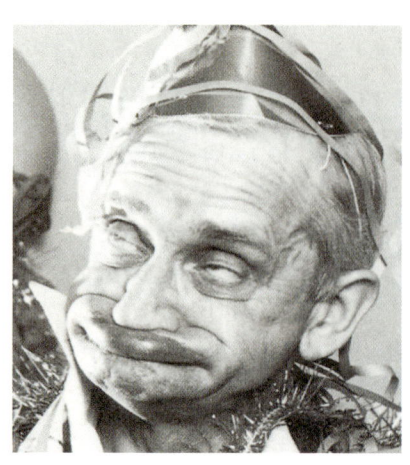

The unusual conspicuousness of the lips.

진화 과정 중에 인간의 복잡한 얼굴 근육들은 오로지 표정 연출 기능에만 점진적으로 적응해 왔다. 이와 턱으로 물고 찢어야 하는 힘들고 버거운 일을 예리한 무기와 도구를 사용하는 손이 떠맡아 준 까닭에 이러한 변화가 가능했다. 이에 따라 우리들은 다른 종들이 지니고 있는 크고 고정된 입을 버릴 수 있었다.

행복한 얼굴에도 닫힌 형태와 열린 형태가 있다. 입술이 뒤와 위로 당겨지면서 아래위가 서로 붙어 있으면, 너그럽고 소리없는 미소가 된다. 그와는 달리 입술이 벌어져서 넓은 빙그레 웃음이 되어 윗니가 드러나 보이게도 된다. 웃음소리가 보태지고 입이 넓게 열리면, 아랫니가 보일 수 있다. 그러나 당겨진 입술의 상향 곡선으로 인해서 웃음이 아무리 요란하더라도 아랫니가 윗니와 같이 완전히 드러나지는 않는다. 만약 웃는 사람이 아랫니를 완전히 드러낸다면, 그의 웃음소리가 지닌 성실성을 의심하게 된다.

행복한 얼굴의 또다른 특징은 입술과 뺨 사이에 나타나는 살갗 구김살이다. 입 끝을 추켜올려 생기는 이 팔자 모양의 대각선 주름은 코-입술 주름이며, 개인에 따라 상당한 변화가 있다. 그것은 우리들의 소리없는 웃음의 상징으로 '개성 표출'에 도움을 주고, 또래와의 우정의 유대를 강화할 때 시각적으로 중요한 요소이다.

한편 슬픈 미소 sad smile를 짓는 모순되는 얼굴이 있다. 그것은 다시 한 번 인간의 미묘함을 그려 주고 있으며, 외관상 양립할 수 없는 요소가 결합하여 복합적인 기분을 전달하는 능력을 알려 준다. 슬픈 미소에서는 얼굴 전체가 기분좋게 눈을 반짝이는 표정을 짓지만 입 끝만은 예외다. 그들은 알맞게 올라간 위치에 들어올려지기를 고집스레 거부한다. 오히려 그들은 축 처져서 실패한 정치가의 '용감한 미소 brave smile'를 짓거나, 융자를 거절한 은행 지점장의 비꼬는 듯한 미소를 만들어낸다. 그 밖에도 수많은 '혼합형' 또는 '융합형'의 표정들과 외곬형이 있어 인간의 얼굴은 동물계에서도 가장 풍부한 시각 신호 視覺信號의 레퍼토리를 마련해 준다.

입술을 떠나 구강 口腔 안으로 들어가서 이와 혀를 살펴보기에 앞서, 한 가지 짚고 넘어가야 할 독특한 입술의 특징이 하나 있다. 사람의 입술은 힘차게 뒤집혀 있다는 점에서 다른 모든 영장류와는 다르다. 사람의 입술은 바깥으로 말려나가 점막 일부가 드러나 보인다. 다른 종에서는 이 점막 표면이 입 안에 한정되어 있고, 입을 다물었을 때는 보이지 않는다. 인간의 경우, 드러난 점막 입술은 주변의 얼굴 피부보다 매끄럽고 색깔이 짙다. 그 대조적인 성질이 입 표정의 미묘한 변화를 더욱 뚜렷이 드러내는 데 도움이 된다.

THE MOUTH

Female lips mimic the labia of the genitals not only in appearance.

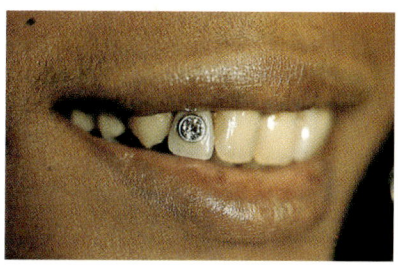

드러난 우리들의 점막 입술의 둘째 기능은 성적인 데 있는 듯하다. 성적 흥분에 이르면 입술은 팽창하여 더욱 붉어지고 한층 도도록하게 솟아오른다. 이로 말미암아 입술은 상대 피부와의 접촉에 더욱 민감하게 될 뿐만 아니라, 한층 또렷이 드러난다. 입술이 겪고 있는 변화는 또다른 입술들 – 여자 성기 – 에서 일어나는 변형을 자세히 흉내내고 있다. 여성의 입술이 남성의 그것보다 조금 크다는 사실을 염두에 두고 살펴보노라면, 입술은 성기와 아울러 유용한 모방 장치이다. 인간의 입이 진화함에 따라, 여성은 뒤집힌 입술로도 성적인 자기 흥분 상태를 알릴 수 있게 되었다. 다른 영장류들이 교접할 때 엉덩이와 얼굴을 맞대는 것과는 달리, 우리들은 얼굴과 얼굴을 마주하므로 이러한 모방 장치는 뜻이 있다. 아울러 그것은 여성들이 수천 년 동안 입술을 붉게 칠하여, 강렬한 시각적 자극을 주는 모습으로 가꾸어 온 이유를 설명해 준다. 나아가서 청교도적 집단들이 이따금 립스틱 사용을 공격하는 무의식적인 요소를 설명하기도 한다.

입술 안에는 이가 있고, 우리 인간들은 거의 전적으로 음식을 먹는 일에 이를 사용하고 있다. 우리들은 때때로 무명실을 끊을 때 이를 쓰기도 하지만, 사람이 식사 이외에 이를 사용하는 경우는 다른 종들보다 훨씬 적다. 유인원에게 이상한 물건을 주어 살펴보게 하면, 그것을 집어들고 당장 입으로 가져가서 입술, 혀와 이빨로 더듬어 본다. 뒤이어 날쌘 손가락으로 조작하지만, 전반적으로 손가락과 입의 접촉법에 의존하고, 입이 가장 중요한 역할을 한다. 이것은 사람의 어린아이에게도 그대로 들어맞아, 부모들은 늘 어린아이가 위험한 물건을 보드라운 입에 집어넣지 않도록 조심해야 한다. 그러나 우리들이 성숙함에 따라, 입은 점차 '조사의 역할^{investigative role}'을 잃고, 우리들의 우수한 손들이 그 일을 거의 독점한다. 이러한 역할의 전환은 싸움에도 적용된다. 성난 유인원들은 적수를 움켜쥐고 물어뜯는다. 화가 난 사람들은 적수의 머리를 때리고, 주먹질과 발길질을 하며 붙잡고 뒹군다. 사람은 최후의 수단으로만 물게 된다. 사냥한 짐승을 죽일 때도 똑같은 이치가 적용된다. 여기서도 육식 동물들 사이에 흔하던 치명적인 물기 작업을 무기의 도움을 받아 손이 대신 떠맡게 되었다. 입에서 손으로 옮겨가는 이 변화와 더불어 인간의 이가

▲ 서양 문화권에서는 진주같이 흰 이를 매혹적으로 생각하지만, 괴상한 유행에 의해 이따금 어느 특정한 이에 어떤 보석, 대체로 다이아몬드로 장식을 하기도 했다. 그러나 또다른 문화권에서는 검은 칠을 한 이, 또는 줄로 송곳처럼 뾰족하게 만든 이를 아름다움의 절정으로 본다.

성적으로 흥분될 때 입술은 부풀어오르고 훨씬 빨갛게 물든다. 선천적으로나 인위적으로 한층 더 도드라지거나 색채가 선명한 입술을 가진 사람은 자동적으로 보다 강한 성적 신호를 보내게 된다.

Our canine teeth are no longer lethal fangs.

점점 작아졌고, 다른 종들의 이빨과 비교하더라도 상당히 작다. 우리들의 송곳니는 이제 길고 날카로운 촉이 있는 무서운 이빨이 아니다. 그것은 다른 이에 비해 약간 더 길 따름이고, 우리들의 먼 조상들을 연상하게 하는 작고 무딘 끝이 있을 뿐이다.

성인의 완전한 이는 32개이고, 그 중 28개가 사춘기까지 형성된다. 우리들이 어린시절에 쓰던 20개의 '젖니^{milk teeth}'들은 점진적으로 교체되고, 8개의 영구치가 생겨난다. 마지막 4개의 이, 입 뒤쪽에 있는 사랑니들은 우리들이 젊은 성인이 되면서 나타난다. 이따금 그 중 몇 개 또는 전부가 끝내 나오지 않아 성인의 치아 숫자는 28개에서 32개에 이르기까지 일정하지 않다.

음식을 물고 씹는 뚜렷한 동작 이외에도 이는 악물고 죄며, 갈고 쓸며, 찧을 뿐만 아니라, 추위에 탁탁 부딪치기도 한다. 이를 악물거나 죄는 동작은 신체적으로 몹시 용을 쓰는 순간이나 고통을 예상할 때 일어난다. 그것은 서로 움켜잡고 용을 쓰는 씨름꾼이나 주사를 맞기 직전의 어린이 얼굴에 나타나며, 다가올 상해에 대한 원시적인 반응이다. 턱을 벌리고 있는 사람의 얼굴에 타격이 가해지면 훨씬 큰 상해를 받게 되며, 이가 한 번에 부딪치면서 부서지거나 '죄어 있지 않은 unclamped' 아래턱 뼈가 빠질 위험이 있다.

이를 갈거나^{gnash} 쓸어대는^{grit} 동작은 이를 찧는^{grind} 것과 똑같다. 그런데 동일한 동작, 특히 실생활에서는 거의 쓰이지 않는 동작에 3개의 낱말이 왜 필요했는지 이해하기 어렵다. 그러나 많은 사람이 잠을 자면서 분명히 이를 갈고 있으며, 일종의 억압된 분노를 표시하고 있다. 이것 역시 원시적인 반응이며, 좌절한 개인이 자신의 꿈 속 안전 지대에서 자신의 적들을 상징적으로 갈아 없애는 일종의 '근육성 꿈^{muscular dream}'으로 다시 표출되고 있다.

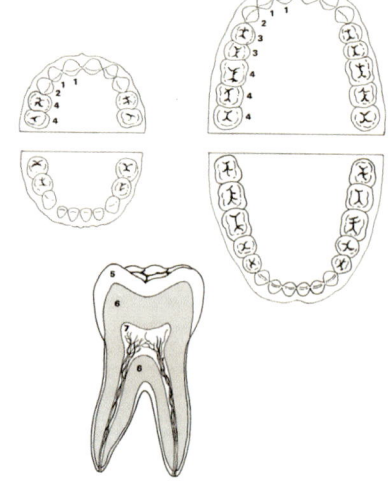

이의 법랑질이 인체의 모든 부분 중에서도 가장 단단하지만, 안타깝게도 '치아 부패^{dental decay}'가 오늘날 세계에서 가장 흔한 인간의 질병이다. 그 원인은 분명하고도 남을 듯하다. 호산성 유산간균^{好酸性乳酸桿菌, Lactobacillus acidophilus}이라는 이름의 입 안 세균은 탄수화물을 좋아한다. 그래서 식사 후에 이나 잇몸의 당분 또는 전분 알갱이들에 달라붙어 있으며, 이 세균이 재빨리 그 찌꺼기들을 발효시켜 유산^{lactic acid}

Our new longevity demands a staying power from our teeth which they cannot meet.

약 20퍼센트의 서양 성인들은 자연치(自然齒)가 전혀 없다. 무슨 영문에서인지 백인들의 치아(齒牙) 손실이 흑인보다 2배나 많다. 오늘날 선진국의 국민들은 중요한 문제에 봉착해 있다. 신석기시대 22년의 평균수명이 약 반 세기로 연장되었고, 따라서 우리들의 이는 도저히 감당할 수 없는 지구력을 요구받게 되었다. 전형적인 포유류와 마찬가지로 우리들은 이를 2벌 - 어린시절의 젖니와 낙관적으로 이름을 붙인 성인의 영구치 - 가지고 있다. 오늘날 수명이 길어져서 우리들은 선천적인 제3의 이가 몹시 필요하지만, 현대 치과 의술의 힘을 빌려 인공적인 이를 만든다. 일생 동안 잇달아 이빨이 새로 돋아나는 상어에 비하면, 인간은 상어보다 아주 열등하다. 성인이 이를 완전히 갖추게 되면 (1)앞니, (2)송곳니, (3)앞어금니, (4)어금니를 갖는다. 각각의 이마다 외피는 (5)법랑질(琺瑯質), 그 밑으로 (6)상아질이 있고, 혈관과 신경 종말부가 들어 있는 (7)치수(齒髓)가 있다.

으로 바꿔 놓는다. 이 세균들은 이 산을 매우 좋아하여 급속도로 증식하기 시작하고, 그 전체 과정은 극적으로 가속화되어 입 안의 침이 극도로 산성화된다. 그러면 이 산성이 이의 표면을 잠식하여 법랑질에 작은 구멍을 내고, 이것이 발전하여 사람을 괴롭히는 충치 구멍^{cavity}이 된다. 이 모든 현상이 여러 가지 방법으로 확증되었다. 예를 들어 정제 설탕이나 전분이 아주 적었던 2차 대전 당시 유럽에서 자라난 어린이들은 상대적으로 충치가 적었다. 또한 당분이 많은 먹이를 일상적인 방법으로 먹인 동물들은 치아 부패 현상이 일어났으나, 같은 먹이를 이빨에 닿지 않게 관을 통해 먹인 경우에는 썩지 않았다. 한 걸음 더 나아가, 숲 속 깊숙이 살고 있는 침팬지들은 이가 튼튼하지만, 사람의 주거지 부근에서 버린 음식을 먹고 사는 침팬지들은 이가 썩었다.

그런데 이의 저항력에는 우리들이 전혀 이해할 수 없는 이상한 사실들이 있다. 예를 들면 어떤 사람들은 발병률이 가장 높은 당분 음식을 먹어도 이가 거의 썩지 않는다. 그와는 달리 어떤 사람들은 식사와 양치질에 다같이 세심한 주의를 기울여도 이가 썩는다. 굳이 이치를 따진다면, 아래 앞니들이 중력의 영향을 받아 가장 음식이 많이 실리게 되고, 그에 따라 산성 물질의 공격을 제일 많이 받는다. 그러나 놀랍게도 모든 이 가운데에서도 가장 부패에 저항력이 크다. 서양에서는 거의 90퍼센트의 사람들이 건강하고 썩지 않은 아래 앞니를 가지고 있다. 그와는 날카로운 대조를 보이며 60퍼센트 이상이 윗줄의 오른쪽 가운데 어금니가 썩었다. 치과 의학이 크게 발달했음에도 불구하고 이는 아직도 그들의 신비로 남아 있다.

이 뒤에 놓여 있는 인간의 혀는 주목할 만한 기관이다. 맛보고, 씹어 삼키며, 입을 깨끗이 하고, 동작과 말로 의사를 전달한다. 거친 혀 표면은 9천에서 1만 개의 맛봉오리로 이루어진 돌기로 덮여 있다. 이들은 4가지 맛을 가려낼 수 있다. 혀 끝으로는 단맛과 짠맛을, 혀의 옆구리로는 신맛을, 그리고 혀의 등으로는 쓴맛을 알아낸다. 과거에는 모든 맛보기가 혀의 위쪽에서만 이루어진다고 생각했으나, 이제는 그렇지 않다는 사실이 알려졌다. 입 안의 다른 곳에도 단맛과 짠맛의 맛봉오리들이 있는데, 특히 윗목구멍에 분포되어 있다. 신맛

THE MOUTH

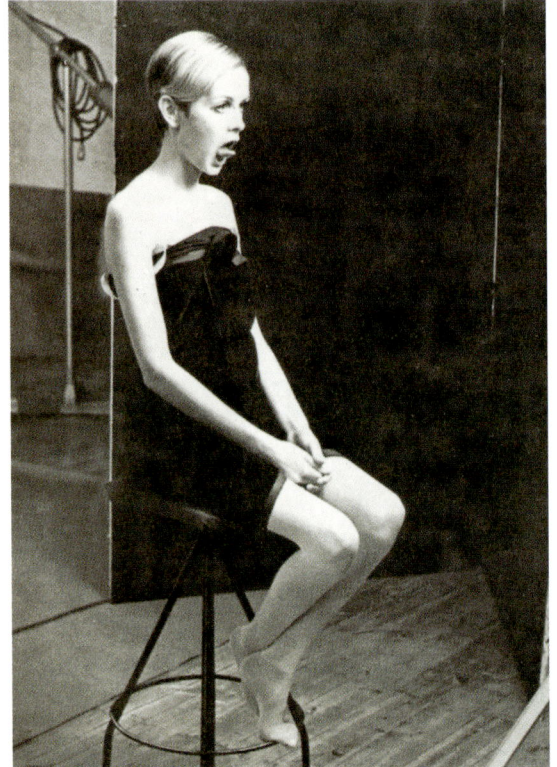

The tongue's main visual messages are based on two infantile mouth movements.

과 쓴맛의 일차적인 맛봉오리도 경구개^{硬口蓋}와 연구개^{軟口蓋}가 만나는 연결부의 입천장에 있다.

이처럼 특수한 미각^{味覺} 반응을 갖추게 된 이유는 다음과 같다고 믿고 있다. 우리 조상들에게는 열매의 성숙도를 나타내는 단맛을 판별하는 능력이 중요했으며, 정확한 염분 균형을 유지할 수 있어야 했다. 또한 심하게 쓰거나 강한 신맛을 가진 위험한 음식을 피하는 능력이 있어야 했다. 우리 음식의 모든 미묘한 맛은 이들 4가지 기본 성질의 혼합과 코로 맡는 냄새의 도움으로 이루어진다.

맛 이외에도 혀의 표면은 음식의 결, 온도와 통증에도 반응한다. 혀는 저작하는 동안 음식을 굴리고 굴려서 그 덩어리를 검사한다. 예리한 모든 조각들을 부수었거나 내보냈다고 판단되면 '삼킨다'는 결정적 행동에 참여한다. 이러기 위하여 혀 끝이 입천장을 떠밀고, 그 뒤쪽을 구부려서 침에 젖은 음식 덩어리를 목구멍으로 팔매질하여 넣으면 위로 들어가게 된다. 지극히 복잡한 이 근육 운동은 자동적인 것이기 때문에 우리는 당연한 것으로 받아들인다. 사실 그것은 극히 기초적이어서 그럴 필요가 없는 자궁 안에서도 할 수 있는 동작이었다.

식사가 끝나면, 혀는 큰 이쑤시개나 된 것처럼 이리저리 분주히 오가며 잇새에 달라붙은 거추장스러운 음식 알갱이들을 닦아내려 애를 쓴다. 앞쪽 아랫니가 제일 깨끗하고 부패에 대한 저항력이 큰 이유는 혀 끝이 제일 가까운 곳에 있기 때문이 아닌가 생각된다.

그와 더불어 혀는 시각적인 의사 전달^{visual communication} 기관이고, 말하기라는 복잡하고 중대한 역할을 한다. 우리들은 말을 후두^{喉頭}의 산물이라 생각하여, 혀가 맡은 역할을 무시하는 경향이 있다. 혀를 입바닥에 꼭 붙이고 말을 하려고 시도해 보면, 이 잘못은 금방 고쳐진다. 치과병원에 가본 사람이라면 누구나 이 사실을 알고 있을 것이다.

입의 세 가지 주요 부위들 ─ 입술, 이, 혀는 3쌍의 침샘에서 나오는 분비물로 늘 젖어 있다. 귀 밑 뺨에 박혀 있는 한 쌍의 샘은 이하선^{耳下腺}이라고 부르고, 침의 4분의 1가량을 만들어낸다. 어금니 아래턱 밑에 있는 샘인 악하선^{顎下腺}은 생산력이 가장 왕성하여 약 70퍼센트를 담당하고 있다. 그리고 혀 아래에 있는 설하선^{舌下腺}에서 나머지 5퍼센트를 내보낸다. 음식을 많이 먹으면 먹을수록 침이 많이 나온

맛보기, 먹기와 말하기 임무 이외에도 사람의 혀 역시 몇 가지 시각적 메시지를 전달한다. 일차적으로 이들은 어린이의 두 가지 입놀림에 바탕을 두고 있다. 그 하나는 젖먹이가 실컷 젖을 먹었을 때 젖꼭지를 거부하기 위해 뻣뻣하게 내밀고 있는 혀이고, 다른 하나는 젖먹이가 젖꼭지를 찾을 때 이리저리 더듬는 혀의 동작이다. 다시 말해서 거부의 혀와 쾌감을 찾는 혀가 있고, 이들은 일반적인 상황에서는 숨겨진 기관이지만, 보여 주는 방식으로 성인들은 반영하고 있다. 자기 개인의 일에 골몰하여 방해를 받고 싶지 않은 사람들은 "바쁘니까 비켜요!" 하는 신호처럼 그들의 혀를 내민다. 공공연히 무례한 표현을 하고 싶은 사람들은 분명한 거부의 몸짓으로 혀를 불쑥 내민다. 그와는 완전히 대조적으로 성적 자극을 느껴 성적인 만남─이 때 문자 그대로 혀로 상대를 더듬을 수 있는─의 욕망을 알리고자 하는 사람들은 젖먹이 시절에 찾고 더듬던, 이리저리 앞뒤로 꿈틀대는 혀의 움직임을 이용한다.

더하여 혀를 남성 음경의 반향으로 보는 일종의 강력한 신체 상징 작용이 있다. 외설적인 입짓은 곧잘 혀를 상징적인 음경으로, 입술을 상징적인 질로 사용한다. 예를 들어 매춘부의 공통된 초대 방식은 벌린 입술 사이로 혀를 천천히 내밀어 성교를 모방하듯 몇 차례 그 동작을 반복하는 것이다. 남아메리카에서는 이와 같은 남성의 성적 초대가 있으며, 이 때 반쯤 열린 입술 안에서 혀를 천천히 이리저리 꿈틀댄다.

▲ 인간 입술의 가장 이상한 특징은 진화 과정 중에 바깥으로 뒤집혔다는 사실이다. 인간은 영장류 가운데 뚜렷이 뒤집힌 입술을 가진 유일한 종이다. 이렇게 노출된 점막(粘膜)이 그 주위를 둘러싸고 있는 얼굴 피부보다 색깔이 짙은 까닭에, 이 뒤집힘이 입모양을 더욱 선명하게 드러내고 입 신호의 표현력을 강화시켜 준다. 흑인의 경우는 입술과 주변 피부의 색깔 차가 적어서 대조되지 않지만, 그 노출된 점막은 한층 또렷한 경계선—선명한 입술 가장자리—이 있다. 이 입술 가장자리가 그 모양이 똑똑히 보이게 하는 대안이다.

다. 공포와 극도의 흥분 상태에서는 침이 적게 나온다. 침이 침샘관을 나올 때는 세균이 전혀 없지만, 입 안을 몇 차례 돌고날 때쯤에는 1세제곱센티미터에 1천만에서 1억 마리의 세균이 모여들게 된다. 이들은 '젖은 비듬 wet dandruff'이라는 작은 조각들에서 나오고, 입 안의 살갗 표면에서는 낡은 켜가 떨어져나가고 새로운 조직이 그를 대체하는 작업을 반복하므로, 언제나 '젖은 비듬'인 설태가 입 안에 있게 마련이다.

침은 몇 가지 기능을 가지고 있다. 마른 음식은 맛을 전혀 알 수 없다. 그래서 음식이 입 안에 들어오면 침에 의해 물기로 적셔서 맛봉오리에 닿을 수 있도록 해 준다. 아울러 그것은 씹은 음식 덩어리에 기름칠하여 삼키기 용이하도록 하고, 그래서 식도로 내려가기 쉽게 한다. 윤활유로서의 성질은 뮤신 mucin이라 불리는 단백질이 있어 효과가 높아진다. 그리고 뮤신은 점소(點素)라고도 한다. 음식을 얼마

Exactly why we yawn is a matter of continuing speculation.

동안 씹으면 프티알린^{ptyalin} 또는 타액전분효소^{唾液澱粉酵素}라는 입 속의 효소에 의해 전분을 말토오스^{maltose}, 즉 맥아당으로 분해한다. 또한 프티알린은 입과 이를 청결하게 하는 다른 리소자임^{lysozyme}과 마찬가지로 입 안 살균제의 역할을 한다. 그리고 침에는 약간의 알칼리 상태를 조성할 수 있는 화학 물질이 있어서 산성 물질이 이의 법랑질을 침해하는 정도를 줄일 수 있다. 마지막으로 침의 윤활 작용은 음성^{音聲}의 질을 높여 준다. 입에 침이 마른 채 소리를 내어 보려 한 적이 있는 사람이라면 이 점을 깨닫게 된다.

우리들이 입으로 하는 가장 기묘한 동작 중 하나가 하품이다. 지루하거나 피로할 때면 우리들은 곧잘 턱을 한껏 벌림과 동시에 깊은 숨을 쉬지 않고는 배기지 못한다. 우리들을 바라보고 있는 사람은 누구나 우리들의 하품 동작이 쉽게 옮겨간다는 것을 알게 되고, 삽시간에 한 무리의 사람들이 모조리 입을 한껏 벌려 손으로 입을 가리는 동작을 볼 수 있다. 도대체 이 모든 게 무엇을 의미하는가? 지금까지 관련학계에서 몇 가지 추측들이 나오기는 했으나, 아무도 그 진실을 모른다. 공기를 들이마시는 것과 관련이 있다는 의견이 나왔으나, 물고기는 물 속에서도 하품하고 있으므로 이 논리는 성립되지 않는다. 그것이 가슴과 얼굴 근육이 동원되는 분화된 신장 운동^{伸張運動}일 수 있지 않을까? 그와는 다른 이유로 팔다리와 몸통의 신장 동작에는 흔히 하품이 따르고, 그 결과 심장 박동이 약간 증가하며, 이 현상은 뇌로 피를 좀더 보내려는 신체 시도의 일부일 수도 있다. 그러나 이 말도 만족스러운 해답으로 생각되지 않는다. 또다른 가능성으로는 그것이 새들이 둥지를 틀기 이전$^{pre-roosting}$ 어떤 행동과 비슷한 '휴식 동시화$^{rest\ synchronizing}$'의 일종이라는 주장을 들 수 있다. 그와 같은 각도에서 바라보면 하품은 시각적인 전시 행위 – 하품하는 사람이 곧 잠을 자리라는 신호 – 로 바뀌어 간다. 그럴 경우 그것은 남들에 대한 전염 효과로 그 나름의 의미를 갖게 된다. 그러나 이 이론에 대해서는 안타까운 일이지만 홀로 있는 동물들도 하품을 한다. 따라서 하품이란 동작은 흥미있는 수수께끼로 남게 된다.

그보다는 풀기 쉬운 수수께끼가 하품하는 사람들이 입을 손으로 가리는 이유다. 대체로 이것은 입 안을 감추려는 일종의 예의라고 말한다. 현대의 치과의학이 나오기 이전, 수많은 성인들이 시커멓게 썩은 이뿌리를 가지고 있던 시대로 거슬러 올라간다고 한다. 이건 그럴듯한 설명이지만, 빗나간 추리에 지나지 않는다. 참된 원인은 그보다 훨씬 먼 옛날로 거슬러 올라간다. 당시에 사람의 영혼은 입을 넓게 벌리기만 하면 날숨과 더불어 달아날 수 있다고 믿었다. 그러므로 하품하는 입을 막는 의도는 때가 되기도 전에 영혼이 떠나지 못하게 막는 것과 동시에 떡 벌어진 구멍을 통하여 몸 안으로 들어올 기회를 노리고 있는 악령들을 물리치려는 데 있었다. 일부 종교 종파들은 하품을 악마의 술책으로 믿어서, 손바닥으로 입을 가리는 대신, 하품하는 입 앞에서 될 수 있는 대로 크게 손가락으로 소리를 내어 악령들이 겁을 먹고 달아나게 했다. 심지어 오늘날에도 남부 유럽의 어떤 지방에서는 기독교 신자들이 하품할 때 십자가를 긋는다.

하품하지 않을 때 입을 가리는 몸짓에는 다른 기원이 있다. 예를 들어, 대화중에 어떤 사람이 손을 들어 입을 부분적으로 가릴 수가 있고, 때로는 말을 하면서 손을 그 자리에서 떼지 않는 사람도 있다. 이것은 문자 그대로 그리고 동시에 상징적인 의미로 '은폐$^{cover-up}$'이며, 그 몸짓을 하는 사람이 함께 있는 사람들에게 무언가를 숨기고자 할 경우에 일어난다. 그것은 비밀, 회피와 속임수의 신호이다. 마치 입술을 빠져나오는 말을 막으려는 듯 손이 입으로 올라간다. 그러나 그와 같은 사람이 반드시 적대적이라고 생각한다면 잘못이다. 그가 감추려는 것이 상대방에게 상처를 줄 뼈아픈 사실일 수도 있다.

　어디를 가도 인기있는 입 활동의 하나가 키스이다. 오늘날 키스는 우호적인 인사뿐만 아니라, 연인들 사이의 성적인 자극의 한 형태로도 사용되고 있다. 인사 형식을 보면, 키스하는 사람과 받는 사람의 상대적인 신분에 따라 입술을 상대방의 신체 중에 서로 다른 부위에 가져가게 된다. 동등한 신분의 사람들 사이에서는 동등한 키스가 교환되어 입술이면 서로의 입술에, 뺨이면 서로의 뺨에 키스를 한다. 신분이 낮은 사람이 높은 사람을 만나면, 윗사람의 손, 무릎, 발 또는 옷자락에 키스한다. 극단적인 경우에는 윗사람의 발 근처 땅에만 키스하도록 허용한다.

　사랑하는 이들의 혀 더듬기 tongue-probing 키스는 원초적인 키스의 기원에 훨씬 가깝다. 그것은 인사나 성적인 몸짓이 아니라, 젊은 어머니가 젖먹이에 대한 젖떼기 행태로 오래 전에 시작되었다. 편리한 이유식이 나오기 이전, 아기의 젖을 떼고 다른 음식으로 바꾸어야 할 때 아기 어머니 자신이 미리 씹어서 아기에게 입과 입을 통하여 조심스레 넣어 주는 방식으로 고형固形 식사를 조금씩 먹였다. 이 방법은 유럽의 구석진 곳에서 아주 최근에 와서야 사라졌고, 고립된 일부 부족사회에서는 지금도 볼 수 있다. 바로 이와 같은 행동이 입술 접촉과 어머니가 먹여 주는 보상 사이의 원시적 연결 고리가 된 것이다. 따라서 키스받음은 사랑받음을 뜻했고, 키스함은 사랑함을 의미했다. 젖떼기 과정은 오래 전보다 한층 더 세련되게 변했지만, 이러한 연계는 아직도 남아 있다.

　입과 성기의 접촉 oral-genital contact 은 유방에서 젖먹이들이 경험한 입의 쾌감과 밀접한 관계를 가지고 있다. 이는 '퇴폐적인' 서양 사회가 현대에 와서 발명한 것이 아니라, 수천 년 동안 많은 문화권에서 성행위시 중요한 역할을 해 왔음을 이제야 알게 되었다. 젊은 연인들이 상대방의 음핵陰核 또는 음경陰莖에 키스할 때면, 어머니의 젖을 빨던 기억이 강렬하게 떠오른다. 인생의 구순 단계 oral stage 에 만들어진 인

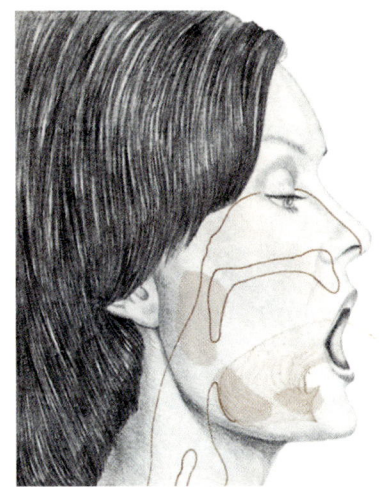

▲ 세 쌍의 침샘(입 아래쪽의 거무스름한 부분)이 뿜어내는 분비물에 의해 입 안은 항상 촉촉이 젖어 있다.

▼ 하품은 이상한 동작이다. 이 때 우리들은 과장된 동작으로 턱과 가슴을 늘인다. 여기에는 흔히 신체의 다른 부분 펴기에 따라 심장 박동이 약간 올라가고, 그에 비례하여 혈액 순환은 증가하여 뇌에도 충분한 혈액이 공급되리라 생각된다.

▲ 어린이들 사이에 흔한 입 접촉의 한 형태가 엄지손가락 빨기인데, 이는 불안정을 의미한다. 이것은 젖먹이 시절의 유방에 대한 입 접촉이 주던 아늑한 감각을 기억하려는 시도로, 입술 안으로 들어오는 따뜻한 무엇은 음식과 사랑, 안정의 의미로 여겨지기 때문이다. 대체로 갓난아기들은 몇 년 뒤에 이 버릇에서 벗어나지만, 학생 시절의 연필 빨기, 손톱 물어뜯기, 목마르지 않아도 따뜻하고 달콤한 음료 마시기, 시가와 담배의 따뜻한 연기 입 안으로 빨아들이기와 생각에 잠긴 남성 노인들의 담뱃대 빨기에서 다시 표면으로 드러난다. 이런 일련의 사례들에서 우리들은 어머니의 젖꼭지나 우윳병 꼭지를 빨던 젖먹이 시절의 흐뭇한 순간들을 되살리기도 한다. 의학계의 흡연 비판자들은 그러한 '입 위로(oral comforts)'가 스트레스 쌓인 성인의 긴장을 누그러뜨리는 데 이바지한다는 사실을 쉽게 무시한다.

▲ 요즘은 침 뱉기가 허용되는 유일한 영역(치과의 이 치료 과정을 제외하고)이 있는데, 그것은 조직적인 멀리 뱉기 시합—일반적으로 담배, 과일씨나 맥주가 들어가는—에서이다. 여기서 이룩한 기록은 기네스북에 빠짐없이 적혀 있다. 현재 담배 뱉기의 최고 기록은 45피트이지만, 단단한 물체를 이용한 거리는 훨씬 길어졌다. 수박씨와 버찌씨는 모두 65피트 이상이나 나갔다.

Recapturing the oral pleasures of infancy.

상은 성년기의 상당 기간에 걸쳐 어떤 모양 또는 형태로든 남아 있게 마련이다.

성인의 구순 쾌감들은 유아기의 박탈감 deprivation을 반영한다는 프로이트 Sigmund Freud의 견해를 여기에 추가해 두어야 하겠다. 그가 시사하는 바에 따르면, 어머니가 정상적으로 제공해야 할 구순 보상을 받지 못한 아기들은 그 상실된 몫을 보상받으려 애쓰며 여생을 보내게 된다. 극단적인 사례라 할 수 있겠으나, 우리들이 일생의 어느 단계에서 경험한 쾌락들은 미래의 행동 형태를 만들기 쉽다는 것을 프로이트는 간과하고 있었다. 키스와 흡연, 단것과 따뜻하고 달콤한 음료를 즐기는 성인에 대한 프로이트의 부정적 태도는 그의 입이 그에게 끊임없이 고통을 주었던 사실로 미루어 이해하기 어렵지 않다. 그는 구강암을 앓아 자그마치 33번의 수술로 그 대부분을 제거해야 했다. 따라서 자신과는 달리, 구순 쾌감을 즐길 수 있는 성인들을 구순 정지 orally arrested, 유방기 고정 breast-fixated과 유아형이라고 부른 그의 태도를 너그러이 보아 줄 수 있다.

전혀 다른 유형의 입 동작으로 방향을 바꾸어 보면, 침 뱉기는 이상한 내력을 지니고 있다. 고대에는 그것을 신들에게 제물을 바치는 한 가지 방법으로 생각했다. 침은 입에서 나오기 때문에 침을 뱉는 사람의 영혼의 극히 작은 부분이 그 안에 들어 있다고 생각되었다. 이 귀중한 것을 초자연적인 보호자들에게 바침으로써 인간은 자기가 하고자 하는 일에 그들의 도움을 구할 수 있었다. 여기에는 위험이 따랐다. 만약 그의 적들이 그 침의 일부라도 모으면, 그 침에 적대적인 마술을 걸어 침 뱉은 사람을 괴롭힐 수 있었다. 이러한 이유로 일부 강력한 부족 지도자들은 침 묻기를 전업으로 하는 사람을 고용했다. 그의 과업은 그 위대한 인물이 어디를 가든 휴대용 타구 唾具를 가지고 따라다니고, 매일 받아모은 침과 가래를 비밀 장소에 묻는 일이었다.

침의 마력 때문에 서약과 조약을 체결할 때 그것이 쓰이게 되었고, 홍정할 때 손바닥에 침을 뱉는 관습은 지금까지 여러 나라에 남아 있다. 싸움꾼들이 맞붙기 전에 손바닥에 침을 뱉는 것 역시 이러한 초기의 마술적 보호에 의지하려는 동작이지만, '상대방을 좀더 잘

THE MOUTH

Timide · Frivole · Passionné · Amoureux · Langoureux · Voluptueux

수염 THE BEARD

수염은 인간의 온갖 성별 신호(gender signal) 가운데에서도 가장 두드러져, 아주 먼 거리에서도 옷을 입거나 벗고 있음에 관계없이 어떤 상태에 있든지 눈에 잘 띈다. 인간이 수염을 뽐내는 유일한 종(種)이라고는 할 수 없겠으나, 가장 인상적인 수염을 달고 있는 것만은 분명하다. 턱수염의 세계 기록은 17.5피트이며, 콧수염의 최대 길이는 8.5피트로 나와 있다. 비록 이 수치는 보기드문 극단적인 사례들을 대표한다고 할 수 있겠지만, 10년 동안 턱수염과 콧수염을 손질하지 않은 정상적인 인간의 남성이라면 얼굴에 털이 난 영장류로서 굉장한 충격을 줄 수 있을 뿐만 아니라, 다른 여러 종의 턱수염과 콧수염들을 쉽게 제칠 수 있다. 전혀 손질하지 않은 원시시대의 남성이 텁수룩한 얼굴의 털과 휘날리는 머리털을 함께 갖추고 있었다면, 동물계에서는 보기 놀라운 광경이고 아주 신기한 대상이 되었음에 틀림없다.

인간의 얼굴 털은 사춘기에 남성 호르몬의 영향을 받아 천천히 자라기 시작한다. 전형적인 성인 여성은 극히 미세한 '솜털(peachfuzz)' 이상의 털은 절대 나지 않고, 이 털은 거리를 두고 보면 보이지 않고 아주 가까이 가서 자세히 살펴보아야만 가려낼 수 있다. 그와는 대조적으로 성인 남성은 입 언저리, 얼굴의 아래쪽 전부, 양쪽 턱과 턱끝, 그리고 목 윗부분에 기다란 털이 자란다. 이 털들은 하루에 약 60분의 1인치씩 자라난다. 면도를 완전히 중단하고 2년이 조금 더 지나면 1피트 길이의 수염을 자랑할 수 있게 된다. 이 수염은 그의 가슴 부위를 상당히 덮게 되고, 생물학적 성인 남성과 여성의 각기 다른 특징 중에 이처럼 똑똑히 양자를 구분지을 수 있는 것도 없을 것이다.

남성 수염의 일차적 기능에 대해서는 지난 수백 년 동안 열띤 토론이 이어져왔다. 수염을 섬세한 목 부위를 안전하고 따뜻하게 가려주는 선천적인 '스카프'라고 강력히 주장하는 사람들이 있었다. 남성들은 어떤 날씨에도 무릅쓰고 밖으로 나가 사냥을 해야 했으나, 여성과 어린이들은 아늑한 동굴집 안에서 머물러 있었다. 자연히 부족 안의 용감한 남성들에게만 유독 특이한 보호 장치를 마련해 주게 되었다는 논리가 그 밑바닥에 깔려 있다. 이 이론에는 두 가지 주요한 결

평균적으로 남성의 수염이 1피트 정도 자라는 데는 2년이 조금 넘게 걸린다. 따라서 이 그림에서 보는 것처럼 푸짐하고 인상적인 수염은 5~6년이 걸려야 하고, 매우 정성들여 손질해야만 한다. 길이가 이 정도로 긴, 턱의 부속물을 자랑할 수 있는 다른 종의 동물은 없다. 면도한 남성의 턱 역시 특히 자신감 넘치는 자세와 결합되면 강렬한 인상을 줄 수 있다. 공격적인 남성은 턱을 앞으로 불쑥 내민다. 우리 인류에 있어서 남성들의 턱이 여성의 그것보다 눈에 두드러지는 것은 결코 우연이 아니다.

Not only is the beard the male gender flag-it is also a sexual scent carrier.

영장류의 수많은 친족들과 마찬가지로 인간 남성들 또한 성별(性別) 신호로 작용하는 얼굴의 털 뭉치를 가지고 있다. 손질하지 않으면, 사람의 수염은 그 길이가 극적으로 자라나 독단적이며, 경쟁적인 남성이 공격적으로 앞으로 내민 턱을 강조하는 데 도움이 된다. 억센 수염을 내보이면 자동적으로 그 남성의 우호적인 모습은 줄어들고, 보다 위협적인 이미지가 강화된다. 오늘날 수염을 면도로 밀어 버리는 주된 이유가 여기에 있다.

함이 있다. 첫째, 목을 보호하는 것이 중요한 목적이었다면, 기능이 거의 없는 수염을 가진 남성들이 그들의 신체를 보호할 일종의 의복 – 예를 들어 짐승의 털가죽 – 을 개발하기만 해도 쉽게 어떤 유형의 목 보호 장치를 마련할 수 있었을 것이다. 수염이 의복의 출현 이전에 발달했다고 본다면, 목만을 보호하고 신체의 상당 부분은 그냥 나체로 남겨둔다는 것은 무의미하다는 점을 지적하지 않을 수 없다. 가령 억센 남성 사냥꾼들이 빙하시대의 어느 차가운 아침에 짐승을 추적할 때 털로 된 보호 장치가 필요했다면, 자연은 틀림없이 그들에게 완전한 털가죽을 되돌려 주었을 것이다. 둘째, 세계에서도 추운 지방에 가장 뛰어나게 적응하고 있는 인종들 – 지방층이 두꺼운 에스키모 – 은 공교롭게도 수염 숱이 제일 적다. 만약 수염이 목의 보온 장치라면, 한대지방 사람들의 수염 숱이 가장 짙어야 한다. 그의 대안으로 나온 이론에 따르면, 남성의 수염은 남성이라는 성인의 표시 이외에 아무것도 아니며, 그 밖의 성격이 전혀 없는 아주 단순한 성

Weaning behaviour gave rise to kissing.

입맞춤은 어머니가 젖떼기 기간에 음식을 씹어 젖먹이에게 넘겨 주던 모성(母性) 행위에서 시작되었다. 젖꼭지 빨기와 마찬가지로 입과 입의 접촉은 아기의 평안과 안전의 불가분 관계라 할 수 있다. 그리하여 빨기와 마찬가지로 입맞춤은 사랑 관계와 강력한 관련을 갖는 안락 행위로 성인의 생활 속에 남게 되었다. 그보다 수수한 관계는 변형된 입맞춤—뺨이나 손에 대한—으로 전달된다. 과거에는 굴종적인 키스를 할 때 입술 접촉을 하면서 동시에 공손하게 몸을 숙였다. 이에 따라 옷자락 키스, 발 키스, 심지어 발 가까이에 있는 흙 키스로 발전하게 되었다. 이와 같은 극단적인 복종 행동은 오늘날 보기 드물어지고, 몇 가지 안 되는 예외 중 하나가 새로운 나라를 방문할 때마다 공항 에이프런에 엎드려 하는 교황의 키스이다. 그는 공적인 신분이 발산하는 위풍과 권력을 상쇄시키는 개인적인 겸손의 표시로 이러한 형태의 인사를 하고 있다.

잡기 위하여 손에 물기를 바르는' 동작으로 합리화한 지 오래이다.

악한 눈의 귀신에 대한 믿음이 널리 퍼져 있던 지중해 연안 국가들에서는 침 뱉기가 그 귀신에 대한 액 막음의 일종이었다. 지나가던 악한 눈의 귀신으로 인해 누군가 고생을 하고 있다면, 사람들은 땅에 침을 뱉어 그 위험한 영향력이 다가오지 못하도록 막았다. 이리하여 침 뱉기는 거룩한 행위에서 지독한 모욕으로 전락했다. 결국 누구에게 침을 뱉는 행동은 격렬한 적의를 나타내는 상징적인 행위가 되었고, 오늘날까지 그 흔적이 남아 있다.

입에서 나오는 형태 중에는 소리가 제일 멀리 나아간다. 남성의 목소리를 알아들을 수 있는 정상 범위는 약 200야드이지만, 고요한 밤 아주 잔잔한 물 위에서는 놀랍게도 10.5마일이나 되는 것으로 탐지된 바 있다. 세계의 어느 산악 지대에서는 휘파람 언어가 발달하여 골짜기를 사이에 두고 농토에서 일하는 사람들 사이의 의사소통을 돕고 있다. 카나리아 제도의 한 섬인 라고메라$^{La\ Gomera}$에서는 그 바탕이 '휘파람 스페인어'인 실보^{silbo}라는 휘파람 언어가 있어, 그 휘파람의 높이와 음색 변화가 성대^{聲帶}의 진동을 대체한다. 날씨가 좋으면 이 휘파람 메시지가 최고 5마일의 거리까지 전파된다.

입은 사람들의 만남에서 매우 중요한 관심의 초점이 되므로, 불가피하게 수많은 문화의 수정, 과장과 개선의 대상이 되어 왔다. 립스틱은 앞서 언급한 바 있지만, 다양한 부족사회에서 입술 문신^{文身}과 입술 마개$^{lip-plug}$ 끼워넣기가 이용되어 얼굴 모양을 극적으로 바꿔 놓았다.

지름이 동전에서 쟁반에 이르는 갖가지 나무 입술 마개를 끼워넣는 관습은 일찍이 부족사회에서 널리 퍼져 있었다. 이 괴이한 장식품들은 열대 아프리카에서 시작하여 멀리 떨어진 남아메리카의 북부 삼림지대에 이르기까지 여러 곳에서 볼 수 있었다. 아프리카에서는 여성 노예들의 주요 출생지였던 부족사회에서 이 장식 방법이 가장 흔했는데, 아랍 계열의 노예 약탈자들에게 부족 내 여성들의 매력을 잃게 하기 위해 일그러뜨리기 위한 방법으로 사용하게 되었다는 게 일반적인 설명이었다. 다른 설화들을 빌리면, 높은 신분의 표상일 뿐이라거나, 부족간의 질투심을 줄이기 위해 여성들의 모습을 일그러뜨린

Disfiguring and concealing the female lips.

것에 지나지 않는다는 풀이를 하고 있다. 그 참다운 기능이 무엇이었든지간에 모든 형태의 입 표정들을 남김없이 제거하고 말았다.

북아프리카와 중동의 일부 지역에서는 얼굴 표정을 제한하고 공개된 자리에서 여성의 아름다운 얼굴을 가리면서도 그보다는 덜 가혹한 방법으로 베일이 등장했다. 가장 극단적인 경우에는 베일이 얼굴 전부를 가리고 눈 부분만 동그랗게 작은 구멍을 뚫어 놓았다. 어느 형태이건 그 베일은 기혼 여성과 낯선 남성들간의 시각적 의사소통 visual communication 을 효과적으로 가로막았다.

서양 사람들은 반들거리는 하얀 두 줄의 건강한 이를 언제나 아름다움의 표적으로 삼아왔으나, 그 밖의 많은 문화권은 그와는 다른 견해를 가지고 있었다. 그 중 가운데 앞니들을 뽑아 뾰족한 송곳니를 강조하는 추세가 있어 왔는데, 이럴 경우 입 모양이 더욱 험상궂고 야수와 같아서 드라큘라를 연상시킨다. 이러한 변형술은 아프리카와 아시아, 북아메리카에서 이용되어 왔다.

이를 표독하게 보이는 또다른 방법이 줄로 쓸어 끝을 날카롭게 다듬는 것이다. 이것 역시 아프리카에서 동남아시아를 거쳐 남북아메리카에 이르는 광범한 지역에 지금까지 있어 왔다. 때로는 보석이나 귀금속을 이에 박아 높은 신분을 과시하며, 화려한 멋을 더하기도 했다. 이처럼 수많은 이 수술과 변형 작업이 부족 성원들의 일생 가운데 특수한 시점, 특히 사춘기와 결혼기에 실시되어 입이 상징적으로 '자리바꿈한 성기 displaced genitals'로 이용되었음을 암시했다.

어떤 지역에서는 이의 충격 영향을 과장하기보다는 오히려 축소하기도 했다. 예를 들어 발리에서는 젊은 연인들이 고통스러운 이 갈아내기를 하여 송곳니의 끝을 뭉툭하게 만들고, 사람의 입이 짐승의 그것과는 훨씬 달라 보이게 했다. 그와는 다른 동방 문화권에서는 여성들이 이를 검게 하거나 검붉은 물감을 들여 사실상 거의 눈에 보이지 않게 함으로써 갓난아기와 같은 인상을 주고, 갑자기 잇몸밖에 없는 젖먹이 시절로 돌아간 듯한 착각을 일으키게 했다. 이렇게 하여 그녀들은 남성들 앞에서 좀더 종속적이고 고분고분해 보이게 했다.

지역에 따라 입을 사용하는 몸짓에는 여러 가지가 있다. 때로는 나라에 따라 동일한 메시지를 보내는 동작이 약간씩 다르다. 이를테

몇몇 부족사회에서는 어마어마한 입술 마개를 끼고 다녀 그 주인공의 얼굴을 완전히 일그러뜨리고, 일상적인 얼굴 표정 구사를 거의 불가능하게 만들고 있다. 이 마개는 조그마한 동전 크기에서 시작하여 시일의 흐름에 따라 조금씩 큰 것으로 바꿔 넣는다. 그러다가 성인이 되면 마침내 축 늘어진 아랫입술에 쟁반같이 커다란 장식물을 자랑하게 된다.

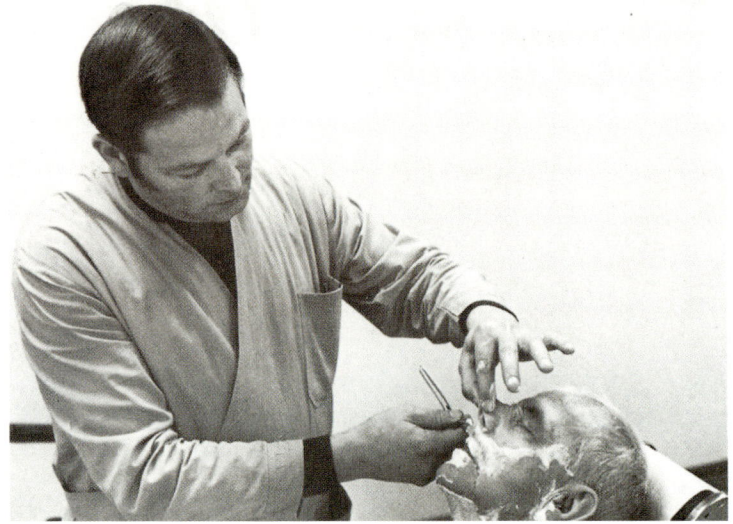

◀ 영장류들은 서로의 털을 매만지는 데 상당한 시간을 보내고 있으며, 인간 역시 이러한 규칙에서 예외는 아니다. 아주 최근까지만 하더라도 이발사의 면도가 흔한 일이었지만, 처음에는 안전면도를 시작으로 전기면도기가 출현함에 따라 이 특수한 형태의 사회적 털 손질은 급격히 줄어들었고, 점차 사적이고 개인적으로 바뀌고 있다.

별 신호일 뿐이다.

남성의 신호 또는 일종의 남성 깃발로서 수염의 으뜸가는 효과는 힘찬 시각적 호소력에 있지만, 동시에 냄새 운반체의 구실을 하는 듯하다. 얼굴 부위에는 적지 않은 냄새샘들이 있고, 거기서 나온 산물들이 얼굴의 털에 훨씬 잘 묻어 있다. 이 샘들이 처음으로 작용하게 되는 사춘기에 호르몬의 지나친 분비로 말미암아 우리들이 여드름이라 부르는 피부 교란이 일어나게 된다. 어처구니없게도 10대 중에서 성욕이 강한 사람이 여드름 발진이 심한 사람이라는 운명의 장난 같은 이야기가 나오기도 한다.

지배적인 성인 남성을 표시하는 시각적 신호로서 턱을 앞으로 내미는 것은 공격적 인간 자세를 과장하는 데 도움이 된다. 우리들이 화를 낼 때면 턱 끝을 앞으로 내민다. 우리들이 굴복할 때는 턱을 뒤로 끌어들인다. 남성들은 여성들보다 턱이 더 묵직하고 턱 끝이 돌출하여 완전히 긴장을 풀고 있는 순간에도 보다 공격적인 얼굴 모양을 하고 있다. 이렇게 튀어나온 형태에 수염을 더하면, 그들의 외모가 한층 더 튀어나와 호전적으로 보인다. 수염은 머리털보다 훨씬 꼬이고 곱슬거려서 부피가 더 커 보인다. 이 수염이 얼굴을 훨씬 짙게 감싸고 있다.

이와 같은 차이로 인해서 영웅적 인물들은 턱이 크고 인상적이리만큼 턱 끝을 자랑스럽게 내민 모습으로 그려진다. 턱 끝이 안으로 들어간 딱한 남성들에게 '어리석은 남자 chinless wonders'라는 별명을 붙여 조롱하고, 때로는 여자아이 같다거나 혹은 권력자들 앞에서 오줌을 지리는 '나약한 사내 wets'로 깔본다. 그와는 반대로 힘찬 턱을 가진 여성들은 능동적인 강인함과 단호한 성격을 가지고 있다고 본다. 이

▲ 아주 오랜 세월에 걸쳐 수염난 여성들은 서커스의 곁들이 공연에서 주요한 인기를 누렸다. 그러나 대중의 취향이 변하고 괴이한 사람의 쇼가 점차 쇠퇴함에 따라 그들을 보기가 힘들어졌다. 새로운 제모제 덕택에 수염난 여성들이 쉽게 털을 제거할 수 있게 되었고, 더는 그것으로 밥벌이를 할 수 없기에 굳이 기를 필요도 없어졌다. 수염난 여성들의 기이한 생물학적 특성은 대체로 다른 여성보다 오히려 몸 전체로 보아서는 털이 많지 않아 보인다는 점이다. 빅토리아 시대의 가장 유명했던 수염난 여성들은 턱을 제외하고는 '매끈하고 아름다운 피부'를 지니고 있었다고 전해진다. 여성의 얼굴에 수염이 나는 유전적 요인은 고도의 특이성(特異性)을 지니고 있는 것 같다.

면, '조용히!'라는 신호로 꼭 다문 입술에 추켜세운 집게손가락을 누르는 동작을 으레 떠올리지만, 스페인과 멕시코에서는 그 메시지를 엄지와 집게손가락으로 입술을 꼭 쥐는 동작으로 표시하는 경우가 더 많다. 남아메리카의 일부 지역에서는 엄지 끝으로 한쪽 입 끝에서 다른 입 끝으로 죽 그어 신호를 보낸다. 성서에서는 손 전체로 입을 덮어 조용히 하라는 신호를 하고 있다. 사우디아라비아에서는 그 지역의 변형으로 집게손가락을 입술 가까이 들어올리고 거기에다 입김을 분다.

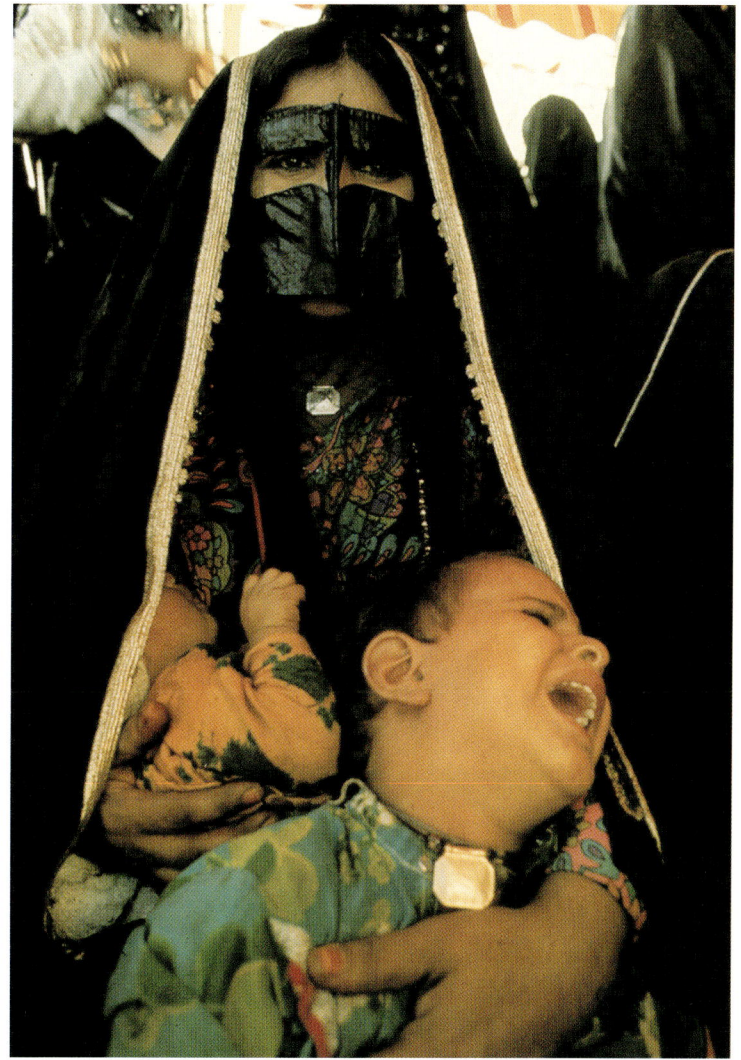

▶ 아랍 문화권 일부 지역의 남성들은 비집고 들어오려는 낯선 사내들의 눈초리로부터 자기 아내를 지키려 안달하고 있다. 그 곳의 여성들은 입을 베일로 가려 표정이 담긴 의사소통의 가능성을 차단하고 있다. 또한 그것에 의해 여성의 입술이 보내는 색정적인 신호를 감추고, 베일을 쓴 여성이 지니고 있을 얼굴의 아름다움을 위장한다. 어떤 베일은 입과 턱을 가리고 어떤 것은 눈구멍만 내놓고 얼굴 전체를 가리는가 하면, 어떤 경우에는 눈마저 가리고 그 여인이 어디를 가고 있는지를 짐작할 수 있도록 두 개의 자그마한 구멍에 박사(薄紗)를 붙여놓는다. 이런 조치가 극단적이라는 생각이 든다면, 지중해 연안의 일부 지역에서는 비교적 최근까지도 여성은 일생에 몇 차례-때로는 결혼할 때와 죽어서 무덤으로 갈 때 단 두 번-만 문 밖으로 나갈 수 있었다는 사실을 기억할 필요가 있다. 그러한 여성들에게는 베일이 중대한 발전이 아닐 수 없다.

Although extremely widespread, the mouth shrug is surprisingly not found in all cultures.

음식에 대한 신호는 전 세계에서 거의 같은데, 손가락을 모아 음식을 입에 밀어넣는 시늉을 한다. 그러나 술 마시기 신호는 줄잡아 두 가지 형태가 있다. 대부분의 나라에서는 가상의 술잔을 벌린 입 앞에다 기울이는 시늉을 하는 것으로 그친다. 그러나 스페인에서는 다른 형식이 지배적이다. 보드라운 가죽 병을 높이 들고 입에다 액체를 젖짜듯이 짜넣는 이 지방의 관습을 반영하고 있다. 마시는 것을 암시하기 위해 스페인 사람들은 엄지와 새끼손가락만을 뻗고 허공에 손을 들어올린 채 이 동작을 흉내낸다. 다른 손가락들은 힘주어 구부리고, 이 자세를 취한 뒤 엄지손가락을 열린 입술 쪽으로 재빨리 까딱거린다. 이 몸짓의 기이한 '후손'이 하와이에서 발견됐는데, 태평양을 처음으로 찾아왔던 스페인 선원들의 유산이다. 하와이 사람들은 호의적인 인사로 엄지와 새끼손가락을 뻗고 그와 똑같은 손짓을 한다. 이제는 그것으로 입을 가리키는 대신 친구들을 향해 흔든다. 대다수의 사람들은 아무 생각 없이 날마다 되풀이하고 있는 이 몸짓의 기원을 전혀 모른다.

분노를 나타내는 입 몸짓에는 지중해에 기원을 둔 '이 튀기기^{Teeth Flick}' 동작이 들어 있다. 여기서는 한 손의 엄지손톱을 윗앞니 뒤에 넣어 상대방을 향해 세게 튀겨 소리를 낸다. 어떤 이유에서인지 이 몸짓은 시들해지고 있다. 17세기에 영국 본토를 비롯한 북유럽에서 이 동작은 모욕으로 흔히 쓰였으나, 그 뒤 이 지역에서 점차 사라졌다. 오늘날 그 본거지는 그리스이지만 이탈리아와 스페인, 남부 프랑스에서도 잘 알려져 있다. 일부 아랍인들 사이에서도 인기가 있으나, 다른 사람들은 분노를 더욱 표출하기 위하여 그와 동시에 아랫입술을 깨물고 머리를 좌우로 흔들며 개가 쥐를 죽이는 동작을 흉내낸다.

칭찬의 뜻을 알리기 위해서는 흔히 입술에 손가락 끝을 갖다대고 애정의 대상을 향해 거기에다 키스를 한다. 원래 입술을 쪽 소리가 나게 입맛을 다시는 것은 음식을 칭찬할 때만 사용되었으나, 요즘은 '멋진^{tasty}' 여성을 인정하는 기호로 곧잘 쓰이고 있다. 숨을 내쉬며 요란하게 입술을 떠는 동작은 한때 '뜨겁거나' '맵다'는 신호였지만, 최근에 와서는 그녀가 '성적 매력이 있는^{hot stuff}'이라는 뜻으로 여성을 평가하는 데도 사용되고 있다.

▼ 지역에 따라 특수한 의미를 가진 입 몸짓은 셀 수 없이 많다. 그 중 일부는 하나의 작은 섬과 같은 아주 제한된 범위에서 활용되고 있다. 혹은 다른 것들은 대륙 전체에 퍼져나가기도 한다. 어느 프랑스인이 아주 능란하게 연출하고 있는 것이 입 으쓱하기(mouth shrug)이다. 이 동작은 대단히 널리 퍼져 일종의 보편적인 몸짓으로 생각하고 있다. 그러나 이것은 잘못된 생각이다. 동양에는 입 으쓱하기가 거의 존재하지 않고, 최근의 조사에 의해 밝혀졌듯이 보다 세속에 물든 젊고 서구화된 일본인들이 이제 막 으쓱하기를 시작했을 정도이다. 심지어 서양인들 사이에서도 으쓱하기의 용법은 문화권에 따라 상당히 다르고, 가장 과장된 형태는 주로 라틴계 국가들에 한정되어 있다.

러한 반응은 이미 알려진 개개인의 참된 성격을 둘러싸고 상충하는 증거가 나왔음에도 불구하고 끈질기게 남아 있다. 우리들의 무의식 수준은 이들의 오랜 생물학적 성별 신호에 반응하지 않고는 배기지 못한다.

남성 신호로서의 중요성을 전제로 할 경우, 날마다 면도를 하여 남성의 수염을 제거하는 행동이란 기괴하고도 뒤틀린 행동으로 보인다. 그토록 많은 문화권의 그토록 많은 성인 남성들이 가장 극적인 성별 신호를 내치려고 하는 이유가 무엇일까? 면도하려면 시간과 노고가 들기 때문에 쉬운 일이 아닌 것 같다. 수염의 그루터기를 깎느라 하루에 10분을 소비한 예순 살의 남자는 열여덟 살부터 규칙적으로 면도를 시작했다고 가정할 때, 이 괴이한 일을 하느라 자그마치 2,555시간 – 혹은 106일 – 을 허비하게 된다. 왜 그런 일을 할까?

옛날에는 수염을 권력과 체력, 정력의 남성적 상징으로 보았다. 그의 수염을 잃는다 함은 막다른 골목으로 몰려드는 비극이었다. 그것은 패배한 원수와 죄수, 노예들에게 내리던 형벌이었다. 말끔히 수염을 깎아 버린다는 것은 일종의 수치였다. 남성들은 수염을 두고 맹세했으며, 수염은 거룩했고, 하느님은 텁석부리였으며, 면도한 신이란 생각조차 할 수 없었다. 심지어 여왕이었던 하트셉수트^{Hatshepsut}마저 그녀의 위대한 권력을 과시하기 위해 가짜 수염을 달고 있었다.

오늘날에 수염 달린 여성이란 오직 서커스의 어릿광대로 생각하지만, 고대 신화 속에 등장하는 어머니 여신$^{Mother\ Goddess}$ 가운데 어떤 형상들은 수염을 달고 있어 더욱 큰 의미를 부여하고 있었다. 심지어 기독교 교회마저 수염 달린 여성 순교자 – 십자가에 못박혀 죽임을 당한 처녀 성자 빌제포르타^{Wilgefortis} – 를 자랑했다.

그처럼 수염을 중요시했기 때문에 페르시아, 수메르, 앗시리아, 바빌로니아와 같은 초기 문명권의 지배자들은 수염을 손질하고 꾸미는 데 엄청난 시간과 정성을 들였다. 그들은 부젓가락, 머리 인두, 물감과 향수를 사용했다. 그들은 수염에 물을 들이고 기름을 발랐으며, 땋았는가 하면 곱슬곱슬하게 지지고 풀을 먹였으며, 특별한 행사를 맞아 금가루를 뿌리고 금실로 꾸미기도 했다.

자발적으로 면도한 최초의 본보기는 '신에게 노예가 되었음'을 보여 주고자 하는 욕망과 연관이 있지 않은가 생각한다. 젊은이들은 충성스러운 복종의 표시로 신들에게 그들의 수염을 바쳤다. 사제^{司祭}들은 겸손의 상징으로 수염을 깎았음직하다. 그러나 보다 영구적이고 광범위한 바탕을 두고 면도를 도입한 사례는 고대 그리스와 로마의 군대 양식에서 유래되었으리라 보고 있다. 알렉산더^{Alexander} 대왕은 백병전에서 자기 부하들이 유리하게 싸울 수 있도록 수염을 자르라고 명령했다는 말이 전해진다. 기다란 수염은 적군이 이용하기에 알맞은 손잡이가 된다고 생각했다. 오늘날도 이따금 프로레슬링 경기에서 보는 바와 같다. 로마 군인들은 일종의 인식표로 수염을 깎으라는 지시를 받았다. 말끔히 면도한 그들의 턱은 맞서 싸우던 털북숭이 야만인들과 쉽게 구별되었다. 아울러 개인 위생을 지켜야 할 이유도 있었다. 다만 위생 관념이 어느 정도의 역할을 했는지는 확실하지 않다.

수염을 깎거나 깎지 않는 두 가지 유행이 확립되면서, 어느 사회 집단 또는 문화권은 남성들이 수염을 손질하는 방식에 따라 충성 또는 반항을 선포할 수 있게 되었다. 때에 따라서 단순히 지도자의 면도 습관에 따라 그 방향이 바뀌기도 했다. 어느 프랑스 국왕은 턱에 보기 흉한 흉터가 있어, 그것을 감추려

Young men offered their beards to the gods.

고 수염을 길렀다. 그에 대한 경의를 표하기 위하여 그 시기의 프랑스 남성들은 모두 수염을 길렀다. 어느 스페인 국왕은 수염이 나지 않았으므로, 그 시대의 모든 스페인 남성들은 그를 기리려고 말끔히 면도를 했다.

때때로 '수염난 무사', '텁석부리 선원', '수염난 예술가'와 '수염 기른 히피'와 같이 그 사회의 일부가 수염을 기른 반면, 다른 부류들은 깨끗이 면도를 하고 이들이 사회 내부의 절대다수인 특수한 부류임을 보여 준다. 이렇게 되면, 일반 법칙의 예외인 털북숭이들은 으레 공격적이고 지배적인 남성들이거나 난폭하고 텁수룩한 사람들이 되었다. 공격적인 군인의 수염은 전형적으로 뾰족하게 손질하여 그

겁먹은 남자는 턱을 안으로 끌어당기고, 공격적인 남자는 앞으로 내미는 것으로 미루어, 뒤로 물러난 턱을 가진 사람은 자기주장을 하기가 어렵게 되며, '어리석은 사람(chinless wonder)'이라는 모욕적인 말을 들을 수도 있다. 보다 큰 턱을 가진 남성은 턱이 네모반듯하다는 찬사를 듣는다. 이와 같은 해부학적 변형들은 진정한 자주성과는 전혀 연관이 없다. 허약한 턱을 가진 수많은 남성들—이를테면 프리드리히 대제와 같은—은 실생활에서 고도의 자주성을 발휘했다. 이례적으로 불쑥 나온 턱을 가진 사람들은 흔히 그 턱 한가운데 남성적인 매력이라고 널리 알려진 작은 홈 또는 보조개가 있다.

주인공이 압제적이고 잘 조직되어 있음을 알려 주었다. 화가, 시인, 히피들과 마찬가지로 사회적인 반항인들의 텁수룩한 수염은 그 주인공의 사회적인 관습과 통제에 무관심한 자세를 반영하여 아무렇게나 헝클어져 있는 경우가 많았다.

이러한 특수 범주들과는 무관하게 일반적인 주류 남성은 거의 예외없이 최근 몇 세기 동안 깔끔하게 면도를 해 왔다. 이따금 전 국민에게 이런 관행을 강제하기도 했다. 예컨대 영국의 엘리자베스 시대에는 수염을 기른 사람들에게 당시 상당한 금액의 세금을 부과하였는데, 최저액은 한 해 3실링 4페니였다. 이로 말미암아 상류 계급에

면도를 한 남성은 훨씬 여성적으로 보인다는 사실로 인해서 이따금 수염난 사람들의 비난을 받기도 했다. 존 불워는 17세기에 벌거벗은 턱을 가리켜 울분을 터뜨리며 다음과 같이 호통치는 글을 남겼다. "여자의 외모로 자신을 바꾸고, 여자와 같이 매끈한 피부를 보여 주는 이 치욕적인 변신(變身)보다 여성적 취향을 더 강력하게 입증할 수 있는 증거가 어디 있단 말인가… 저 무기력한 성(性)을 닮은 반지르르한 얼굴보다 더 불명예스러운 것이 어디 있을까?" 하며 그는 이와 같은 고함을 이어나간다. "면도란 비웃음 당해 마땅한 수치로 알아야 할 우스꽝스러운 유행이다… 수염은 하느님이 주신 둘도 없는 선물이요, 이것을 깎아 없애는 자는 남자 이하의 동물이 되고자 기를 쓰고 있을 뿐이다. 점잖지 못하고 의롭지 못한 행위일 뿐만 아니라 하느님과 자연에 대한 배은망덕이요, 성서의 뜻을 거스르는 행동이니…". 그는 이런 요지로 장장 24페이지나 질타를 계속한다.

141

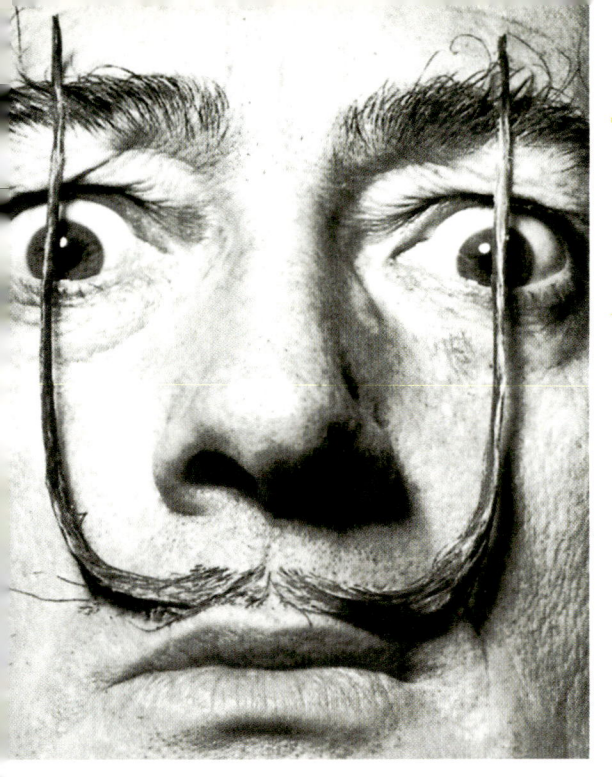
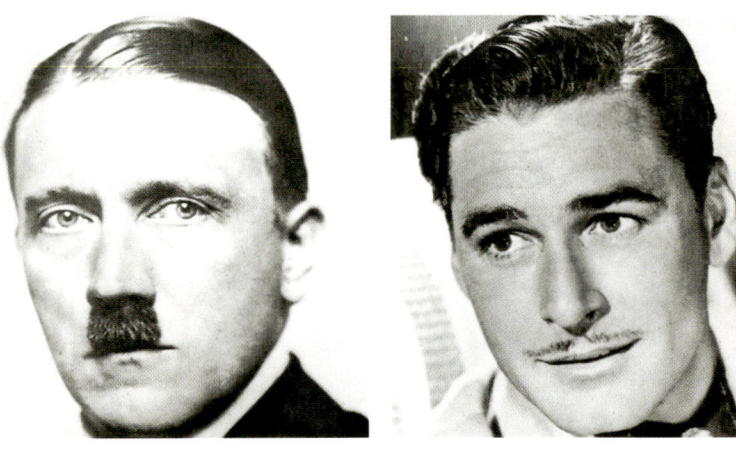

A symbol of obsessive but inhibited sexuality.

만 한정되었고, 경제적 신분 표시의 역할을 하게 되었다. 다른 경우로는 수염을 기르는 사람들이 사회적으로 가혹하게 소외되었거나 가장 집요하고 용감한 사람들만이 그에 저항할 수 있었다. 1830년 미국 매사추세츠주 어느 소도시의 남자가 수염을 길렀다가 그의 집 창문이 깨지고, 어린이들에게 돌팔매질을 당했을 뿐만 아니라, 그 고장 교회에서는 그에게 성찬식을 거부했다. 결국 강제로 그의 수염을 밀어 버리려는 4명에게 습격을 받았다. 그는 그들과 싸우며 끝까지 버티다 체포되어 폭행죄로 1년간의 금고형을 받았다.

대체로 그와 같은 엄격한 조치는 아에 불필요했고, 절대다수의 남성들은 굳이 권고하지 않아도 기꺼이 면도를 했다. 그 밖에 군사적인 적대 행위나 후기 빅토리아 사회에서와같이 남성 역할에 대해 과시적이고 가부장적인 지배 문화권에서 일시적인 표출의 방편으로 수염은 '사회적 규범 social norm'으로 널리 퍼지고 잠시 번성하게 된다.

이를 바탕으로 앞서 제기한 질문에 대한 해답의 실마리를 찾을 수 있다. 남성들은 왜 매일 아침마다 턱의 털 그루터기를 밀어내는 데 그처럼 시간을 허비하는가? 만약 수염이 남성의 호전성과 지배 성향을 보여 주는 것이라면, 자발적으로 규칙적인 방식에 따라 수염을 제거하는 행위를 하는 남성들에게는 그들의 원시적 독단성을 누그러뜨리고자 하는 욕구가 있음을 알려 주는 것이다. 말을 바꾸어 면도한 남성은 경쟁보다는 협동을 요구하는 시각적인 성명 visual statement을 제시하고 있다. 그는 함께 있는 사람에게 이렇게 말하고 있다. "나는 당신이 따르기를 바라면서 나 자신의 남성성을 낮추고 있습니다. 이런 방식으로 우리들은 예로부터 내려오는 호전성을 지나치게 자극하지 않고 함께 일하며 지낼 수 있습니다".

이런 측면에서 면도란 전 세계적인 유화 의사 표시 appeasement display라 하겠다. 동시에 그것은 몇 가지 부차적인 효과가 있다. 어린이들은 수염이 없으므로 면도는 무의식적 연상을 통해 실제보다 그 사람을 젊어 보이게 한다. 또한 그것은 얼굴 표정들을 보다 또렷이 드러내어, 면도한 남성의 의사 전달을 훨씬 뛰어나게 한다. 아주 무성한 수염은 우호적인 표정을 흐리는 경향이 있어서 '인기있는 남성 one of the boys'이 아니라 거만한 남성에게 어울린다. 아울러 그것은 그 개인

흔히 콧수염은 억제된 성기능과 남성다움의 상징으로 여겨져 왔다. 아울러 콧수염만 있고 턱수염이 없는 남자는 성적 문제가 있다고 노골적으로 말하고 있다. 이 말의 근거는 지극히 간단하다. 콧수염을 달고 있음은 남성의 차이를 내보일 필요를 반영하고 있지만, 윗입술 위에 그 작고 조심스레 손질된 부위에 얼굴 털을 한정시킨 것은 억제와 엄격한 자기통제를 말해 준다. 이 해석에도 일리는 있다. 그러나 여기 보이는 다양한 본보기들이 분명히 밝히고 있듯이 일반 법칙으로 적용하려면 무의미하다. 수많은 남성들에게 콧수염을 기르는 것은 개인적인 결정이 아니라, 그 지방의 지배적인 유행에 대한 반응에 지나지 않는다.

의 손질에 따른 정성과 자신에 대한 관심을 나타내고, 깔끔함을 암시한다. 수염이 난 사람들은 깨끗이 면도를 한 사람보다 지저분하게 음식을 먹을 가능성이 크다.

그러므로 면도는 성인 남성을 훨씬 젊어 보이게 하고, 보다 다정하고 깨끗한 인상을 준다. 그러나 동시에 그것은 그 남성을 한결 여자다운 모습으로 바꿔 놓으므로 때때로 수염을 달고 근엄하게 비판하는 사람들의 비난을 자아낸다. 대부분의 사람들은 이런 효과를 무시하지만, 개인적으로는 털이 많은 쪽이 더 남성다워 보인다고 생각하는 사람들도 있다. 그러나 거기에는 한 가지 문제가 있다. 그들은 젊게 보이고 표정이 풍부하며 깔끔하기를 바라는 동시에 이따금 특수한 방식으로 남성적인 털을 뽐내고 싶어하기도 한다. 그 해답이 저 유명한 타협의 산물인 콧수염이다. 그들은 코와 윗입술 사이를 덮고 있는 좁다란 피부에만 수염을 달아서 두 세계의 가장 좋은 점만을 누리고 있다. 콧수염을 기르고 있는 사람은 분명히 여성적이 아니면서 면도한 얼굴의 다양한 표정과 깨끗함을 간직하고 있다. 젊음의 척도에 따르면 그것은 성숙하게 보이기는 하지만 늙지 않은 인상을 준다.

사내다운 콧수염은 많은 군인들의 인기를 끌어왔다. 그들은 거기에 밀랍을 바르고 염색을 했으며, 손질하여 다듬고 위로 꼬아올려 곧잘 남성다움의 초점으로 만들기도 했다. 그리고 시대마다 그 나름의 특수한 형태가 있었다. 전쟁중인 영국 공군 조종사들의 손잡이형부터 초기 영화배우들의 연필로 그린 듯 작고 가느다란 수염에 이르기까지 다양했다. 그 콧수염은 상징적 의미로 이렇게 말하고 있다. "나를 우호적이라고 생각해 주기 바라고 있어서 나의 턱수염을 깎았어요. 그러나 동시에 나 자신이 아주 사내답다고 생각하고 있어요. 그래서 일깨워 주는 흔적으로 큼직한 남성의 수염을 남기고 있어요".

때에 따라서 콧수염의 사회적 의미가 갑자기 달라진다. 이에 따르

THE BEARD

The symbolism of touching and stroking the chin.

▲ 턱 쓰다듬기는 지난 날의 유물로서의 몸짓이다. 그것은 수염이 지혜의 전통적인 상징이었고, 그 안에 손을 넣고 있는 것이 깊은 생각에 잠겼음을 의미했던 시절로 거슬러 올라간다. 느린 성장과 시간의 흐름을 상징하는 의미이기도 한 수염은 수많은 지역적 신호에 사용되기도 한다. 예를 들어 독일과 오스트리아에서 실제 또는 상상의 수염 양쪽을 같은 손의 엄지손가락과 집게손가락으로 쓸어내려가는 몸짓은 다음과 같은 뜻을 지닌다. "당신이 나한테 하는 그 농담은 너무 오래되어 이렇게 수염이 났소". 또다른 실례로 프랑스와 북부 이탈리아에서는 마치 수염을 문지르듯이 턱 밑에다 손등을 갖다대고 앞으로 까딱까딱한다. 이것은 지루함을 나타내는 몸짓으로 이런 메시지를 담고 있다. "내가 이것을 참고 있는 사이에 내 수염이 얼마나 자랐는가를 보세요". 그러나 이 턱 까딱이기 몸짓을 공격적으로 하면, 수염이 지니고 있는 세 번째 상징적 성질을 이용하고 이런 뜻을 전한다. "나는 지금 당신에게 남자의 인내를 보이고 있는 겁니다!" 그것은 거짓말을 하고 있거나 귀찮게 굴고 있다고 생각되는 사람을 겨냥한 일종의 모욕이다. 그것은 원시시대 남성의 수염 위협 전시(展示)의 현대판이다.

다른 사람의 턱을 만지는 몸짓은 비교적 드물다. 여성들은 남성 연인들의 수염을 이따금 곱게 쓰다듬기도 하지만, 이건 일반적인 쓰다듬기의 일부에 불과하다. 오직 하나뿐이고 명백한 턱 만지기는 '턱 떠받치기(chin chuck)'인데, 이 경우 남자가 어느 여성의 턱선 밑에 집게손가락 옆구리를 대고 밀어 올린다. "턱을 들어요" 또는 "명랑한 표정을 지어야지요" 하는 메시지를 보내고 있다. 그러나 그 동작의 간섭적인 친밀감이 비록 사랑을 담고 있다고 하더라도 약간은 거만한 요구로 변질된다. 문제의 남성에게 그 행동은 그의 손가락 살갗을 통하여 여성의 얼굴이 지닌 여성다운 보드라움을 자신에게 일깨워 주는 구실을 하기도 한다.

는 고전적 실례가 얼마 전에 뉴욕과 샌프란시스코에서 일어났다. 거기서 사내다운 남성들이 그들의 콧수염 신호를 남성 동성애자^{gay}에게 빼앗기고 말았다. 동성애^{homosexual} 남성들이 1970년대에 콧수염을 기르기 시작했다. 이들 동성애자들은 그 상대로 삼기 위해 콧수염을 기른 구식의 억센 이성애자^{heterosexual}들을 거리에서 열심히 따라다니게 되었다. 그들은 혼비백산하여 당장 사내다움을 자랑하던 콧수염을 밀어 버렸고, 이 두 도시에서는 콧수염 시위의 새로운 단계에 들어가게 되었다.

끝으로 콧수염 몸짓에는 두 가지 – 콧수염 닦기^{Moustache Wipe}와 콧수염 끝 비틀기^{Moustach-tip Twiddle} – 가 있으며, 모두 똑같은 의미를 지니고 있다. 그것은 '구애 준비'를 위한 깃털 다듬기 동작을 암시하고 있다. 이탈리아에서는 남성들이 매력있는 여성을 보고 그녀에 대한 자신의 흥분된 감정을 친구들에게 전달하려 할 때의 신호로 쓴다. 콧수염 비틀기 몸짓은 밀랍 바른 콧수염이 흔했던 시대로 거슬러 올라가며, 그 시대를 살아남았다고 하겠다. 비록 그들이 너무 어려 밀랍 칠한 콧수염을 못 보았다고 하더라도, 오늘날 남성들은 깨끗이 면도되어 존재하지는 않지만 상상 속의 콧수염 끄트머리를 비튼다. 그러나 그 몸짓의 의미는 함께 있는 사람들에게 전달된다.

목 THE NECK

지금까지 목은 인체의 가장 미묘한 부위로 그려져 왔다. 입과 위, 코와 폐, 그리고 뇌와 척추 사이의 중추적인 연결부가 있을 뿐만 아니라, 거기에는 심장과 뇌 사이의 중요한 핏줄들이 담겨 있다. 그리고 복잡한 근육 무리가 이 연결선들을 에워싸고 있으며, 사람의 머리가 끄떡이고 움츠리며, 가로젓고 비틀며, 돌리고 젖히는 데 그치지 않고 사회적 교섭 또는 상호작용 과정에 중요한 메시지를 전달하는 온갖 운동을 가능하게 하고 있다.

전통적으로 비상하게 사내다운 인물의 짧고 굵은 목을 '황소목^{bull-necked}'이라 하는 반면, 지극히 여성다운 인물은 '백조 같은^{swan-like}' 우아한 목이라 지칭한다. 이 차이는 확실하다. 남성의 목은 보다 짧고 굵으며, 여성의 목은 상대적으로 길고 가녀리며 가늘다. 여기에는 남성의 보다 억센 근육 조직이 그 원인의 일부가 되는가 하면, 여성의 흉곽은 보다 짧아 가슴뼈 꼭대기와 등뼈의 관계에서 남성보다 낮다는 것도 그 원인의 일부가 된다. 이러한 성별 차이는 인간의 진화 과정 중 오랜 수렵狩獵 단계에서 발달했음이 분명하다. 그 때는 보다 강력하고 부러질 위험이 적은 목을 지닌 남성들이 유리했다.

목에 있는 또다른 성별 차이는 아담의 사과^{Adam's Apple} 즉 후골喉骨과 연관이 있으며, 이것은 이브의 그것보다 훨씬 두드러진다. 보다 높은 목소리를 내는 여성들은 성대가 훨씬 짧고, 그에 따라 소리상자^{voice-box} 즉 후두喉頭가 상대적으로 작기 때문이다. 남성의 성대^{vocal cords}는 길이가 약 18밀리미터인데 반해 여성의 그것은 겨우 13밀리미터밖에 되지 않는다. 남성의 후두^{larynx}는 여성보다 대략 30퍼센트가 더 크다. 아울러 남성은 그 위치가 목의 약간 아래쪽에 있어 훨씬 두드러져 보이는 효과를 낳는다. 이 같은 후두 성별 차이는 사춘기에 이르러서야 나타나고, 남성의 목소리는 깊어지거나 깨지는 변성기를 거친다. 성인 여성의 목소리와 여성의 후두는 본질적으로 남성보다 어린이에 훨씬 가까워 1초 당 230에서 255주파의 높이를 갖게 된다. 그와는 달리 성인 남성의 목소리는 1초 당 130에서 145주파 사이로 내려간다. 어떤 이유에서인지 작은 부족사회에서 살고 있는 성인 남성들의 목소리가 현대 도시 사회의 성인 남성의 그것보다 높고 훨씬 날카롭다. 그와 마찬가지로 매춘을 직업으로 하는 여성들이 다른 여성

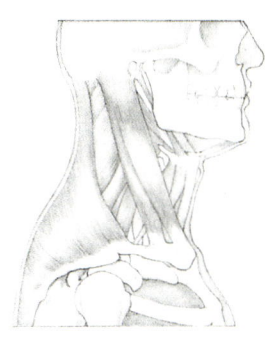

복잡한 근육 무리를 담고 있는 인간의 목은 두뇌의 신호들과 모든 동작 연출에 책임을 지고 있을 뿐만 아니라, 신체 자세를 결정하기도 한다.

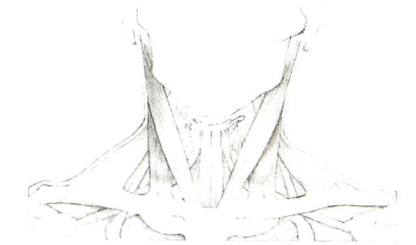

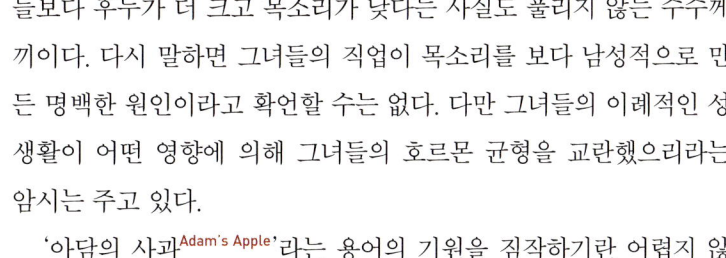

여성의 목은 남성의 그것보다 길고 가녀리다. 극단적으로 자세를 수직화하는 남성 발레 무용수들마저 목 길이로는 여성과 겨룰 수 없다. 가슴 길이에 해부학적인 차이가 있다는 사실이 그 이유의 일부가 된다. 사실 가슴은 여성 쪽이 짧다. 많은 남성들이 나이가 듦에 따라 어깨를 위로 웅크리고 있어서 목이 짧고 굵어지며, 성별 차이를 한층 더 극대화한다.

들보다 후두가 더 크고 목소리가 낮다는 사실도 풀리지 않는 수수께끼이다. 다시 말하면 그녀들의 직업이 목소리를 보다 남성적으로 만든 명백한 원인이라고 확언할 수는 없다. 다만 그녀들의 이례적인 성생활이 어떤 영향에 의해 그녀들의 호르몬 균형을 교란했으리라는 암시는 주고 있다.

'아담의 사과 Adam's Apple'라는 용어의 기원을 짐작하기란 어렵지 않다. 일찍부터 이어져 내려오는 민간전승에 따르면, 남성의 목에 있는 덩어리는 아담의 원죄原罪 - 이브가 준 사과를 먹은 - 를 항상 깨우치기 위해 그 자리에 자리잡게 되었다. 아담이 그 금단의 열매를 처음 한 입 베어 물자 그의 목에 박혀 움직이지 않게 되었다고 전해진다. 사실은 성서의 에덴동산 설화에는 '사과'라는 낱말이 쓰이지 않았다. 그것은 뒷날에 와서 지어낸 것이지만 '아담의 사과'라는 용어는 그와 관계없이 살아남아 있다.

여성의 목이 남성보다 가녀리기 때문에, 미술가들은 흔히 이 특징을 과장하여 초여성적 super-feminine 형상을 창출하게 되었다. 매력적인 여인들을 그리는 만화가들은 예외없이 정상적인 해부학적 한계 이상으로 목을 가늘고 길게 묘사한다. 또한 모델 대행업자들이 모델 양성을 위해 개별적으로 여성을 고를 때는 평균 이상으로 목이 가늘고 기다란 지망자들을 고른다. 어느 문화권에서는 긴 목을 선호하는 이런 경향이 괴기할 만큼 극단화하게 되었다. 미얀마 고지대의 카렌 부

Neck posture and neck presentation.

족 가운데 파다웅족은, 유럽에서 '기린 목giraffe-necked' 여성으로 알려진 긴 목을 자랑했다. '파다웅padaung'으로 발음되는 그 낱말은 '놋쇠를 차고 있는 사람brass wearer'이라는 뜻이다. 이 집단의 여성들은 그 고장의 유행에 따라 어린 시절부터 놋쇠 목걸이를 끼기 시작한다. 처음에 목걸이 5개를 걸기 시작하고, 해마다 늘려가 최고 22개, 또는 심지어 24개까지 끼게 되었다. 동시에 놋쇠 고리를 팔과 다리에도 끼고 다녔으며, 그로 말미암아 성인 여성은 통틀어 50에서 60파운드의 놋쇠를 지니고 다닌다. 이처럼 거추장스러운 짐을 걸고서도 파다웅 여인들은 먼 거리를 걸어다니고 논밭에 나가 일을 하지 않을 수 없었다.

이 관습의 가장 놀라운 측면을 들자면, 인위적으로 여성의 목 길이를 늘이는 점을 들어야 하겠다. 기록에 남아 있는 가장 긴 목은 15¾인치였다. 이러한 관행으로 얼마나 심하게 목 근육을 늘였는지, 목 척추골이 완전히 비정상적으로 빠져 버렸다. 만약 그런 여인의 무거운 놋쇠 목걸이를 제거하면, 그녀는 머리를 지탱할 수 없으리라는 말이 전한다. 이같이 끔찍하고도 문화적인 인체 왜곡에 현혹된 유럽인들이 서커스의 곁들이로 이처럼 목이 긴 여성들 여럿을 관객 앞에서 걸어다니게 했다. 이것은 기형적인 인간들을 가벼운 호기심의 대상으로 삼을 수 없다고 여기게 될 때까지 계속되었다.

무속계에서 목은 언제나 아주 중요한 신체 부위였다. 이를테면 아이티의 부두교voodoo와 같은 의식에서는 인간의 영혼이 목덜미에 자리잡고 있다고 믿고 있다. 이처럼 목에 대한 토속신앙의 중요성이 작용하여 일찍부터 목걸이가 널리 쓰이게 되었다. 그것은 단순한 장식품 이상의 기능을 갖고 있었다. '악마의 눈evil eye'과 같은 적대적인 영향력으로부터 인체의 이 핵심적인 부위를 보호하는 특수 기능도 가지고 있었다.

어떤 무속 행사에서는 목이 초점이 되었다. 목의 옆구리를 따라 올라가 뇌로 피를 운반하는 대형 경동맥頸動脈들에 압력을 가하면, 그 사람은 현기증과 혼미함을 느끼게 되어 쉽게 암시에 걸려든다는 사실이 밝혀졌다. 말할 나위 없이, 이 때 그 대상의 뇌에는 산소 부족 현상이 일어난 데 지나지 않으나, 미신적 숭배물에게 종교적 의식을 치르는 그런 상태를 쉽게 초자연적인 것으로 돌릴 수 있었다.

▲ 이 일본의 게이샤(藝者)는 그녀의 아름다움을 돋보이게 하려고 전통적인 목 화장을 하고 있다. 목 뒷덜미는 일본에서 아주 중요하게 생각하는 성감대 중 하나이다.

The symbolism of nodding and bowing.

그보다 훨씬 건전한 목 조작 방식은 마티아스 알렉산더^{Matthias Alexander}에 의해 창안된 알렉산더 요법^{Alexander Treatment}이다. 이 방식은 어깨에 얹혀 있는 목의 기본 자세를 수정하면, 일정한 신체적 징후뿐만 아니라, 다양한 심리적 이상 증세를 고칠 수 있다는 생각에 바탕을 두었다. 비판적인 일부 인사들은 이 같은 발상을 두고 신체의 다른 부분을 지배하는 신비로운 힘을 목에다 주는 격이라는 주장을 해왔으나, 그보다 간단한 해석이 가능하다. 도시인들은 아주 많은 시간을 책상이나 탁자에 몸을 구부리거나 의자에 몸을 파묻고 보내기 때문에 점차 그들의 목은 자연적인 수직 자세를 잃게 된다. 만약 알렉산더 훈련법을 통해 이 자세를 다시 갖출 수 있다면, 신체의 다른 부위들도 자동적으로 따르게 되고 그 정확한 균형을 회복할 수 있다. 그러면 건강한 신체 긴장 상태로 되돌아갈 수 있는 조건이 갖추어져, 보다 건전한 정신 상태를 이룩할 수도 있다. 사실상 이 경우에는 발레 무용수들이 받고 있는 바로 그 같은 유형의 자세 훈련보다 더 신비로울 것도 없다. 두 경우 모두 신체의 자세를 풀어 주는 열쇠는 목인 듯하다.

몸짓에 관심을 돌려보면, 목에 특히 초점을 두는 몸짓은 비교적 적다. 가장 널리 퍼져 있는 것이 목 자르기 시늉^{Throat-cut Mime}이다. 여기서 몸짓의 주체는 언어 표현을 대신하여 자기 손으로 자기 목 앞쪽을 자르는 동작을 한다. 여기에는 밀접하게 관련된 세 가지 의미가 담겨 있다. 가령 화가 나서 그런다면, 그 동작의 주체가 다른 사람에게 그렇게 하고 싶다는 의사 표시일 수 있다. 사과의 뜻으로 그런 동작을 한다면, 그 몸짓의 주인공이 자신에게 그렇게 하고 싶은 심정임을 보여 준다. 텔레비전 스튜디오에서 제작 감독이 그렇게 한다면, 그 프로그램의 진행자에게 시간이 끝났다는 말없는 신호이다. 그 세 가지 메시지들은 각기 다음과 같이 요약할 수 있다. "당신을 죽일 거야." "나를 죽이고 싶어." 그리고 "지금 중지하지 않으면 해고당할 수 있어." 그와 마찬가지로 널리 퍼진 몸짓으로 '자기 목 조르기 시늉^{mock self-strangling}'이 있다. 이 때 한 손 또는 두 손으로 몸짓하는 주인공이 자기 목을 쥐고 조르는 시늉을 하게 된다. 목 자르기 시늉의 경우와 마찬가지로 이것은 "내가 너의 목을 조르고 싶다"거나 "나는 내

▲ 몹시 공들여 만든 1630년대의 이 목 장식들은 '목 둘레의 맷돌들(millstones around the neck)'이라는 적절한 별명이 붙어 있는데, 입고 있는 사람들의 행동을 극도로 제한했을 뿐만 아니라, 목이 잘린 듯한 인상을 주기도 했다. 단순히 상징적인 형태로서가 아니라 실제로 그런 운명이 이들 가운데 몇 사람에게 적용됐다.

▼ 수천 년 동안 여성들은 특별한 행사에 어떤 형태로든 목 장식을 하고 싶은 유혹을 받아왔다. 그러므로 이 젊은 여인의 벌거벗은 목—그녀의 데뷔 파티—은 더욱 비범한 인상을 준다. 목걸이나 목띠가 없음에도 강렬한 여성다움을 지니고, 점점 가늘어지는 그 목의 아름다움은 사람들의 관심을 끌어가는 역할을 한다.

여성들이 남성보다 기다란 목을 가지고 있으므로, 목을 위로 뽑아올려 이 차이를 과장하면 여성다움을 강화하게 된다. 이러한 추세를 가장 괴이하게 보여 주는 본보기를 미얀마 여성들의 '기린 목'에서 발견할 수 있다. 그들은 어린 소녀 시절부터 목 둘레에 놋쇠 고리를 점점 쌓아올려서 마침내 목뼈가 빠져나가기 시작한다. 그래도 여전히 그들은 돌아다닐 수 있고, 심지어 이런 상태로 들판에 나가서 일까지 한다. 그런데 만약 그들의 고리들을 제거한다면, 그 때부터 머리의 무게를 지탱할 수 없으므로 죽고 말 것이다.

Neck length has even been exaggerated at the expense of mobility and expressiveness.

목을 조를 수 있어"를 알려 준다.

　인기있는 또다른 몸짓이 '여기까지 꽉 찼어^{I-am-fed-up-to-here}' 신호이다. 이 경우에는 손바닥을 밑으로 향하게 하고 손의 집게손가락 가장자리로 결후^{結喉, 울대뼈}를 몇 차례 건드린다. 여기서는 몸짓하는 사람이 무엇으로 가득차서 그 이상 받아들일 수 없음을 암시하고 있다.

　이처럼 국소적인 몸짓들보다 더 중요한 것이 머리의 운동이나 자세를 일으키는 수많은 목 동작들이다. 여기에는 두 가지 유형이 있다. 첫째는 머리를 환경에 적응하는 동작들이다. 예를 들어 무엇을 보기 위해 머리를 돌리고, 소리를 듣기 위해 머리를 갸우뚱하며, 공중의 냄새를 맡기 위해 머리를 들고, 입에 음식을 떠넣기 위해 머리를 떨구는 사례들이 있다. 둘째는 함께 있는 사람들에게 시각적 신호들을 전달하는 것을 유일한 목적으로 하는 동작들이다. 이 둘째 유형에는 다음과 같이 20가지가 넘는 몸짓들이 있다.

　1. 머리 끄떡이기^{Head Nod}. 목이 머리를 아래위 수직으로 한 번 또는 그 이상 움직인다. 이 때 올라가는 요소와 내려가는 요소가 대략 같은 힘이거나 내려가는 요소들에 약간 더 힘이 들어 있다. 이것이 가장 흔하고 널리 퍼진 찬성 또는 동의의 몸짓이다. 어떤 문화권에서는 찬성을 의미하는 다른 동작들이 있으나, 어디를 가나 이 동작은 동일한 확인의 의미를 지니고 있다. 다시 말하면 머리 끄떡이기는 '그렇다'는 뜻을 품고 있다.

　머리 끄떡이기는 전 세계에 퍼져 있다. 일찍부터 여행자들은 이전에 서양의 영향을 받지 않은 구석진 부족사회에서도 그것을 발견했다. '그렇다'를 가리키는 어느 다른 신호를 사용하는 문화권에서도 그 몸짓은 머리 끄떡이기 대신에 대개 같은 몸짓 중의 하나로 쓰이고 있을 뿐이었다. 이를테면 스리랑카의 일부 지방에서는 사실에 대한 질문을 했을 때 머리 끄떡이기를 사용하고, 어떤 제안에 동의할 경우에는 다른 동작, 즉 얼굴 바로하고 머리 가로젓기^{Head Sway}를 한다. 두 경우 모두 '그렇다'는 신호이지만, 그들은 다른 종류의 '그렇다'를 가리킨다. 어느 사회에서는 긍정^{肯定}의 유형 사이에 미묘한 구분을 두지만, 다른 사회에서는 모두를 뭉뚱그려 찬성할 때는 어떤 상황에서도 통틀어 머리 끄떡이기를 한다는 한 가지 사실만은 분명하다. 스리랑카에서 외국인 2명이 약간 다른 두 가지 질문을 했다면, 그 지방의 긍정 신호를 둘러싸고 엇갈리는 견해를 가지고 올 수 있을 것이다. 과거에는 이런 일이 자주 일어났다.

　머리 끄떡이기의 기원을 둘러싸고 지금까지 두 가지 가설들이 있어 왔다. 그 첫째는 이것을 절의 수정형으로 보고 있으며, 고도로 간략화된 순종형 몸 굽히기 장치로 풀이한다. '그렇다'고 말함으로써 그 사람은 어느 의미에서 잠시 다른 사람에게 순종한다. 이렇게 볼 때, 머리 끄떡이기는 빨리 해치우는 '1퍼센트의 꿇어 엎드리기^{one-percent prostration}'라고 할 수 있다. 둘째 가설은 머리 끄떡이기를 젖을 빠는 어린이의 행동과 연관짓는다. 끄떡이기 동작을 젖꼭지를 받아들이는 행태의 일부로 본다. 젖을 거부함은 젖먹이가 머리를 모로 또는 위로 제치는 동작으로 특징지어지며, 이를 바탕으로 성인들의 부정적 머리 신호들은 당연히 위나 옆으로의 동작을 포함하게 된다. 나중에 살펴보겠지만, 여기에는 일리가 있다.

　2. 머리 절하기^{Head Bow}. 머리를 고개 숙임 자세까지 낮추었다가 다시 들어올린다. 이 동작은 머리 끄떡임과는 자세히 살펴보면 몇 가지 차이가 있다. 끄떡이기와는 달리 그것은 언제나 단 한 번의 아래-위 운

동이며, 그 동작은 보다 뻣뻣하고 의도적이다. 동시에 그 열도가 높을 경우에는 머리가 잠시 아래 위치에 머물러 있다가 중립 위치로 돌아가는데, 이것은 끄떡이기에서는 절대로 일어나지 않는다. 끝으로 이 경우에는 전형적인 끄떡이기에서 머리를 들 때처럼 머리가 중립선 neutral line 이상으로 넘어가지 않는다. 머리 절하기는 거의 전 세계적인 인사 신호인 듯하다. 그 기원을 더듬어 보면, 그것은 순종하는 개인이 일반적으로 취하는 경미한 몸 낮추기 성향임이 분명하다. 그러나 비록 "내가 당신 앞에 몸을 굽힌다"는 것이 그 기본 메시지이지만, 아랫사람들에게만 그 몸짓이 한정되지는 않는다. 동등한 사람들이나 지배적인 인물들이 했을 경우, 그 메시지는 부정형을 이루어 "나는 내 주장을 하지 않을 것입니다"가 되고, 다시 일반화하여 "나는 우호적입니다"로 바뀐다. 그 힘을 기준으로 할 때 그 동작은 거의 느끼지 못할 정도의 머리 까딱이기에서 극적으로 과장된 목 꺾기에 이르기까지 다양하다. 그에 담긴 주요한 문화적 차이란 그 동작의 경직성 여부에 있는 듯하고, 동양의 머리 절하기가 '게르만'형보다는 한결 부드럽다. 마중 인사 신호로서의 주요 기능 이외에도 머리 절하기는 작별 인사 신호로도 쓰이고, 고마움을 표시하는 경우에도 사용된다.

3. 머리 까딱이기 Head Dip. 목이 머리에 힘을 주어 무엇에 파고들 듯 밑으로 재빨리 떨구었다가 다시 중립 위치로 되돌린다. 이 동작은 머리 절하기와 비슷하지만, 아래로의 움직임에 훨씬 힘이 있다. 보다 정확히 말해서, 하향 요소와 상향 요소에 주어지는 힘 정도에 큰 차이가 있다. 머리 까딱이기는 입으로 하는 말을 강조하기 위해서 쓰인다. 독단적이거나 공격적인 대화를 하는 사람들이 자기의 요점을 상대방에게 강조하고자 할 때, 이 동작을 반복한다. 상상의 탁자에 상징적인 주먹을 치듯 머리로 이 몸짓을 반복해서 한다. 머리가 내려감에 따라 그 동작이 조금씩 앞으로 나가 그에 따르는 말의 강력함을 밑받침하는 공격의 성질을 띠게 된다. 아울러 '그것 보세요!' 하는 침묵의 메시지를 전할 때 이따금 말없이 머리 까딱이기 동작이 일어난다.

4. 머리 뒤로 젖히기 Head Toss. 머리가 날카롭게 뒤로 젖혀졌다가 다시 중립 자세로 돌아온다. 이 동작은 머리 절하기의 반대여서, 머리가 내려가지 않고 반대로 위로 올라간다. 그것은 전혀 다른 몇 가지

▲ 이 케냐 소녀도 무겁고 영롱한 목걸이들을 엄청나게 목에 걸고 쌓아올렸으므로 목을 위로 밀어올려 가혹하게 늘여놓은 듯한 인상을 준다. 하지만 미얀마 여인들과는 달리 목이 비틀려 고생을 하고 있지는 않다. 목걸이들을 제거하더라도, 그녀의 목은 전과 다름없이 정상적인 기능을 한다. 그러나 그녀가 목걸이를 하고 있는 동안에는 여성적이기 위해 억지로 목을 빼고 있는 자세를 취해야만 한다.

There is more to conversation than the talk.

▲ 다른 사람 쪽으로 목을 돌리는 것은 협조적인 주목과 사회적 참여를 과시하는 인간 특유의 행동 양식이다. 대화에 끼어 있으면서도 그러한 움직임을 하지 않는다면, 냉담과 무관심을 드러내는 무례한 몸짓이다. 주변에 있는 사람들을 의도적으로 무시하는 인물들은 흔히 목에 힘을 주고 함께 있는 동료들에게 고개 돌리기를 거부하여 자신의 기분을 보여 준다.

방법으로 사용되어 때로 혼란을 일으킨다.

첫째로 그것은 먼 거리에서 우호적인 인사로 가장 널리 쓰이고, 가까운 거리에서 교섭이 이루어지기 전 만남의 첫머리에서 바로 이 몸짓이 일어난다. "나는 당신을 보게 되어 즐겁고 놀라워요" 하는 것이 이 동작에 담긴 메시지이다. 여기서는 놀라움의 표시가 열쇠가 되는 요소로서, 머리 뒤로 젖히기는 전적으로 놀라는 반응의 극히 수정 압축된 의미를 담고 있다. 머리 뒤로 젖히기와 그 반대의 머리 절하기가 다같이 마중 인사의 몸짓으로 쓰일 수 있는데, 머리 젖히기는 먼 거리에서 그리고 절하기는 가까운 거리에서 사용된다. 또한 젖히기는 친숙함을, 절하기는 형식을 존중한다.

둘째로 머리 뒤로 젖히기는 이해하겠다는 신호로 쓰인다. 대화 도중에 누군가 갑자기 무엇의 요점을 알아차리고 "아 그렇지, 그렇고말고!" 하고 소리치는 순간에 이 역할을 하는 몸짓이 일어난다. 이 때 역시 순간적인 놀라움을 가리킨다. 이는 관계되는 그 사람이 찰나적

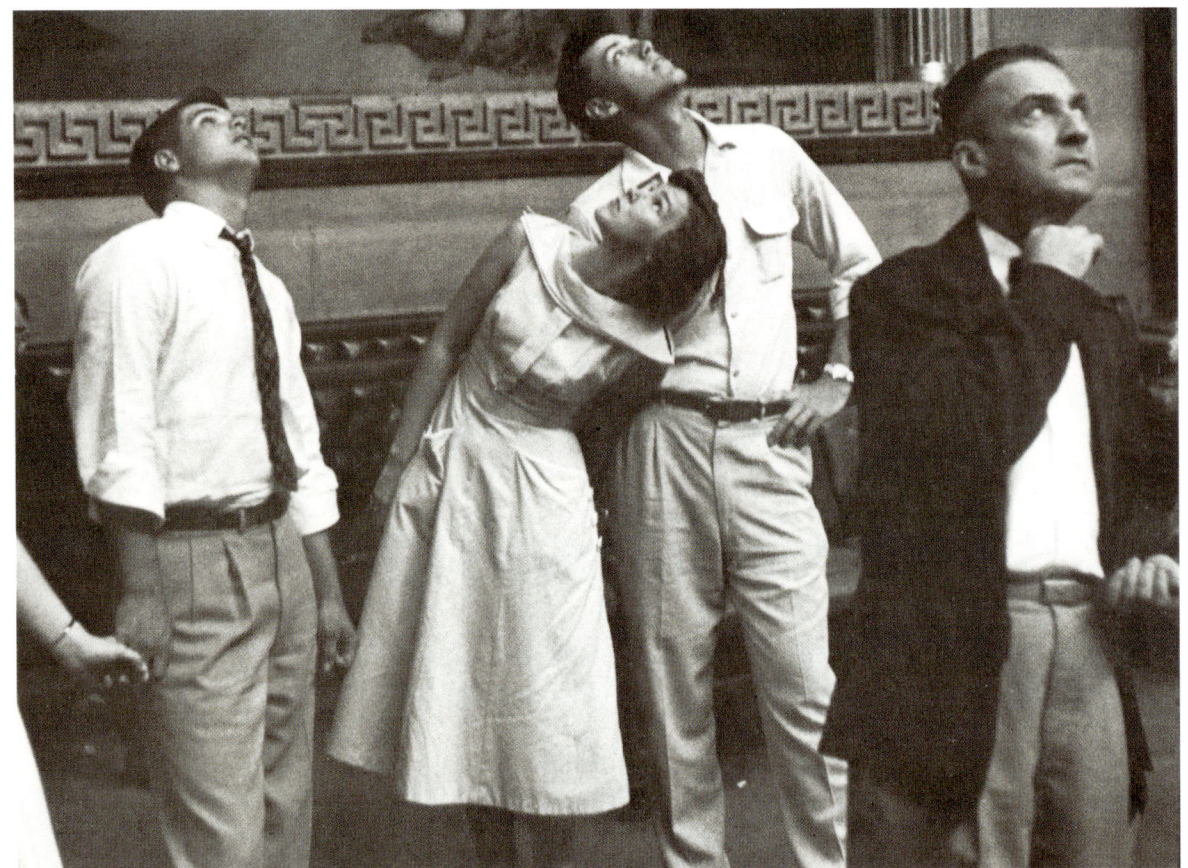

▲ 사람 목의 복잡한 근육들 덕분에 우리 머리는 상당한 운동 능력을 지니고 있다. 우리들은 서로 다른 여러 가지 방법으로 목을 휘고, 들어올리며, 비틀고 아래로 떨구어 굳이 몸의 다른 부분을 움직이지 않더라도 거의 모든 방향으로 눈길을 돌릴 수 있다.

인 놀람으로 인하여 돌연 고개를 들거나 뒤로 재빨리 돌리는 듯한 인상을 준다. 그 놀라움은 순간 사라지고 머리가 중립 위치로 돌아가게 되면, 작고도 의도적인 후퇴 동작으로 날쌘 머리 뒤로 젖히기는 끝난다.

세 번째 용법은 앞의 본보기에서 '아, 그렇지!'라는 요소를 빌려와서 머리 뒤로 젖히기를 '네'의 뜻을 가진 또다른 표현 방식으로 바꾸었다. 이것은 에티오피아, 필리핀과 보르네오의 일부 지방과 같은 세계의 구석진 몇 곳에서 사용되고 있다고 전해진다. 그러나 그것은 흔한 동작 형태가 아니다. 아마도 '네'는 머리 끄떡이기와 충돌하기 때문이 아닌가 생각한다.

네 번째 형태는 '아니오!'라는 정반대의 신호를 보낸다. 이 용법은 그리스와 그 이웃 나라들에서 인기가 있다. 그러나 여기서도 널리 퍼지지 않았는데, 이번에도 한층 더 인기있는 부정 신호인 머리 가로 젓기와 충돌하기 때문이다. 이른바 '그리스의 아니오 Greek No'는 동부 지중해 지역을 방문하여 처음으로 그 몸짓을 보게 되는 많은 사람들을 어리둥절하게 만든다. 그들이 정중한 질문을 했다가 그 응답으로 날카롭게 위로 올라가는 머릿짓을 받았다면, 그것은 그리스의 머리

There is more to the neck than rubbernecking.

뒤로 젖히기의 주요 동작 요소이기 때문이다. 그들은 몸짓하는 사람의 비위를 거슬렀다고 상상은 하지만, 그 이유를 알지 못한다. 여기에는 그 나름의 까닭이 있다. 유럽의 다른 지역에는 공통적인 '짜증 반응 irritation reaction'으로 널리 알려진 몸짓이 있다. 바로 머리를 위로 휙 올려서, 눈은 위를 응시하고 혀를 차는 것이다. 이 동작은 "어리석기 짝이 없네요!" 하는 메시지를 전달한다. 이것이 '그리스의 아니오' 몸짓과 너무나 흡사하여 방문객은 자기 질문에 대한 비난으로 느끼게 된다. 그러나 그리스인에게는 그것이 단순히 "아니오"라는 뜻을 담고 있을 뿐, 전혀 무례한 반응이 아니다.

원래 그리스의 부정적인 머리 뒤로 젖히기는 옛날 갓난아기의 젖 거부 반응에서 유래된 듯하다. 부모들이 배고프지 않은 갓난아기에게 숟가락으로 음식을 먹이려고 하면 그와 비슷한 머리 위로 젖히기 몸짓을 하기 쉽고, 이것이 성인들의 부정적 몸짓으로 발전하는 과정을 쉽게 볼 수 있다.

5. 머리 가로젓기 Head Shake. 목이 머리를 좌우로 젓는 동작으로, 왼쪽과 오른쪽에 주어지는 힘이 같다. 이것 역시 아기에게 젖을 먹이거나 숟가락으로 음식을 먹일 때 아기의 음식 거부 동작에 그 기원이 있다. 그 결과 어느 때든 상관없이 머리 가로젓기는 본능적인 부정의 신호이다. 그것은 "분명히 아닙니다!"에서 "그만두세요!"를 거쳐 "믿을 수 없어요!"에 이르는 메시지를 전한다. 어떤 나라들에서는 머리 가로젓기가 "그렇소"를 의미한다는 의견이 나오기도 했는데, 이는 관찰이 정확하지 못해서 그런 결론이 나왔다. 때로 긍정을 표시하는 수평적인 머리 운동이 있지만 그와는 다른 유형이고, 이에 관하여는 얼굴 바로하고 머리 가로젓기 Head Sway에서 논하기로 한다. 기본적으로

머리 가로젓기는 부정적이어서 신체의 다른 부분을 이용하여 그 몸짓을 흉내내기도 한다. 집게손가락 흔들기 Forefinger Wag와 손 흔들기 Hand Wag는 다같이 머리 가로젓기를 흉내낸 몸짓이며, 똑같이 부정적 신호를 보낸다.

6. 머리 한쪽으로 젓기 Head Twist. 목이 머리를 날카롭게 한쪽으로 돌렸다가 다시 중립 위치로 되돌린다. 이것은 한쪽만의 머리 가로젓기이고, 아기의 음식 거부 동작에 훨씬 더 가깝다. 그것은 "아니오!"라는 동일한 메시지를 가진 머리 가로젓기의 변형으로, 아주 드문 본보기이다. 예를 들면 에티오피아에서 사용되고 있다.

7. 머리 한쪽으로 절반 젓기 Head Side-jerk. 머리를 한쪽으로 반쯤 돌려 반쯤 기울이며, 이 짧은 두 동작이 동시에 일어난다. 이 작고 복잡한 동작을 묘사하기는 어렵지만, '눈짓 없는 눈짓 winkless wink'이라 부를 수 있음직하다. 대부분의 사람들은 힘찬 윙크를 할 때 머리 동작으로 눈 감기 요소를 한층 강화한다. 이 과장법이 그 원형에서 분리 해방되어, 실제로 윙크를 하지 않으면서도 그 몸짓만을 할 수 있게 되었다. 이 머리 한쪽으로 절반 젓기는 우호적인 내통의 시늉을 담은 인사이다. 그것은 상당히 가까운 사이에서 사용된다. 때로는 텔레비전의 상업 광고에서 인사보다는 논평의 뜻으로 쓰이고 있다. 그 음료를 마시는 출연자가 씽긋 웃으며 이 몸짓을 한다. "당신과 나만의 비밀인데요, 이것은 아주 좋아요. 안 그래요?" 하는 메시지를 전한다. 둘만이 알고 짜고 하듯이, 그는 우리들에게 좋은 것을 알려 준다는 몸짓을 한다.

8. 머리로 부르기 Head Beckon. 함께 있는 사람에게서 멀어지게 목으로 머리를 당기는 몸짓이다. 약간 기우뚱한 자세가 되며 몸이 살짝 뒤로 돌아간다. 이 몸짓

> *The bowed head can also signify a temporary withdrawal from harsh reality.*

은 "나와 함께 가요" 또는 "이리 오세요"라고 말하고 있으며, 손이나 손가락 부르기를 대신한다. 두 손에 무엇을 잔뜩 쥐었거나 부르는 사람이 너무 눈에 띄지 않게 신호를 보내고 싶을 때 흔히 사용한다. 오늘날 이 몸짓은 이따금 성행위의 장난기 섞인 초대로 사용되고 있으며, 그 은밀한 성질에서 이러한 기미가 우러난 것만은 의심할 여지가 없다. 머리 부르기를 하는 사람 바로 앞에 동료가 있을 때는 머리 부르기가 살짝 기울어진다는 점이 흥미롭다. 이런 이유로 그 메시지는 머리 뒤로 젖히기의 그것과는 뚜렷이 구분된다.

9. 머리 빨리 가로젓기^{Head Wobble}. 목이 머리 가로젓기와 같이 머리를 좌우로 젓지만, 그 움직임이 보다 작고 짧으며 빠르다. 흔히 나이 지긋한 사람들이 하는 동작으로, 그 때는 그의 턱 아래 군살이 떨리며 좌우로 흔들린다. 이것은 상당히 권위있는 지위의 지배적 남성들—정치가, 장군, 행정관료들—사이에서 흔히 볼 수 있는 신기한 동작이다. 거기에는 으레 말이 따르고, 긍정이나 부정 어느 쪽을 막론하고 말을 강조하는 것에 주안점을 둔다. 말하는 사람이 "얼마든지 희망이 있어요" 또는 "전혀 희망이 없어요"의 어느 쪽이든 강조해서 말할 때 머리는 수평으로 빨리 움직이기 시작한다. 후자의 경우, 말하는 사람이 억압된 머리 가로젓기를 하려는 이유를 알기 쉽지만, 긍정적인 설명을 하며 머리 빨리 가로젓기를 하는 이유를 알아내기란 쉽지 않다. 아마도 그 말하는 사람이 거짓말을 하고 있거나, 또는 사실을 부정하려는 머리 가로젓기를 억제하고 싶지만 뜻대로 되지 않아 빨리 젓기라는, 속들여다보이는 실마리를 남기게 되는 것 같다.

10. 시선 바로하고 머리 가로젓기^{Head Sway}. 목이 머리를 이쪽저쪽으로 기울이지만, 시선은 계속해서 똑바로 앞을 보고 있다. 많은 사람들이 의혹을 표시할 때 이 몸짓을 사용하고 있으나, '유태인의 복잡한 감정^{Jewish-mixed feelings}' 신호 또는 '어쩌면 그럴 수도 있고, 아닐 수도 있군요^{Maybe-yes, Maybe-no}'의 신호로 가장 잘 알려져 있다. 그것은 본질적으로 애매함의 움직임이다. 그 주인공은 결정을 내리지 못하고 처음에는 이쪽으로, 다음에는 저쪽으로 갈팡질팡하고 있음을 말해 준다. 그러나 어떤 지역에서는 또다른 의미를 지니고 있다. 불가리아와 남아시아의 일부 지방에서는 그것이 아무런 의심없는 "그렇소"를 뜻한다. 아울러 이와 똑같은 의미를 인도와 불가리아의 중간 지역에서도 발견할 수 있다. 비록 그 분포 상태가 미미하지만, 이로 미루어 한때 얼굴 똑바로 하고 머리 좌우로 기울이기가 지금보다 훨씬 인기가 있었다는 암시를 주고 있다. 어떻게 하여 이 몸짓이 그 양면적인 의미를 버리고 머리 끄덕이기와 같은 적극적인 긍정이 되었는지 말하기 어렵지만, 한 가지 사실만은 명백하다. 일찍이 그 곳으로 여행하여 그것을 목격하고 "머리 가로젓기"가 "그렇소"를 뜻한다고 보고한 사람들에 의해 잘못 알려졌다는 점이다. 그들은 그 몸짓의 수평적인 요소로 인해 혼란에 빠졌지만, 그 두 가지 동작은 엄연히 다르다.

11. 머리로 가리키기^{Head Point}. 방향을 가리킬 때 쓰이고, 목이 머리를 관심있는 사람 또는 물체로 돌리게 한다. 인간이라는 동물은 손과 손가락이라는 정확한 지시 장비를 훌륭히 갖추고 있지만, 이따금 손이 다른 일로 바쁘거나, 지방의 풍속이 손으로 방향 지시를 금하는 경우에는 머리가 지시기의 역할을 대신하곤 한다.

12. 머리 한 번 빨리 젓기^{Head Jolt}. 머리를 단 한 번만

▶ 수많은 목 운동은 특수한 기분 메시지를 전달하는 머리 자세와 동작으로 나타난다. 떨구어진 머리는 패배와 낙심의 전형적인 자세이고, 방금 중대한 경기에서 패배한 운동선수들에게서 흔히 볼 수 있다. 머리를 숙이면 패배한 개인의 키를 낮추는 데 그치지 않고, 흥미를 잃은 세계로부터 들어오는 갑작스러운 자극을 효과적으로 피할 수 있다.

▲ 수그린 머리와 마찬가지로 절을 하는 머리도 굴복의 종속적인 몸짓이다. 그런데 이것은 오랫동안 '숙이고' 있는 자세가 아니라 잠시 숙였다가 들어올리는 동작으로 틀이 잡혔다. 몸 낮추기의 한 형태로서 그것은 교토(京都)의 이 게이샤(藝者)의 사례에서 보는 바와 같이 웅크린 신체 자세로 증폭될 수 있다. 그녀는 남성 방문객이 기다리고 있는 방 안으로 들어가고 있는 중이다. 그녀는 일부러 머리를 수그린 저자세(低姿勢)를 취하여 상대방이 우월감을 느끼도록 한다.

짧고도 예리하게 가로젓는다. 원래 이것은 머리를 맑게 하려는 동작이었으나, '놀랍다는 시늉' 또는 '충격'을 표시하는 의도적 신호로 곧잘 사용된다. 방금 받은 정보가 너무나 뜻밖이어서 머리를 맑게 하고, 듣는 사람이 꿈을 꾸고 있지 않음을 보이기 위해서 머리 한 번 빨리 젓기를 할 필요가 있다는 함축이 담겨 있다.

13. 머리 제자리에 굳히기^{Head Freeze}. 머리를 중립 위치에 묶어둔다. 이것은 적합하지 않은 어떤 상황에서 몸짓 없는 몸짓^{non-gesture}으로 굳어진 몸짓이다. 이를테면, 누군가 꽃병을 집어던져 깨뜨린다면, 그 자리에 있는 모든 사람은 일제히 눈을 돌려 그 상황을 보려 할 것이다. 만약 한 사람이 머리를 그 자리에 굳힌 채 어느 쪽으로도 고개를 돌리려 하지 않는다면, 이런 그의 태도에 대한 반응이 어떤 것인가를 적지 않게 알려 준다. 상황에 대한 반응을 동작으로 나타내는 것이 당연함에도 불구하고 의도적으로 그는 동작을 배제했다. 이는 그가 극히 지배적이고 겁없는 인물이기 때문에 가까이에서 무엇이 깨진다 하더라도 거들떠볼 필요가 없거나, 혹은 그는 이전에 벌써 그런 종류의 일을 많이 보았으므로 그런 일에 다시 눈길을 돌리는 것은 자신의 위엄을 무너뜨리는 자세임을 암시하고 있다.

▲ 목은 대단히 중요한 성감대여서 젊은 연인들 사이에 일어나는 예비적인 성적 접촉을 묘사하기 위해 '네킹(necking)' 즉 '목놀이'라는 표현이 고안되었다. 어떤 문화권—이를테면 미국과 일본—에서는 특별한 형태의 목 물기가 인기이다. 그렇게 하면 목에 작고도 빨간 흔적을 남긴다는 것이 중요하다. 그것이 사라지려면 며칠이 걸려야 하고, 따라서 성행위를 했다는 뚜렷한 표적이 된다. 사실 그 빨간 흔적은 물어서가 아니라, 얼마 동안 빨았기 때문에 생긴다. 상대가 목의 보드라운 살갗에 입을 갖다대고 몇 초 동안 힘차게 빨면 도장처럼 자국이 나게 된다.

▼ 이 아프리카의 피그미 여성은 수줍은 듯 머리를 가우뚱하는 자세를 취하고 있다. 이 때 목은 머리를 왼쪽 어깨에 뉘일 듯이 기울이고, 그것을 받을 듯이 어깨가 약간 올라간다.

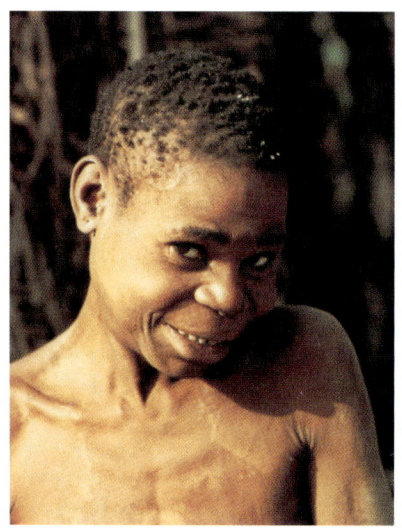

14. **머리 한쪽으로 천천히 돌리기**^{Head Slow-Turn}. 목이 머리를 관심 대상 지점으로 비스듬히 그리고 아주 천천히 돌린다. 그 움직임이 극히 느리고, 자극이 강할 때는 그 메시지가 머리 제자리에 굳히기와 비슷하다. 어울리지 않게 침착한 이 동작은 지배적 신분이거나 권태로움, 또는 그 두 가지를 다같이 암시한다.

15. **머리 반대로 돌리기**^{Head Aside}. 목이 관심의 대상과는 반대 방향으로 엇비슷이 머리를 돌린다. 이것은 기본적으로 일종의 보호 장치로서, 물리적인 위협이나 피하고 싶은 광경 또는 냄새로부터 감각 기관을 멀리하고자 할 때 머리를 돌리려 한다. 특별한 경우에는 얼굴을 숨겨 자신의 정체를 감추는 방법으로 이용할 수도 있다. 그러나 명시적이고 의도적인 몸짓으로서는 "컷^{cut}" 또는 거부의 신호로 사용된다. 이 형태의 경우, 그 몸짓은 상대방에게 사회적인 접촉에서 이탈시키겠다는 말없는 모욕이다. 그렇지만 그 동작을 정확하게 하지 않으면, 그 계산된 모욕은 수줍어서 얼굴을 숨기는 행위로 오해받게 되는 문제가 있다. 따라서 그 모욕 동작은 대담하고도 과장되게 해야 한다. 불행히도 거드름피우는 듯한 이런 자세는 19세기에 지극히 인기를 누려왔고, 현대에 이르러 그 쓰임새가 줄어드는 경향이 있다. 지난 세기에는 신분 상승을 원하는 벼락부자들이 이 몸짓을 가장 많이 사용했다. 산업혁명으로 말미암아 중간 계급의 부가 극적으로 증가했고, 이들은 새로운 지위를 이용하여 자신의 사회적 신분을 높이려는 간절한 소망을 지니고 있었다. 그러자 상류 계급은 앞서 말한 '그 컷^{the cut}'을 도입하여 그에 저항했다. 예절 지침서들은 그 수법을 다음과 같이 설명했다. "만일 여러분이 그들이 다가오는 것을 눈치채게 된다면, 여러분은 상대방에게서 고개를 확실히 돌렸다는 것을 알 수 있도록 해야 한다". 요즘은 그러한 틀을 갖춘 컷이 아주 드물지만, 가족 싸움으로 인해 심사가 극도로 불편할 때 지금도 흔히 나타난다.

16. **머리 앞으로 내밀기**^{Head Advance}. 목이 관심의 근원을 향해 머리를 갑자기 내민다. 사랑이나 미움, 그 어느 경우든 이 동작을 할 수 있다. 연인들은 목을 앞으로 내밀어 서로의 눈을 정답게 응시한다. 미워하는 사람들은 머리를 앞으로 재빨리 내밀어 무섭지 않음을 과시하며 서로에게 눈을 부라린다. 이 몸짓이 일어나는 세 번째 맥락은

The neck as a focus for sexual preliminaries.

막다른 골목에 이른 누군가가 상대방의 모든 관심을 끌기 위해 자기 얼굴을 상대의 눈 앞 가까이에 들이대고 정신을 산란하게 하여 일체의 것을 보지 못하게 막을 때이다.

17. 머리 뒤로 물리기^{Head Retreat}. 머리를 관심의 근원에서 물러서게 한다. 이것은 그 바탕이 단순한 회피 동작이지만, 고의적인 신호로도 쓰인다. 어떤 논평에 대한 응답일 경우에 몸짓하는 사람이 실제로는 "나는 그 말과는 거리를 두고 싶소"라고 말하고 있으며, 자기의 머리를 살짝 뒤로 물려 상징적으로 그 의미를 전달하고 있다.

18. 머리 떨구기^{Head Lower}. 목이 머리를 중립 위치에서 앞으로 떨구어 숙인 자세를 유지한다. 머리 반대로 돌리기^{Head Aside} 동작과 마찬가지로 외부 세계와의 단절을 표시하는 방법이지만, 여기에는 일반적으로 키를 낮추는 요소가 담겨 있어 침울하고 종속적인 분위기가 감돈다. 한쪽으로 휙 돌아간 머리는 오만하게 보일 수 있으나, 떨구어진 머리는 그렇게 생각되지 않는다. 대체로 그것은 결정적으로 풀이 죽은 모습이지만, 어느 경우에는 "나는 생각에 잠겼어요" 또는 "나는 깊은 고민에 빠졌으니 관여하지 마세요"를 알리는 신호로 사용하기도 한다. 겸손과 수줍음 역시 갑자기 머리를 떨구어 얼굴을 가림으로써 신호를 보낼 수도 있다. 적대적인 상황에서는 머리 숙임은 전혀 다른 의미, 즉 임박한 공격의 신호가 된다. 그와 같은 경우에 중요한 차이점은 그 눈이 얼굴의 다른 부분과 함께 아래로 향하지 않고 앞을 향해 부라리며 적을 노려보고 있다는 것이다.

19. 머리 들기^{Head Lift}. 목이 숙인 위치에 있는 머리를 중립 자세로 들어올린다. 머리 떨구기가 사회적 후퇴 방식으로 사용될 수 있는 것과는 달리, 머리 들기는 의도적인 사회적 관여 장치로 작용한다. 지배자의 방 안으로 들어와서 그 앞에 서게 된 하위자는 자신의 머리가 떨구어지고 상대방은 책상에서 글을 쓰고 있음을 알게 된다. 그 위인의 존재로 인해서 그가 완전히 풀이 죽었다면, 책상에 있는 지배자가 고개를 들고 그를 볼 때까지 말없이 그 자리에 서 있기만 한다. 이 단순한 머리 들기 동작이 그 하위자의 입을 열게 하는 데 충분한 자극이 된다. 그 지배적인 인물은 말을 할 필요가 없다. 그저 머리 들기만으로 의도하는 효과를 거둘 수 있다.

20. 머리 젖히기^{Head Tilt-Back}. 목에 힘을 주어 머리를 중립 위치에서 뒤로 젖혀 비스듬한 자세로 묶어둔다. 이것은 건방진 사람, 혹은 자부심이 매우 강한 개인의 '허공에 코 내밀기 자세^{nose-in-the-air posture}'이다. 그것은 처량하게 종속적인 머리 떨구기^{Head Lower}의 반대이다. 머리를 뒤로 젖힌 사람의 감정은 자기만족과 오만에서 우월감과 도전에 이른다. 이것은 본질적으로 미온적인 지배 자세가 아니라, 도전적인 지배 자세이다. 이 동작을 성공적으로 전달하려면 눈의 수준을 살짝 높여 키가 훨씬 커진 듯한 환상을 불러일으킬 수 있어야 한다. 키 작은 사람이 키 큰 상대와 대화할 때 흔히 나타날 수 있는 자세이다. 상대방을 쳐다보는 키 작은 사람은 내심은 그렇지 않아도 흔히 빼기는 듯한 인상을 준다. 그들로서는 순전히 신체적인 이유로 머리 뒤로 젖히기 자세를 취하는 쪽이 자연스럽기 때문이다.

상대방을 보지 않으면서도 눈을 들어올리거나 혹은 감고 있다면, 그 메시지는 전혀 달라진다. 이처럼 머리를 뒤로 젖히는 사람들은 고뇌 또는 황홀감에 잠겨 극도의 고통이나 쾌감을 경험하고 있다. 그들은 돌발적인 과잉 자극에 시달리고 있어 주위 환경과의

A favoured region for clasping or grasping.

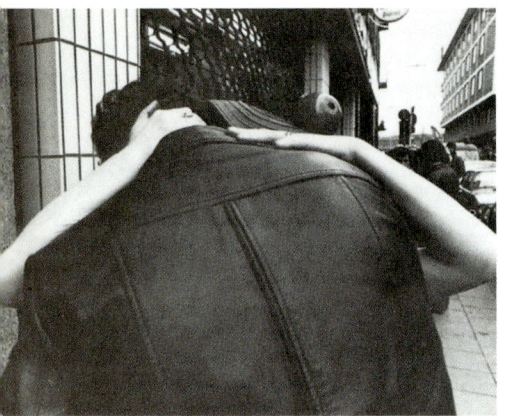

여러모로 목은 가장 '붙잡기 좋은' 신체 부위이고, 사랑과 공격의 순간에 다같이 껴안거나 매달리기 좋은 부위이다. 키스를 하는 한 쌍은 자주 입술의 압력을 더하는 한 방편으로 상대의 목을 끌어안고, 동시에 좀더 오랫동안 두 몸을 밀착시키고 싶다는 욕구를 알려 준다. 그러한 목 껴안기가 지나치게 되면 몹시 싫은 느낌이 나고 숨통이 막혀 상대방의 덫에 갇혔다는 느낌을 주게 된다.

차단으로 그와 같이 대응한다. 그 감각이 극단화하면, 그 격정의 정확한 성질과는 관계없이 머리 뒤로 젖히기가 일어나며, 그와 더불어 일시적으로 그 격정에서 해방된다.

21. 머리 갸우뚱하기^{Head Cock}. 목이 머리를 한쪽으로 기울이고 그 자세를 유지한다. 가까운 거리에서 상대방을 마주할 때 이 동작이 일어난다. 이 몸짓은 어린이가 부모의 몸에 머리를 기대는 어린시절의 위안 접촉^{comfort contact}에 유래가 있다. 어떤 성인(대체로 여성)이 머리를 한쪽으로 기울이면, 그것은 그 순간 상상 속 보호자에게 기대는 몸짓과도 같다. 이 머리 갸우뚱하는 '어린아이' 동작은 몸짓하는 성인의 육체가 보내는 성숙한 성적 신호와 모순되는 듯하지만, 수줍음의 요소를 더하여 준다. 만약 사랑놀이의 일부로 사용한다면, 이 머리 갸우뚱하기는 위장된 천진성이나 요염한 자태를 불러일으킨다. 그 메시지는 "나는 당신의 손에 맡겨진 아이에 지나지 않고, 이처럼 당신의 어깨에 머리를 쉬고 싶어요"라고 말하고 있다. 가령 순종적인 자세의 표현으로 쓰인다면, 그 몸짓은 "나는 당신 앞에서는 아기와 같고요, 내 머리를 부모의 몸에 기대었던 시절과 같이 지금 당신에게 의지하고 있어요"라고 말한다. 그러나 이 몸짓은 은근한 신호일 뿐, 이 점을 강력히 제시하기보다는 암시를 주고 있을 따름이다. 이처럼 순종적인 형태의 머리 갸우뚱하기는 고풍스러운 가게의 점원들과, 고객들에게 우월감을 갖게 하려는 아첨형 웨이터들 사이에 인기가 있다.

22. 머리 기우뚱하고 떨구기^{Head Loll}. 목이 머리를 아래와 옆으로 기우뚱하게 떨군다. 하나의 신호로서 할 때는 이 동작이 '잠이 온다는 시늉'이며 몸짓을 하는 사람이 몹시 권태롭다는 의사를 전달한다.

명시적인 사회 신호로서 인간의 목 근육이 만들어내는 머리의 움직임과 자세들은 그 밖에도 많이 있지만, 위에 열거한 것만으로도 끊임없이 움직이는 목의 지극히 섬세 복잡한 동작을 설명하기에 충분하다. 목이 뻣뻣해졌거나 목 부상으로 의료용 목받침을 해 본 사람이라면 누구나 신체의 이 부위로 표현이 어려울 때 인체가 느끼는 박탈감이 얼마나 큰가를 잘 알고 있다.

어깨 THE SHOULDERS

우리들의 어깨가 지닌 주요 기능은 다목적인 팔에 튼튼한 기초를 마련해 주는 데 있다. 우리 조상들이 직립直立 생활 방식을 채택한 이후, 우리들의 '앞다리'는 점차 다양한 구실을 하게 되었고, 우리들의 어깨띠肩帶, shoulder girdle/pectoral girdle는 유연성을 더하여 그 다양한 기능들을 뒷받침해야만 했다. 쇄골鎖骨과 견갑골肩胛骨이 약 40도의 운동을 할 수 있게 되었으며, 그 강력한 근육과 더불어 놀랄 만큼 여러 가지 방법으로 팔을 흔들고 비틀며 들어올리고 돌릴 수 있다.

이처럼 기동성 있는 팔이 초기에 맡은 과업 중에서 가장 중요한 것 중 하나는 전쟁이 아니라, 사냥하기 위해서 무기를 들고 다니는 일이었다. 이것은 남성들의 전문직이 되었고, 따라서 남성들은 여성들보다 더 억센 팔을 필요로 했다. 여기서 다시 남성의 어깨가 한층 더 크고 힘이 있어야 했으므로, 어깨 부위는 인체 가운데에서도 가장 현저한 성별 차이(생식기를 제외한)의 하나가 된다. 남성의 어깨가 여성들보다 훨씬 넓고 두꺼우며 무겁고, 여성들의 보다 넓은 엉덩이와 대조되어 그 차이가 두드러진다. 전형적인 남성의 신체 모양은 아래로 내려갈수록 가늘어지는 반면, 전형적인 여성은 아래로 가면서 넓어진다.

◀ 남성의 억센 어깨는 무거운 짐을 질 수 있지만, 그 으뜸가는 기능은 대단히 중요한 팔 운동의 기초를 마련해 주는 데 있다. 증가하는 팔의 운동 능력과 던지고 때리는 새로운 임무가 남성의 어깨 근육 구조에 또 다른 요구로 작용하여 진화 과정 중에 이 부위는 보다 튼튼하고 넓어지게 되었다.

일찍이 우리 남성 조상들이 무기를 들고 다니며 사냥할 때, 한층 힘이 붙은 팔과 손을 뒷받침할 지지(支持) 체계를 제공할 강한 어깨가 필요했다. 따라서 넓은 어깨는 남자의 성별 신호가 되었고, 그와는 대조적인 좁은 어깨는 여성 신호가 되었다. 평균적인 여성의 어깨는 평균적인 남성의 8분의 7가량이지만, 너비만이 유일한 차이가 아니다. 그보다 훨씬 중요한 요인은 앞뒤의 두께이다. 이 각도에서 관찰하면 차이는 훨씬 크고, 여성 어깨의 근육 구조가 지니고 있는 상대적인 연약성이 잘 반영되고 있다.

불가피하게 이 성적 차이는 다양한 문화적 이용의 길을 터놓게 되었다. 남성들이 더욱 남성다운 자태를 보이고 싶을 때는 어깨에 어떤 형태의 인위적인 넓이를 더하기만 해도 되었다. 이들 가운데 가장 뚜렷한 실례가 군대의 견장^{肩章}이다. 이것은 어깨선을 빳빳하게 굳혀 줄 뿐만 아니라 튀어나온 끝은 그 너비를 더한다. 이 남성적인 특징에 눈길을 끌고자 계급을 나타내는 특수 배지^{badge}나 표상을 견장에 추가하는 경우가 많은데, 이는 고조된 어깨 모양에 눈길이 좀더 오래 머물도록 한다.

오늘날 남성의 어깨 확대 방식 중에서 제일 과장된 형태를 전혀 다른 두 가지 맥락에서 찾을 수 있다. 하나는 일본의 극장이고, 다른 하나는 미식축구이다. 일본의 전통 연극 가부키^{歌舞伎}는 강력하고 진지한 남성 배우에게 빳빳한 능라^{綾羅}로 만든 거대한 '날개'를 달았는데, 이는 실제 어깨 너비보다 거의 두 배로 연출이 가능하다. 가미시모^裃: 에도(江戸) 시대에 무사들이 입던 예복. 풀을 먹인 빳빳한 가다기누(肩衣)와 하까마(袴)가 한 가지 색으로 염색되어 있다=역주 라는 이 의상은 누가 보아도 막강한 지배력과 권위의 풍모를 강하게 풍긴다. 큼직한 어깨받이를 넣은 미식축구 선수들 역시

The shoulders as accentuated gender signals.

◀ 수많은 성별 신호들과 마찬가지로 남성 어깨 크기의 인위적인 과장 역시 흔하다. 이 미식축구 선수는 어깨 보호대의 너비와 두께로 인해서 아주 남성다워 보인다. 그 크기에 더하여 어깨를 위로 추켜올리고 있어 영장류의 위협 자세를 보여 주기도 한다. 침팬지 수놈들은 적수를 위협할 때 웅크린 어깨선을 더 키우려고 어깨 털을 일으켜 세우기까지 한다. 그리고 남성의 이 부위에 아직도 남아 있는 엉성한 털이 이례적으로 꼿꼿이 선 채 자라고 있어 의미심장하다. 털이 많던 아득한 옛날에는 우리들도 그와 비슷하게 어깨 털을 곤두세웠음을 암시하고 있기 때문이다.

때때로 광적인 보디빌더들이 하는 것처럼 어깨 근육을 지나치게 과장하면, 많은 여성들 앞에서 남성적인 매력을 잃는다. 이 정도의 근육을 발달시키기 위해서 그들이 투입한 시간과 노력이 자기도취증의 정도를 가리키고 있으며, 어떤 여성이든 그 앞에서는 소외감을 느끼게 된다. 이울러 그것은 순수 신체적인 것에 대한 집착을 암시하고 있다.

경기장 옆에 가만히 서 있기만 해도 위협적이고 압도적인 사내다운 풍모를 자아낸다. 이러한 체격에 대한 우리들의 반응은 아주 깊이 뿌리박힌 것으로 다른 반응이 있을 수 없다.

자신을 강조하고자 하는 여성들마저 인위적으로 어깨를 넓혀 왔는데, 가까운 과거에도 이런 현상이 몇 차례 일어났다. 1890년대의 해방된 여성 의상에도 뚜렷이 나타났다. 남녀평등 sexual equality 을 부르짖으며 그녀들은 '어깨의 평등 shoulder equality'을 원용하여 그 기분을 과시했다. 패션의 역사가들은 그 변화를 다음과 같이 기록했다. "약간 부풀어오른 어깨가 발달하여 견장이 되었고, 다시 자그마한 자루 모양을 하게 되었는데, 1895년에 이르자 어깨 위에서 떨고 있는 한 쌍의 커다란 풍선 같은 형태로 바뀌었다". 이처럼 어깨가 넓은 여성들은 대학의 학위를 따고, 직장으로 진출했을 뿐만 아니라, 그 때까지 금지되었던 스포츠에 참여하여 남성들과 겨루게 되었다. 그러나 그들은 남성적인 의상 아래 여전히 코르셋과 속치마를 입고 있었다. 그녀들은 공적으로는 남성이었지만 사적으로는 여성이었다.

어깨가 넓은 여성들의 두 번째 물결이 제2차 세계 대전 중에 밀려

왔다. 당시 민간인들도 네모난 군대식 의복을 즐겨입었다. 여기에는 빳빳하게 받침을 넣은 어깨선이 들어있었는데, 실제 어깨 끝을 넘어 밖으로 뻗어나갔다. 여성들이 이전의 그 어느 때보다 전투에서 큰 역할을 했던 전시에 그것은 아주 적합한 표현 방식이었다.

그 셋째 물결은 최근 여성 해방 운동과 더불어 왔다. 이 경우에는 '테러리스트형^{terrorist chic}'이라 할 수 있는 형태로 나타났다. 견장이 붙은 실제와 비슷한 전투복 상의가 여성의 강인한 자태를 풍기고, 다시 한 번 어깨가 네모를 이루어 남성적인 힘을 과시한다. 그에 따른 매혹적인 자태의 변화도 탐지할 수 있다. 영화 속 주연 여배우들은 말을 조심하거나 몸을 요염하게 비틀지 않고, 턱을 내밀고 성큼성큼 걸어간다. 넓은 어깨를 타고난 여인들은 1960년대 이전에는 찾을 수 없었던 기회를 맞게 된다. 그뿐만 아니라 그녀들은 '숙녀^{lady}'나 '아가씨^{girl}'라는 호칭을 지나치게 여성적이라고 생각해서 언짢아한다. 어깨가 넓은 여성들은 '사내 녀석들^{guys}'의 하나로 여겨지는 것을 좋아한다. 이러한 경향의 연장선상에서 여성의 보디빌딩^{body-building}이 등장하게 되었고, 이를 따르는 여성들도 제법 있다. 몇 십 년 전만 해도 여성 레슬링 선수를 서커스의 어릿광대로 보았으나, 오늘날의 풍토에서 그녀는 여성 힘의 새로운 상징으로 등장했고, 지나치게 발달한 어깨가 그 추세를 증명하고 있다.

흉내내기 어려운 남성 어깨의 한 가지 특징은 그 높이이다. 평균적으로 남성의 키는 여성보다 5인치가량 더 크다. 그 결과 남성들은 어깨가 넓어서가 아니라, 안정이 필요한 여성의 뺨이 편안히 쉴 수 있는 자리가 될 수 있는 넉넉한 높이를 지니고 있다. 그 때문에 언제나 어깨를 내밀어 여자가 기대어 울 수 있게 한다. 해방되고 전투복을 입은 여성들은 눈물과 취약성의 유행에서는 벗어났다 하더라도 여전히 높은 어깨를 마주하게 된다. 그녀의 남성 동반자들의 상대적인 높이는 원시시대의 사냥 활동을 통해 진화했으므로, 책상에 묶여 펜이나 긁적이고 있는 현대의 남성들이 아직도 그 신체적인 우월성의 상징을 보이는 것은 불공평하게 보인다. 불행히도 진화는 아주 느린 속도로 진행된다. 다시 100만 년 동안 펜을 굴린다면 이 사태가 바로잡힐 수 있겠지만, 그러는 동안 남성의 어깨는 끈질기게 여성의 머리가 쉴 수 있는 높이에 그대로 남아 있을 것이다. 남성들의 다리를 잘라내지 않는 한 어깨 높이의 평등을 이룩할 수 있는 오직 하나의 희망은 여성의 구두를 5인치 높이는 길밖에 없다. 그러나 이 방법은 굽높은 구두가 불안정하여 남성의 손을 빌려야 하는 처지가 되고, 원래의 목적이 무색해지는 어려움이 있다. 그러므로 당분간 여성들은 정신적으로 전혀 다른 자세를 취하면서 신체적으로는 계속해서 남성들을 올려보아야 할 것 같다.

인간 어깨의 운동성은 대단하여 팔 운동이 개입하지 않을 때라도 올리고 내리며 둥글게 하고 모나게 할 뿐만 아니라, 웅크리고 으쓱하기도 한다. 이러한 운동의 일부는 신체 언어의 특수 신호로 수정되기도 했으나, 그것을 이해하기 위해서는 어떤 특정한 어깨 자세를 취하게 된 보다 원초적인 이유를 가려낼 필요가 있다.

기본적으로 어깨는 침착하고 민감할 때는 아래와 뒤로^{down and back} 자리잡고, 불안이나 공황, 적대적인 순간에는 위와 앞으로^{up and forward} 나간다. 명랑하면서도 결연하고 지배적인 인간은 그의 어깨를 낮추어 모난 자세를 취하게 된다. 지배를 받거나 겁을 내고 화가 난 사람들은 자기방어 행위로 어깨를 올려세우는 경향이 있다. 누군가가 우리의 머리를 치려고 위협할

▲ 흔히 군인들은 어깨받침과 견장(肩章)으로 남성다운 체격을 과장해 왔다. 그래서 일부 희극배우들은 이 특수한 남성적 속임수를 비아냥거리고 싶은 유혹을 뿌리치지 못한다.

남성 어깨가 여성의 그것보다 넓으므로 여성들이 자기주장을 하려고 할 때 이 신체 부위를 인위적으로 넓히는 유행을 받아들여 그들의 기분을 보여 준다. 그 대안으로 비상하게 넓은 어깨를 가진 여성들을 뽑아 자주적인 여성의 성향을 상징하는 인물로 내세울 수도 있다.

때, 우리는 반사적으로 머리와 목을 보호하려고 어깨 속으로 머리를 끌어들이려 한다. 이 긴장된 자세가 모든 종류의 불쾌감과 같은 의미를 갖게 되었다.

여기서 다음과 같은 결론이 나온다. 만약 우리들이 반복되는 실망이나 짜증을 겪게 되는 직장에서 스트레스를 받는 하루를 보낸다면, 우리들은 이처럼 추켜올린 어깨 자세를 지속하게 된다. 이와 같은 동작들은 몽둥이로 맞을 경우에는 쓸모가 있지만, 그와는 달리 거친 말로 얻어맞을 경우에는 쓸모가 없다. 그러나 그런 하루를 보내고 집으로 돌아갈 때는 아침에 출발할 때보다 어깨가 움츠러들어 둥글어진다. 만일 이것이 날마다 또는 주마다 되풀이된다면 우리들의 자세는 뚜렷이 꾸부정하게 되고, 결국 위로 올라가 움츠러든 어깨는 영구히 둥글게 변하고 만다. 어린시절에 보이던 길고 밋밋한 목은 서서히 어깨 속으로 잦아들어 마침내 거의 사라지고 만다. 늙어감에 따라 우리들의 턱 끝이 가슴에 내려앉는다.

사회적 성공, 혹은 자기 자신에 대해서 성공적인 사람들은 이와 같은 점진적인 쇠퇴를 겪지 않으며 여생을 보낸다. 대나무처럼 꼿꼿한 90세 노인들이 적지 않아 이 사실은 증명되고도 남는다. 자신만만하고 낙관적인 사람은 예상되는 타격으로 몸을 움츠리는 일이 별로 없어서 곱사등이 되는 일이 거의 없다. 한편 그렇지 않은 다른 사람들에게는 이런 불안 요인들이 너무 많아서 적어도 깨어 있을 동안에는 어느 정도의 어깨 긴장을 피할 수 없는 듯하다. 목덜미 뒤와 억센 어깨 근육을 달래듯 안마해 주면 힘겨운 하루를 보낸 사람에게 경이적인 효과를 가져올 수 있다. 굳어진 근육을 풀어 줄 몇 분쯤이야 쉽사리 낼 수 있는 사랑하는 이가 있음에도 불구하고, 일상적인 가정생활 중에 그와 같은 신체적인 위안을 주고받는 경우란 비교적

Square, high and hunched shoulders.

드물다. 그와 같은 위로를 받게 되면 업무상 신분의 문제가 있음을 시인하게 된다는 데에 그런 일을 꺼리게 되는 이유가 있다. 아픈 어깨 근육을 풀어 달라고 하는 것은 우리들이 잊고 싶은 실패와 좌절에서 우리를 구해 달라는 호소가 된다. 이건 정말 안타까운 일이다. 어깨 근육이 아프다는 것 이외에도 나쁜 자세는 그 부위의 호흡 불량을 비롯하여 그 밖의 다양한 증세를 일으킬 가능성이 있다. 느긋하고도 지배적인 어깨 자세는 문자 그대로 신체의 짐을 덜어 주고 보다 능률적으로 기능할 수 있게 한다.

두 가지 특수한 어깨 신호들은 바로 이와 같은 방어적 어깨 구부리기에 그 기원을 두고 있다. 그것은 '어깨 흔들기 Shoulder Shake'와 '어깨 으쓱하기 Shoulder Shrug'이다. 어깨 흔들기는 사교적인 웃음에 유달리 눈에 띄는 추가 동작이다. 만약 우리들이 홀로 있을 때 무엇이 우리를 웃게 한다면, 우리들은 큰 소리로 웃거나 킬킬대지만 대체로 몸의 움직임을 더하지는 않는다. 이것은 우리들이 스스로 재미있어할 뿐만 아니라, 함께 있는 사람들에게도 그 재미를 전달하고자 하는 사회적 상호작용에서만 일어난다. 우리들이 웃을 때 어깨가 살짝 둥글게 구부러지는 까닭은, 이 구부린 동작을 과장하여 반복하고 확대해서 좋은 기분의 표현을 증폭하기 위함이다. 그러므로 어깨가 우리들의 웃음에 따라 급히 오르내린다. 이 몸짓은 전직 영국 총리 에드워드 히스 Edward Heath의 사례에서 보는 바와 같이 어떤 경우에는 개인의 상표가 되는 수준에 도달하기도 한다.

사람들이 이처럼 '웃으며 흔드는' 이유가 무엇인가? 그것은 유머의 바탕이 두려움에 있기 때문이다. 유머는 안전한 방법으로 우리들에게 충격을 주고, 우리들은 웃음을 통하여 우리들의 놀라움과 안도감을 동시에 알려 준다. 이 발성 vocalization에 수반하는 어깨의 구부림은 원시적인 공포 요소의 일부이다. 웃음으로 인해 어깨가 흔들리고 반복해서 오르내리며 '사실은 공포가 여기 있지만 심각하지 않다'고 말하고 있다. 만일 그것이 심각하다면 어깨는 올라가서 내려오지 않을 것이다.

어깨 으쓱하기도 동일한 기원을 갖고 있다. 이 동작을 할 때 어깨가 잠시 완전히 구부린 자세로 올라갔다가 다시 떨어진다. 손들은 구

나이가 들어감에 따라 우리들의 지배적인 어깨 위치가 돌이킬 수 없는 자세로 굳어진다. 안락의자에 너무 오랫동안 몸을 파묻고 있거나, 불안과 긴장으로 가득찬 일생을 겪었다면, 반복된 어깨 움츠리기가 영구적으로 굳어지게 되고, 앞으로 휘어진 몸은 노년의 서글픈 새우등으로 바뀌게 된다. 이와는 달리 인생에서 보다 기동성 있고 활발한 활동을 했거나, 생존에 낙관적인 마음으로 살아가는 사람들은 한층 유연한 몸매와 꼿꼿한 자세를 지키고 있으며, 한층 더 오랫동안 느긋한 어깨 모양을 유지할 수 있다.

▶ 어린 침팬지가 어미의 털가죽을 움켜쥐고 꼭 매달리듯, 우리들은 상상이 아니라 실제 상황에서 탐욕스럽게 그 어깨를 얼싸안는다. 껴안고 있는 한 쌍을 보고 있으면, 으레 한쪽은 다른 쪽의 어깨를 감싸안고 있는 반면, 다른 쪽은 상대의 등을 안아 상응하는 동작을 하고 있음을 알 수 있다. 그 한 쌍이 키가 엇비슷하다면, 어깨형 포옹을 하는 사람이 그 접촉의 선도자이며, 등 껴안기는 그에 대한 '응답 동작'이다. 그 선도자가 둘 중에서 작을 경우에만 등 껴안기에서 시작되어 보다 큰 사람이 어깨 접촉으로 응답한다. 이런 '다른 유형의 접촉(allo-contact)'에는 수많은 변형들이 있다.

The reassuring power of the shoulder embrace.

걸하거나 애원을 할 때처럼 손바닥을 위로 향하고, 입 끝은 밑으로 처진다. 때때로 눈은 상대방의 눈길을 피하려는 듯 위로 치켜뜬다. 이 복합적 동작은 순간적인 저자세, 상징적인 무력감, 무능한 문제 처리 능력 등을 일시적으로 인정함을 가리킨다.

대부분의 어깨 으쓱하기는 무지("난 모릅니다"), 무관심("난 전혀 개의치 않습니다"), 절망감("난 어쩔 수 없어요")이나 체념("어떻게 해 볼 도리가 없어요")의 신호들이다. 이것들은 한결같이 부정적이어서 무능력을 시인하고, 그 무능력과 더불어 잠깐 신분이나 지위가 내려간다. 그 신분이 순간적으로 내려감으로써 그 어깨가 잠시 올라간다. 이처럼 긴장된 자세를 형식적으로 받아들인다고 해서 우리들이 심각한 스트레스를 받고 있거나, 어깨 으쓱하기를 도발한 상대방에 대해서 반드시 열등감을 느끼거나 위협을 받는다는 뜻은 아니다. 우리들이 그의 구체적인 질문이나 논평을 처리할 수 없다는 의미일 따름이다.

어깨 으쓱하기의 쓰임새는 문화권에 따라 상당히 다르지만, 그 바탕은 언제나 동일하다. 일부 지중해 국가들에서는 그 용법의 문턱이 아주 낮다. 어떤 사람이 정부 규제나 조세租稅 행정, 혹은 그 지방 축구팀의 패배를 슬쩍 비치기만 해도 즉각적으로 길고 말없는 어깨 으쓱하기를 불러일으킨다. 이것은 생각조차 할 수 없는 어리석은 행동 앞에서 그 몸짓을 하는 사람이 완전히 속수무책임을 표현한다. 그의 으쓱하기 자세는 이렇게 말한다. "내 가엾은 어깨에 이처럼 쉬지 않고 강타가 떨어지고 있어서 나 자신을 보호하려고 이와 같이 어깨를 추켜올리고는 있지만, 그것이 무슨 소용이겠습니까?" 그보다 북쪽에 있는 나라들에서는 다른 몸짓으로 쓰이고 있으나, 어깨 으쓱하기란 정중한 대답으로 생각되고 있으며, 그 횟수는 훨씬 적지만 일단 이 몸짓이 일어나면 그 경우 역시 같은 뿌리를 가지고 있다.

어깨를 올린다고 모두가 방어적인 구부리기는 아니다. 거기에는 보호적 요소가 들어가지 않은 몇 가지 종류도 있다. 가슴에 두 팔을 십자로 감싸안고 어깨를 위로 올리며 앞으로 둥그렇게 웅크리는 몸짓은 '진공 포옹 vacuum embrace'의 한 형태이다. 그것은 포옹할 대상이 없을 때 우리 자신을 대신 포옹하는 동작이다. 여기서 위로 둥그스름하게 올라간 어깨는 실제로 포옹할 사랑하는 이가 있다면 취하게 될

▲ 어깨 껴안기, 또는 감싸안기 동작은 힘찬 안정감을 우리들에게 준다. 우리들이 어른이 되어서도 부모의 큼직한 몸에 매달리던 어린시절의 감각을 잠시 되살릴 수 있는 까닭에서이다. 성인의 몸에 매달리는 원시 영장류 행태는 우리들이 아주 어린시절에 느꼈던 가장 힘찬 보호와 사랑의 감정을 마련해 주었다. 우리들은 겁이 날 때 안전을 위해, 행복할 때 함께 축하하기 위해 그런 몸짓을 했다. 우리들은 성인이 되어서도 그와 똑같은 두 가지 방법으로 사용하고 있다. 우리들이 껴안을 상대가 없을 때는 자기 포옹의 자동 접촉 반응을 일으킨다. 이럴 때 우리들은 잠시 우리 자신을 두 사람으로 바꿔놓는다. 그 어깨는 우리들의 것이지만, 그 팔들은 상징적으로 다른 사람의 것이다. 우리들의 상상 속에서 다른 사람이 우리들을 껴안아 아늑하고도 안전한 느낌을 준다.

자세를 흉내내고 있다. 이 몸짓의 또다른 변형은 한쪽 어깨를 올려 뺨과 닿게 하는 동작이다. 머리가 어깨에 기대어 쉬고 있는 자태를 하고 있고, 이 경우에도 사랑하는 이를 향해 정다운 동작을 취하고 있는 모방적인 성격이 짙다. 다시 말해 그 어깨가 그 자리에 없는 사랑하는 이의 어깨를 '대역代役'하고 있다.

어깨를 쓰는 지방적인 몸짓은 비교적 적다. 그 중에도 흥미있는 사례를 들면 다음과 같다.

어깨너머로 소금 뿌리기. 어떤 나라에서는 식사중에 소금을 쏟으면 운수가 몹시 나쁜 징조로 여긴다. 이 불운을 상쇄하기 위해서 엄지와 집게손가락 끝으로 소금을 세 번 집어 왼쪽 어깨너머로 뿌려야 한다. 이 미신 행위에 어깨를 개입시키는 이유가 분명하지 않으나, 소금의 상징성을 이해하게 되면 차츰 알게 된다. 수백 년 동안 소금은 그 색깔로 말미암아 순수성을, 부패를 방지하는 기능으로 인해서 불멸성을 대표해 왔다. 고대로부터 소금은 경축 행사에서 악귀의 세력을 막는 데 이용해 왔다. 따라서 이 귀중한 물질을 엎지른다는 것은 불길한 일이며, 필연적으로 악귀의 힘을 그 자리에 끌어들이게 되는 것이다. 이러한 세력들, 특히 악마는 절대로 정면에서 대담하게 공격하지 않고 몰래 뒤에서 공격하며, 언제나 신체 중에서 불결하고 악마의 편이라고 하는 왼쪽으로 다가온다. 그러므로 소금을 엎지르는 순간, 악마가 그 사람의 왼쪽 어깨로 접근해 올 위험이 있다. 이처럼 다가오는 위협을 저지할 유일한 길은 왼쪽 어깨 너머에 있는 불길한 악귀惡鬼의 얼굴 정면에 정화淨化의 힘이 있는 소금을 던지는 것이다. 이 모두가 동화처럼 들리겠지만 식탁에서 실수한 뒤, 왼쪽 어깨 너머로 소금을 던지려는 점잖은 사람들이 많은 데는 놀라지 않을 수 없다.

자기 어깨 토닥거리기 Patting ondself on the shoulder. 이 동작은 함께 있는 상대로부터 축하받기를 기대하는 어깨 토닥거림을 흉내내고 있다. 그것은 자기가 이룩한 성과에 긍지를 느낀다는 뜻이 담겨 있고, 언제나 익살의 기미를 띠고 있다. 다만 거기에는 축하 인사를 하지 않았다는 이유로 함께 있는 사람들을 가볍게 비난하는 의미가 담겨 있을 수도 있다.

▲ 어깨 키스는 머리를 숙여야 하므로, 공개석상에서 그 키스를 하는 사람은 비굴한 인상을 준다. 가벼운 마음의 어깨 키스는 어깨가 나온 의상의 성적 매력을 인정하는 역할을 한다.

Why we hunch up our shoulders when we laugh.

▲ 우리들이 웃을 때 어깨를 추켜올리는 이유는 다름 아니라, 모든 유머에는 공포가 배어 있다는 데에 있다. 우리들을 웃게 하는 것은 우리들에게 충격을 주는 무엇이지만, 우리들은 그것이 '안전한 충격(safe shock)'임을 동시에 알고 있다. 그것이 우리들에게 상처를 주지 않으므로 안심하고 웃는다. 그러나 우리들의 어깨는 여전히 익살임을 알면서도 원시적인 방법 그대로 어떤 강타나 공격으로부터 자신을 보호하듯 어깨를 올려 반응한다.

어깨 털기 Brushing one's shoulder. 남아메리카에서 자기 어깨에 있는 상상의 먼지를 털어내는 이 몸짓은 누군가의 호감을 사기 위해서 비굴하고도 아첨하는 행동을 하고 있음을 암시하고 있다. 이 몸짓은 오늘날 지배적인 인물 주위를 서성대며 단 한 점의 먼지라도 어깨에서 털어낼 준비를 하는 인간의 행태를 흉내내고 있다.

어깨 치기 Shoulder striking. 에스키모인들 사이에서는 친구의 어깨를 손바닥으로 장난기어린 동작으로 치는 것이 격식을 갖춘 마중 인사로 통하고 있으며, 그 비공식적인 변형을 그 밖의 많은 사회에서도 볼 수 있다. 두 친구가 만나 어떤 신체 접촉이 필요할 때, 이따금 어깨를 쥐어박는 시늉을 하게 된다. 악수는 지나치게 점잖은 느낌을 주고, 포옹은 너무 친밀한 느낌을 주는 경우에 이 동작을 한다. 그다지 흔한 일은 아니지만, 함께 군대 생활이나 운동 경기를 했거나, 마음껏 마시는 술자리를 함께한 경우와 같이 과거에 어떤 형태로든지 친밀한 관계를 맺은 적이 있는 친구들 사이에 흔히 일어난다. 다른 일체의 공격 흉내와 마찬가지로 이것은 부드러움이 없는 친밀감을 알려 준다. 그 몸짓은 그 친구들이 실제적인 공격 행위로 오해하지 않을 만큼 서로 신뢰한다는 것을 가리키고 있다.

손 엇바꿔 어깨 잡기 Shoulder arm-cross. 마지막으로 요즘에는 고대 이집트를 소재로 한 할리우드의 사극史劇 영화에서만 볼 수 있는 몸짓이 있다. 그것은 지배적인 인물에 대한 굴복 행위이고, 흔히 이런 동작과 함께 절을 하게 된다. 이 동작을 할 때 종속적 인간은 자신의 몸에만 손을 댄다. 그는 자신의 왼손을 자신의 오른쪽 어깨에 올리고, 오른손은 왼쪽 어깨를 잡아 그의 두 팔은 가슴에서 십자를 그린다. 이것은 '진공 포옹 vacuum embracing'의 흉내인 듯하고, 이 때 굴복하는 개인의 몸짓이 지배적인 인물에게 이런 말을 하고 있다. "나는 이처럼 당신을 포옹하고 있으나, 당신에게 가까이 갈 자격이 없습니다". 그 종속자의 손은 지배자의 어깨를 대신하는 자기 어깨 위에 정중히 놓여 있다고 할 것이다.

팔 THE ARMS

네 발 가진 다른 동물들에게는 인간의 팔이 허공에 매달린 쓸모 없는 한 쌍의 앞다리로 보일 것이다. 그러나 우리 조상들이 뒷다리로 딛고 일어섰을 때, 우리들의 앞다리는 짐지기에서 극적으로 벗어나 다목적 조작 장치^{manipulator}로 전문화할 수 있었다. 우리들의 앞발은 물건을 움켜쥐는 정교한 장치로 바뀌었고, 앞다리는 훌륭한 기동성을 지닌 그 하인이 되었다.

팔은 두 가지 방법으로 봉사한다. 하나는 힘이고 다른 하나는 정확성이다. 가령 손의 힘으로 동작 – 기어오르기, 던지기, 때리기, 쥐어박기 – 을 해야 할 경우, 이두근二頭筋과 삼두근三頭筋 등과 같은 힘센 팔 근육들이 수축하고 솟아올라 그 동작을 이룬다. 만약 엄지와 다른 손가락들이 정밀한 일을 할 때는 팔이 기중기의 구실을 하여 손이 보다 까다로운 일을 하도록 이상적인 위치로 손을 옮겨 준다.

팔은 3개의 기다란 뼈를 바탕으로 이루어져 있다. 무거운 위팔뼈인 상완골humerus과 팔뚝 또는 전완前腕에 있는 보다 가벼운 요골橈骨, radius, 그리고 척골尺骨, ulna이 그것이다. 이 뼈들은 어깨와 팔꿈치, 팔목에서는 눈에 드러나지만, 다른 곳에서는 근육에 싸여 있다. 팔뚝의 뼈 2개는 손바닥을 위로 하면 서로 교차한다. 따라서 손바닥을 밑으로 한 자세가 팔을 가장 편안하게 해 준다. 어느 것이 요골이고 어느 쪽이 척골인지 모를 때 구분하는 방법이 있다. 척골은 약간 더 가늘고 새끼손가락과 일치되는 선상에 있는 반면, 요골은 좀더 튼튼하고 엄지손가락과 같은 선상에 있다.

주요한 팔 근육과 그것들이 지어내는 동작들은 다음과 같다. 삼각근三角筋, deltoid은 부피가 큰 근육으로, 어깨와 만나는 팔 꼭대기를 둥그스름하게 감싸고 있다. 그 기능은 팔을 옆구리에서 떼어 위로 들어올리는 데 있다. 이두근biceps은 상완의 앞쪽에 불룩 솟아 있는 근육이고, 팔을 굽히는 역할을 한다. 상완근上腕筋, brachialis은 이두근의 아래쪽 끝에 있는 보다 작은 근육이며, 기능은 같다. 오훼상완근coraco-brachialis은 보다 작은 또다른 근육이며, 이것은 상완의 꼭대기에 자리잡고 있다. 이 근육은 팔을 안쪽으로 회전시키고 옆구리에 갖다붙이는 데 도움을 준다. 삼두근triceps은 상완의 뒤쪽에 있는 힘센 근육이고, 팔뚝을 뻗는 기능을 가지고 있다. 팔뚝의 굴근屈筋, flexor과 신근伸筋, extensor은 손

THE ARMS

진화 과정에서 사람의 팔은 여성보다 남성에게 훨씬 큰 힘을 갖게 했다. 남녀간의 새로운 분업으로 인하여 남성들은 활발한 던지기와 강력한 타격을 가하는 수렵 활동에 종사하게 되면서 이런 현상이 일어났다. 그 결과의 하나로 현대의 스포츠 경기에서 선수들에게 팔 힘을 요구할 때 그 성별 차이가 가장 크게 나타난다.

THE ARMS

가락과 손을 굽히고 펴는 역할을 한다. 그리고 회내근回內筋, pronator과 회외근回外筋, supinator은 각기 팔뚝을 회전시켜 손바닥 아래로 향하기와 위로 향하기 자세를 취한다.

근육 발달muscle-building 기법으로 팔 근육들을 놀랄 정도로 키울 수 있게 되었다. '미스터 유니버스Mr Universe'와 그 밖의 비슷한 대회에 등장하는 선수들의 울퉁불퉁한 팔은 근육의 힘이 무한한 듯한 인상을 준다. 그럼에도 불구하고 수많은 여성들이 그와 같은 근육 전시에 성적인 매력을 느끼지 못한다는 의견을 제시하고 있다. 그 으뜸가는 이유는 다름 아니라, 팔을 발달시키는 데 들어갔을 노력의 분량으로 미루어, 자기 집착의 강도가 나르시시즘Narcissism의 경지에 도달했다고 생각하는 데 있다. 최고의 보디빌더body-builder는 여성 동반자의 몸보다 거울에 비친 자신의 육체에 더 큰 관심이 있는 듯한 인상을 준다.

지나치게 발달한 팔들은 여성의 눈을 자극하지 못할 수 있지만, 그보다 수더분하면서 균형잡힌 남성의 '억센 팔'은 중요한 성별性別 신호를 전달한다. 정상적이고 건장한 남성의 팔은 전형적인 여성의 가녀린 팔과 놀라운 대조를 이루며 강력한 남성의 신호로 작용한다. 여성의 팔들은 보다 짧고 연약하며, 팔뚝도 그에 비례하여 짧다. 남성들의 긴 팔뚝은 겨냥하고 던지는 등의 전문적인 역할로 진화에 반영되고 있다. 이러한 결과로 남성은 여성보다 한층 뛰어난 투창 선수들이다. 이 종목의 남자 세계 기록은 96.72미터, 여성은 72.40미터이다. 이 격차는 트랙 경기의 차이가 평균 10퍼센트인 반면, 33퍼센트로 훨씬 크다.

또다른 성별 차이는 팔꿈치 관절과 연관이 있다. 여성들의 경우 상완이 선천적으로 남성들보다 옆구리에 훨씬 가까이 놓이게 된다. 남성들의 넓은 어깨는 그들의 팔이 몸에서 떨어져 늘어지게 된다는 것을 의미한다. 공중에 늘어져 있게 두면 그들은 힘찬 남성의 풍모를 보이지만, 남성이 억지로 팔을 몸에 붙인 채 팔뚝을 밖으로 떼어놓으면 여성적인 인상을 준다. 여기에는 그럴 만한 이유가 있다. 여성들은 남성보다 팔꿈치 각도가 더 크다(약 6도의 차이가 있다). 그러므로 팔의 자세 역시 지방의 문화적 조정에 좌우될 수 없는 의미심장한 성별 신호를 우리들에게 제공한다.

▲ 팔꿈치 굽히기 방식에 팔 부위가 가지고 있는 또 다른 성별 차이가 드러난다.

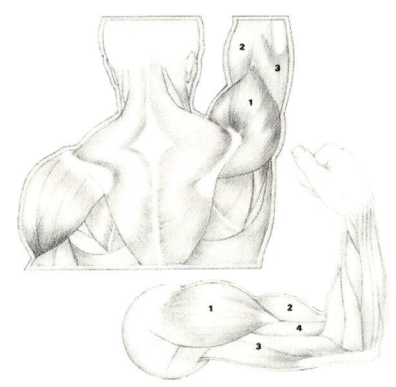

▲ 팔의 가장 두드러진 근육은 (1)삼각근(三角筋), (2)이두근(二頭筋), (3)삼두근(三頭筋), (4)상완근(上腕筋), 그리고 팔뚝 표면에 갖가지 신근(伸筋)들이 있다.

Even the elbow shows a sex difference.

이따금 팔꿈치가 갑자기 단단한 물체에 부딪히게 되면, 쩌릿하게 마비되는 충격이 오고 일시적으로 상당한 고통이 뒤따른다. 이것을 가리켜 '재미있는 뼈 funny bone'라고 하는데, 이 뼈와 연관이 있는 상완골의 전문어가 'humerus'이며, 유머 humour에 가까운 데서 오는 말장난으로부터 그 어원이 유래되었다. '재미있는 뼈'란 상완골의 아래쪽 끝머리에 있는 혹이다. 바로 거기에서 척골 신경이 피부 아래 그대로 드러나 있다. 이 신경을 치면 문제되는 팔에 쩌릿한 충격이 오면서 순간적으로 마비 상태에 들어간다.

영어의 팔꿈치라는 낱말 엘보우 elbow는 길이의 단위인 '엘 ell'과 굽다, 휘다라는 뜻의 '밴드 bend'가 결합하여 생겼다. 1엘은 2큐빗 cubit으로 고대의 척도였고, 1큐빗은 팔뚝의 길이, 즉 팔 관절(팔꿈치)에서 손가락 끝까지의 길이였다. 일찍이 척도의 기준은 사람의 팔 길이였으며, 야드 yard는 12세기 영국 왕 헨리 Henry 1세의 팔 길이를 바탕으로 정해졌다는 말이 전해진다. 그와 맞겨루는 주장에 따르면, 야드는 10세기의 영국 왕 에드거 Edgar의 코 끝에서 쭉 뻗은 가운뎃손가락 끝까지의 거리였다.

여기서 잠시 거론할 가치가 있는 팔의 해부학적 측면의 또다른 부분이 있다. 무던히도 뜯기고 면도를 당했으며, 탈취제를 많이도 받는 겨드랑이가 그 곳이다. 전문용어로 액와 腋窩, axilla라고 알려진 이 작고 털이 난 부위가 화학 신호 chemical signalling에 중요한 역할을 하고 있으며, 인류의 성 습관에 중대한 변화가 있었음을 반영하고 있다. 우리들의 아득한 조상들이 짝짓기를 할 때, 여성이 네 발로 움직이고 있었으므로 겨드랑이가 성행위 상대의 얼굴과는 아주 먼 거리에 있었다. 그러다 마침내 우리들이 직립 보행법을 채택하여 으뜸가는 성행위 위치로서 얼굴을 맞대는 자세로 바뀌게 되었고, 포옹한 한 쌍은 서로의 코가 상대방의 어깨 부위 가까이에 있게 되었다. 일부가 닫혔던 겨드랑이는 전문화한 냄새샘 발달에 이상적인 자리로 바뀌었다.

겨드랑이 냄새샘은 아포크린샘이라 불리고, 그것의 분비물은 일상적인 땀보다 좀더 기름기가 있다. 그것은 사춘기가 되어야 발달하는데, 이 때 성 호르몬이 나오기 시작하여 그들을 활성화시키며, 동시에 겨드랑이 털의 성장을 촉진하게 된다.

그 털은 냄새의 덫 구실을 하여 겨드랑 부위 안에 냄새샘의 분비물을 가두어 그들의 신호를 강화하는 데 도움을 준다.

영국의 옛 민담 속 풍습에 따르면, 젊은 남성이 무도회에서 아가씨의 마음을 사로잡으려 한다면, 춤을 추기 전에 셔츠 아래 겨드랑이에다 깨끗한 손수건을 넣어야 한다. 뒤에 그는 그 손수건을 꺼내어 몸을 식히려고 하듯, 그것으로 부채질 시늉을 한다. 사실 그는 아포크린의 냄새를 그 아가씨에게 날려 보내고 있으며, 그녀는 즉시 그 향기에 매혹된다. 오늘날 겨드랑이 탈취제 판매를 바탕으로 번창하고 있는 주요 산업을 생각할 때, 이 이야기는 적잖이 이상하게 들린다. 만일 인간이 겨드랑이에 그처럼 귀중한 성 자극제를 지니고 다닌다면, 왜 그토록 많은 사람들이 씻고 문지르며 무엇을 뿌리고, 까다로운 여성들의 경우에는 털을 뽑으며 그것을 제거하려고 그 고생을 할까? 그 해답은 의복과 상관이 있다. 위의 민담 속에서 무도회를 위해 몸을 말끔히 씻고 제일 깨끗한 셔츠를 입고 있는 그 젊은이는 그의 냄새샘에서 신선한 아포크린 분비물을 만들어내게 된다. 이 분비물에 젖은 그의 손수건은 실제로 강력한 성적 냄새 신호를 보낸다. 그것이 이 때 작용하는 원초적인 방식이다. 안

THE ARMS

타깝게도 오늘날 우리 신체는 겹겹이 옷에 싸여 있고, 땀에 젖은 우리 살갗은 쉽게 수백만 마리의 세균이 들끓는 온상이 될 수 있다. 우리들의 천연적이고 향기로운 체취는 이처럼 부자연스러운 환경에서 시큼하게 변질되고, 우리들의 몸냄새는 퀴퀴하게 썩는다. 이렇게 되면 그 불쾌감은 대단하여 우리들은 겨드랑이의 매력이 사회적으로 두려워하는 '몸의 악취'로 변하는 위험을 무릅쓰기보다는 차라리 겨드랑이 샘에 무엇인가를 뿌려 비참하게 굴복시키려고 한다.

최근의 연구 조사에 따르면, 남성과 여성의 겨드랑이 분비물은 화학적으로 서로 다르고, 성행위의 상대에게 구체적이고 직접적으로 냄새의 매력을 발휘하는 듯하다. 남성의 것이 사향 냄새가 더 짙지만, 순수하고 신선한 형태일 경우에는 인간의 코를 통해 의식적으로 가려내려 해도 쉽지 않다. 그것은 무의식 수준에서 작용하는 듯하고, 우리들에게 자극을 주면서도 그 원인을 뚜렷이 가릴 수는 없다. 어찌 된 영문인지 동양인들은 이 겨드랑이 냄새 신호 체계 odour signalling system 가 전혀 없다시피하다. 이런 면에서 한국인들은 가장 극단적인 집단이어서 인구의 절반이 이 겨드랑이 냄새샘이 전혀 없다. 아울러 이 샘들은 일본인들에게도 드물다. 그 정도가 아주 심하여 일본에서는 겨드랑이 냄새가 심하면 일종의 질병으로 생각하여 전문용어로 '액취증 腋臭症, osmidrosis axillae'이라는 이름으로 불러왔다. 한때는 이 '질병'을 앓는 남성들이 군복무를 면제받기도 했다.

팔의 자세로 화제를 바꾸어 보면, 검토의 대상이 될 4가지 주요한 형태가 있다. 팔 내리기, 팔 올리기, 팔 벌리기와 팔 앞으로 뻗기가 그 넷이다. 그 외에 팔의 동작이 코나 입과 같은 신체의 다른 부위에 손이 닿도록 하는 사례들은 이 항목 다음에 검토하기로 한다.

팔 내리기 자세 Arms Down posture 는 중립 위치이며, 팔 근육이 가장 편안하고 활동을 하지 않는 상태이다. 두 발 운동 bipedal locomotion 의 균형 동작의 일부로 우리들이 걸어갈 때 팔들은 이 정지 위치에서 조금씩 흔들린다. 전시적인 군대 행진 보조 步調 로 바꾸라는 명령을 받지 않는 한, 우리들은 이 동작에 큰 힘을 들이지 않는다. 시골을 가로질러 먼 길을 걷고 난 후에도 우리들의 발은 아프고 다리 근육들은 저려도 가볍게 움직이던 우리의 팔은 여전히 상쾌하고 느긋하다. 우리들이

Fresh armpit secretions are sexual stimuli.

몸에서 뚝 떼어 끌어내야만 비로소 우리들의 팔은 그 노력으로 인한 부담을 느끼게 된다.

팔 올리기 자세^{Arms Up posture}는 얼마 동안 그러고 있기에는 가장 어려운 동작이다. 그것은 정치가들과 축구선수들이 무척 사랑하는, 개선과 승리의 전형적인 몸짓이다. 그들은 두 팔을 허공에 높이 쳐들고 추종자들에게 인사를 하고, 그 '높은' 자세로 자신의 높은 지위를 축하한다. 팔을 높이 쳐듦으로써 그들은 훨씬 크고 힘차 보일 뿐만 아니라, 자신을 가장 많이 드러내 보이고 싶은 순간에 한층 두드러진 존재로 자신을 부각시킨다. 그러나 그들이 이 자세를 지키는 시간은 불과 몇 초에 지나지 않는다. 몇 초가 아니고 몇 시간이라면, 적게는 몇 분간이라도 이 자세를 유지하게 되면 곧 큰 고통을 당하게 된다. 이것이 바로 모세가 산꼭대기에 서서 아말렉^{Amalek} 사람들과 이스라엘 사람들 사이의 전투를 지켜볼 때 경험한 바였다(구약성서 출애굽기 17장 8~16절 참조=역주). 그가 승리를 상징하여 팔을 높이 들고 있는 동안에는 이스라엘 사람들이 전투를 유리하게 전개했다. 그러나 그의 힘이 빠지기 시작하여 팔이 내려오자, 아말렉 사람들이 전세를 역전시키기 시작했다. 아론^{Aaron}과 훌^{Hur}이 모세의 양쪽에 서서 해넘이까지 그의 팔을 높이 쳐들어 그 문제를 해결했고, 드디어 이스라엘 사람들이 승리했다. 팔을 들어올린 자세는 그것을 보는 사람들의 정신을 드높이는 '마술적' 힘을 지녔다.

총을 든 사람이 "손들어!" 하고 위협할 때는 전혀 다른 의미가 된다. 여기서도 역시 팔을 위로 들어올리지만, 이 때는 승리가 아닌 패배를 가리킨다. 그런데 이 경우 두 가지 몸짓 사이에는 팔의 각도에 미묘한 차이가 있다. 승리의 자세에서는 으레 팔이 위로 똑바로 올라가고, 혹 구부러진다고 해도 앞으로 약간 휘어지는 정도이다. 그와는 달리, 총의 위협을 받는 자세의 경우에는 팔이 팔꿈치에서 살짝 구부러지고 앞으로 휘기보다는 수직면에 자리잡고 있다. 패배 자세의 핵심은 맥빠지고 무능한 팔과 손을 가리키고, 어떤 종류의 무기도 숨길 수 없도록 몸에서 가능한 한 멀리 떨어져 있다.

팔 벌리기 자세^{Arms Spread posture}는 먼 거리에서의 포옹 – 초대^{embrace-invitation}의 몸짓이다. 아직도 몇 걸음쯤 떨어져 있는 옛 친구를 마중하

◀ 털이 난 인간의 겨드랑이는 요즘 면도를 당하고, 그 생물학적 냄새를 전달하지 못하도록 약제와 향수를 뿌려 고생을 하고 있다. 갓 목욕을 한 성인의 경우 상쾌하기조차 한 이 체취(體臭)들이 변질되어 불쾌한 냄새로 바뀐다. 지금은 우리들이 옷을 입고 있어 겨드랑이에 부자연스러운 '온실' 환경을 만들게 되어 쉽게 그와 같은 현상이 일어난다. 변질되기 전의 겨드랑이 분비물은 신선하고 힘찬 성적 자극을 주고 있으며, 옛 풍습은 이를 반영하고 있다. 마을 무도회에서 젊은 남성들은 땀나는 겨드랑이에 손수건을 끼고 있다가 유혹하고 싶은 아가씨의 코 밑에 대고 흔들었다. 이 풍습이 다시 유행하는 일부 민속 무용에서 손수건을 흔드는 이유를 설명해 줄 수 있을 듯하다.

The overarm blow is the primeval attack movement of the human species.

유인원들의 움켜쥐고 무는 동작과는 대조적으로 팔 올려치기는 인류의 원시적인 공격 동작이다. 또한 그 것은 팔 올려 무기 던지기가 들어가는 고대의 수렵 기술과도 연관이 있다. 우리들은 현대 스포츠에서 그 러한 동작을 자주 재현한다. 사실 현대 스포츠의 대 다수는 우리 조상들의 기본적인 사냥 요소인 겨냥하 기와 달리기에 바탕을 두고 있다.

는 사람은 팔을 활짝 벌리고 친구의 어깨를 격정적으로 감싸안을 수 있을 때까지 기다린다. 이와 똑같은 자세를 서커스의 곡예사가 어려 운 곡예를 끝낸 뒤에 취하기도 한다. 그가 팔을 활짝 벌리면, 관중들 은 즉시 박수갈채를 보내어 응답한다. 그 곡예사는 포옹을 청했으나, 관중들은 공연장 안의 자기 좌석에서 할 수 있는 유일한 몸짓으로 그에 대답하는 것이다. 손뼉을 치는 그들의 동작은 원래 '진공 포옹' 의 극단적인 변형으로, 이 때 포옹의 감각이 상징적인 포옹의 소리로 전환된다.

팔 앞으로 뻗기 자세 Arms Forward position 는 한층 더 복잡하다. 이 경우 손바닥을 앞으로 내밀면 거부의 신호이고, 주먹을 움켜쥐었다면 공 격을 뜻한다. 그리고 손바닥을 위로 하고 있으면 애걸의 자세이다. 팔 벌리기와 마찬가지로 이것 역시 포옹 – 초대의 몸짓일 수 있고, 손 의 쓰임새에 따라 그 밖의 다양한 신호를 전달할 수 있다.

세분화된 팔 신호들에는 흔들기와 부르기, 인사의 온갖 형태가 들 어 있으며 각기 특징이 있다. 어느 지도자가 발코니에서 몸짓을 할 때는 그의 팔 동작들이 아주 멀리서도 보인다. 그들의 정확한 형태 와 풍채가 그의 기분을 어느 정도 알려 준다. 왕족 팔짓 Royal Family Wave 은 살짝 손을 들고 있는 자세이며, 수동적인 권력의 몸짓이다. 공산 주의 지도자의 움켜쥔 주먹 인사는 활동적인 혁명 세력의 표독스러 운 기호이다. 로마식 환호와 독일 나치의 거수 인사는 경직된 충성을 맹세하는 빳빳한 손바닥 동작이다. 군대의 거수경례 – 팔꿈치를 굽혀

THE ARMS

The arms are invaluable as long-distance signalling-flags.

우리들은 승리를 거두었거나 군중의 환호를 받을 때, 두 팔을 들어올려 키가 커 보이게 한다. 기도할 때는 팔을 들어올려(합장하는 동작보다 훨씬 역사가 길다) 하늘에 닿으려 한다. 그리고 우리 앞에 있는 군중을 포옹하고 싶을 때 두 팔을 벌린다. 이러한 종류의 팔 동작들은 흔히 전 세계에 퍼져 있고, 문화적인 학습의 영역을 넘어서 있는 것 같다.

손을 모자에 갖다대는-는 모자챙을 올리거나 철모를 벗는 격식화된 의도적 동작이며, 그렇지 않다면 몸짓 주인공의 출현으로 인해 전달하게 될 적대적 신호를 상쇄하려는 유화적 행동이다. 교황의 팔짓 Papal Wave 은 그를 올려다보는 하느님의 자녀들의 거대한 무리를 자기의 팔에 끌어안는 온정주의적이고 상징적인 몸짓이다. 그리고 그 밖의 여러 실례가 있다. 우리들은 손가락과 얼굴 표정에 의해 전달되는 것보다 훨씬 투박한 유형의 장거리 신호가 필요할 때 팔로 몸짓을 대신한다. 이 역할을 할 경우에 우리들의 팔은 아주 값진 신체 깃발body-flag로 이용된다.

사람과 사람의 접촉에서 팔 부위는 흔히 우호적이고 성적이 아닌 non-sexual 행동의 초점이 된다. 낯선 노인을 도와 길을 건너간다면, 우리들은 그들을 부축하기 위하여 팔을 잡는다. 다른 사람을 문으로 안내할 때도 우리들은 그들의 팔꿈치를 잡고 정중하게 그들의 방향을 지시한다. 이러한 맥락에서 우리들이 허리나 가슴, 머리 등을 만진다면 우리들의 행동은 당장 의심을 받게 된다. 이런 측면에서 팔은 신체 부분 가운데에서도 가장 중립적이고, 신체의 어느 부위보다 특별히 친밀한 의미가 담겨 있지 않다. 친구들은 성별과 관계없이 함께 걸어갈 때 팔을 낄 수 있다. 그러나 걸어가면서 다른 형태의 접촉을 한다면, 그것은 즉시 특별한 차원의 친밀성을 알려 준다.

팔에는 곧잘 문신을 해 왔다. 그리고 장식 중에서 가장 보편적인 형태는 언제나 팔찌였다. 역사상 거의 예외없이 여성들은 팔찌를 해왔고, 이러한 관습은 가녀린 여성의 팔이 전달하는 성별 신호를 과장하는 방식으로 사용된 데에 그 기원이 있다는 견해가 있다. 섬세한 팔찌가 그 안에 있는 가녀린 팔을 더욱 강조한다. 그와는 상충하는 견해에 따르면, 그 팔찌는 남성들에 의한 여성들의 노예화를 암시하는 수갑으로 상징되기 때문에 남성들에게 매력이 있다고 한다.

손 THE HANDS

모든 인체 부위 중에서 손이 가장 활동적이라 생각되지만, '손이 피로하다'고 불평하는 말을 듣기는 어렵다. 평균 수명으로 볼 때 일생에 손가락을 줄잡아 2,500만 번 굽혔다 폈다 하는 것으로 추산된다.

인간의 손이 성공한 비결은 다른 손가락들과 맞설 수 있는 엄지 손가락을 개발했다는 데 있다. 땅이든 나무 위에서든 이동의 노역에서 해방된 손은 기본적인 설계가 처음으로 오로지 조작적^{manipulatory}일 수 있게 되었다. 우리 인류의 전체적인 진화 과정에서 가장 중요한 단계의 하나가 바로 이것이었다. 이리하여 인간은 정교한 손재주를 갖추게 되었으며, 움켜쥐는 손가락 앞에서 안전할 수 있는 것은 하나도 없게 되었다. 인간의 손은 모든 것을 가능하게 했고, 이로써 새로운 세계로 들어가는 중대한 문턱을 넘어서게 만들었다.

신체적인 의미에서 본다면, 남성들은 여성들보다 아귀힘이 훨씬 세다. 평균적인 남성의 손은 평균적인 여성의 아귀힘보다 약 2배가 된다. 이것은 보다 두드러진 성별 격차의 하나이고, 원시 사냥꾼에게 억센 손이 아주 중요했다는 사실을 반영하고 있다. 전형적인 남성은 약 90파운드의 아귀힘을 낼 수 있으며, 특수 훈련을 하면 120파운드 또는 그 이상으로 늘릴 수 있다. 바이스^{vise} 같은 아귀힘은 무기와 그 밖의 원시적인 연장을 만들고, 힘있게 물체를 던지며, 망치질, 비틀기, 찢기와 물건 나르기 등의 또다른 활동을 하는 데 유달리 쓸모가 있었다. 심지어 오늘날에도 크고 억센 손의 혜택을 받는 일거리들은 여전히 남자가 독차지하고 있다. 여성 목수들은 극소수에 지나지 않는다.

힘있게 잡기$^{Power\ Grip}$는 엄지손가락을 다른 손가락 전체와 맞서게 하여 얻어진다. 그러나 이는 손의 성공 신화의 절반에 불과하다. 또 다른 중요한 절반은 그와 마찬가지로 정확하게 잡기$^{Precision\ Grip}$이다. 그 정확성은 손가락 끝만을 맞세워 얻어진다. 이 동작에서는 여성이 남성보다 우월하다. 크고 살이 많은 남성의 손은, 다른 동물 종의 짧은 엄지손과 비교하면 훨씬 정확하지만, 까다로운 작업을 할 때는 여성의 섬세하고 날렵하며 뼈가 가느다란 손과는 겨룰 수가 없다. 여성들은 언제나 바느질, 뜨개질, 베짜기와 장식 작업 중에서도 보다 미세한 일을 하는 데 뛰어났다. 물레가 도입되기 이전, 날쌔고 유연한 손가락을 필요로 했던 토기 및 도자기 제작 같은 고대의 중요한 예술 공예 분야 역시 여성들이 독점했다. 도자기는 선사시대의 주요 예술 형식이었고, 인류 진화사의 오랜 단계에서 중요하고 창조적인 예

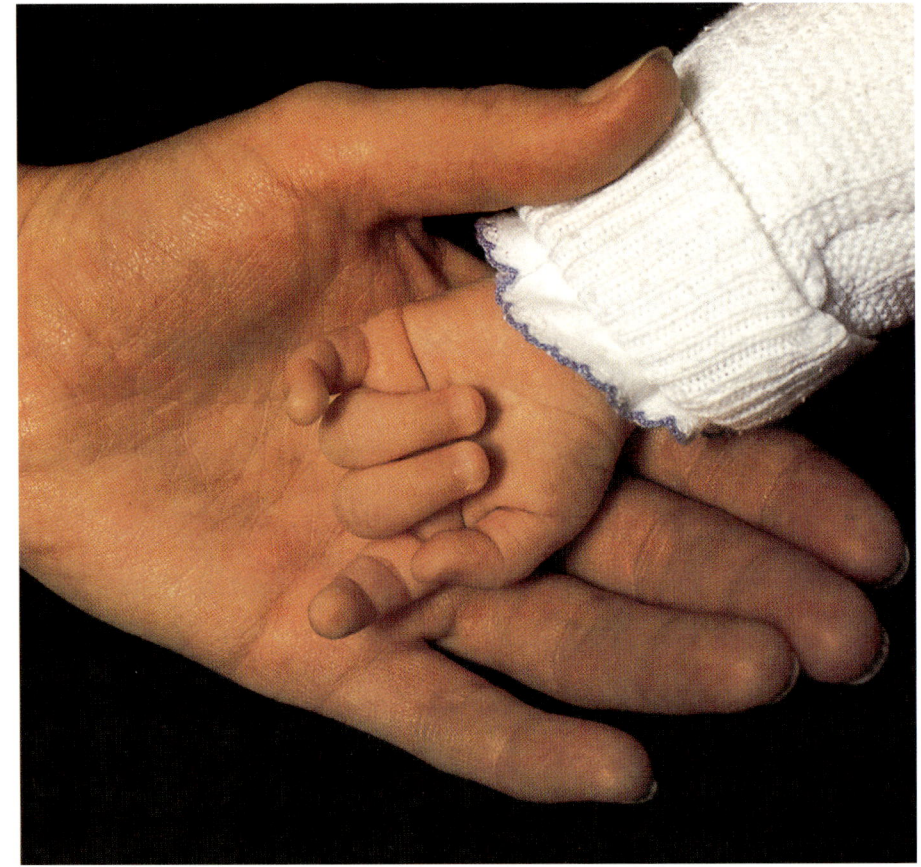

인간의 손은 마주 일할 수 있는 엄지손가락이 있고, 보행의 부담에서 해방되자 글자 그대로 지구 표면을 바꿔놓은 기관으로 발전했다. 이 5개월 되는 태아가 말해 주듯이 일찍부터 손은 이러한 발달 과정을 거치게 되며, 자궁 밖으로 나온 뒤 첫 해에 갓난아기의 손은 아주 작고 뼈가 제대로 굳지 않았음에도 불구하고, 분주하게 주변 세계에 손놀림으로 반응한다.

술가들은 남성이 아니라 여성들이었다. 고고학자들과 미술사학자들은 이 사실을 일반적으로 무시해 왔다.

　손이 지니고 있는 정확성의 이런 차이는 여성들이 보다 가볍고 가느다란 손가락을 가지고 있다는 문제로만 볼 수는 없다. 아울러 여성의 손가락 관절이 한층 유연하고, 이것은 호르몬의 요인들에 영향을 받았으리라 생각되고 있다. 이러한 현상은 사냥과는 대조적인 식량 채집이라는 원시 여성의 전문화에 특별히 적응한 결과라는 주장이 있었다. 뿌리 거두기와 씨앗, 견과 堅果와 딸기를 따며, 과일을 고르는 일이 포함된 식량 수집에는 근육이 굵은 남성의 억센 손보다 섬세한 뼈와 뼈마디가 부드러운 여성의 재주있고 재빠른 손가락이 더 필요했다. 이것은 성차별적인 주장이 아니다. 다만 그 현상은 우리들의 진화 과정에서 일어났고, 남성과 여성을 서로 약간 다르게 - 어떤 면에서는 각자가 상대방보다 좀더 뛰어나게 - 바꾸어 놓은 신체적인 분업을 기록하고 있을 따름이다. 물론 지나치게 큰 차이를 낳는 전문화 과정의 단계로까지는 나아가지 않았다. 여성들의 손도 제법 힘이 있었고, 남성들의 손 역시 상당히 섬세한 일을 할 수 있었다. 제일 힘센 여성은 언제나 집단 내부의 가장 허약한 남성보다 고기 조각을

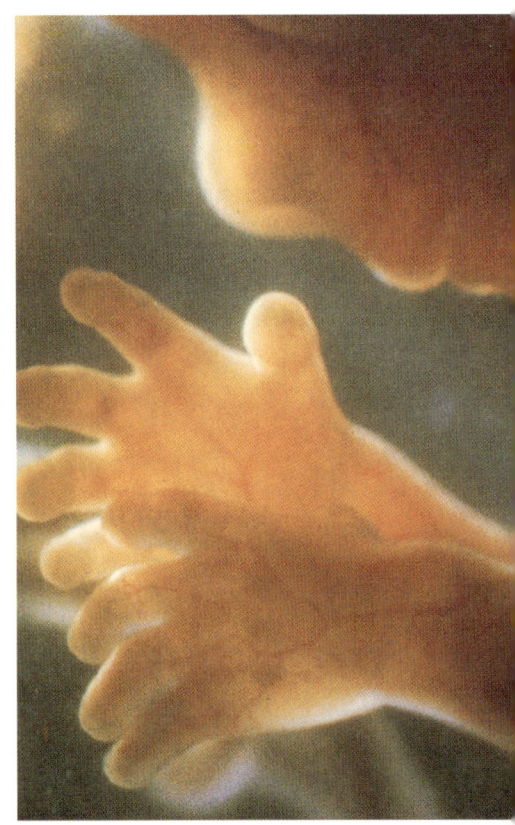

'The hand is the cutting-edge of the mind.'

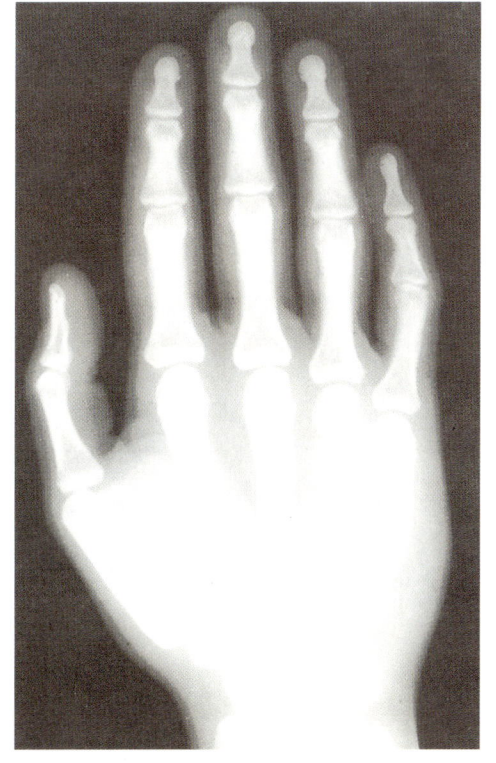

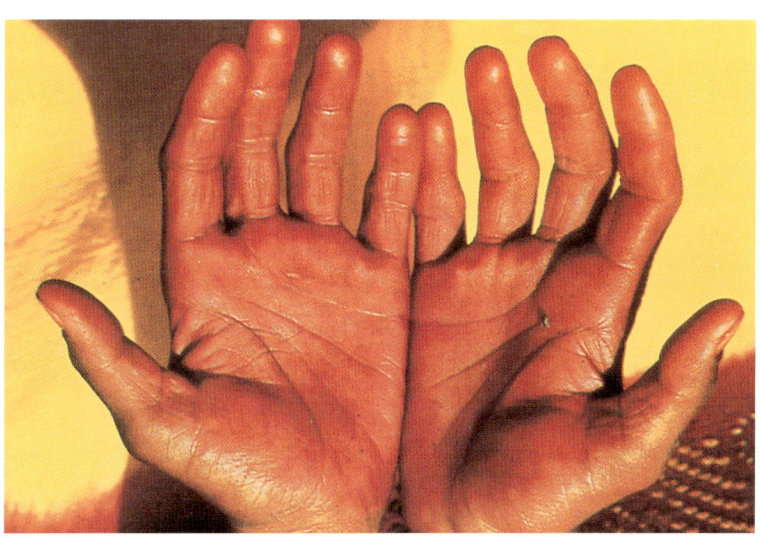

인간의 손은 공학의 눈부신 작품으로, 대단히 복잡하여 어떤 로봇을 만들더라도 그 모든 절묘한 동작을 그대로 흉내낼 수 없다. 18세기의 철학자 칸트는 손을 '눈에 보이는 뇌의 일부'라고 했으며, 20세기에 이르러 브로노우스키는 그와 비슷한 이미지를 구사하여 다음과 같이 말했다. "손은 정신의 칼날이다".

◀ 여성의 손은 어린아이 상태에 훨씬 가깝고 남성의 손에 비해 보다 민감하고 힘이 떨어진다. 아울러 한 결 작아서 평균적인 여성의 손은 남성의 그것보다 4분의 3인치 짧고 2분의 1인치 좁다.

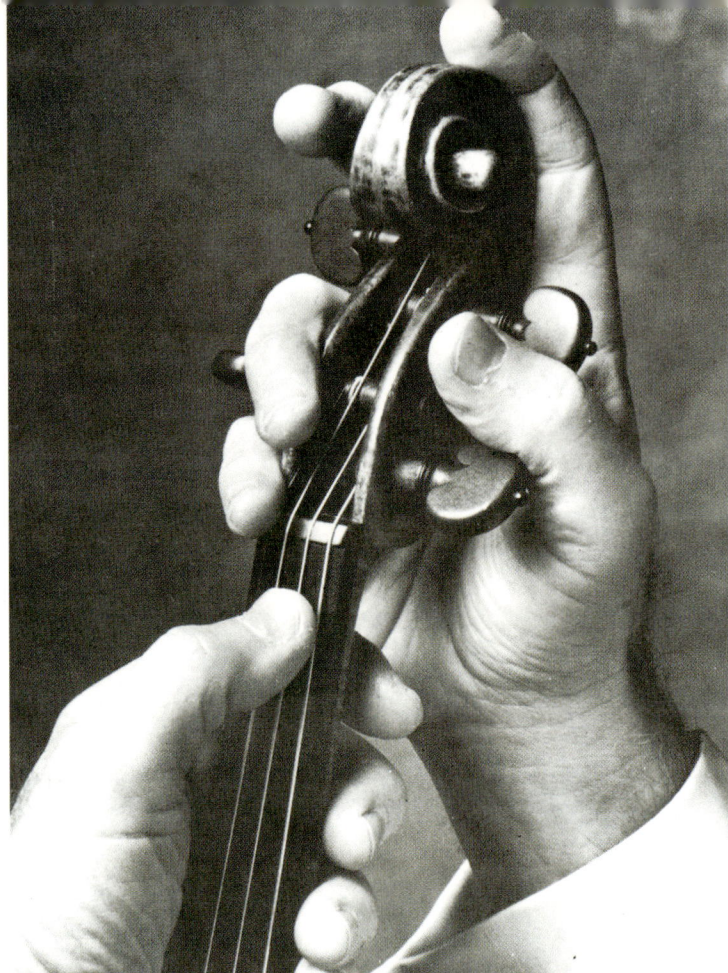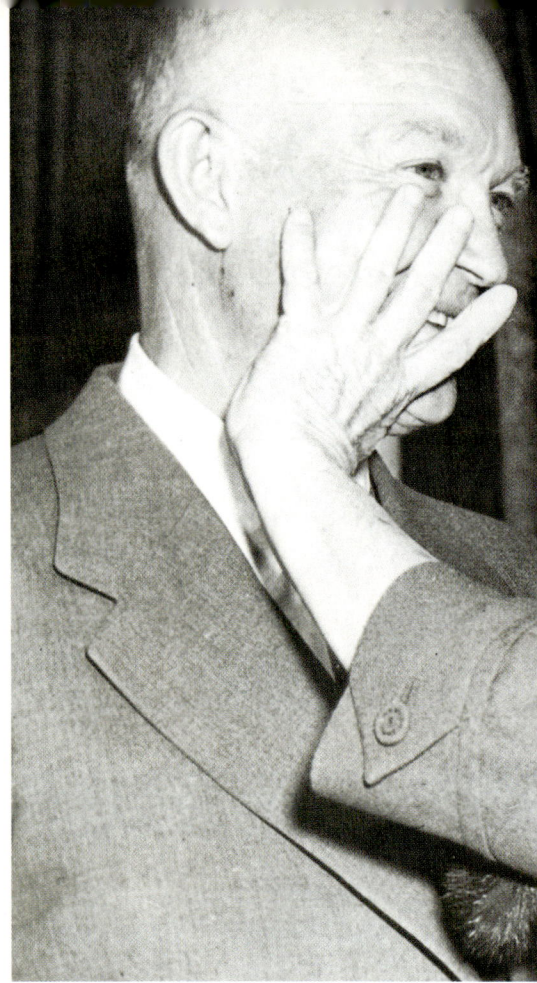

사람 손의 기민성은 위대한 피아니스트와 바이올리니스트들의 절묘한 연주 기법의 절정에서 흔히 볼 수 있다. 바이올린의 활을 잡는 법은 '정확하게 잡기'의 더할 나위 없는 본보기로서, 이 때 엄지손가락과 다른 손가락의 끝이 서로 맞서게 된다. 우리 인류의 손이 성공을 거둔 비결은 원시적인 '힘있게 잡기'에 더하여 이 잡는 법을 완벽한 상태로 갈고 다듬은 데 있다. 아울러 그보다는 중요성이 떨어지는 두 가지 쥐는 법이 있다. 갈고리 쥐기(Hook Grip)와 가위 쥐기(Scissors Grip)가 그것이다.

예를 들어 갈고리 쥐기는 가방을 들고 다닐 때 굽힌 손가락만을 사용한다. 가위 쥐기는 흡연자들의 전형적인 동작으로, 손가락을 굽히지 않고 둘째와 셋째 손가락 사이에 담배를 끼운다.

잘 찢고 빡빡한 병마개를 더 잘 땄다. 그리고 어느 시대나 바다에 나간 선원들은 바느질을 제법 솜씨있게 해냈다. 심지어 남성들도 놀랄 만큼 유연한 손가락을 지니고 있어 하프 연주자로 활약하는 경우도 있다. 그러나 구석기시대 첫머리부터 뚜렷한 손의 편향 hand bias – 남성은 힘, 여성은 정확성 – 은 있어 왔다.

인체의 모든 부분 중에서도 손이 제일 활동적이라 생각되지만, '손이 피로하다'는 불평을 들을 기회는 드물다. 복잡한 기계 장치로서 손은 더할 나위 없이 뛰어나다. 어림잡아 우리는 일생에 적어도 2,500만 번은 손가락을 굽혔다 폈다 한다. 심지어 갓난아기조차 손가락에 놀라운 힘을 지니고 있으며, 그들의 손은 가만히 있을 때가 별로 없다. 아기 침대에 누워 있는 동안에도 그들은 다가올 손놀림의 즐거움을 예상이라도 하듯 고사리 같은 손가락들을 꼼지락거린다. 그리고 나중에 그들은 그 솜씨를 증명한다. 1분에 100단어를 타자하고 숨막히는 속도로 콘체르토를 연주하며, 복잡한 기계류를 조작하고, 뇌수술을 하는가 하면 명화 名畵를 그리고, 손가락 끝으로 점자책을 읽으며, 청각장애인을 위해 수화 手話로 시를 낭송하기까지 한다. 인간의 손을 롤스로이스에 비긴다면, 다른 영장류 동물들은 자전

▲ 헬렌 켈러(Helen Keller)가 아이젠하워 전 대통령의 얼굴을 '읽고' 있다. 그녀는 어린 시절의 질병으로 한평생 시각장애와 청각장애, 언어장애인으로 살았다. 그 같은 불구에도 굽히지 않고 그녀는 손가락으로 의사를 전달하는 영웅적인 싸움을 벌여 승리했다. 그녀는 11권의 책을 썼고, 전 세계를 돌아다니며 강연을 했으며, 사회가 시각장애인들에게 돌리는 오욕(汚辱)을 제거하려 노력했다. 그녀의 손은 극도로 민감하여 심지어 손으로 음악을 들을 수도 있었다. 그녀는 라디오 스피커의 박막에 손가락 끝을 대어 소리를 듣게 되었다. 그녀는 이렇게 말했다. "코넷과 북이 울리는 소리의 차이를, 그리고 첼로의 깊은 소리와 바이올린의 높은 음을 가려낼 수 있어요".

헬렌 켈러의 예민한 손 끝의 반대 극에는 세계 헤비급 챔피언 무하마드 알리의 거대한 주먹이 있다. 평균적인 남성 주먹의 1.5배가 되는 그의 손은 비무장 전투의 역사상 가장 난폭한 무기가 되었다.

거 정도도 갖고 있지 않다.

인간의 손 한 쌍에는 자그마치 54개의 뼈가 있다. 손 하나에는 14개의 손가락뼈^{指骨}와 5개의 손바닥뼈, 8개의 팔목뼈가 있다. 열과 고통, 촉감에 대한 손의 감도^{感度}는 세밀히 조율되어 있고, 문자 그대로 1제곱인치에 수천 개의 신경종말부가 있다. 손과 손가락의 근력^{筋力}은 손 그 자체의 근육조직뿐만 아니라, 좀더 멀리 떨어진 팔뚝의 근육에서 나온다.

손 표면에는 3가지 선 – 굴곡선^{Flexure Lines}, 할선^{割線, Tension Lines}과 유두융선^{乳頭隆線, Papillary Ridges} – 이 있다. 이들 가운데 첫째인 굴곡선 또는 '피부 경첩^{skin hinges}'은 손의 운동을 반영하는 구김살들이다. 그것은 사람마다 조금씩 다르고, 이로 말미암아 수백 년을 내려오면서 수상가^{手相家}들은 꾸준한 수입을 보장받아 왔다. 그렇지만 골상술^{骨相術} 및 점성술과 마찬가지로, 수상술^{手相術}도 20세기에 들어와 급속히 그 기반을 잃었고, 마침내 그 마땅한 자리인 장터의 재미 이상의 대접을 받지 못한다. 그 쓸모있는 유산이라고 할 한 가지 사실은, 쉽게 기억될 수 있는 방법으로 다양한 구김살들의 이름을 붙였다는 것이다. 이들 가운데 주요한 4가지 선들은 손바닥을 가로지르는 '두뇌선'과 '감정선'

그리고 엄지손가락 밑동을 달리는 '생명선'과 '운명선'이다. 유인원의 경우 두뇌선과 감정선이 하나이지만, 인간의 경우는 집게손가락의 독자성이 두드러져 그 선이 둘로 나뉜다. 그러나 지금도 어떤 사람들은 아득한 옛날의 상태 - 손바닥을 가로지른 단 하나의 선 또는 '원숭이 주름 Simian Crease' - 를 보여 주고 있다. 대략 25명에 1명꼴로 이런 현상이 일어난다.

할선들은 나이와 더불어 늘어나는 잔주름들로, 피부가 탄력을 잃으면 영구히 그대로 남는다. 자그마한 유두융선들은 우리들의 지문指紋을 결정하는 '아귀grip'선들이다. 땀이 나면 이 작은 융선들이 부풀게 되고, 한층 더 솟아올라 우리들이 물체를 힘차게 움켜쥐는 데 도움을 준다.

손의 땀 분비 작용은 범상치 않다. 우리들이 잠들면, 잠자리가 아무리 덥더라도 손바닥의 땀샘은 활동을 멈춘다. 사실 그들은 신체의 다른 부위의 땀샘들과 달리 온도가 올라가더라도 전혀 반응하지 않는다. 그들은 압력이 증가해야만 반응한다. 만약 손바닥이 바싹 말라 있다면, 그 사람은 느긋하다. 점차적인 마음의 긴장에 따라, 인체가 예상하는 신체 동작을 준비하면서 손바닥이 점차 축축해진다. 그런데 인체는 이들 대부분의 압력이 신체에 작용했던 시기에 이러한 반응을 발전시켰다. 불행히도 오늘날 우리들의 긴장은 심리적인 경우가 훨씬 많아서 손바닥에 땀만 끈적거릴 뿐 거머쥘 대상이 별로 없다. 손바닥의 땀은 대다수의 도시인들에게 없어도 괜찮을, 아득한 과거의 유물이 되었다.

서방 세계가 핵전쟁의 공포에 떨며 숨을 멈추고 있던 저 유명한 쿠바 위기 때 실험실에서 진행하고 있던 손바닥 땀 흘리기 실험을 한때 완전히 포기해야만 했다. 스트레스가 전반적으로 크게 올라 어떤 실험 대상자들에게서도 '안정된' 수치數値를 얻을 수 없을 정도로 땀 분비율이 높았다. 인간의 손이 지닌 감도가 그 정도이다.

지문指紋, fingerprint은 3가지 기본 형태로 이루어진다. 아주 흔한 제상蹄狀, loop, 비교적 흔한 와상渦狀, whorl, 그리고 다소 희귀한 궁상弓狀, arch이 그것이다. 똑같은 지문을 가진 손가락은 단 하나도 발견되지 않았다. 세간에서 흔히 하는 말과는 달리, 쌍둥이마저 지문이 다르다. 사

몸짓을 할 때 손의 자세는 그 사람의 기분을 반영한다. 손바닥 위로 올리기(Palm-up)는 간청의 자세이며, 손바닥 안으로 들이기(Palm-in)는 포옹의 자세이고, 손바닥 밑으로 하기(Palm-down)는 진정하라는 신호이며, 그 밖에도 여러 가지가 있다. 여기서 한 가지 유형이 서로 다른 맥락으로 그려져 있지만, 동일한 기본 메시지-물러서라, 또는 비켜라-를 전달하고 있다. 손바닥 앞으로 하기 자세(Palm-front posture)는 누구를 뒤로 밀어제치는 동작을 흉내내고 있어 보편적인 거부 신호의 일종이다.

How the palms react to extreme cold.

람을 가려내기 위해 지문을 이용한 역사는 수천 년에 이른다. 일찍이 2,200여 년 전에 중국 사업가들은 지장^{指章}으로 그 문서의 공신력을 확인했다. 서명이란 위조하기가 아주 쉬운 점에 비추어 현대인들이 중국의 옛 관습을 따르지 않는 것이 오히려 이상하지 않을 수 없다. 현대의 범죄 수사는 고도로 정밀화된 지문 감식을 사용하며, '융선 세기^{ridge-counting}'가 도입되고, '호수^{lake}', '섬^{island}', 교차선^{crossover}', '분기^{分岐, bifurcation}' 등의 이름이 붙은 작고 미세한 선들에 눈길을 돌리게 되었다. 범죄자가 자기 지문을 변형시켜 이러한 유형의 감식법^{鑑識法}을 피할 수는 없다. 설사 아픔을 참아가며 지문을 문질러 없앴다고 하더라도 오래지 않아 되살아나고, 나이가 들더라도 변하지 않는다. 인종에 따른 지문의 차이란 미미하다. 예를 들어 백인들은 황인종보다 와상 지문이 적고 제상 지문이 더 많다. 그러나 이 차이란 통계상의 그것에 지나지 않는다.

사람의 손은 3가지 특수한 색채상의 성질을 지니고 있다. 피부가 흰 사람들이 햇볕에 그을리면 손등이 갈색으로 바뀌지만 손바닥은 검어지지 않는다. 이러한 손바닥의 특징은 손짓을 아주 뚜렷이 드러낼 필요가 있어 진화한 현상일 것이라고 전해진다. 심지어 검은 피부의 사람들도 손바닥만은 희다.

눈덩이를 굴려 본 사람이라면 얼마쯤 지나서 손바닥이 새빨갛게 변하는 경험을 했을 것이다. 이 특수한 반응은 예민한 손바닥 피부가 얼어 동상을 입지 않도록 막아 주는 메커니즘으로 보인다. 지속적인 추위에 대한 반작용으로 피의 흐름이 극적으로 늘어나 손을 따뜻하게 한다. 이것은 놀랍고도 복잡한 반응이다. 차가운 눈에 대한 손의 일차적 반응은 혈관 수축으로 표면으로의 혈액 순환을 감소시킨다. 이것은 몸 전체의 통상적인 반응이다. 이럼으로써 생존에 중대한 체열^{體熱}이 따뜻한 피를 통해 밖으로 방출되는 것을 막아 준다. 이 반응은 신체의 다른 부분에서는 전혀 차이가 없지만, 추위에 노출되는 시간과 관계없이 손들은 독자적으로 특별한 방법에 따라 작용한다. 약 5분 뒤에 손들은 강력한 혈관 수축에서 강력한 혈관 확장으로 전환한다. 손바닥과 손가락 혈관들이 갑자기 확장되고 손은 새빨갛게 변한다. 그러다가 다시 약 5분 뒤에 그 과정이 역전된다. 장갑을 끼지

THE HANDS

않고 눈을 굴리는 사람이 1시간쯤 계속할 끈기가 있다면, 그는 5분마다 그의 손이 파랗다가 빨갛다가를 되풀이하는 것을 보게 된다. 이 현상은 손에 동상이 걸리면 큰 재앙을 당하게 되었던 빙하시대에 진화했음직한 비상 보호 방식이다. 짧기는 하지만 5분간씩 손 표면을 되풀이하여 데워 줌으로써 오랫동안 추위에 노출되더라도 실질적인 상해傷害를 막을 수 있다. 한편 5분 간격으로 손이 식어 가도록 내버려둠으로써 귀중한 체온을 보전할 수도 있다.

인간의 손을 둘러싼 전설 가운데 가장 특이한 항목 중의 하나가

The Palm-front posture mimes the act of pushing someone back.

일부 성직자^{聖職者}들이 출혈반^{出血斑, stigmata}에 걸렸다는 주장이다. 이들은 그리스도가 십자가 위에서 그랬다고 하는 주장과 마찬가지로, 그들의 손바닥에 자연발생적으로 형성된 성흔^{聖痕}이라고 말한다. 그러한 출혈반을 보여 주었다고 기록된 330명 가운데 절대다수가 로마 가톨릭 사제들 – 신부, 수도사 또는 수녀들 – 이고, 교회 당국자들은 그러한 주장에 항상 불안을 느꼈다. 상처 그 자체에 의혹을 품지는 않았지만, 과연 그것들이 기적으로 인해 생겨났는지 확증이 없었기 때문이었다. 전형적인 사례에서는 그 손바닥 상처에서 돌연 피가 나오기 시작하다가 다시 낫고, 그러다가 또다시 피가 났다. 어느 출혈반 소유자는 아주 엄격하게 시간을 지켜 피를 흘렸다. 매주 금요일 오후 1시에서 2시 사이에, 그리고 다시 4시와 5시 사이에 피가 흘렀다. 처음으로 기록에 남은 사례가 아시시의 성자 프란체스코^{Francesco, 1181~1226, 본명은 Giovanni F. Bernardone}이다. 그는 2명의 교황을 증인으로 확보하고 있었다. 그리고 마지막 실례는 이탈리아의 사제 파드레 피오^{Padre Pio}로서, 그에게 감동한 추종자들로부터 7백만 파운드의 헌금을 받아 병원을 세운 뒤 1968년에 세상을 떠났다.

의도적인 자해^{自害} 행위가 없다는 전제하에 그 출혈반 상처의 원인을 가장 그럴듯하게 설명하려 한다면 그들이 국소적인 바이러스 감염 사례였다고 보는 수밖에 없다. 공중 수영장을 이용하는 어린이들은 사마귀^{verruca} – 수술로 제거해야 하는 작은 바이러스 사마귀 – 에 곧잘 걸린다. 아울러 그와 비슷한 사마귀들이 손바닥에도 나타난다. 다만 손바닥에 사마귀가 생기는 경우란 그다지 흔하지 않다. 그러나 손바닥에 날 때는 흔히 긁혀서 피가 난다. 그런데 긁힌 사람은 거기에 손을 댔다는 기억조차 없을 수 있다. 보통의 경우는 얼마 후에 낫지만, 베인 상처보다 그 속도가 느리다. 그 바이러스로 인해서 낫더라도 완전하지 못하고, 조만간에 다시 피가 나고, 그러다가 훨씬 커진다. 그들을 영구히 제거하려면 수술을 해야 한다. 하찮은 질병이 독실한 기독교도의 상상력에 불을 당겨 그리스도의 수난을 기적적으로 재현한 것으로 착각하는 사례를 찾기란 어렵지 않다.

그럼 손가락으로 말머리를 돌려 보자. 그 하나하나가 독자적인 이름과 상징성, 몸짓들을 지니고 있다. 그것은 다음과 같다.

첫째손가락 : 엄지손가락^{拇指; Thumb}. 이것은 손의 아귀힘을 마련해 주기 때문에 의심할 여지없이 다섯 중에서 가장 중요하다. 그 중추적인 역할은 중세 이래로 인정을 받아왔다. 당시 엄지손가락을 잃은 데 따른 보상이 새끼손가락의 4배가 넘었다. 지금 엄지손가락을 잃는다면, 현대의 수술법으로 집게손가락을 조절하여 다른 손가락들과 반대되는 운동을 하게 하면 어느 정도 손의 쥐는 동작을 되살릴 수 있다.

라틴어로 엄지손가락은 '폴렉스^{Pollex}'라 불렸다. 이 손가락은 고대에는 남근^{男根}의 의미가 담겨서인지 비너스에게 바쳤다. 이슬람 세계에서는 그것을 마호메트에게 바친다.

엄지손가락에는 3가지 핵심적인 의미를 지닌 몸짓이 있다. 그것은 방향을 가리키고, 남근을 암시하는 욕을 전하며, 만사가 잘 된다고 하는 신호를 보낸다. 방향 지시기로 엄지를 사용하는 경우란 집게손가락보다 흔하지 않고, 일상적인 상황에서라면 무뚝뚝하다는 인상을 준다. 이 규칙의 예외 하나를 길가에서 볼 수 있다. 현대에 와서 그것은 차를 얻어 타려는 사람의 신호로, 그 사람이 가고자 하는 방향을 가리킨다. 고대 패배한 검투사의 쓰러진 몸뚱이를 향해 엄

THE HANDS

Loop-patterned fingertips are the most sensitive.

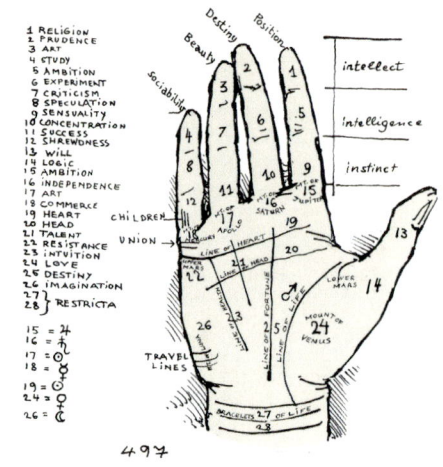

지손가락으로 내리꽂듯 가리키면, 로마 원형 경기장에서 그의 운명은 끝나고 말았다. 군중은 그 희생자를 향해 엄지손가락을 내리꽂음으로써 그를 죽이라는 의사 표시를 했다. 그와는 반대로 그 검투사를 살려 주고 싶으면, 그들은 엄지손가락을 감싸는 동작을 했다. 이처럼 감싸는 동작이 뒷날 엄지손가락을 추켜세우는 것으로 곡해되고, 최근에는 '찬성OK'의 신호로 '엄지 세우기Thumbs-Up'를 사용한다. 이러한 오해가 일어나지 않는 나라들에서는 엄지손가락 위로 세우기가 "이 위에 앉아!"라는 외설적 의미로 이 날까지 살아남아 여행자들과 관광객들에게 적지 않은 혼란을 일으킨다. 어느 지중해 국가에서 외래객들이 엄지손가락을 뽑아들고 그 고장의 차를 얻어 타려다 운전자들이 버럭 화를 내는 것을 보고 깜짝 놀라기도 했다. 그들은 그것이 외설적인 욕이라는 것을 몰랐기 때문이다.

외설적인 남근의 상징으로 엄지 몸짓이 아직도 흔한 나라로는 사르데냐, 그리스, 레바논, 시리아와 사우디아라비아가 있다. 또한 오스트레일리아에서는 찬성의 신호로 엄지 몸짓에 그 영예를 같이하고 있다. 오스트레일리아에서는 두 가지 엄지손가락 올리기가 있어 이따금 혼란이 일어나지만, 일반적으로 외설적인 남근 위로 올리기 동작을 할 때는 갑자기 힘을 주어 동작하므로 이러한 혼란을 피할 수 있다.

둘째손가락 : 집게손가락人指, Forefinger. 이것은 엄지를 뺀 네 손가락 중에서 가장 독립적이고 중요하다. 그리고 섬세한 정밀 동작을 할 때 엄지와 맞대서 가장 많이 쓰이는 손가락이기도 하다. 그것은 방아쇠를 당기고, 길을 가리키며, 전화 다이얼을 돌리고, 주의를 끌며, 적수의 갈비뼈를 찌르고, 기계의 단추를 누르는 바로 그 손가락이다.

지금까지 이 손가락에는 여러 가지 이름이 붙여졌다. 길을 가리키는 데 쓰인다고 해서 지시하는 손가락index finger, indicative finger, demonstrative finger, pointer, 총을 쏘는 것과 연관이 있다고 해서 사격 손가락shooting finger, 공포의 손가락scite finger이라 부르기도 한다. 아울러 각기 시대에 따라 나폴레옹 손가락Napoleonic finger, 야심의 손가락finger of ambition, 접촉용 손가락toucher, 감독자foreman, 그리고 세상 손가락world finger 등 그에 따른 갖가지 이름이 붙여졌다. 그 중에서도 가장 이상한 것이 독 손가

이것이 3가지 기본 지문형(指紋型)인 궁상(弓狀), 제상(蹄狀), 와상(渦狀)형이다. 제상이 가장 흔하고 궁상이 가장 적다. 최근의 연구에 따르면, 제상이 지배적인 지문을 가진 사람들은 촉감이 매우 예민하다. 지문 그 자체는 우리들이 매끈하거나 보드라운 표면을 만질 때 남겨지는 유두돌기 능선의 양각 자국이다. 그리고 지금까지 똑같은 지문은 전혀 발견된 적이 없다. 심지어 이른바 일란성 쌍둥이마저 지문은 똑같지 않다. 그리고 지문을 바꿔 보려는 어떤 범죄자도 성공을 거둘 수 없다. 지문은 오래지 않아 원형 그대로 다시 회복되기 때문이다.

There are links between certain hand patterns and some bodily characteristics.

▼ 수상술(手相術)—손바닥의 금을 보고 운명을 알아내는 점술의 일종—은 한때 아주 진지한 대접을 받았지만, 오늘날에는 익살의 대상이 되고 말았다. 수상가들은 가공의 내용을 시시콜콜 예언하기 때문에 과학계에서는 그들을 박람회장의 야바위꾼과 마찬가지라고 통틀어 맹렬히 비난했다. 그러나 최근의 조사에 따르면, 결국 손금과 신체의 어떤 특징과는 연관이 있음이 드러났으므로 이처럼 전부를 모조리 부정하는 것은 지나치다고 하겠다. 예를 들어 선천성 치매나 다운증후군(Down's Syndrome: Langdon–Down's disease), 또는 몽골리즘(mongolism)이라고 하는 환자들은 손바닥 밑동을 따라 더 많은 구김살이 있으며, 암에 걸릴 위험이 있는 사람들 역시 어느 특수한 형태의 손금이 있는 경향을 보이고 있다.

락 poison finger이라는 명칭이다. 일찍부터 이 손가락에 독성이 있다고 믿었기 때문에 어떤 종류의 약을 다루더라도 이 손가락을 쓰지 않도록 금지했다. 짐작하건대, 이 말은 집게손가락이 공격적인 손가락질과 손가락 찌르기에 사용된 데서 유래하고 있다. 여기서 이 손가락은 비수나 장검長劍과 같이 상대방을 찌르는 뱀의 독이빨이나 상처를 입힐 수 있는 위험한 것의 상징적인 역할을 하게 된다.

가톨릭 신도들은 집게손가락을 성신聖神에게, 이슬람교에서는 파티마Fatima: 마호메트의 딸=역주 부인에게 바친다. 한편 손금쟁이들은 목성에게 돌리는가 하면, 수상가手相家들은 이를 유피테르 신에게 바친다.

그 중요성에도 불구하고 이 손가락의 일반적인 길이는 세 번째에 지나지 않고, 대다수의 경우 가운뎃손가락과 약손가락 뒤로 밀려난다. 그러나 남성의 22퍼센트와 여성의 45퍼센트에서는 길이가 두 번째여서 약손가락을 셋째로 밀어낸다. 이런 면에서 상당한 성별 차이가 있어야 하는 이유가 무엇인지 아직은 수수께끼이다.

앞서 이야기한 몸짓 역할들 이외에도 집게손가락은 몇 가지 외설적인 맥락에서 쓰이기도 한다. 이들 중에서 가장 잘 알려진 것이 '피스톨라pistola'이다. 다른 손의 손가락 사이 또는 다른 손의 꼬부린 엄지와 집게손가락으로 만든 동그라미 속으로 빳빳한 집게손가락을 곤지곤지하여 음경을 질 속에 삽입하는 시늉을 한다. 이것은 그 뜻이 너무나 또렷한 몸짓이어서 세계 어디를 가나 알아본다. 그 몸짓을 흉내낸 사람이 적어도 한 번은 목숨을 잃은 경우가 있다. 그것은 역사상 오직 하나밖에 없는 외설적인 지폐 제조와 관련이 있는 사건이어서 기이하다. 제2차 세계 대전 발발 직전에 일본이 중국을 침략했을 때, 일본은 중국의 일정한 도시들에 괴뢰 은행을 세웠다. 이들 은행 경영은 일본인들이 담당했지만, 새로운 지폐를 조각하는 작업만은 중국인 조각사들이 맡았다. 이 조각사들 가운데 한 사람이 이 작업에 얼마나 울분이 터졌는지 아주 미세한 그림을 몰래 덧붙였는데, 처음에는 들키지 않고 무사히 넘어갔다. 은행 지폐에 그려진 노령의 현자는 격식을 갖추어 손으로 경건한 자세를 취하고 있어야 함에도 실제로는 외설적인 집게손가락 짓을 하고 있었다. 결국 일본 당국자들은 반항적인 조각사를 추적하여 공개적으로 참수형斬首刑에 처했다. 음란한 손

발바닥과 마찬가지로 손바닥도 햇볕에 그을리지 않고, 피부 빛이 새까만 경우에도 손바닥만은 옅은 색깔로 남아 있다. 이에 따라 몸짓을 할 때 손의 움직임이 훨씬 선명하게 보이는 효과가 있다.

짓 그림으로 저항의 만족을 느낀 대가로는 너무 비싼 희생이었다.

아랍인들 사이에서 우둔하게 쓰다가 즉각 보복을 당하게 될 또다른 외설적인 집게손가락 몸짓이 있다. 그것은 모아놓은 한쪽 손의 손가락 끝에다 다른 손 집게손가락을 두들기는 정도에 불과해서 보기에는 아무렇지도 않다. 이 경우에는 그 집게손가락을 남근의 상징으로 삼지 않고, 그 몸짓이 겨냥하고 있는 사람의 어머니를 상징한다. 다른 손의 다섯 손가락은 그 어머니가 교접한 남성들을 상징하고 있어, 그 몸짓은 "너의 아버지는 다섯이야!"라는 메시지를 전하고 있다. 그런 몸짓을 하다가 죽임을 당했다는 기록은 없지만, 그럴 가능성은 있을 법하다.

다른 집게손가락 몸짓들은 그만큼 도발적이지 않다. 이 손가락을 꼿꼿이 추켜세우고 있는 광경을 흔히 볼 수 있는데, 여러 의미를 지니고 있으면서도 외설적인 것은 없다. 주목하라는 지시 이외에도 그것은 "나는 꼭 하나만을 바라고 있어요", "내가 일등입니다" 또는 "하느님은 한 분뿐입니다"의 신호가 되기도 한다. 이들 가운데 둘째가 요즘 스포츠맨 사이에 인기가 높다. 그들은 그 순간만은 '일등Numero Uno'이라는 사실을 축하하기 바랄 때 이 동작을 하게 된다. 그리고 셋

Thumb and forefinger gestures have sometimes been a matter of life and death.

째는 무엇인가 새로운 몸짓 상징이 필요하다고 느꼈던 거듭난 기독교도^{born-again Christian}들의 특정 집단들이 무척 애용해 왔다.

셋째손가락 : 가운뎃손가락^{中指: Middle Finger}. 이것은 손가락 중에서 제일 길고, 옛날부터 많은 이름이 붙여져 내려왔다. 라틴어로 '가운

대체로 우리들은 엄지손가락의 몸짓을 단순히 정반대의 경우로만 생각한다. 이를테면 올리면 좋다, 내리면 나쁘다는 뜻으로 해석하지만, 반드시 그처럼 단순하지만은 않다. 어떤 나라에서는 엄지손가락 위로 세우기(upward-jerked thumb)가 '이 위에 앉아요' 하는 뜻의 외설적 신호로서, '좋다(OK)'를 의미하는 일상적인 '엄지 세우기'와 혼동할 위험이 있다. 고대 로마 경기에서도 엄지 세우기와 내리기는 오해를 받아 왔다. 원래의 신호는 엄지 밖으로(thumb-out)는 죽인다─무기를 찌르는 동작의 흉내─는 뜻이었고, '엄지 덮어씌우기(thumb cover-up)'는 '그 검투사를 살려두라'는 신호였다. 이것이 엄지 내리기와 엄지 세우기로 잘못 풀이되어 온 것이다.

몸짓 언어에서 집게손가락이 제일 바쁘다. 그것은 넓고도 다양한 맥락에서 방향을 가리키는 데 사용되어 인간의 '지침(pointer)'이 되었다. 아울러 그것은 작고 상징적인 몽둥이로 이용되기도 한다. 공격적이거나 오만한 화자(話者)들은 성이 나서 말을 주고받을 때는 뻣뻣이 내뻗은 집게손가락을 상징적인 몽둥이로 생각하여 적수들의 머리를 때린다. 운동선수들에게는 이 손가락이 '1등(No.1/Numero Uno)'이라는 생각을 상징하게 되었다. 요즘 주요한 운동 경기에서 승리한 선수가 군중을 향해 기쁨에 찬 인사를 하기 위해 집게손가락을 세우는 장면을 흔히 볼 수 있다. 어떤 종교 집단에서는 그와 같은 몸짓이, 신(神)은 오직 하나뿐임을 가리킬 때 사용된다.

THE HANDS

영국에서 가장 음란한 몸짓은 자기 쪽으로 손바닥을 돌리고 하는 V-표시이다. 다른 나라에서는 이것이 단순히 '둘' 또는 '승리(Victory)'를 의미하지만, 영국 본토에서는 손바닥을 밖으로 내보이며 그 신호를 해야만 그 뜻을 전할 수 있다. 이것이 곧잘 외국 방문객들을 곤혹스럽게 만드는 지방적인 특징이다.

2천 년이 넘도록 가운뎃손가락은 음란한 손가락으로 여겨져왔다. 로마인들은 그것을 '음탕한 손가락(digitus obscenus)'이라 불렀고, 최고의 모욕이라고 생각한 남근 몸짓을 할 때 그것을 사용했다. 악명높은 황제 칼리귤라가 손등 대신 가운뎃손가락을 내밀고 신하들에게 키스를 강요하자, 그들은 칼리귤라의 의도대로 철저한 모욕에 치를 떨었다. 최근에 와서 미국인들은 이 음경 몸짓을 그냥 '그 손가락(the finger)'이라고만 한다. 그런데 1976년에 넬슨 록펠러가 텔레비전 뉴스 카메라맨 앞에서 경솔하게 그 몸짓을 했고, 그 뒤로 '록펠러 몸짓(The Rockefeller Gesture)'이라고 널리 알려지게 되었다. 그와는 완전히 대조적으로 넷째 손가락은 순진한 손가락이어서 사랑과 결혼을 상징하는 데 쓰인다. 예를 들어 '반지손가락(ring finger)'이 그것이다. 한편 꼬부라진 새끼손가락은 원래 성적인 독립을 알리는 표시였으나, 점잖은 신사인 척하는 신호가 되었다.

데Medius', '유명한Famous', '체면없는Impudicus', '악명높은Infamis', '음란한Obscenus'이라 불리기도 했다(가운뎃손가락은 우리말로 장가락, 중지中指, 장지長指, 장지將指 등 여러 가지 이름이 있다.=역주). 이러한 명칭 가운데 많은 사례가 로마 시대의 상스러운 몸짓 중에서도 가장 유명한 경우에 이 손가락이 이용되었던 까닭에 붙여지게 되었다. 이 몸짓을 할 때는 다른 손가락들은 모두 움켜쥐고 가운뎃손가락만이 힘차게 위로 뻗는다. 그 양쪽에 굽혀진 2개의 손가락은 고환을 상징하고, 가운뎃손가락은 활동적인 남근phallus이 된다. 이 몸짓은 고대 로마의 거리에서 나온 뒤로 2,000년 동안 잘도 살아남았고, 현재 미국에서는 단순히 '그 손가락The Finger'으로 알려져 있다. 그런데 지난 몇 년 동안 '록펠러 몸짓Rockefeller Gesture'이라는 별명으로 불리기도 했는데, 그 이름을 가진 어느 명사가 텔레비전에서 그 동작을 눈에 띄게 사용했기 때문이다. 일찍이 몇 백 년 전에 문필 활동을 했던 어느 저술가가 이 손가락에 성적 의미가 담기게 된 이유를 다음과 같이 적은 바 있다. "그것으로 음부를 만졌으니…."

한결 보기드문 종교와 미신의 분위기에서 이 가운뎃손가락이 매우 다른 연상을 일으킨다. 가톨릭 교회에서는 그리스도와 구원救援에 바쳐진 손가락이다. 이슬람교의 세계에서는 파티마의 남편 알리Ali에게, 그리고 손금보기와 수상술의 세계에서는 로마의 농사신 사투르누스Saturnus에게 주어진다.

넷째손가락 : 약손가락無名指, Ring Finger. 이 손가락은 2,000년이 넘

도록 치료 의식에 사용되어 왔다. 에게해 연안 지역의 고대 제의祭儀에서는 그것을 자철磁鐵로 만든 손가락 싸개에 넣어 '마술 치료 magic medicine'에 사용했다. 그 뒤 이러한 발상이 로마인들에 의해 채택되었고, 그들은 이 손가락을 약손가락 digitus medicus이라 불렀다. 그들은 약손가락에 심장으로 직접 이어지는 신경이 있다고 믿었다. 그들은 어떤 혼합물을 저을 때 반드시 이 손가락을 사용했다. 유독성 물질은 예외 없이 심장에 그에 상응하는 경고를 하리라 생각했기 때문이었다. 심장으로 이어지는 신경이란 때로는 정맥이고 다른 때는 동맥에 불과했음에도, 이 미신은 수많은 세기를 거치면서 살아 있었다. 중세의 약제사들은 변함없이 종교적인 자세로 약제를 저을 때 이 손가락을 사용했고, 모든 연고는 그 손가락으로 발라야 한다는 고집을 버리지

손은 사교적인 만남에서 너무나 눈에 띄고 움직임이 많아서 장식적인 손질의 첫째가는 목표가 된다. 경이롭도록 기다란 손가락 장식을 한 이 태국 아가씨와 손가락 끝을 새빨갛게 물들인 마드라스 출신의 이 인도인 연예인과 같은 무용수들은 그 손동작의 충격을 극대로 높인다.

Some hand gestures are elaborately stylized.

않았다. 무슨 일이 있어도 집게손가락은 피하게 되었다. 어떤 사람들은 약손가락으로 상처를 토닥거리기만 해도 나았고, 결국 이것이 병 고치는 손가락^{healing finger} 또는 의사 손가락^{leech finger}으로 알려지게 되었다. 유럽의 일부 지방에서는 오늘날도 여전히 살갗을 긁을 수 있는 유일한 손가락으로 쓰고 있다.

이 미신에 혹시라도 실용적인 가치가 있다면, 모든 손가락 가운데 약손가락이 가장 적게 쓰이고, 따라서 제일 깨끗할지도 모른다는 점이 아닐까. 이 손가락이 상대적으로 활동이 없는 데는 그 근육 구조가 손가락 중에서도 가장 독립성이 적다는 이유가 있다. 가령 주먹을 쥐었다가 손가락 하나씩을 펴고 다시 오므리면, 약손가락만 홀로 잘 펴지지 않는다. 가령 펴진다 하더라도 아주 힘이 든다. 만약 그 양쪽의 어느 한 손가락과 함께 편다면 문제가 없지만, 그 하나만으로 그 동작을 하기에는 너무 허약하다는 느낌을 준다. 이러므로 그 손가락이 유해한 무엇에 닿았을 가능성이 가장 적고, 따라서 의약에 사용할 때 가장 안전하다는 뜻이었다. 아울러 엄지손가락으로 다른 손가락들을 눌러 거치적거리지 않게 하지 않는 한 약손가락이 능률적인 약 젓기를 할 수 없다는 의미가 담겨 있기도 했다.

이처럼 독립성이 부족하기 때문에 이 손가락은 반지 손가락^{ring finger}으로 알려지기도 했다. 왼손 넷째 손가락에 결혼반지를 끼는 옛 풍습은 그 상징적인 손가락과 마찬가지로 아내가 스스로 독립성을 줄인다는 사상에 바탕을 두고 있었다. 왼손을 사용하게 된 것은 이 손이 보다 연약하고 순종적이며, 아내의 종속적인 역할에 적합하다는 생각에 근거를 두고 있다. 그 밖의 여러 방면에서 남녀평등을 지지하고 있는 우리들이 지금도 그 손가락을 사용하고 있다는 사실이 놀랍다면 놀라운 일이다.

반지 손가락의 역할로 말미암아 약손가락은 로마인들에게 기념 손가락^{digitus annularis}으로 알려지기도 했다. 손금쟁이들은 이것을 태양에, 그리고 수상가들은 태양신 아폴로^{Apollo}에게 바쳤다. 이슬람교에서는 하산^{Hassan}에게 돌렸고, 기독교도들에게는 '아멘 손가락^{Amen Finger}'으로 통했다. 축복의 몸짓에는 엄지손가락(성부: The Father), 집게손가락(성자: The Son)과 가운뎃손가락(성신: The Holy Ghost)이 나오고 반지 손가락의 아멘이 그 뒤를 따랐다는 사실에 바탕을 두고 있다.

다섯째손가락 : 새끼손가락^{小指, 季指: Little Finger}. 라틴어로는 제일 작은 손가락^{minimus} 또는 귀 손가락^{auricularis}이라고 알려졌다. 물론 가장 작기 때문에 첫 번째 이름이 붙었고, 귀와 연관이 있다고 해서 두 번째 이름이 나왔다. '귀 손가락'이라는 호칭은 귀를 후빌 때 쓰기에 알맞을 정도로 작다는 사실에 바탕을 두고 있다는 주장이 널리 퍼져 있지만, 이건 현대에 와서 지어낸 논거가 아닌가 생각한다. 이전에는 새끼손가락으로 귀를 막으면 심령적 경험, 예언적 환상이나 그 밖의 초자연적 사상^{事象}이 일어날 가능성을 증가시킨다고 생각했다. 강신제^{降神祭}에 참가하여 손과 손을 맞잡고 원을 그려 본 적이 있는 사람은 누구나 이 미신을 현대에 되살리는 일에 참여했다고 할 수 있다. 이런 경우에 일반적으로 그 영매^{靈媒}는 심령적 고리^{psychic link}를 만드는 옛 방법이 그랬다는 이유를 들어 이웃과의 접촉에 이용되는 것은 새끼손가락 끝이라고 주장하고 있다.

미국에서 이 손가락의 명칭으로 인기있는 것이 핑키^{pinkie}이다. 그 호칭은 뉴욕의 어린이들이 처음으로 사용했으나, 뒷날 어른들과 다른 도시로 퍼져나갔다. 원래 이 낱말은 스코틀랜드에 기원을 두고 있으며,

The symbolism of the hands is often extended by decoration.

거기서 어린이들은 무엇이건 작은 것은 '핑키'라 불렀다. 따라서 스코틀랜드 이민자들이 신세계로 가져왔으리라 추정하고 있다. 그런데 뉴욕의 원래 이름이 뉴암스테르담^{New Amsterdam}이었고, 네덜란드의 새끼손가락이 핑키예^{pinkje}라는 사실도 주목할 가치가 있으리라 생각된다. 이 낱말을 자주 쓰던 어린이들은 중대한 약속을 할 때 부르는 특별한 노래에 이 낱말을 넣었다. 그렇게 하면서 그들은 그 흥정을 굳게 다지기 위해 새끼손가락을 걸었다. 이것은 옛날 새끼손가락이 가지고 있던 심령적 고리의 역할이 살아남은 또다른 실례이다. 일부 유럽 국가들에서는 두 사람이 우연히도 같은 순간에 똑같은 말을 하게 될 때, "딱^{Snap}" 하고 고함을 지르며 새끼손가락을 건다. 이 동작을 하면서 그들은 다같이 말없이 소원을 비는데, 손가락을 풀 때까지 아무 말도 하지 않으면 소원이 이루어진다. 다시 한 번 이 몸짓은 새끼손가락의 심령적 힘과 초자연적 힘을 전달하는 능력에 대한 오랜 믿음을 반영하고 있다. "딱^{Snap}" 하고 소리를 내는 이유 역시 손가락과 연관이 있다. 그것은 손가락을 서로 튕길 때 나는 소리를 입으로 대신하고, 또다른 미신에 그 기원을 두고 있기 때문이다. 과거에는 집게손가락을 엄지손가락에 튕길 때 나는 요란한 소리가 악귀에게 겁을 주어 쫓아 버린다(시선을 끌려고 손가락으로 딱 소리를 내는 것이 무례한 이유가 거기에 있다)고 생각했고, 두 사람이 동시에 똑같은 말을 했을 경우에도 이럴 필요가 있다고 생각했던 것이다.

마술과 전혀 상관없는 맥락에서 오래 전부터 컵이나 글라스로 무엇을 마실 때 새끼손가락 꼬부리는 것을 극도의 거드름을 피우는 행위로 생각했다. 기원을 따져 볼 때 진실과는 너무나 거리가 멀다. 일찍이 나온 종교화^{宗教畵}에는 문제되는 여성이 무엇을 마시지 않을 때도 새끼손가락을 꼬부려 다른 손가락들과는 따로 돌리고 있다. 이로 미루어 종교적인 그림 속의 실제 모델은 성적인 독립성이 비상하게 강한 여인들임을 알려 주는 신호라는 주장이 있다. '독자적인' 새끼손가락은 성적 자유^{sexual freedom}의 상징이라는 신념을 갖게 했고, 지난 세기 말 여성 운동 회원들이 시작한 새로운 유행의 기반이 되었다. 그들은 술을 마시며 성적 문제에서 평등권 사상을 지지한다는 것을 과시할 때 일부러 그들의 새끼손가락을 꼬부렸다. 이 동작이 유행

▲ 절묘하게 그려진 손 역시 인도의 본보기인데, 이 경우는 무용수가 아니라 어느 신붓감의 손이다. 부처꽃과 진흙을 섞어 그린 그녀의 손들은 이 섬세한 자취를 몇 주일 동안 간직하다가 차차 희미해지고 떨어져나간다.

▲ 선사시대 이후 반지는 하나의 장식 수단으로 인기를 누려 왔다. 어떤 사람에게는 그것이 보호의 역할을 했고, 다른 사람들에게는 재산과 높은 신분의 상징에 지나지 않았다. 넷째 손가락에 결혼반지를 끼는 습관은 이런 생각에서 연유했다고 전해진다. 이 손가락이 독자적인 운동을 제일 적게 하므로, 결혼으로 말미암아 독립성을 잃게 됨을 가리키는 상징으로 두어야 할 적절한 위치라는 주장이다.

을 타는 손가락짓으로 천천히 퍼지면서 그 원초적인 의미는 점차 벗겨졌고, 결국 그 성적인 뜻이 사라지면서 단순히 사람들과 함께 있을 때 '해야 하는 것'이 되고 말았다. 거기서 그 동작이 공손한 처신의 기호가 되어 당초와는 거의 정반대가 되는 의미로 낙착되고 말았다.

지역에 따라 새끼손가락 세우기 몸짓들은 몇 가지 다른 의미를 지니고 있다. 유럽에서는 누가 새끼손가락처럼 지독히 야위었거나, 영양실조와 같이 아파 보일 때 사용된다. 지중해 지역에서는 외설적인 맥락으로 그것은 보다 구체적인 의미를 가지고 있는데, 누군가 아주 작은 음경 - 그 크기가 새끼손가락만한 - 을 가지고 있음을 넌지시 나타내고 있다. 거기서 지구 반 바퀴쯤 떨어져 자리잡고 있는 발리에서는 그것은 무엇인가 나쁜 것을 의미한다. 발리에서 엄지를 추켜세우는 몸짓은 좋은 것 - 우리들의 '엄지 세우기'와 같이 - 을 뜻하지만, 이 동작의 반대되는 의미로 엄지를 거꾸로 내리꽂는 대신 그들은 다른 형태의 '반대'인 새끼손가락 세우기 동작을 한다.

지금까지 손가락 하나하나의 동작을 개별적으로 살펴보았다. 그것들을 다양하게 조합하여 전적으로 사용하면 광범한 새로운 몸짓과 신호가 가능해진다. 이들 가운데 일부는 우리들이 일정한 기분에 빠질 때마다 보편적으로 활용되며, 무의식적으로 행동에 옮긴다. 우리들은 순간마다 우리들을 휩싸는 정서에 따라 손을 움켜쥔 발톱, 자르는 칼날, 단단한 주먹이나 활짝 편 부채로 바꿔 놓는다. 그런 경우, 우리들은 자신이 무엇을 하고 있는지 생각하지 않고, 나중에 무엇을 했었는지 정확하게 회상하지 못한다. 이럼에도 불구하고 움직이는 손의 메시지는 함께 있는 사람들에게 잘 전달된다.

마지막으로 손톱이 있다. 이들은 10일마다 1밀리미터의 비율로 살아 있는 뿌리에서 자라 올라오는 죽은 조직이다. 이 성장률에 따르면, 우리들이 손톱을 깎지 않을 경우 100일에 약 1센티미터, 약 8개월에 1인치가 자란다. 시대와 문화권을 달리하는 수많은 여성이 어떤 형태의 육체 노동도 할 필요가 없다는 표시로 손톱을 길러 왔다. 이러한 상류 신분의 전시 행위는 절대로 수고할 필요가 없는 손이라는 사실에 관심을 끌기 위해 손톱에다 영롱한 물감을 칠해 더욱 돋보이게 한다. 고대 중국에서는 귀족의 남녀가 이런 까닭으로 손톱을

With care, the untrimmed fingernails will grow to extraordinary lengths.

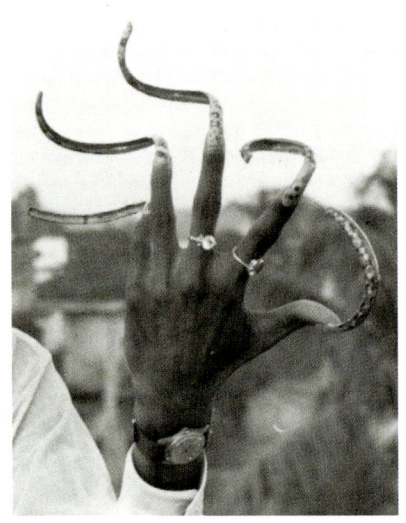

어떤 문화권에서는 손톱을 놀랄 정도로 길러 그 주인공이 육체노동을 할 필요가 없는 사람임을 과시했다. 또다른 지역에서는 과도한 손톱 기르기에 종교적인 의미가 있었지만, 오늘날에 가장 중요한 동기는 기네스북에 올라가는 데 있는 듯하다. 이 기록 수립자들이 정상적인 생활의 흉내라도 내기 위해서는 오로지 왼손에만 정성을 쏟고, 오른손은 손톱을 깎아 일상생활에 이용한다.

문자 그대로 지역에 따라 서로 다른 수백 가지의 손짓들이 있고, 그 하나하나가 특수한 지방적 의미를 지니고 있다. 세계 일주 여행을 하다 보면, 이 손짓들이 지극히 혼란스럽고, 아직까지 그 누구도 여행자들을 도울 세계적인 손짓 사전을 내지 못했다. 다행히도 손짓들 중 많은 동작을 쉽게 이해할 수 있다. 파리의 어느 거리에서 이 소년이 하고 있는 '호랑이 발톱' 몸짓도 우리들이 알아보기에 어렵지 않다.

길게 길렀고, 황금으로 칠했다. 이러다 보니 그들은 일상적인 손놀림이 너무 거북스러웠고, 나중에는 새끼손가락만 전시적인 손질을 했을 뿐, 나머지 손가락들은 훨씬 짧게 깎았다. 또다른 해결법으로는 평상시에는 보다 짧게 깎은 손톱을 쓰고, 특별한 행사가 있을 때는 어처구니없이 과장된 가짜 손톱을 끼게 되었다. 이들 두 가지 관행은 지금도 유럽에서 찾아볼 수 있다. 수많은 여성이 사교적인 행사에서 가짜 손톱을 사용하고 일을 할 때는 떼어낸다. 그리고 어느 지중해 나라에서는 젊은 남성들이 생계를 꾸려가기 위해 힘들고 거친 일을 할 필요가 없음을 과시하기 위해서 지금도 새끼손가락 손톱만을 길게 기르고 있다. 지중해를 찾아간 여성 관광객들이 이따금 적지않은 대가를 치르고 알게 된 바와 마찬가지로, 이 기다란 손톱들은 때때로 구애求愛와 성애性愛 과정에서, 고통스럽지만 제법 관능적이라 생각되는 꼬집기를 하는 데 쓰이고 있다.

손톱은 발톱보다 약 4배나 빨리 자란다. 어떤 문화권에서는 이 손톱을 놀라운 길이로 기르기도 한다. 손톱 길이의 세계 기록은 인도 푸나 지방의 쉬리다르 칠랄^{Shridhar Chillal, 1936~}이 가지고 있다. 그는 왼손의 손톱 길이를 통틀어 $115\frac{1}{2}$인치를 기르는 데 성공했으며, 길이 $29\frac{1}{2}$인치의 엄지손톱을 자랑했다. 이 비범한 성과는 그의 왼손에 30년 동안 온갖 정성과 관심을 쏟은 결과였다. 그 동안 그의 오른손이 모든 일을 해냈다.

가슴 THE CHEST

넓고 펑퍼짐하며 때로는 털이 난 남성의 가슴은 여성의 그것과는 선명한 대조를 이룬다. 이 차이는 사냥을 하며 오랫동안 진화하는 과정에 남녀 성간에 일어난 분업에 그 원인이 있다. 남성들은 좀더 뛰어난 운동선수가 되어야 했고, 이에 따라 보다 능률적인 호흡법이 필요했다. 폐가 커짐에 따라 가슴이 한층 늘어나고 무거워지게 되었다. 이 사실을 바탕으로 남성이 '자랑스럽게 가슴을 부풀어오르게 하는' 이유를 설명할 수 있다. 이렇게 함으로써 남성은 자신의 남성다운 신체 표적을 돋보이게 한다.

우리의 아득한 조상들이 생존 수단으로 사냥을 택하자, 인체에는 새로운 압력들이 가해졌다. 짐승을 잡으러 나가는 남성들은 호흡 장치를 개량하지 않으면 안 되었다. 그들의 숨이 모자라서 사냥이 어렵게 되면 식량은 바닥나게 되었다. 원숭이 및 유인원들과 비교해서 그들은 가슴을 키워야만 했다. 한층 큰 폐를 담기 위해서는 등뼈, 갈비뼈, 가슴뼈로 이루어진 골곽骨廓이 원통 모양에 훨씬 가까워야 했다. 그에 따라 길이와 넓이가 함께 자라났다. 남성의 가슴은 운동선수의 가슴으로 바뀌었다.

여성들은 다른 방향으로 발달했다. 임신과 젖먹이의 짐을 지게 된 여성들은 기동력이 훨씬 떨어졌다. 그녀의 가슴은 남성처럼 확대되지 않았다. 그것은 다른 방향으로 발달하여 갈비뼈 틀rip-cage은 자그맣게 그냥 남아 있었지만, 젖가슴이 보드라운 한 쌍의 반구체半球體로 부풀어올랐다. 이처럼 확대된 젖가슴은 두 가지 생물학적 기능을 갖게 되었는데, 그 하나는 모체parental의 기능이고 다른 하나는 성적sexual인 기능이었다. 모체라는 면에서 젖가슴은 거대한 땀샘이 되어 우리들이 젖이라 부르는 변질된 땀을 만들어낸다. 젖을 만들어내

모유 먹이기는 사람의 아기보다 원숭이 새끼에게 더 쉬운 일이다. 매달릴 수 있는 어미의 털가죽이 있고, 편리하게 납작한 가슴에 기다란 젖꼭지가 드리워져 있다. 인간의 경우는 어머니의 짧은 젖꼭지가 있는 유방이 아주 둥그스름하여 배가 고파 그 곳에 얼굴을 파묻는 아기에게 이따금 숨통을 막는 위험을 안겨 준다.

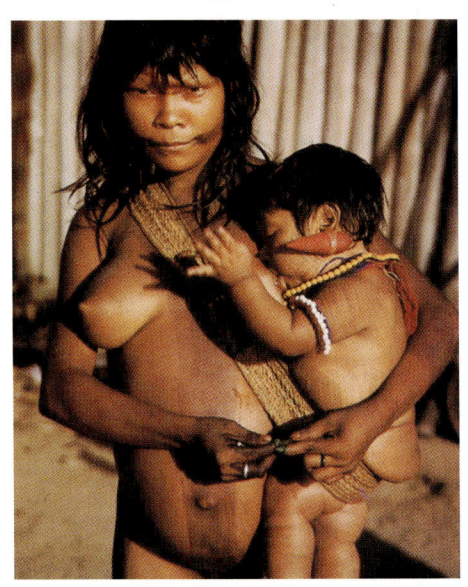

The sexual appeal of the female breasts to males is not infantile in origin

성인 여성의 가슴은 유별나다. 젖 분비를 하지 않을 때도 부풀어오른 유방을 자랑하고 있기 때문이다. 이 점은 영장류 가운데에서도 독특하다. 그것은 유방의 반구형(半球形)이 젖먹이기보다는 성적인 표현과 연관이 있음을 가리키고 있다. 여성이 젖 분비를 시작하고 젖이 나서 묵직해지면, 유방들은 3분의 1가량 부피가 늘어난다. 이로 미루어 그 크기의 3분의 2─유방의 반구형을 결정하기에 충분한 몫─는 모성(母性) 기능과는 상관이 없다.

는 선 조직 glandular tissues 은 임신중에 확장되어 젖가슴을 평상시보다 약간 커지게 한다. 이 조직에 봉사하는 혈관들은 젖가슴 표면에 한결 두드러진다. 젖이 형성됨에 따라 도관 導管 을 거쳐 공동 空洞, sinus 이라 불리는 특수 저장 공간으로 들어간다. 이들은 젖꼭지를 에워싸고 있는 흑갈색의 젖꽃판 乳頭輪, areolar patch 뒤, 유방 중심에 자리잡고 있다. 이 공동 空洞 에서 젖꼭지 하나마다 15~20개 정도의 수유관 lactiferous ducts 으로

▲ 그 형태가 어머니로서의 역할보다는 성적이기 때문에 여성의 유방은 관능적인 무용에서 곧잘 밖으로 드러난다. 그런 경우 지켜보고 있는 남성들의 반응이 유아의 그것이라는 견해는 심리 분석적 사고(思考)가 저지른 숱한 과오 가운데 하나이다.

◀ 남성의 가슴 근육은 여성의 그것보다 훨씬 무겁고 강력하다. 따라서 폐에 공기를 잔뜩 넣고, 때로는 고릴라처럼 손이나 주먹으로 불쑥 내민 가슴을 쾅쾅 치는 남성들의 호전적인 가슴 시위를 볼 때면, 그들의 가슴 근육이 관심을 끌게 된다.

연결되어 있다.

아기가 젖을 빨 때면 젖꽃판과 젖꼭지 전체를 입 속에 넣고 잇몸으로 갈색 살갗을 질겅질겅 씹으며 빨게 되는데, 이 때 젖꼭지에서 젖이 뻗쳐 나온다. 만일 젖꼭지만 입에 넣는다면 문제가 일어난다. 젖꼭지만을 빨면 바라는 젖이 제대로 나오지 않기 때문이다. 그러면 아기는 젖꼭지를 짓씹으며 이 욕구불만에 대응하지만, 이 방법은 어머니에게나 아기에게나 좋을 리 없다. 경험이 없는 어머니라도 머지않아 아기의 입에 유방을 훨씬 많이 넣어 물리면 배가 고파 앙탈하는 아기가

◀ 여성의 유방과 궁둥이가 놀랍도록 유사하다는 사실을 사진예술가들이 때때로 이용하고 있다. 그들이 창작해내는 쌍둥이 반구체의 메아리는 사실상 그 예술가에 의한 상상력의 도약이 아니라, 오래고도 느린 진화 발달의 성과를 반영하고 있다. 그 진화의 성과로 여성은 강력한 전면(前面) 성적 신호를 마련하게 되었다.

일으키는 고통을 피할 수 있음을 알게 된다.

젖꼭지를 에워싸고 있는 젖꽃판은 인류의 해부학적 특징으로 흥미를 끌고 있다. 처녀 상태의 여성들과 아직 어머니가 되지 않은 여성들은 그 부위가 분홍빛이지만, 임신 기간에 그 빛깔이 변한다. 임신 conception 2개월쯤 뒤부터 젖꽃판이 점차 커지면서 색깔이 훨씬 짙어진다. 젖 분비가 시작될 즈음에는 으레 흑갈색으로 바뀌고, 나중에 아기가 젖을 뗀 뒤에도 원래 처녀 시절의 분홍빛으로는 영영 되돌아가지 않는다. 기능으로 보아 이들 젖꽃판은 보호용인 듯하다. 그들은 이상한 지방질을 분비하는 특수샘들로 가득차 있다. 육안으로 보면 그 샘들은 색소있는 피부에 생겨난 '소름' 같다. 젖먹이 단계에 그것은 훨씬 커지고, 이것을 몽고메리 결절 結節: Montgomery's tubercles 이라 부른다. 이 분비물들은 젖꼭지와 그 주변의 피부를 보호하는 데 도움이 되며, 사랑이 담기기는 했으나 혹사당한 젖가슴 표면에 몹시 필요한 일종의 생물학적인 '피부 보호 손질'이다.

여성의 유방이 만들어내는 젖에는 단백질, 탄수화물, 지방, 콜레스테롤, 칼슘, 인 燐, 칼륨, 나트륨, 마그네슘, 철과 각종 비타민이 들어있다. 아울러 젖에는 젖먹이의 질병에 대한 저항력을 강화할 갖가지 항체 antibody 들이 들어 있다. 암소 젖이 모유 母乳 대용품으로 큰 결함은 없으나, 인 함량이 상당히 높아 어린이의 칼슘과 마그네슘 흡수에 장애를 줄 수 있다. 또한 일부 갓난아기들은 암소 젖의 단백질에 알레르기 반응을 나타내는 경우도 있다. 요즘 점차 많은 어머니들이 모유를 먹이고 있으니 슬기로운 자세가 아닐 수 없다. 그리고 모유 먹이

By mimicking the shape of the buttocks, the female breasts echo their primeval signal.

여성 유방의 보다 큰 부분이 지방 조직으로 이루어졌으며, 이 조직은 젖 공급이 아니라 유방에 둥근 모양을 마련해 주는 일을 하고 있다. 그 이외에 날씬한 몸매에 이례적으로 잘 발달한 가슴을 지닌 여성들은 초정상적 성 신호를 보내고, 그 신호는 남성들을 원초적인 수준에서 끌어당긴다. 현대의 착 달라붙는 의복에 지탱되지 않은 유방들은 걸어다닐 때 궁둥이와 비슷한 운동을 하는데, 이 궁둥이-모방(rump-echo)은 성 기능을 강화하는 데 이바지한다.

기는 어머니와 아기 사이에 사랑의 유대를 보다 굳게 묶어 주는 또 다른 보상이 따른다.

어머니의 젖은 아기를 기르기에 이상적인 반면, 그녀의 유방 형태는 젖을 먹이기에 완벽한 상태와는 거리가 멀다는 점을 지적하지 않을 수 없다. 우윳병 꼭지가 어머니의 젖꼭지보다 아기의 입에 젖을 물리는 데는 훨씬 더 적합하다. 이것이 진화상의 결함으로 보이더라도 여성의 유방은 모체와 성적인 이중 역할을 하고 있다는 사실을 명심해야 한다. 그리고 여기서 문제를 일으키는 것은 그 성적인 요소이다. 왜 이러해야 하는지를 알고자 한다면, 우리들의 가까운 친족인 원숭이와 유인원들을 곁눈질해 보면 도움이 된다.

다른 영장류들은 예외없이 젖 분비를 하지 않을 때는 암컷들의 젖가슴이 평평하다. 젖을 먹일 때는 젖꼭지 둘레가 젖으로 약간 부풀어오르지만, 그런 경우에도 인간 여성의 반구형 유방에 가까운 것이란 드물다. 젖 분비량이 유달리 많아 인간의 유방 형태에 가까운 극히 드문 경우라 하더라도 젖 분비가 끝나면 부풀어올랐던 젖무덤은 사라진다. 원숭이와 유인원들의 '유방'은 순전히 모체의 기능을 하고 있을 뿐이다.

우리 여성의 유방은 다르다. 젖이 가득할 때는 크기가 약간 늘어나지만, 그것은 모체의 기능과는 상관없이 젊은 성인기에 늘 돌출하여 단단한 형태를 갖추고 있다. 수녀와 같이 한평생 유방을 쓰지 않는 경우에도 볼록하게 나와 있다.

유방의 해부학적 얼개를 면밀히 살펴보면 그 부피의 태반이 지방 조직으로 이루어져 있는 반면, 아주 작은 부분만이 젖 생산과 연관이 있는 선 조직이다. 유방의 반구형은 모체로서의 발달 결과가 아니다. 그와는 달리 성적 신호 작용^{sexual signalling}에 관계된다. 이로 미루어 남자 어른들이 여성의 유방에 관심을 갖는 것은 '유아적^{infantile}'이거나 '퇴행적^{regressive}'이라는 주장들은 근거가 없음을 알 수 있다. 처녀나 젖 분비를 하지 않는 여성의 돌출한 유방에 호응하는 남성은 인류의 원초적인 성 신호에 반응하고 있다.

우리 여성이 보내는 성 신호로 한 쌍의 반구체에 대한 기원을 찾아내기는 어렵지 않다. 그 밖의 모든 영장류의 암컷들은 네 발로 돌아다니며 궁둥이 부위에서 뒤쪽으로 성 신호를 보낸다. 그들의 성적 융기^{隆起, sexual swellings}가 수놈들을 흥분시키는 핵심적 자극이다. 인간 여성의 뒤쪽 신호는 독특한 한 쌍의 궁둥이^{buttocks}라는 반구체로 이루어진다. 이것은 그녀를 뒤에서 보았을 때 강력한 성애^{性愛}의 신호로 작용한다. 그러나 그녀는 몸의 앞쪽을 보이지 않게 감추고 네 발로 기어다니는 다른 영장류들과는 다르다. 그녀는 꼿꼿이 서 있으며, 대부분의 사회적인 맥락에서 앞쪽을 맞대고 만나게 된다. 그녀가 어느 남성과 얼굴을 맞대고 서면, 그녀의 궁둥이 신호는 눈에 들어오지 않는다. 그러나 그녀 가슴에 한 쌍의 모방적 궁둥이^{mimic-buttocks}가 진화함에 따라서 그녀가 상대에게 등을 돌리지 않아도 원초적인 성 신호를 계속해서 전달할 수 있게 된다.

이러한 유방 발달상의 성적 요소가 매우 중요했던 까닭에 현실적으로 일차적인 모체의 기능을 방해하기 시작했다. 그 유방들은 궁둥이를 모방하려고 노력하며 반구형으로 너무 불거져서 아기가 젖꼭지를 빨기에 어려움이 있다. 다른 종들의 경우는 암컷의 젖꼭지가 길어서 새끼 원숭이나 유인원이 기다란 꼭지를 입에 넣어 젖을 빨기에 전혀 어려움이 없다. 그런데 동그란 유방을 가진 인간 어머니가 낳은 아기는 그리 길지 않은 젖꼭지를 에워싸고 있는 풍만한 곡선의 살덩어리에 거의 질식할 정도가 된다. 그러한 어머니들은 다른 종에게는 절대로 필요하지 않은 사전 주의를 해야 한다. 스포크^{Spock} 박사는 이렇게 충고한다. "아기의 코에 숨쉬는 공간을 마련하기 위해서 이따금 손가락으로 유방을 눌러야 할 필요가 있다". 또 다른 육아 지도서는 다음과 같이 지적하고 있다. "아기가 젖꼭지 주변에 있는 갈색 부위마저 입에 넣는 것을 보고 놀랄지도 모른다. 여러분은 아기가 숨을 쉴 수 있게 해 주기만 하면 된다. 아기가 젖을 먹으려고 서두르는 나머지 유방 조직이나 자기 윗입술로 콧구멍을 막을 위험이 있기 때문이다". 이와 같은 경고로 미루어 인간 유방의 이중적 역할은 의심할 여지가 없다.

비교적 유방이 작은 여성들은 곧잘 아기에게 모유를 먹이지 못할까 걱정을 한다. 역설적이게도 그들은 둥그스름한 유방을 가진 친구들보다 더 효과적으로 젖을 먹일 수 있다. 그도 그럴 것이, 그들에게는 유방에 성적인 반구형을 제공할 뿐 젖 공급과는 거의 연관이 없는 지방 조직이 훨씬 적다. 일단 임신을 하면, 다른 모든 임신부와 마찬가지로 그녀들의 선 조직^{腺組織}의 규모가 커지지만, 보다 묵직한 여성들과는 달리 유방이 둥글게 솟아오르지 않아 아기가 훨씬 수월하게 젖을 빨 수 있고 숨도 막히지 않는다.

성적인 역할에서 유방은 먼저 시각적인 자극^{visual stimulus}으로, 그리고 다음으로 촉각적^{tactile} 자극의 구실을 한다. 심지어 먼 거리에서도 그것은 일반적 남성의 그것과 성인 여성의 음영^{陰影}을 구분하기에 충분하다. 보다 가까이 다가서면, 이 엉성한 성별 신호는 한 층 미묘한 나이 지표^{age-indicator}에 자리를 물려 준다. 유방의 형태는 사춘기에서 노령에 이르면서 점차 변한다. 유방 측면상^{側面象}의 이같이 느린 변형 과정을 '여성 유방의 7시기'로 다음과 같이 간추려 볼 수 있다. (1)어린 시절^{childhood}의 젖꼭지 유방. 사춘기 이전 단계에는 오로지 젖꼭지만이 솟아 있다. (2)사춘기^{puberty}의 유방봉오리^{breast-bud}. 생식기의 첫머리에 월경이 시작되고 음경 둘레에 음모^{陰毛: pubic hair}가 나기 시작하며 젖꼭지 주변이 부풀어오르기 시작한다. (3)청년기^{adolescence}의 뾰족^{pointed}한 유방. 10대가 지나감에 따라 유방이 조금 더 커진다. 이 단계에 젖꼭지와 젖꽃판이 유방 위로 더 솟아올라 한층 뾰족한 원뿔 모양을 이룬다. (4)젊은 성인기$^{young\ adulthood}$의 단단한 유방. 인간이라는 동물의 이상적인 신체 연령은 25세이다. 이것이 신체 조건이 절정에 이르고 모든 성장 과정이 완성되는 단계이다. 20대에 여성의 유방은 가장 둥그런 반구형에 도달한다. 크기는 훨씬 늘어났지만, 그 무게가 아직은 늘기 이전이다. (5)육아기^{motherhood}의 풍만한 유방. 출산과 더불어 갑자기 확장된 선 조직들이 추가되어 젖이 가득한 유방이 활짝 부풀어올라 아래로 처지기 시작한다. 유방의 아래쪽 언저리가 가슴 피부와 겹쳐서 보이지 않는 주름을 만든다. (6)중년$^{middle\ age}$의 처져가는 유방. 성인의 생식기가 끝나감에 따라, 유방들은 젖 분비 단계의 풍만함을 잃은 뒤 가슴 위로 한결 더 처지게 된다. (7)노년기$^{old\ age}$의 축 늘어진 유방. 노년기에 접어들어 일반적으로 신체가 위축됨에 따라 가슴에 내려앉은 유방이 점점 납작해지고 살갗의 주름살이 늘어난다.

이들은 유방 노령화의 전형적인 단계이지만, 이 주제를 바탕으로 수많은 변형이 있다. 상대적으로 야윈 여성들은 이 과정이 어느 정도 느리게 진행되는 경향이 있고, 보다 살이 찐 사람들은 그 속도가 한층 빠르다. 성형수술$^{cosmetic\ surgery}$로 유방을 다시 세울 수 있고, 젊은 성년 단계의 단단함을 인위적으로 오래 지속시킬 수도 있다. 코르셋과 브래지어와 같은 의상의 보조 수단을 이용하여 유방을 직접 드러내 보이지 않을 경우에도 그와 똑같은 인상을 주기도 한다. 오랜 세월 동안 다양한 방법으로 여성들은 원초적인 여성 가슴 신호를 전달할 수 있는 기간을 연장하고자 했고, 단단하게 솟아오른 반구형 유방을 유지하려고 노력해 왔다.

지금까지 사회의 정서적 상황에 따라 여성 유방의 성적 효과를 억제해야 한다는 요구가 있어 왔다. 청교도들은 젊은 여성들에게 팽팽하게 조이는 보디스^{bodice}를 강제로 입혀 이 목적을 달성했다. 이런 보디스를 입으면 젖가슴이 납작해져서 성숙한 여성들마저 어린애와 같이 천진한 윤곽을 보여 주었다. 17세기 스페인에서는 젊은 부인들이 그보다 훨씬 가혹한 모욕을 참아야 했다. 그녀들의 젖가슴이 솟아나지 못하게 하려고 납판으로 가슴을 꽉 눌러 부풀어오르는 가슴을 짓눌렀다. 그처럼 무자비한 강제 조치들은 유방의 반구형이 지니고

The life-cycle of the female breasts.

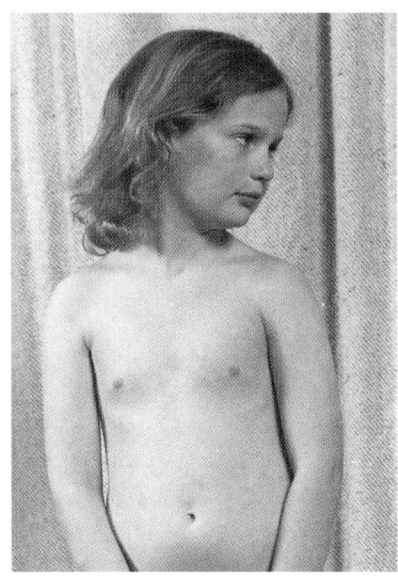

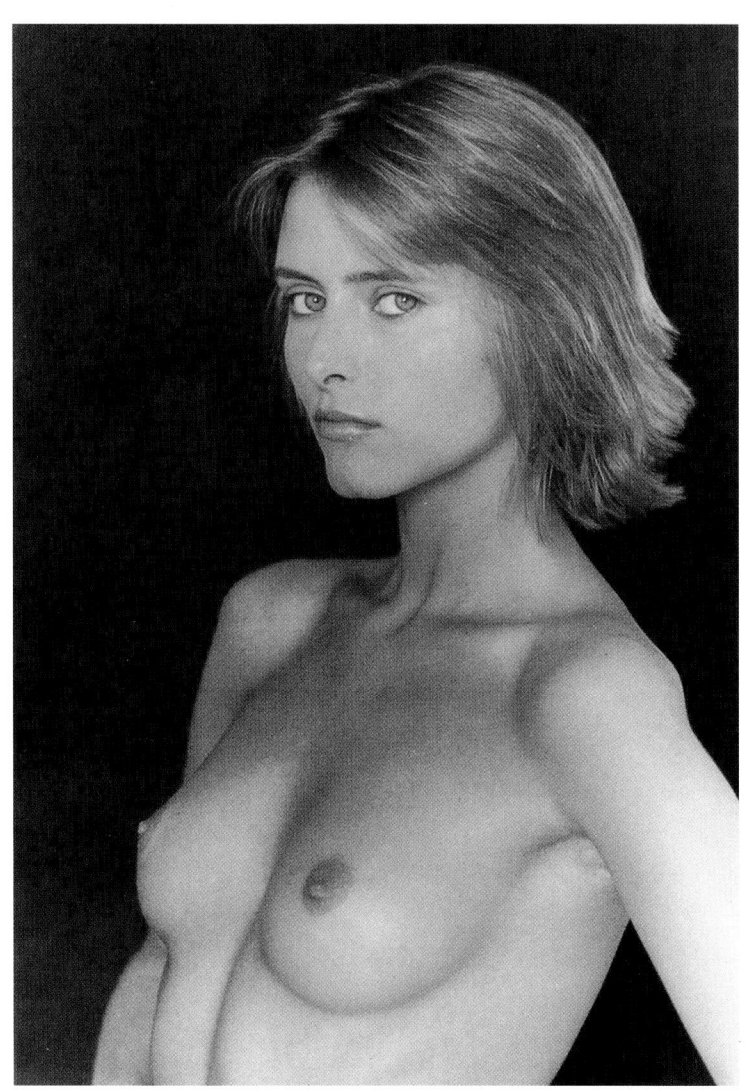

다른 영장류의 유방들은 임신과 젖 분비의 주기에 따라 오르내린다. 그와는 달리 인간 여성의 유방은 사춘기에 솟아올라 아주 노년에 가서 쭈그러들 때까지 성인기를 통틀어 불룩한 모양을 유지한다. 그들은 7단계를 거치는데, 그 중 5단계를 여기서 보여 주고 있다. 어린시절의 젖꼭지 유방, 젊은 성인시절의 단단한 유방, 자녀 출산기의 풍만한 유방과 사진의 배경에 있는 노년의 쭈그러든 유방, 그리고 중년기의 전형인 흔들거리는 유방이 있다.

▶ 유방에 관심을 끌기 위한 상반된 두 가지 방법이 있다. 그 한 가지는 거짓 수줍음을 과장하여 유방을 보호 또는 감추는 방법이고, 다른 한 가지는 유방을 들어올려 손의 도움으로 그 반구형을 강조하는 방법이다. 유행의 역사상 의복은 이들 두 가지 원칙을 기준으로 디자인해왔다. 한 시대에는 유방의 골짜기를 드러내었는가 하면, 다른 시대에는 목까지 상반신을 완전히 덮어 버렸지만 유방의 윤곽만은 결코 파괴하지 않았다.

있는 강렬한 성적 의미를 뒷받침하는 데 이바지할 따름이다. 사회가 그것을 부정하고자 그토록 발버둥친다면, 그것은 참으로 엄청난 힘을 지니고 있음에 틀림이 없다.

다행히도 대다수의 사회는 유방을 짓눌러 버리기보다는 덮는 것만으로도 정숙성의 충분한 표현으로 인정할 준비를 갖추게 되었다. 그러한 환경에서 이 덮개를 걷는 행위만으로도 중대한 성애의 자극으로 구실하게 되었다. 미술가와 사진작가들은 여러모로 이것을 이용해 왔다. 미술가들에게 완벽한 유방을 만들어내기란 어려운 일이

The tactile qualities of the breasts are also important stimuli.

아니다. 그들은 합리적인 테두리 안에서 그들이 좋아하는 유방형을 창출할 수 있다. 그들이 자연에서 지나치게 멀리 이탈하게 되면, 그 원초적인 신호가 일그러지고 그 충격은 사라진다. 그러나 그 기본적인 반구형을 일상적인 것보다 조금 더 반구형으로 만들게 되면, 실물보다 더 자극적일 수 있는 최고의 유방super-breast을 창조할 수도 있다.

사진작가는 그보다 더 어려운 과제를 안게 된다. 실제의 유방에만 그 소재가 한정되어 있으므로 그는 특수 조명이나 반구 신호를 드높이게 될 자세로 모델들을 배치하여 그 형태를 조작하는 데 온갖 희망을 걸 수밖에 없다. 물론 그는 은유적으로, 그리고 문자 그대로 유방 발달의 절정에 있는 모델들을 확인하여 동원할 수 있다. 최고의 유방을 잡아내기 위해 그는 최고의 발달 상태에 도달한 청년기의 유방 – 불어나는 무게로 인해서 아래로 처지기 직전의 – 을 가진 모델이 필요하다. 여기서 그는 상충하는 힘을 발견하게 된다. 풍만한 반구형 모양의 유방은 크기가 증가함에 따라 불가피하게 무게가 늘어나 유방을 밑으로 끌어내리기 때문이다. 여성의 일생에 유방이 최고로 돌출하면서도 가장 적게 밑으로 처지는 시점이 딱 한 번 있다. 가장 관능적인 영상을 만들어내려면 사진작가는 바로 그 때 셔터를 눌러야 한다.

에로 사진을 전문으로 하는 화보 잡지의 사진 전문가들이 최고의 유방을 가진 여성은 한 종류밖에 없다는 사실을 알게 되었으니 흥미롭다. 그녀의 나이는 일반적으로 예상하는 수준보다 조금 낮고, 구체적으로 말하면 10대 후반이다. 그리고 그녀의 유방은 평균적인 여성들보다 약간 빨리 성인의 풍만한 크기로 자란다. 이 때 그녀의 유방은 바라는 바와 같이 완벽하게 둥그스름하면서도 아주 젊은 여성의 그 단단함을 고스란히 간직하고 있다. 이 특수한 조건들의 결합이 잡지의 특별 페이지에 실리게 되는 바로 그런 유형의 영상을 제공하고, 남성 에로 잡지의 판매 부수와 수입을 결정하게 된다.

일단 여성 유방의 시각적 신호들이 그녀의 다른 육체적, 정신적 매력과 결합하여 남성 상대를 끌어들여 성적 접촉이 시작되면, 유방들의 촉감적 특면이 작용하게 된다. 성교 직전의 일련의 동작 중에 남성들이 입과 손으로 유방을 애무하는 경우가 흔하다. 이 동작은 여

여성의 유방은 지극히 기초적이고 원시적인 성 신호를 보내고 있으므로, 남성들에게는 뿌리칠 수 없는 촉감의 호소력을 지니고 있다. 손을 뻗어 만지려는 욕구가 사회적 제약으로 좌절당하는 경우가 많지만, 예로부터의 욕망을 만족시킬 기회들이 때때로 찾아온다. 이따금 여성들은 짐짓 그러한 관심을 끌기도 한다.

There may also be a scent signal at work.

성보다 남성을 훨씬 격렬하게 흥분시키고 있어, 여기에는 특수하고도 추가적인 자극이 작용하고 있을 가능성이 있다. 앞서 젖꼭지 둘레의 갈색 피부 부위에는 젖 분비 기간에 지방질을 내보내는 샘들이 들어 있다고 지적한 바 있다. 이것은 젖꼭지 부위의 지나치게 시달리는 살갗을 달래 주는 윤활유라는 주장이 있는데, 이것을 의심할 아무런 이유도 없다. 그러나 젖꽃판의 샘들이 원래 아포크린샘들이라는 사실은 성행위중에 여성 유방의 젖꼭지 부위가 실제로 남성의 코에 냄새 신호들을 보낼 수 있음을 암시하고 있다. 아포크린샘들은 겨드랑이와 성기 부위의 특수한 성 향기 방출에 관계된다. 그리고 비록 남성들이 이 샘들이 만들어내는 관능적 냄새를 의식적으로는 알지 못하더라도, 그들의 분비물들이 성적인 흥분을 돕는 무의식적인, 그러나 강력한 효과를 낳는다. 젖꽃판샘들은 이 냄새 신호 체계의 일부일 가능성이 크고, 이로써 성 상대의 육체를 더듬고 있는 남성들이 유방에서 그토록 많은 시간을 보내고 있는 원인을 설명할 수 있을 듯하다. 성적 흥분이 높아감에 따라 여성의 가슴이 몇 가지 선명한 변화를 겪게 된다. 젖꼭지가 꼿꼿이 일어나 길이가 최고 1센티미터까지 늘어난다. 그 유방 자체가 피로 가득차 전반적으로 부피가 25퍼센트나 불어난다. 이처럼 팽팽해지면, 그 표면 전체가 훨씬 민감해지는 효과를 가져오고, 교접하는 한 쌍의 육체의 접촉에 보다 적극적으로 반응한다.

성교의 극치가 가까워옴에 따라 다시 두 가지 변화가 일어난다. 젖꽃판이 단단하게 극도로 부풀어올라 젖꼭지를 덮기 시작하여, 극도로 흥분한 여성은 젖꼭지 발기력을 잃게 된다는 그릇된 인상을 주게 된다. 아울러 유방 표면과 가슴의 다른 부위에도 기이한 홍역 발진 같은 현상이 일어난다. 정밀성 조사의 대상이 되었던 여성의 75퍼센트에 이러한 '성적 붉힘 sex flush'이 일어난다는 사실이 밝혀졌다. 남성의 경우에는 그 빈도가 훨씬 떨어지지만, 동일한 조사에 참여했던 대상 중 25퍼센트에서 그런 현상이 관찰되었다. 그것은 남녀 양성이 성적 극치 직전 몇 순간에 일어날 확률이 가장 높다. 여성들에게서는 성적 극치에 도달하기 훨씬 전에 이따금 그런 현상이 일어나는 반면, 남성의 경우에는 마지막 순간에 가서야 일어난다. 비록 치

Chest decoration is usually restricted to painting or the wearing of pendant ornaments.

열한 성적 흥분을 경험하지 않고는 이러한 발진이 일어나지 않지만, 그 반대는 진실이 아니다. 남녀의 많은 사람이 극치의 경험이 풍부한 왕성한 성생활을 하면서도 성적 붉힘이 일절 일어나지 않는다. 사람들이 왜 이렇게 달라야 하는지는 알려져 있지 않다. 몹시 더운 환경이 그 발진을 일으키는 한 가지 중요한 요소로 지적된다. 다른 경우라면 성적 붉힘을 보여 주는 사람들일지라도 서늘한 환경에서는 그런 현상이 일어나지 않는다. 그와는 달리 몹시 더울 때는 그 발진이

부족사회에서는 우유 같은 대용식을 먹일 가능성이 없었으므로 젖먹이를 위해 유방을 완벽하게 보전해야 할 분명한 이유가 있어서 유방 일그러뜨리기는 아주 드물다. 그러므로 유방 장식은 대체로 그림 그리기나 그 위와 주위에 장식물 걸기에 그치고 있다. 도시 사회에서 벌어지는 한층 이색적인 전시 행위에도 똑같은 말을 할 수 있다. 다만 최근에 이르러 어떤 여성들이 괴기한 방법으로 이 규칙을 깨기 시작했는데, 고리와 쇠사슬을 꿰기 위해 젖꼭지에 구멍을 뚫었다. 어떤 경우에는 남성들도 그 뒤를 따랐다. 비교적 사소하기는 하지만 이러한 사태 발전은 새디즘-마조히즘의 세계에서 표출되는 예속 상태만이 아니라, 최근에는 모든 형태의 단정한 몸가짐에 맞서는 펑크족의 반항을 반영하고 있다. 누구든 그들을 지배하려 한다면, 황소의 코뚜레보다 훨씬 더 민감한 신체 부위를 고삐삼아 이끌어나갈 수 있어야 하기 때문이다. 이러한 개인의 취약성은 명백하게 나타난다. 따라서 이러한 젖꼭지 고리를 꿰고 있다는 것은 노예와 같이 끌려다니고 싶다는 욕망이 있거나 혹은 아무도 감히 그럴 수 없으리라는 외관상 완전한 두려움의 부재(不在)를 암시하고 있다.

일차적인 가슴을 훨씬 넘어 이마와 허벅다리 부위까지 퍼져나간다.

우리들 모두가 당연하게 받아들이고 있는 사실 가운데 하나가 인간의 여성들에게 오로지 2개의 유방밖에 없다는 생각이다. 그러나 반드시 그렇지는 않다. 200명의 여성들 가운데 약 1명꼴로 3개 이상의 유방을 가지고 있다. 여기에 불길한 조짐이라고는 전혀 없고, 여분의 유방들은 으레 아무런 기능도 하지 못한다. 때로는 그것이 추가적인 젖꼭지에 불과하고, 때로는 젖꼭지가 없는 작은 유방봉오리이다. 그것은 바로 우리 옛 조상들의 흔적이다. 대다수의 다른 포유류와 마찬가지로 우리의 아득한 조상들은 몇 쌍의 젖을 가지고 있었고, 이로써 한배의 많은 자녀들을 먹일 수 있었다. 우리들의 한배의 수효가 하나 또는 이따금 둘로 줄어들자 젖꼭지 숫자도 그에 비례하여 줄어들었다.

몇몇 유명한 여성들은 3개 이상의 유방을 가지고 있었다. 로마 황제 세베루스^{Alexander Severus, 208?~235}의 어머니 줄리아^{Julia}는 유방이 많다고 해서 줄리아 마마에^{Julia Mamaea}라는 이름이 붙여졌다. 그보다 놀라운 일은 루브르박물관에 있는 저 유명한 밀로의 비너스를 가까이에서 자세히 조사해 보면 3개의 유방이 나타난다. 이것을 무심코 보아 넘기게 된다. 셋째 유방은 젖꼭지가 없고 작은 유방봉오리에 지나지 않기 때문이다. 그것은 오른쪽 유방 위, 겨드랑이 가까이에 자리잡고 있다. 헨리^{Henry} 8세의 불운했던 아내 앤 불린^{Ann Boleyn} 역시 셋째 유방이 있었다고 전해지며, 의학상 기형을 담은 저서들에는 충실히 기록되어 있는 주장이기도 하다. 그러나 이 경우에는 이른바 세 번째 유방이 '마녀 짓^{witchcraft}'의 누명을 씌울 근거가 되었을 가능성이 컸다. 한때 마녀들은 3개 이상의 젖꼭지가 있어서 그것으로 그들의 심부름꾼을 먹여 살렸다고 믿었으며, 마녀 짓을 한 죄가 있다고 생각된 여자들은 때때로 그들이 못된 짓을 한 뚜렷한 증거가 있으리라는 이유로 몸수색을 당했다. 독실하게 기독교를 믿던 마녀 사냥꾼들은 숨겨진 젖꼭지를 찾느라 마녀의 혐의가 있는 여인의 가장 은밀한 구석까지 샅샅이 뒤지기도 했다. 무사마귀나 검은 점 가운데 큰 것, 때로는 약간 큰 음핵^{陰核}만으로도 그 불운한 주인공을 화형^{火刑}에 처하기에 모자람이 없었다. 앤 불린이 셋째 유방을 가지고 있었다는 풍문은 그녀

▲ 고대 에베소의 다이애나 또는 아르테미스는 거의 예외없이 '많은 유방이 달린 땅의 여신'이라는 말을 들어왔다. 그러나 이것은 남성들이 구형(球形)에 가까운 대상에서 아주 쉽게 유방 상징을 찾아낸다는 사실을 반영하고 있을 따름이다. 그녀는 처녀 어머니(Virgin Mother)로, 신비로운 생식 능력의 상징물은 유방이 아니라 의식에 따라 거세된 황소의 고환으로 장식됐다는 사실이 최근에 와서야 밝혀지게 되었다.

가 간악하여 죽어 마땅하다는 암시를 주기 위해 처형에 즈음하여 일부러 지어 퍼뜨렸을 가능성이 컸다.

역사상 유방이 많기로 가장 유명한 여성은 에베소^Ephesus의 다이애나^Diana – 또는 아르테미스^Artemis – 이다. 풍만하게 조각된 그녀의 가슴은 몇 줄씩 빽빽하게 들어찬 유방들을 자랑하고 있다. 그 조각상들 가운데 어떤 것들은 20개가 넘는 유방이 있다. 사실이 그럴까? 좀더 자세히 들여다보면, 이 유방들 중에 어느 것도 젖꼭지나 젖꽃판이 없다. 그들은 한결같이 '장님 유방들^blind breasts'이다. 최근에 고대 아나톨리아의 이 어머니 신 숭배를 좀더 자세히 조사한 결과 전혀 새로운 해석이 나오게 되었다. 이 사례를 과소평가해서 말하더라도 다이애나의 가슴은 오랫동안 생각해 온 것보다는 호의적인 장소가 아니다. 그 여신의 대사제^arch-priest는 거세를 해야 했던 것으로 보인다. 그녀의 시중을 들기 위해 그는 스스로 거세하여 그녀의 제단 가까이에 고환을 묻어야 했다. 지금까지 발견된 새김글에 따르면 어느 정도 세월이 흐른 뒤부터는 사제를 대신하여 거세 의식^castration ceremony에는 황소들을 사용했다. 황소의 거대한 고환을 제거하여 향유에 절였다가 거룩한 조각상의 가슴에 경건하게 걸어놓았다. 애초의 조각은 나무였으나, 그 모형들을 돌로 만들었고 거기에는 희생의 제물이 된 황소의 고환들이 주렁주렁 달려 있었다. 그 위대한 어머니^Great Mother가 많은 유방을 가지고 있다는 오랜 과오를 일으키게 된 원인은 이 부정확한 석상^石像들을 연구한 데 있었다. 여신의 가슴에 고환을 덮어 놓으면 그 안에 들어 있는 수백 만의 정자들이 그녀에게 정받이를 시키리라 생각했던 것이다. 이 수정 작용은 아주 절묘하게 이루어져 그 어머니는 처녀로 남아 있는 채 정받이가 이루어졌고, 이 주제가 그리스도의 탄생과 연관되어 다시 나타났다.

그와는 전혀 다른 유형의 유방 신화가 아마존^Amazons이라고 알려진 여성 무사들로 이루어진 고대 국가를 에워싸고 있다. 그들과 그 국가가 과연 실존했었는지 의심스럽지만, 일찍이 저술가들이 남긴 기록에 따르면 그들은 여성만의 무서운 공동체를 형성하여 활과 화살로 끊임없이 이웃 주민들을 공격했다. 그들은 한층 능률적으로 화살을 쏘기 위해 사춘기의 모든 처녀들의 오른쪽 유방을 불태워 없앴다는

Nipple-piercing is rare in tribal societies.

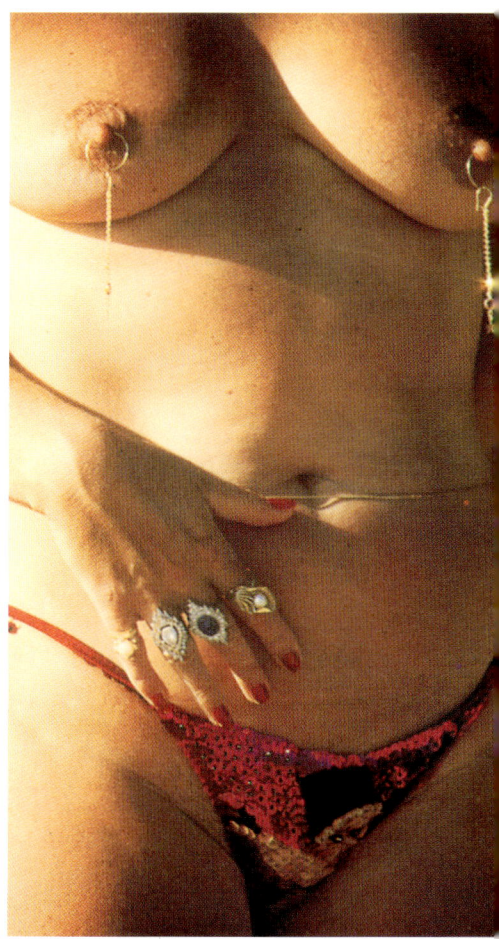

말이 전해졌다. 다른 사람들은 걸리적거리는 유방을 아예 잘라 버렸다고 주장했다. 이러한 설화를 지지하는 사람들에게는 불행한 일이지만, 이 표독한 여성들을 담은 고대의 모든 예술작품은 온전한 유방 둘을 가지고 있는 모습으로 그녀들을 그리고 있다. 만약 그들이 존재했었다면, 전투중에 오른쪽 유방을 납작하게 누를 수 있는 한 쪽만의 가죽 제복을 입었을 가능성이 훨씬 크다. 아마존이라는 명칭을 문자 그대로 풀이하면 '유방이 없다^{a-mazos}'는 뜻이다.

최근에 와서 기묘하게도 서양인들이 관능적이고 장식적인 목적으로 그들의 유방을 일그러뜨리기 시작했다. 이러한 사례들이 드물기는 하지만 상당히 널리 퍼져 사회학자들이 경계하게 되었는데, 그들 중 한 사람은 젖꼭지와 배꼽, 음순^{陰脣}의 신체 부위를 에로틱하게 뚫어 쇠사슬이나 보석 등을 꿰는 새 유행이, 여성 할례^{female circumcision}라는 아프리카의 관습을 불법화하려던 정당한 입법 행위를 어렵지 않게 앞질러 가로막을 수 있었다고 단정한 바 있다.

현대의 젖꼭지 뚫기는 아마도 안전핀으로 살갗을 뚫어 거기에 쇠사슬을 걸고 다니는 펑크 록 유행의 변형인 듯하다. 이것은 본질적으로 이색적인 성 관행의 세계에서 나온 예속 징후군^{隸屬徵候群: bondage syndrome}의 일부이다. 부족사회에서 유방의 인위적 손상은 모유 수유를 방해하는 명백한 이유로 극히 드물다. 그것이 우유 먹이기를 대안으로 할 수 없는 곳이라면 더욱 심각한 장애가 된다.

가슴의 몸짓에는 두 가지 중요한 상징적 요소들이 담겨 있다. 가슴 부위는 '자아^{自我: self}' 또는 여성의 경우에는 성감대^{性感帶: sexual zone}를 대표하는 데 사용되고 있다.

'자아'로서의 가슴은 말하는 사람이 주격 또는 목적격으로서의 '나'라는 개념을 강조할 때마다 볼 수 있다. 그는 이 낱말을 사용할 때면 손가락으로 가슴을 만지거나 두들긴다. 아주 행복한 순간에는 가슴 안기^{chest-hugging} 몸짓을 하게 되는데, 이 때 그 사람은 바로 자신의 가슴을 포옹한다.

가슴을 한껏 부풀리거나 손이나 주먹으로 가슴을 치는 것은 많은 문화권에서 공통되는 남성적인 전시 행위이다. 그것은 확신을 의미하고, 가슴 부위가 그 인간 전체를 대표하듯 이용하기도 한다. 이 '자

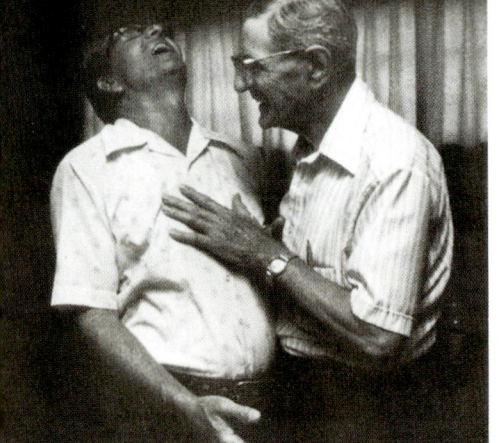

The origin of the Hand-on-heart gesture.

아' 부위를 덮어 버리는 동작은 그와 반대되는 신호로 작용할 수 있다. 동양에서는 가슴에 팔짱을 끼고 절을 하는 동작이 겸손의 표시가 된다. 고대 그리스에서는 왼손을 가슴에 올리면 노예가 복종을 맹세하는 기호의 구실을 했다. 그리고 아랍인들 사이에서는 입, 이마와 더불어 가슴을 만지는 것이 공손한 마중 인사의 한 형태이다.

옛날에 애도자^{哀悼者}들은 슬픔을 이기지 못하여 가슴을 열어젖히거나 가슴을 두들겼다. 오랜 문헌에 따르면, 한 어머니는 떠나가는 아기를 보고 슬픔을 보여 주기 위해 젖가슴을 드러내어 갓난아기 시절에 그를 얼마나 정성들여 먹이고 돌보았는가를 일깨웠다고 전한다.

성적인 가슴 신호 중에는 손으로 유방 들어올리기, 가슴 내밀기, 유방을 흔들거나 그 모양을 강조하는 춤 동작들을 비롯하여 갖가지 형태들이 있다. 이 모두가 그 여성의 성적 반구형에 눈길을 끌어모은다. 그 중에서도 제일 극단적인 사례가 구식 스트립쇼에서 유방에 장식술^{tassel}을 달아 추는 유명한 춤이 있다. 이 때 연기자들이 두 유방을 한쪽 방향으로 돌렸다가 다시 반대 방향으로 돌리면 술들이 그 뒤를 따른다.

손으로 자신의 유방을 짜고 있는 고대의 조상^{影像}들에 대한 오해를 풀기 위해 마지막으로 한 마디 할 필요가 있다. 한결같이 이들을 어머니 여신^{Mother Goddess}의 형상들이라고 불러왔고, 그들은 유방을 관능적으로 떠받쳐 강조하고 있노라고 생각했다. 그러나 사실은 그렇지 않다는 것을 현대에 와서 알게 되었다. 고대의 무덤에서 발견된 이 형상들은 애도자들의 모습이었다. 오랜 옛날에 여성들은 자신의 유방을 때리기도 하고 짜기도 하는 애도 의식^{mourning ritual}을 하게 되었다. 가령 이 때 그들이 젖을 분비하고 있었다면, 그 이차적 효과로 이따금 유방을 눌렀을 때 젖꼭지에서 젖이 길게 죽 뻗쳐 나왔다. 결국 이 동작마저 어떤 의식에 포함되었을 가능성이 있다. 인류학자들이 놀라운 사실을 발견했다. 아주 구석진 곳에 있는 어떤 부족사회에서는 수유기^{授乳期}에 있는 여성들이 돌발적인 충격을 받았을 때 그와 비슷한 반응을 일으켰는데, 겁에 질려 유방을 움켜쥐고 누르면 젖이 몇 피트 앞까지 뻗쳐나갔다.

가슴에 손을 얹는 동작은 지극히 오래되어 고대 그리스 또는 그 이전으로 거슬러 올라간다. 충성의 표시로, 아울러 맹세하는 방법으로 이용되어 지금에 이르렀다. 그리스 노예들에게는 복종의 몸짓으로 주인의 명령을 기다리고 있다는 신호였다. 오늘날 그 동작을 가장 흔하게 볼 수 있는 곳이 미국이다. 거기서는 국가(國歌)가 연주될 동안 군대식 거수경례 대신 민간인들이 이를 사용하고 있다. 그 기원은 아주 분명하다. 그것은 심장 위에 손을 얹음을 상징하는데, 이러한 맥락에서 심장 그 자체가 무엇을 대변하는지는 그다지 분명하지 않다. 현대에 와서 심장이 정서와 감정의 상징으로 생각되고 있으나, 심장 위에 손 얹기가 시작되던 그 시대에는 해석이 이와는 달랐다. 당시에는 심장이 그 사람의 정수(精髓)—그의 지능과 존재의 중심—로 생각되었다. 고대인들이 심장 위에 손을 얹고 섰을 때는 상징적으로 감촉하고 있던 대상이 바로 이 인간의 정수였다. 일찍이 그 시대에는 뇌를 단순히 심장의 지능(知能)이 사용하는 도구로만 보았다. 오늘날에도 여전히 우리들에게 영향을 끼치고 있는 이 기원으로 말미암아 다른 사람의 가슴에 손을 얹음은 일반적으로 연인 사이 또는 아주 가까운 친구 사이에서만 가능한 상당히 친밀한 동작이다.

등 THE BACK

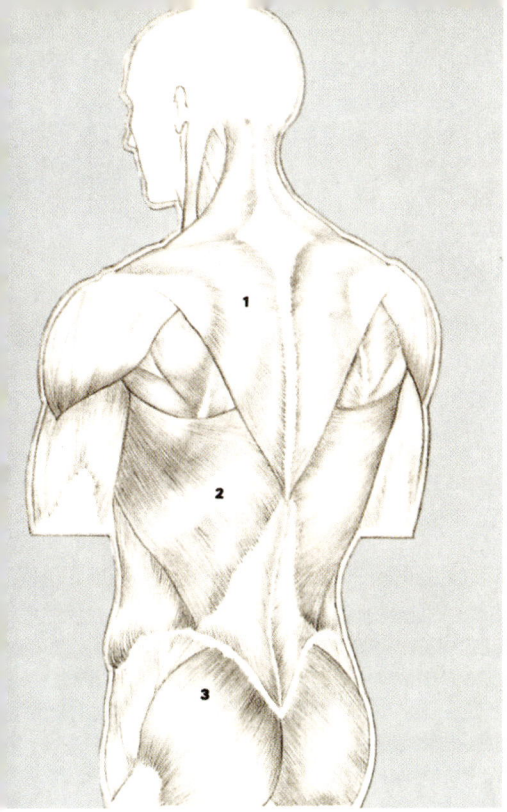

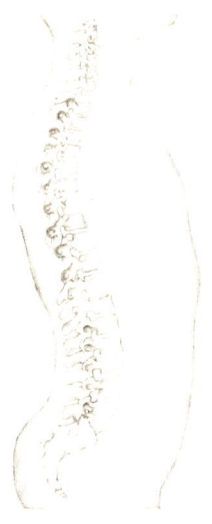

인간이 수직 자세를 취하게 되면서 등근육에 무거운 짐을 지우게 되었다. 등에는 위쪽에 있는 (1)승모근(僧帽筋)과 중간에 있는 (2)중배근(中背筋), 아래쪽에 있는 (3)둔근(臀筋)이 있다. 만약 우리들이 운동할 때 꼿꼿이 힘차게 지탱해 주는 이들의 일상적인 과업을 과소평가하면, 이 모든 근육이 등의 과로로 인해서 고통을 당하게 된다.

사람의 등은 신체 부위 중에서 가장 일을 많이 하면서도 가장 적게 알려진 부위이다. 우리들의 먼 조상들이 뒷다리만으로 일어선 이래로 우리들의 배근背筋, 등근육은 지나치게 혹사당하며 일하지 않으면 안 되었고, 일생의 어느 시점에 끈질기게 괴롭히는 배통背痛에 시달려 보지 않은 사람이 드물다. 이 때야 비로소 우리들은 대부분의 동작을 멈추고 우리들의 등을 인체의 독립된 일부라는 생각을 하게 된다. 다른 경우에는 '눈에서 멀어지면 마음에서도 멀어진다'는 속담의 실례가 되지만, 등을 돌려대고 줄지어 서 있는 사람들 가운데서 자신을 알아낼 수 있는 사람은 극소수에 불과하다.

오랫동안 고생하고 있는 우리들의 등을 좀더 자세히 보려는 수고를 아끼지 않는다면, 신체의 지지支持와 척수脊髓 보호라는 이중의 기능과 함께 절묘하게 결합된 뼈들과 근육 무리를 발견하게 된다. 척수는 길이 18인치가량에 지름은 ⅝인치를 약간 넘고 보호를 필요로 한다. 거기에 심각한 일이 일어나면 휠체어를 써야 한다. 우리의 등은 첫째는 3겹의 층으로, 둘째는 충격 흡수용 액체로, 그리고 셋째로는 우리들이 등뼈backbone라 부르는 단단하고 타격 저항용 외피로 그 척수를 안전하게 감싸고 있다. 물론 한 마디로 등뼈라고 부를 수 있는 것은 없고, 길게 잇달아 붙어 있는 33개의 뼈가 있을 따름이다. 이들은 척골脊骨: vertebrae이며, 거기에는 5가지 형태가 있다. 경추頸椎: cervical/neck vertebrae는 운동 각도가 놀랍고, 주위의 세계를 자세히 살피며, 우

▶ 털이 난 남성의 등이 성적인 매력이 있느냐에 대해서는 여성들의 의견이 엇갈리고 있다. 어떤 여성들은 선천적으로 털이 더 많은 남성의 육체가 더욱 돋보이고 강한 인상을 주기 때문에 에로틱하다고 본다. 이렇게 본다면 그것은 초정상적(supernormal)인 성별 신호가 된다. 다른 여성들은 그것이 인간의 상태 이하로 떨어지는 듯한 인상을 주기 때문에 유인원에 가깝고, 따라서 성적인 매력을 감소시킨다고 생각한다. 아울러 그들은 남성을 포옹할 때 감각적으로 매끈한 살갗의 감촉이 더 매혹적이라는 점을 강조한다.

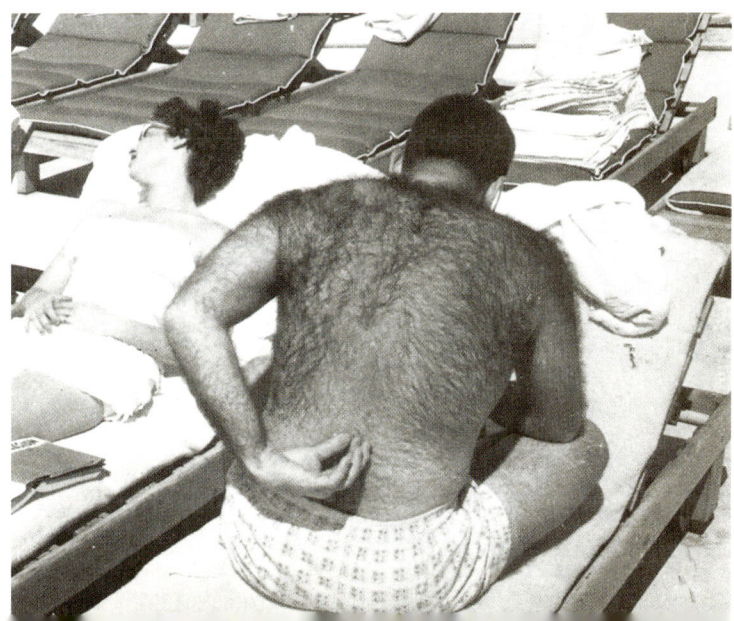

THE BACK

등근육을 발달시키려고 특별히 정성을 들이지 않는 한, 우리들이 힘차게 들어 올리거나 기어오르는 동작을 할 때 등 근육을 상하게 할 위험이 항상 도사리게 된다. 우리들의 등을 햇볕에 드러나게 하면 근육의 혈액 순환을 돕게 되고, 숙달된 안마사의 안마를 받으면 오늘날 수많은 도시인들이 시달리고 있는 근육의 긴장을 풀 수 있다.

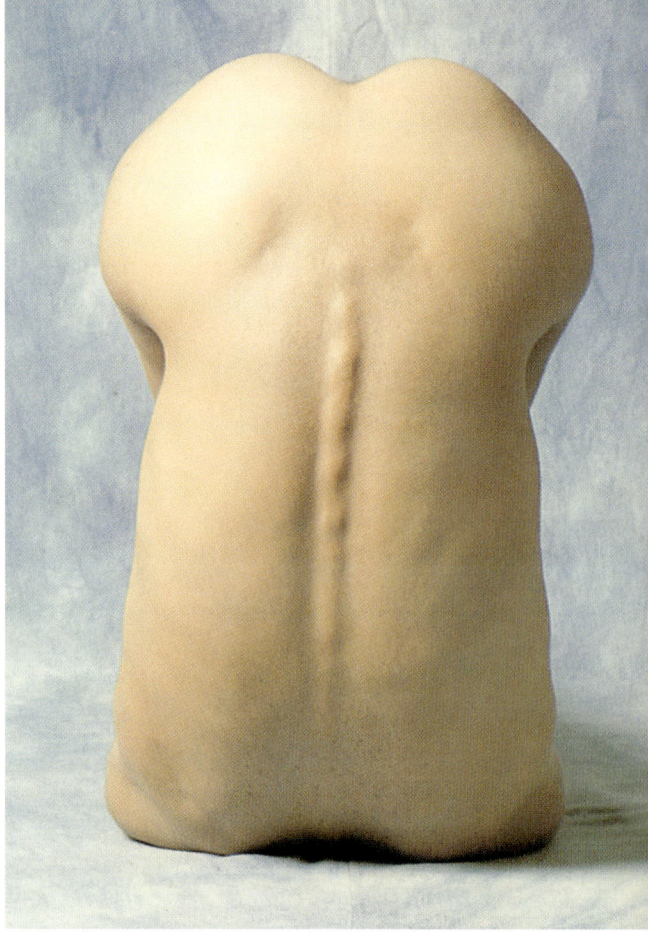

리들의 얼굴을 보호하는 데 지극히 요긴한 일체의 다양한 동작을 할 수 있는 기능을 갖추고 있다. 여기에는 모두 7개의 뼈가 있다. 다음으로 흉추$^{胸椎: thoracic/chest\ vertebrae}$는 그 으뜸가는 역할이 갈비뼈들을 잡아 주는 닻의 작용을 하는 데 있으므로, 경추보다 기동성이 훨씬 떨어진다. 이 흉추는 12개의 뼈로 이루어진다. 요추$^{腰椎: lumbar/loin\ vertebrae}$는 이들 가운데 제일 무겁고 튼튼하며, 몸무게의 절반 이상을 싣고 다니는 일을 하고 있다. 우리들이 몹시 두려워하는 배통$^{背痛: backache}$이 가장 습격하기 쉬운 부위가 바로 이 곳이다. 모두 5개의 뼈가 여기에 있다. 그 다음에 성례$^{聖禮: sacral}$ 추골과 꼬리^{coccygeal} 추골이 있다.

성례 또는 '거룩한^{sacred}' 추골들은 요추 밑에서 하나로 융합되어 휘어진 천골$^{薦骨: sacrum}$을 형성한다. 이 뼈는 5개의 추골로 이루어졌지만, 융합하여 하나로 작동하고 있다. 척주$^{脊柱: spine}$ 밑동에 있는 이 삼각형 뼈를 거룩하다고 생각했다니 이상한 느낌이 들 수도 있지만, 무속^{巫俗} 세계에서는 신체에서 가장 중요한 뼈로 지정되고, '거룩한 뼈들$^{holy\ bones}$'을 이용한 점술^{占術}이 포함되는 제의^{祭儀}에서는 특별한 역할을 하고 있다. 아울러 그것은 인체의 영원불멸한 영혼을 담은 뼈라고 생각했다. 그러나 대다수의 사람들은 등의 밑바닥에 '영혼^{soul}'이 자리잡고 있다는 주장에는 기괴하고 이치에 맞지 않는 무엇이 있다는 느낌을 갖고 있다. 마녀들의 안식일에 의식을 갖추어 키스하는 대상이 이 천골이라는 데서 이와 같은 주장이 나오지 않았나 짐작된다.

꼬리 추골$^{coccygeal\ vertebrae}$은 등뼈 가운데서 가장 작고 제일 아래에 있다. 그들 역시 함께 융합되어 미골$^{尾骨: coccyx}$을 이루고 있다. 이것이 우리들이 지니고 있는 영장류의 꼬리로서 지금까지 남아 있는 것의 전부이다. 그런데 이 작고 뾰족한 뼈의 영어 이름을 붙인 사연은 천골^{薦骨}의 경우보다 훨씬 기이하다. 미골의 영어 낱말 'coccyx'는 '뻐꾸기^{cuckoo}'라는 의미이다. 누구나 우리들의 꼬리 흔적과 뻐꾸기라는 새 사이에 무슨 연관이 있을까 하고 고개를 갸우뚱할 것이다. 그 해답은 그 뼈의 별난 모양에서 찾을 수 있다. 일찍이 해부학자들은 그 모양이 뻐꾸기의 부리를 연상시킨다고 주장했다. 우리 신체 부위 가운데 일부는 유쾌하면서도 특이한 과정을 거쳐 그 이름을 얻게 되었다.

등 근육 계통은 지극히 복잡하지만, 주로 3개의 단위로 이루어진다. 등 위쪽에 있는 승모근$^{僧帽筋: trapezius}$, 등 중간의 중배근$^{中背筋: dorsal\ muscles}$, 그리고 아래쪽의 둔근$^{臀筋: gluteus\ muscles}$이 그것이다. 배통의 사례들은 대부분 이 근육들이 여러모로 힘에 겨워서 일어나게 된다. 특수한 의학 문제들을 제외한다면 한 가지 주요한 이유는 문명화되고 도시화한 환경에서 운동량이 부족하여 등이 고통을 당하게 된다는 것이다. 등 근육을 사용하지 않아 허약해졌을 경우에 잘못 써서 쉽게 다치게 된다. 자세가 나쁘거나 갑자기 익숙하지 않은 격한 행동을 하여 근육에 긴장을 주게 되면 고통을 겪게 된다.

좋지 못한 자세는 일정한 작업 형태에서 일어나며, 이 때 신체는 몇 시간이나 계속하여 특정한 위치를 지켜야 한다. 아울러 선진화된 사회에서 집집마다 푹신한 가구에서 보내는 여가 시간이 많아짐에 따라 그 자세가 적지 않은 문제로 떠올랐다. 운동이 부족한 도시인들은 오랜 시간 텔레비전을 보고, 대화를 하거나 독서를 하면서 어머니의 몸에서 안정을 구하는 갓난아기처럼 평안을 찾아 푹신한 의자나 침대에 몸을 파묻는다. 정서적으로는 포옹하듯 부드러운 가구들이 안정과 평온감을 자아내지만, 신체적으로는 훌륭한 모양으로 척주를 갖추기 위해 용감하게 싸우고 있는 등 근육에 무거운 짐을 지우고 있다. 푹신한 표면에 파묻히거나 흐트러지고 혹은 웅크리고 있는 사람이 체중 과다일 경우에 이 부담이 유달리 가혹하다. 임산부들은 태아의 무게를 싣고 다니는 필연적 위험 부담으로 배통을 앓게 되리라 미리 각오하고 있다. 그러나 같은 부위에 거의 비슷한 짐을 싣고 다니는 배불뚝이 남성들은 비슷한 증세로 앓기 시작하면 곧잘 놀라기도 한다.

앞으로 몸을 굽혀 기중기처럼 등을 사용하여 무거운 물체를 들어올리는 동작은 인체를 흔히 인내의 한계 너머로까지 시험하는 또다른 오용誤用의 고전적인 본보기이다. 선사시대의 사냥꾼들이 새로 잡은 짐승의 사체를 들어올려 어깨에 메고 다니던 시절에는 이 같은 유형의 동작에 이렇다 할 위험이 없었겠으나, 교통수단의 신세를 지고 출퇴근하는, 책상에 묶인 정신노동자들이 현대에 와서 이런 동작을 하기에는 상당한 위험이 뒤따른다.

정신적인 긴장 역시 사람의 등을 파괴할 만큼 심각하다. 정신적인 번민과 불안에 의한 신체적 긴장으로 인해서 등 근육에 장시간 압력이 가해질 수도 있다. 결국 그로 말미암아 통증이 일어나기 시작하고 이것이 원인이 되어 더 큰 고통이 일어나면, 원인과 결과가 서로 뒤얽혀 마침내 의사를 찾게 된다. 흔히 이 과정은 처음에는 거의 눈에 띄지 않게 시작되며, 두뇌를 지배하는 정신적 문제로 시작되어 그 이차적 효과를 완전히 무시하다가 대처할 시간을 놓치고 만다. 배통의 으뜸가는 원인 중 하나가 성적 욕구불만 sexual frustration인 듯하고, 때로는 성행위를 크게 늘리면 치료된다는 의견이 나오기도 한다.

고통에서 쾌감으로 말머리를 돌려 보면, 이따금 등은 색정적 심상心象의 세계에서 힘찬 자태를 드러내곤 했다. 일본인들은 성적 매력이라는 측면에서 이 부위를 유달리 좋아한다. 일본의 기모노는 입는 사람의 신분에 따라 목의 뒷덜미에서 정확한 길이로 재단되어 있다. 기혼 여성이라면, 그녀의 척주가 보여 주는 고혹적인 선이 보일락말락 하지만, 그녀가 게이샤藝者인 경우에는 기모노가 뒷덜미에서 떨어지게 재단되어 있다. 그녀가 남성 손님 앞에 꿇어 엎드리면, 빳빳한 의상 속으로 감질나게 드러나 보이는 그녀의 등을 엉덩이까지 얼핏 볼 수 있다.

서양에서는 의상 디자이너들이 가끔 등에 색정적인 역점을 두었다. 앞을 높이 가린 의상을 입게 되면, 관심이 뒤로 돌아가게 되어 낮게 잘려나간 선이 등의 위쪽을 거의 드러내기도 한다. 이 경향의 극단적인 변형이 1967년에 나온 웅가로Ungaro의 유명한 점프수트jumpsuit였는데, 이 옷은 궁둥이 홈 꼭대기까지 등이 완전히 드러나 있었다. 이

제대로 살이 붙은 여성의 등 아래쪽 궁둥이 바로 위에는 한 쌍의 천골동(薦骨洞)이 보인다. 요즘 유행하는 살이 빠진 날씬한 등에는 잘 드러나지 않으나, 한때는 이 엉덩이 보조개들을 대단한 미인의 특징으로 생각했었다.

유행의 역사상 몸의 다른 부분을 가린 채 등을 노출시키는 것은 억제된 에로티시즘을 표현하는 역할을 하는 경우가 적지 않았다. 벌거벗은 살갗을 활짝 드러내면서도 구체적으로 성기의 세부를 노골적으로 드러내지 않는 데 그 성공 비결이 있다. 특히 일본에서는 등을 격렬한 색정적 관심을 자아내는 부위로 보아왔다.

The back as a zone of erotic interest.

경우 그 궁둥이 홈은 여성의 윗가슴 부위와 등의 아래쪽을 연관짓는 '갈라진 틈의 모방^{cleavage-echo}'을 만들어냈다. 아울러 그 옷을 입은 여성은 그녀의 천골 보조개^{sacral dimple}와 '미하엘리스의 마름모꼴^{lozenge of Michaelis, 독일 산부인과 의사 Gustav Adolf Michaelis, 1798~1848가 설정한 골반 뒷면에 있는 다이아몬드형의 부위=역주}'을 드러내 보일 수도 있었다. 이것들은 여성의 등이 지닌 세부 형상으로, 과거에 흔히 남성의 정욕을 열렬한 강박관념의 수준으로 끌어올렸다. 이것들은 요즘 극도로 인기를 끌고 있는 날씬한 몸매에서는 그다지 뚜렷하게 드러나지 않지만, 보다 풍만한 여체^{女體}가 유행하던 시절에는 아주 닳아빠진 바람둥이들이 즐겨 화제에 올린 대상이었다. 그들 2개의 보조개는 궁둥이 부위 바로 위 척주 밑동 양쪽에 있는 함요^{陷凹}로 나타나며, 남녀에 모두 있지만, 그 부위에는 지방층이 두터우므로 여성의 등에 한층 뚜렷이 드러난다. 남성의 경우에는 잘 구별이 되지 않아, 겨우 18~25퍼센트 정도만이 간신히 보인다. 고전 세계에서는 이 여성들의 보조개에 대한 매력이 대단했고, 고대의 시인들은 그들을 찬양하는 노래를 지었다. 그리스의 조각가들 역시 그들에게 사랑이 넘치는 눈길을 보냈다. 여성 뺨에 있는 보조개의 성적 매력이 궁둥이 가까이 있는 양쪽 뺨에 또다른 보조개의 존재와 밀접한 연관이 있을 가능성이 없지 않다. 미하엘리스의 마름모꼴은 천골 보조개 사이에 자리잡은 다이아몬드형의 부위로, 예전에는 이들 역시 에로틱한 관심의 초점이었다.

일찍이 상징의 세계에서 등은 척주의 집이라는 것 이외에 이렇다 할 역할을 하지 않았다. 척주 그 자체도 하늘에 다다르는 뇌라는 원초적 우주 나무^{cosmic tree}의 복제품으로 보았다. 마케도니아 사람들은 시체가 썩으면 그 등뼈가 뱀이 된다고 믿었다. 다른 해석에 따르면, 인간의 척주는 길이요, 사다리이며, 막대기였다. 중세에는 척주의 '정수^{精髓: essence}'는 비범한 혜택을 준다고 믿었으며, 등뼈를 보통 이상으로 가지고 있는 사람은 누구나 행운이 가득하다고 생각했다. 이런 이유로 곱사등이의 혹을 만지면 행운이 온다고 했다. 이 같은 믿음은 지금도 지중해 연안 일부 지역에 살아 있고, 그 곳에서 실크 모자에 연미복을 입은 미소짓는 곱사등이를 묘사한 자그마한 플라스틱 부적을 살 수 있다. 또한 그것은 어쩐지 운이 좋으리라는 느낌이 든다

Sacral dimples and the lozenge of Michaelis.

는 의미를 지닌 무엇에 대해서 '예감이 든다^{I have a hunch, 여기서 'hunch'는 곱사등이의 혹을 가리킨다.=역주}'는 영어 어구도 살아 있다.

등은 인체 부위 중에서 보다 표현력이 풍부한 부위 중 하나라고는 할 수 없다. 심지어 '등을 올린다^{to get my back up}'는 표현마저 인간의 자세가 아니라 성난 고양이의 등이 활처럼 휘는 것에 바탕을 두고 있다. 그러나 우리들은 기분의 변화에 따라 등을 구부리고 뻣뻣이 세우며, 휘게 하는가 하면 흔들고 비틀기도 한다. 나아가서 보디빌딩 선수들은 등의 근육을 물결치게도 한다.

일부 노인들의 경우 등을 앞으로 구부리고 걷게 되는데, 이는 만성적이고 영구적인 자세가 되고 있다. 이 자세는 절하기, 무릎꿇기, 머리 조아리기와 엎드리기라는 하위 종속적 행위의 긴요한 일부가 된다. 이들 모든 행동의 중추적인 요소는 그 행위자의 낮은 신분에 맞추어 몸을 구부리는 것이다. 오늘날에는 고개를 약간 숙이는 데 지나지 않으나, 과거에는 그 동작이 지배적인 인물에게 등을 완전히 보여 주어야 할 만큼 극단적으로 구부려야 했다. 사실 이것이야말로 하위자가 그에게 등을 보여 줄 수 있는 유일한 방법이었다. 꼿꼿이 선 채로 그에게 등을 돌려대는 것은 용서할 수 없는 무례한 행위라 생각했다. 요컨대 깊숙이 순종의 자세를 취하고 누구에게 등을 보이는 것은 몸을 낮추는 데 그치지 않고 완전히 상대방의 공격에 몸을 맡기는 자세가 되지만, 누구에게 등을 돌리는 것은 거부의 적극적인 움직임이다. 이 같은 이유로 하위자들이 고위 인사 앞에서 물러나거나 어전^{御前}을 떠날 때 뒷걸음질을 해야 할 필요가 있었다. 심지어 오늘날에도 이 형식적인 절차는 남아 있으며, 혼잡한 파티에서 흔히 그 흔적을 찾아볼 수 있다. 잠시 얼굴을 맞대고 난 친구로부터 돌아서려는 사람이 고개를 돌려 '내 등을 용서하게^{excuse my back}'라고 말한다. 그리고 방금 소개받은 사람으로부터 매정하게 등을 돌리는 행동은 이 날까지도 중대한 모욕으로 간주되고 있다.

등을 돌리는 동작이 함께 있는 사람을 고의로 무시하는 무례한 행동이라고 한다면, 등을 뻣뻣이 세우는 몸짓은 난폭한 행동을 할 신체적인 대비 태세를 암시하는 위협적 행동이다. 그러므로 군인들은 등을 뻣뻣이 세우는 특별한 훈련을 받고, 그들이 긴장을 풀고 쉴 때

The cultivation of the female back muscles.

▶ 여성의 보디빌딩이라는 새로운 현상이 연약한 여성의 등근육을 어느 정도까지 발달시킬 수 있는지 실증해 주었다. 특수 훈련을 하면 거의 어떤 여성이든 책상에 묶인 도시의 평균적인 남성을 넘어서는 수준까지 등근육을 강화할 수 있다.

도 일반 시민들보다 좀더 공격적인 인상을 준다. 동시에 등을 세우면 전체적으로 키가 좀더 커지는 효과를 가져오는데, 이런 변화가 지배적 지위를 과시하는 데 도움을 준다. 의기소침이나 우울증^{depression: 이 낱말은 의기가 저하하는 정신 현상만이 아니라 공교롭게도 침하, 함몰 등의 물리적 현상을 가리키기도 한다}과 더불어 일어나는 등의 내려앉음은 몸을 약간 낮춤으로써 지배력 상실의 신호들을 전달하고, 복종을 표시하는 절 동작의 첫 단계와도 같은 인상을 주게 된다. 등을 휘게 하는 것^{arching}과 꿈틀대는 것^{wriggling}은 훨씬 성적인 움직임이다. 전자는 여성의 궁둥이가 뒤로 돌출하게 하고(여성의 등은 쉬고 있을 때도 선천적으로 남자보다 더 휘어져 있다), 후자는 여성의 곡선과 윤곽을 강조하는 데 도움이 된다. 말할 나위 없이 등의 윤곽은 남성과 여성 사이에 놀라운 차이가 있으며, 여성은 아래쪽이 넓은 반면 남성은 위쪽이 더 넓다.

우리들이 자신의 등에 접촉할 때는 몇 가지 특징적인 동작이 있다. 제일 간단한 동작이 '뒷짐지고^{arms-behind-the-back}' 서 있거나 걷기이다. 이것은 한쪽 손의 주먹을 다른 손바닥으로 감아쥐는 동작이고, 고위 인사들이나 특히 왕족과 정치 지도자들이 자신을 위해 마련한 특별 전시나 활동을 시찰하는 공식 행사에서 취하기 좋아하는 자세이다. 이 자세는 극단적인 지배력을 과시하는 행위이며, 조마조마한 '팔 앞으로 십자짓기^{body-cross}'와는 정반대이다. 후자는 일종의 안전 장치로 몸 앞쪽에서 두 팔로 십자를 짓는 것이다. 뒷짐지기 자세는 자신의 지배력이 자신만만하여 전면 보호를 전혀 할 필요가 없음을 보여 주고 있다. 교장들 역시 학교 구내를 걸어다닐 때 그런 자세를 취하여 그 특정한 영역 안에서 누리고 있는 자신의 지배력을 과시한다.

뒷짐지기 자세를 '지배력'으로 해석하는 이 논리에는 외관상 한 가지 결함이 있다. 군대에서 지휘자가 하위 장병들에게 "열중 쉬어!" 하고 구령을 내리면 바로 이 뒷짐지기 자세를 취한다. 그러나 이 경우에는 그들이 공격을 받을 수 있는 취약한 자세를 취하도록 강요당

등은 그 넓고 펑퍼짐함으로 인해서 문신(文身)과 같이 치밀한 장식을 하기에 가장 인기있는 부위 중 하나로 손꼽힌다. 등이란 주인공을 사진이나 거울을 통해 잠시 볼 수 있을 뿐이라는 제약 때문에 그것을 감상할 수 없는 한 가지 단점이 있다. 문신을 받는 사람으로서는 가장 훌륭한 '화폭'이 가장 불리한 위치에 있다니 신체 설계상의 커다란 역설이 아닐 수 없다. 이러한 등 문신들을 '전통적인 반(反)유행의 궁극적인 형태'라고 일컬어 왔다. 그들은 끊임없는 변화와 스타일 주기(週期)에 경제적인 생존을 걸고 있는 패션계를 웃음거리로 만들고 있다.

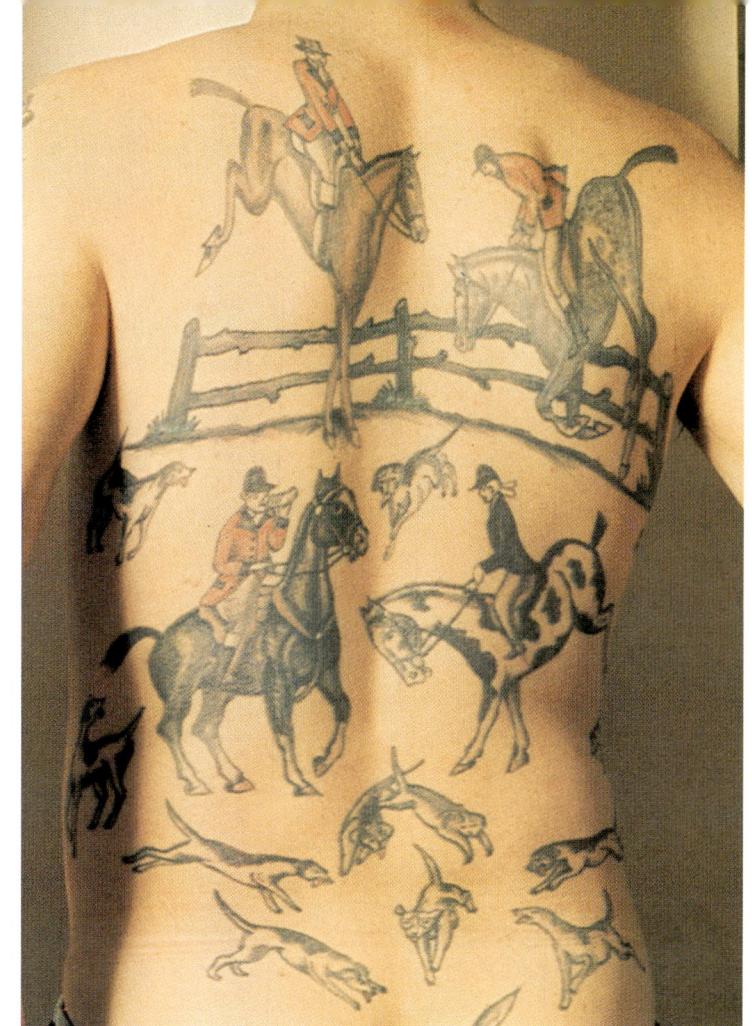

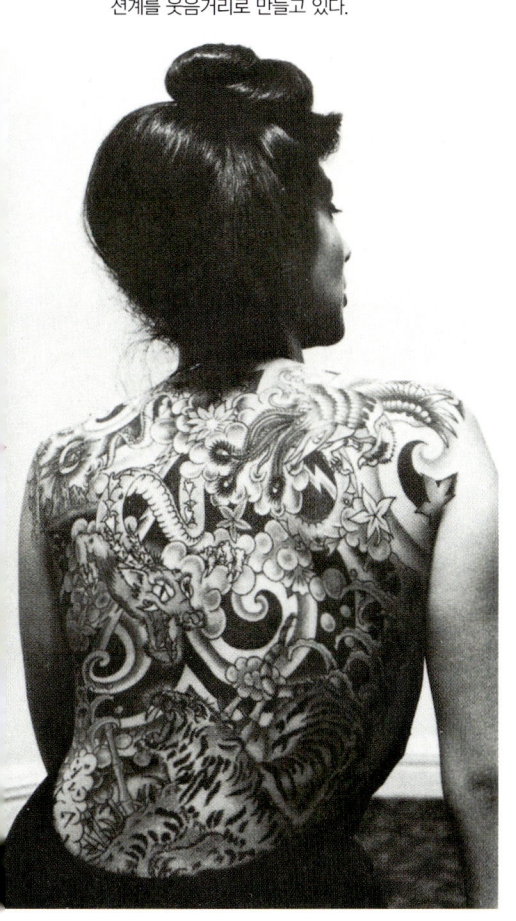

했으므로, 겁없음을 과시하기 위해 의도적으로 선택한 자세와는 전혀 다르다.

우리 자신의 등과 접촉하는 또다른 이유에는 상대의 눈에 띄지 않게 몰래 몸짓을 하려는 의도가 들어 있다. 이를테면 어린이가 거짓말을 할 때 등 뒤로 손을 돌려 둘째와 셋째 손가락을 꼰다. 이런 경우 손가락을 꼬는 동작은 거짓말할 때 하느님의 가호를 빌며 몰래 성호 聖號를 그리던 초기 기독교도들의 관습에서 나왔다.

또한 우리들은 가려울 때 자신의 등을 긁으려고 최선을 다한다. 그런데 그 일을 완전히 해내기가 어렵다는 점은 "당신이 나의 등을 긁어 주면, 내가 당신의 등을 긁어 줄게요"라는 어구로 요약되고 있다. 사실 우리들이 스스로 자기 등에 접촉할 수 있는 길이란 극히 적지만, 다른 사람들이 우리 등을 접촉하는 데는 여러 가지 중요한 방법이 있으며, 그 중 가장 중요한 것이 관습으로 굳어지다시피한 '등 토닥거리기 pat on the back'이다.

등 토닥거림은 위로나 다정함, 축하 등 단순히 기분이 좋다는 표현이 거의 세계적이다. 이 행동이 그처럼 널리 퍼지고 언제나 동일한 의

What the hands-behind-the-back posture implies.

뒷짐을 지고 걷는 것은 지배자의 자세이다. 두 손을 앞으로 맞잡고 방어적 장벽을 쌓는 몸 앞으로 십자 짓기의 불안한 자세와는 정반대이다. 뒷짐지기 자세로 나가는 사람은 몸의 앞부분이 완전히 노출되어 안정과 지배 의식을 보여 주게 된다.

미를 가져온 데는 모든 인간 접촉의 가장 기본적인 형태인 포옹의 축소판이라는 데 기인한다. 아주 어린시절 우리에게 아낌없는 안전과 사랑을 말해 주는 동작이 있다. 어머니가 팔로 감싸안으며, 우리들의 등을 부드러운 손의 감촉으로 지그시 누르는 포옹은 일차적인 보살핌과 사랑의 인체 신호가 되며 안정을 느끼게 된다. 그 상황이 상당히 강렬하고 격정적이었을 경우에는 우리들이 성인이 되어서도 완전히 몸을 맡기는 포옹을 하며 힘차게 끌어안는다. 그러나 그보다 열기가 떨어질 때는 우리들이 그 축소형 – 등 토닥거리기 – 으로 돌아서고, 이것이 원형적인 몸짓이 되어 우리 신체를 충분히 일깨워 준다. 시름에 잠긴 사람에게 해 주는 짧고도 잔잔한 토닥거림은 갓난아기 시절부터 들려오는 오랜 메아리로 남아 있으므로, 그 신체적 접촉의 단순함과 짧음과는 비교도 안 될 강력한 위로 장치의 역할을 한다.

그 밖에도 흔한 접촉의 형태로는 등 안내^{back-guide}가 있다. 이 때 우리들은 훨씬 많이 이용하는 팔뚝이나 팔꿈치 대신 가볍게 등에 손을 대고 상대방에게 방향을 지시한다. 등 안내가 상대적으로 횟수가 많은 팔뚝이나 팔꿈치 안내보다는 조금 더 친밀하다. 두 사람이 앞으로 나갈 때 그들의 몸이 훨씬 가까워지기 때문이다. 실제로 방향 지시를 하지 않으면서도 이와 관계가 있는 등에 손대기 형태가 가벼운 손접촉^{hand contact}이다. 이것은 두 사람이 함께 서서 같은 방향을 보고 있을 때 '내가 여기 있음을 당신에게 알려요'의 신호이다. 이 동작의 보다 친밀한 변형이 등에 기대어 쉬기^{back-rest}이고, 이 때 상대방의 등을 의지하고 기대어 사용한다.

그 크고 펑퍼짐한 넓이로 인해서 등은 문신^{文身}과 같이 세밀한 장식을 하는 가장 인기있는 부위 중 하나이다. 전 세계의 용감한 남녀들의 등에는 고통을 참아가며 새겨넣은 문신 예술이 화려하게 전시되어 있다. 일본의 야쿠자들은 온몸을 덮는 소용돌이와 유동적인 영상들로 이루어진 가장 아름다운 본보기들을 자랑하고 있으며, 유럽 선원들의 전통적인 문양 역시 굉장한 마력을 지니고 있다. 거기에는 인기있는 익살 주제의 문신이 있다. 등 전체가 사냥 장면으로 문신되어 있고, 위에서 아래까지 말들과 사냥개들이 여우를 추적하고 있는데, 그 여우의 꼬리가 궁둥이 사이로 막 사라지려는 찰나의 것도 있다.

배 THE BELLY

사람의 배는 존슨^{Samuel Johnson, 1709~1784} 박사에 의해 정확히 설명된 바 있다. 그는 배를 '젖가슴 아래에서 허벅다리에 이르고, 내장을 담고 있는 신체 부위'라고 했다. 성기를 배제함에도 불구하고 그 부위는 생식기에 아주 가까워 지금까지 정도의 차이는 있으나 여러모로 검열을 받아왔다. 빅토리아^{Victoria, 1819~1901, 재위 1837~1901} 시대에는 배^{belly}라는 낱말을 사용하는 것만으로도 점잖지 못하다고 생각하여 이를 대신하는 낱말을 찾아야만 했다. 배에는 위가 들어 있고, 위는 '말 못할^{unspeakable}' 성기에서 뚝 떨어져 높직이 올라가 있으므로, 빅토리아인들은 배앓이^{belly-ache}를 위앓이^{stomach-ache}라 해야 한다고 규정했다. 따라서 배에 가해진 펀치는 위에 가해진 펀치가 되었다. 해부학적으로 부정확한 이 표현이 얼마나 깊이 뿌리를 내렸는지, 빅토리아 시대의 겉치레 언어가 이미 멀리 사라진 지 오래인 현대에도 살아남아 있다. 빅토리아 시대의 보육학교에서는 '위^{stomach}'라는 낱말마저 지나치게 해부학적이라고 해서 '터미^{tummy}'라는 새로운 낱말로 바꾸었다. 그리하여 1860년대에는 위앓이^{stomach-ache}는 다시 터미앓이^{tummy-ache}가 되었고, 그 용어 역시 끈질기게 살아남아서 현대 사회의 뒤안길에 빅토리아 시대의 유산이 아직도 기웃거리고 있음을 우리들에게 일깨워

❤ 지난 날 남성 배불뚝이는 출세와 부유함을 자랑하는 표식이었고, 식사를 마음껏 할 수 있는 경제적 여유를 과시하는 역할을 했다. 그러나 오늘날 굶주림의 공포를 벗어던진 선진국에서는 배불뚝이가 그 위광을 잃고 건강하지 못한 무절제의 상징으로 바뀌고 말았다.

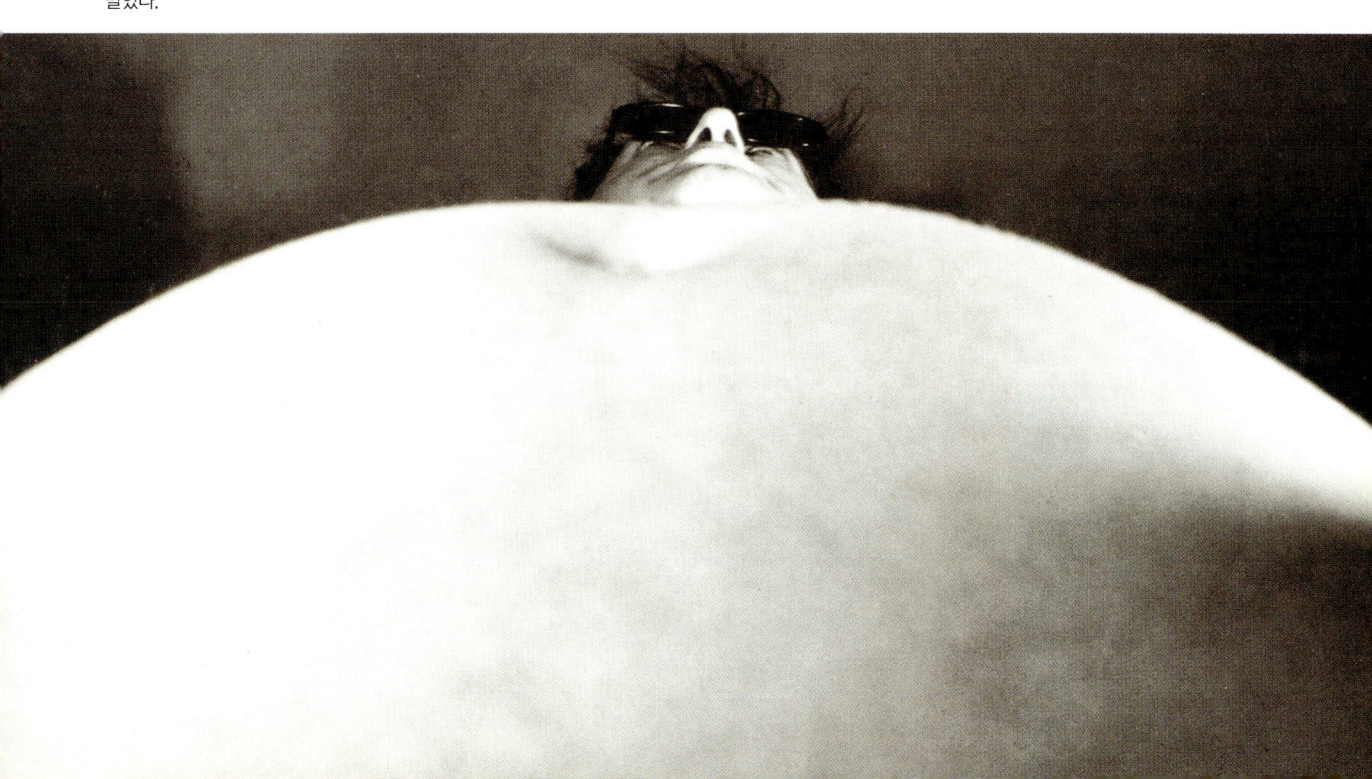

일본의 스모 선수들은 두 가지 이유로 어마어마한 배를 키우고 있다. 배가 클수록 몸이 무거워 상대방을 씨름판에서 들어내기가 수월해진다. 아울러 몸의 무게 중심이 아래로 내려와 뒤집어엎기가 훨씬 어렵게 된다. 그들은 매일 특별한 국을 먹고 배를 키운다. 이 국을 창코나베(또는 창코 요리라고도 함=역주)라고 하는데, 생선, 닭, 쇠고기, 돼지고기, 달걀, 채소, 설탕과 간장을 넣어 만들고, 12공기의 밥과 맥주 6핀트를 곁들여 먹는다.

서양의 배불뚝이는 동양에서와는 달리 격식을 갖추어가며 키우지는 않는다. 프로레슬링에서 그 연극적인 요소와 더불어 거대한 배의 무게 중심을 바꾸는 장치라기보다는 심리적인 억제 장치로 활용한다. 배가 거창하게 불어난 직업 정치가들 역시 그들의 주장에 상징적인 무게를 더하기 위해 배를 이용한다.

주고 있다.

한 계급은 배를 위가 있는 부위로 정중하게 올렸는가 하면, 다른 집단은 그것을 무리하게 성기로까지 끌어내렸다. 다같이 부정확하면서도 방향을 반대로 잡은 그들은 배를 음모^{陰毛} 위가 아니라 아래 부위를 가리키듯 말했다. 일찍이 정부^{情婦}를 가리키는 속된 표현의 '복부^{belly-piece}'라고 했고, 남성의 음경은 '아랫배^{belly-ruffian}'라 불렀다. 성욕은 '배 가려움증^{itch in the belly}'이라 표현했고, 교접은 '배 일^{belly-work}'이라고 했다.

다음으로 부정확한 표현은 배라는 단어를 자궁^{子宮}과 동의어로 사용하는 것이었다. 일정한 범죄를 저지르면 여성 범죄자들을 처형하던 시절에 임신부는 사형을 면제한다는 규정을 바탕으로 한 '배 탄원^{belly-plea}'이라는 수법이 잘 알려져 있었다. 대다수의 교도소에는 '차일드 게터^{child-getters}'라 불리던 남성들이 있었고, 그리 쉽지 않은 그들의 업무는 수감자들이 '배를 근거로 탄원할^{plead their bellies}' 자격이 있는

지 확인하는 일이었다.

　이 글을 써나가는 목적에 적합하도록 여기서는 앵글로 색슨의 원초적인 의미로서의 '배belly' – 신체 앞쪽의 아랫부분으로 가슴 아래에서 성기 위쪽으로 위와 내장을 포함하며, 여성의 경우에는 자궁이 들어간다 – 를 기준으로 한다. 의학 용어로는 복부abdomen이다.

　이 신체 부위에는 자랑할 만한 표면의 랜드마크들이 거의 없다. 배꼽navel/umbilicus, 여기에 대해선 나중에 자세히 설명하기로 한다을 제외하고, 한복판에 백선白線, linea alba이라 부르는 오목한 줄이 있을 뿐이다. 전형적인 성인의 경우, 이 선은 배꼽에서 수직으로 올라가 가슴의 아래쪽에 이른다. 날씬하고 단단한 신체를 적절한 옆광선으로 본다면, 백선은 살 위의 좁지만 또렷한 함요陷凹로 드러나 신체의 왼쪽 근육들이 오른쪽 근육들과 만나는 자리를 보여 준다. 젊고 근육질인 사람들은 배꼽 위뿐만이 아니라 아래서도 이 선을 찾아볼 수 있다. 그러나 어느 사람이든 나이에 상관없이 비만인 경우 배꼽의 위아래 어느 쪽에서도 그 선을 가려내기 어렵다.

　배 부위에는 약간의 성별 차이sex difference들이 있다. 여성의 배는 남성의 그것보다 아랫부분이 더 둥그스름하다. 또한 여성의 배는 남성보다 신체적인 비례로 보아 더 길고, 배꼽과 성기 사이가 좀더 멀리 떨어져 있다. 두 남녀가 비슷하게 평균적인 체격이라고 전제할 때, 전형적인 여성의 배꼽은 남성의 그것보다 좀더 깊숙이 들어간다. 이러한 차이들은 인간의 여성이 남성보다 더 크고 둥그런 배를 가지고 있다는 말로 요약할 수 있고, 미술가들은 이 특징을 곧잘 과장한다. 그와는 대조적으로 젊고 군살없는 남성은 작고 납작하고 눈에 띄지 않는 배를 가지고 있으며, 그 부정적인 성질에 성적 매력이 있다.

　남성과 여성이 나이가 들어감에 따라, 그들의 신체는 한층 무거워지고 배가 커진다. 만약 그들이 과거에 이름지은 '배의 격려belly-cheer' 또는 '배의 재목belly-timber' – 말을 바꾸어 음식 – 을 지나치게 좋아하다가는 오래지 않아 후회막심하게 또는 자랑스럽게 배불뚝이가 된다. 식량이 부족하던 옛날에는 흔히 두둑한 배를 자랑스럽게 내밀고 거드름을 피웠다. 부족사회의 처녀들은 신랑을 맞이하기 위해 배에 살을 올렸고, 출세한 기업가들은 떡 벌어진 조끼에 금시계 줄을 걸치고 다녔다. 영원한 젊음을 갈구하는 새로운 인체의 청교도적 사상이 그 모든 것을 바꿔 놓았다. 이제 나이를 가리지 않고 남녀 모두에게 홀쭉한 배가 오늘날의 지배적인 유행이다.

　배 유행의 이 같은 변화에는 한 가지 이례적인 부차적 효과가 있었다. 그로 인해서 배꼽의 모양이 달라졌다. 뚱뚱한 몸매의 사람들은 배꼽이 대체로 동그란 모양circular shape을 하고 있지만, 호리호리한 사람들의 그것은 수직 세장형垂直細長型: vertical slit일 가능성이 더 크다. 과거에 몸매가 훨씬 풍만한 여성들을 소재로 했던 미술 작품들을 자세히 조사한 결과 그 절대다수(92퍼센트)가 동그란 배꼽을 하고 있음이 드러났다. 현대의 사진 모델들을 대상으로 같은 조사를 하니 그 숫자는 54퍼센트로 떨어졌다. 따라서 오늘날의 날씬한 여성들은 보다 풍만했던 선배들보다 수직 세장형 배꼽을 하고 있을 확률이 6배나 높다.

　그러나 이러한 배꼽의 변형 운동에는 단순히 체중 감소 이상의 의미가 담겨 있다. 보다 날씬한 몸매가 하는 일이라고는 수직 세장형 배꼽을 하나의 가능성으로 볼 뿐이다. 실제로 그렇게 보이게 하는 것은 궁극적으로 그 모델의 자세에 따라 결정된다. 심지어 가장 호리호리한 여성일지라도 몸을 앞으로 구부리면 배꼽은 동그란 모양을 하게 된다. 그러므로 의식

Two ways of cultivating the male belly.

적이든 무의식적이든 현재의 풍조는 수직 세장형 배꼽을 한층 더 강조하는 방향을 겨냥하고 있는 듯하다. 그 이유를 찾기는 어렵지 않다. 배꼽은 신체의 구멍으로 보이기 때문에 언제나 성기의 모방으로 작은 역할을 해 왔다. 배 한복판에 오목하게 들어간 그 형태가 그 아래에 자리잡고 있는 진정한 관구管口: orifice를 강렬하게 연상시킨다. 여성의 성기는 수직 세장형 열구裂口의 하나이고, 반면 그녀의 항문은 모양이 그보다는 훨씬 원에 가깝다. 이로 미루어 수직 세장형 배꼽 전시 추세는 명시적으로 성기의 상징성을 강화한다. 실제의 성기 개구부를 숨기는 관능적 사진을 제작할 때 사진작가와 그 모델은 실물을 대신하는 무의식적인 의사疑似 성기pseudo-orifice를 제시하려고 의도적으로 노력한다.

이 말이 상당히 환상적으로 들린다면, 20세기의 보다 청교도적이었던 시기의 배꼽에 무슨 일이 일어났는가를 되돌아보기만 해도 충분하다. 일찍이 그 시대의 사진들은 배꼽이 깨끗이 지워지고, 그렇게 수정된 사진들은 배가 완전히 매끈한 우스꽝스러운 인상을 주었다. 배꼽은 지나치게 암시력이 강하다는 말이 전해졌기 때문에 사진을 이처럼 처리했었다. 그러나 무엇을 암시하느냐에 대해서는 일절 언급이 없었다.

초기의 영화에서도 춤추는 여인들이 신체 구조의 이 부분을 드러낼 때면 충격과 전율이 있었다. '천일야The Arabian Nights'의 제작자들에게 보낸 검열관의 공식 서한에서 다음과 같이 지적했다. "춤추는 여인들의 배꼽을 보여 주는 모든 무용 장면을 삭제한다면 성인용으로 배포할 수 있음". 1930년대와 40년대에 밀려온 영화 검열의 둘째 물결은 이러한 배꼽 삭제 조치를 다시 실어왔다. 그 악명높은 '할리우드 윤리 규정'은 배꼽을 드러내는 행위는 불법화해야 한다고 명시했다. 만일 의상으로 덮을 수 없다면, 보석이나 그 밖의 이색적인 장식품으로 채워야 한다. 특히 영화를 둘러싸고 청교도들이 격노한 이유는 그 무용수들이 그들의 배꼽을 움직일 수 있었다 — 그들이 반라의 몸을 꿈틀대면서 빼꼼히 입을 벌리기도 하고 길게 늘이기도 하는 — 는 사실이다. 이것은 그 개구부의 상징성을 극한으로 몰아갔고, 따라서 관객석의 성적 히스테리를 예방하기 위해서 무자비하게 짓밟아 없애야만 했다.

서양에서 영화의 배꼽 검열을 완화하기 무섭게 또 다른 공세가 다른 지역에서도 시작되었다. 이번에는 벨리 댄스belly dance의 본고장인 중동에서 일어났다. 새로운 문화와 종교적인 분위기가 아랍 세계를 휩쓸면서 그 지역의 나이트클럽 연기자들은 당시 '전통 민속 무용'이라 불리게 된 공연을 하게 될 때는 배를 가리라는 지시를 받았다.

이러한 제약들로 미루어, 오늘날 우리들 대다수에게는 그것이 인체 구조상 비교적 무해한 세부의 하나이지만, 그 배꼽이 에로틱한 신호를 전달하는 위력을 지니고 있음이 분명하다. 성 교범性敎範에는 서로의 몸을 샅샅이 더듬는 젊은 연인들을 사로잡는 마력을 강조하며, 그 배꼽의 매력을 지적해 왔다. 그와 같은 저서들에 나오는 논평들이 성기의 모방으로 그 역할을 강화하고 있다. 그 한 가지 실례를 들어본다. "그것은… 개발할 가능성이 있는 숱한 성적 감각들을 지니고 있다. 그것은 손가락, 귀두龜頭나 큰 발가락에 꼭 맞고, 입을 맞추거나 만질 때 자세히 살펴볼 가치가 있는 부위이다"(「성의 즐거움, The Joy of Sex」에서). 그림이 들어 있는 성 교범에서 인기있는 자세 중 하나가 남성이 그의 성 상대의 배꼽을 혀로 핥는 장면 — 의사 질pseudo-vagina에 삽입된 의사 음경pseudo-penis — 이다.

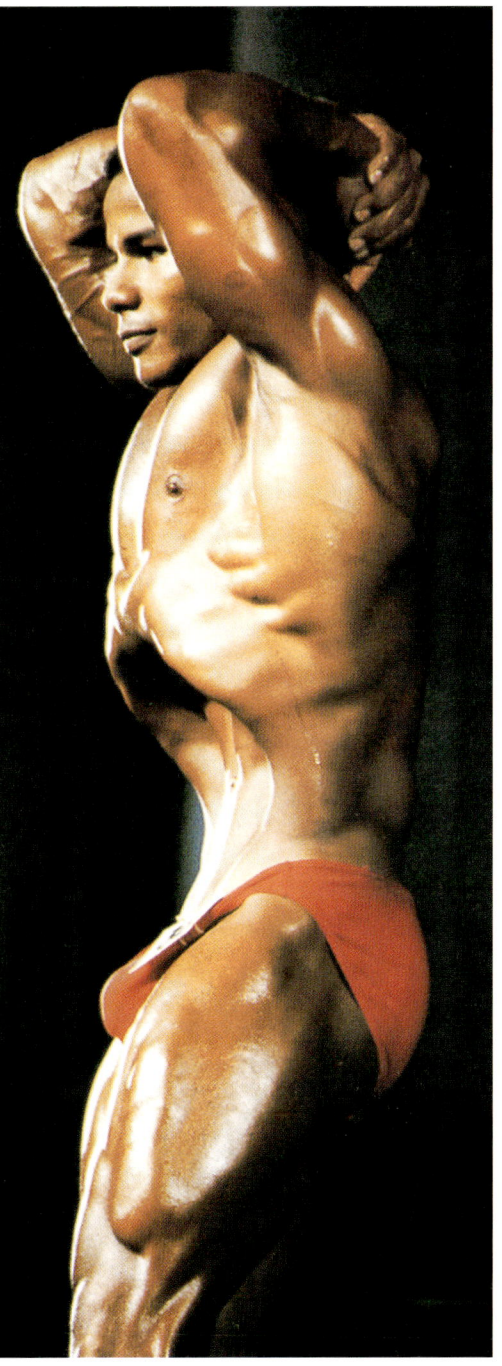

▲ 보디빌더들의 배근육 조절 능력은 보지 않고는 믿을 수 없다. 운동 지향적인 청교도들, 건강의 광신자, 청춘 숭배자들인 오늘날의 도시인들에게 납작한 남성의 배가 현대의 이상(理想)이다. 초남성적 전시 효과를 얻으려면 배를 극도로 납작하게 할 수 있는 능력이 있어야 한다. 그러나 이 전문가들이 어디서 중지해야 할지 그 한계를 모르고, 그들의 생동이 지나치게 과장되어 남성적 매력을 잃기 시작했다.

성적 영역 밖의 종교계에서는 배꼽이 문제를 일으켜 왔다. 고대 종교 문헌의 문자 그대로를 진리라고 믿고 있는 사람들에게는 인류 최초의 인간에게 배꼽이 있었느냐 하는 괴로운 문제가 있다. 만약 아담(또는 다른 종교에서 그와 같은 위치에 있는 인간)이 여인에 의해 태어나지 않고 신에 의해 창조되었다면 아마도 탯줄이 없었을 터이고, 따라서 배꼽도 없을 것이다. 일찍이 미술가들은 아담의 신체를 그릴 때 배꼽을 넣어야 하느냐를 결정해야 하는 궁지에 빠졌다. 대다수의 미술가는 배꼽을 넣은 후에 아담의 배꼽이 있어야 하는 이유를 나름대로 지어냈다. 그런데 이러한 결정으로 말미암아 훨씬 큰 문제가 일어나게 되었다. 하느님이 인간을 자신의 모습대로 창조했으니까, 하느님 역시 배꼽이 있어야 했기 때문이다. 그리고 당연한 귀결로 보다 흥미

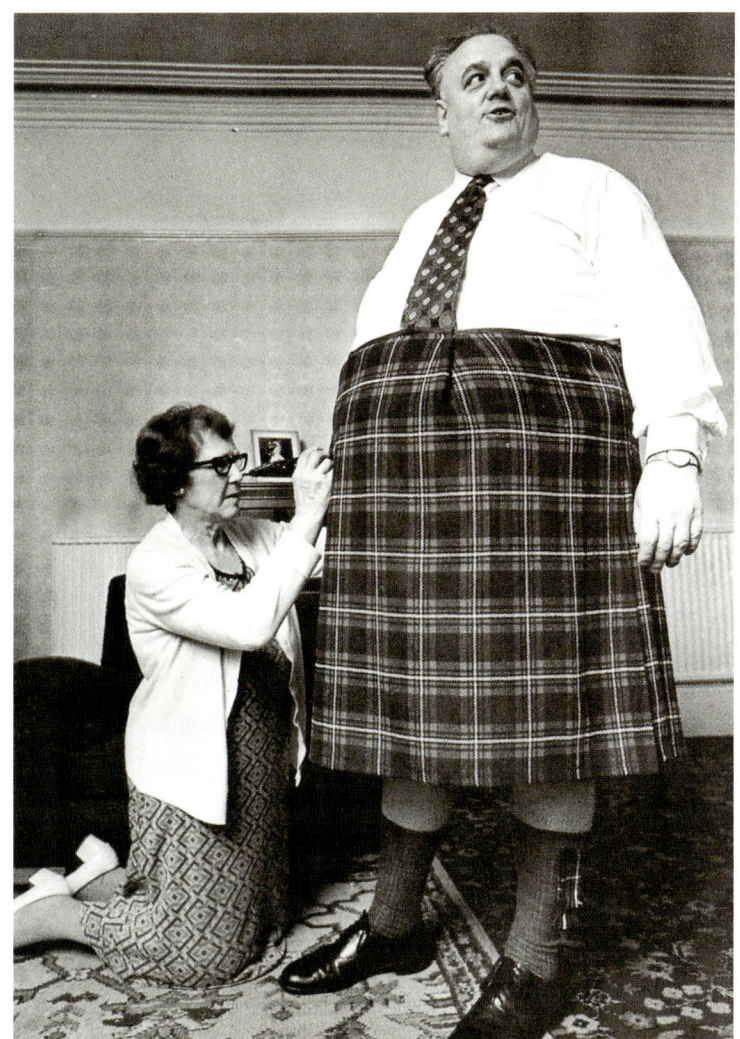

The swelling contours of the maternal belly.

로운 질문이 나오게 되었다. 누가 하느님을 낳았는가?

터키인들은 첫 번째 배꼽의 문제를 그들 나름대로 독특하게 해결했다. 그들에게는 옛 전설이 있는데, 그에 따르면 알라^{Allah}가 첫째 인간을 창조한 뒤에 악마가 노발대발하여 새로 만들어진 사람의 몸에 침을 뱉었다. 그의 침이 그 사람 배의 한복판에 떨어졌고, 알라는 그 더러운 것이 퍼지지 않게 하려고 더러운 자리를 재빨리 닦아냈다. 그의 사려깊은 행동으로 침이 묻었던 곳에 작은 구멍이 남았고, 그 구멍이 첫 번째 배꼽이었다.

그와는 전혀 다른 상징 조작에 따르면 배꼽은 우주의 중심이며, 불교의 수도승들은 이 고매한 역할의 배꼽을 관조하게 된다. '자신의 배꼽을 관조한다^{contemplate one's navel}'는 것은 흔히 자기중심적이며 내향적인 명상의 형태라고 오해를 받아왔다. 그러나 사실은 그와 반대다. 그것은 그 중심점을 통하여 우주 전체에 초점을 맞춤으로써 개아^{個我}를 소멸시키려는 시도이기도 하다.

배꼽에서 배 전반으로 되돌아가 보면, 저 유명한 '벨리 댄스^{belly-dance/danse du ventre}'가 어떻게 시작되었는가 하는 의문이 남아 있다. 요즘은 그것을 '전통 민속 무용'이라고 점잖게 부른다고 앞서 말했지만, 한때 그것은 그 출발점이 '시간의 안개 속에서 사라지지 않은' 전통이었다. 그러나 이 경우에 현대의 청교도들은 그 출발의 사연들이 안개 속에 사라졌으면 하고 있다.

벨리 댄스에는 세 가지 주요한 동작들이 있다. 앞치기^{bumps}와 맷돌질^{grinds, hip circle}, 물결치기^{ripples}가 그것이다. 앞치기란 골반을 앞으로 경련하듯 내미는 동작이다. 맷돌질은 골반을 빙글빙글 돌리는 움직임을 가리킨다. 그리고 물결치기는 배 부위의 근육을 출렁대면서 동시에 절묘하게 근육을 제어하는 동작을 말한다. 앞의 둘은 쉽고 흔히 할 수 있는 몸짓이다. 그러나 세 번째는 가장 숙달된 연기자들만이 할 수 있는 영역이다. 이들 셋 모두가 활발한 성적 움직임들이다. 그들은 회교권의 후궁들에게서 시작되었는데, 그 곳에서 주인공이 되는 상전은 으레 어마어마하게 비대하고 절망적일 만큼 운동력이 부족했으며, 성적으로 권태에 빠져 있었다. 그를 성적으로 자극하기 위하여 젊은 여인들이 비스듬히 누워 있는 그의 몸 위에 올라가 그의

날씬한 남성과 여성을 비교해 보면, 여성의 배 부위가 남성의 그것보다 좀더 길고 동그스름하다. 여성의 배꼽과 성기까지의 거리가 남성보다 길다. 여성 복부의 이 매혹적인 형태가 미술가들이 즐겨찾는 소재이고, 남성들의 성적 관심을 끄는 주요한 부위이다. 성기와 가깝기 때문에 색정적인 충동이 고조되고, 질구(膣口)와 같은 배꼽이 있어 더욱 관심을 끌고 있다.

여성은 남성보다 복부비만이 될 가능성이 작다. 지방층을 덧붙이게 될 경우 여성들은 엉덩이 부위가 늘어나는 경향이 있어 배가 앞으로 불룩 튀어나오기보다는 옆으로 넓어진다. 임신기에 여성의 배가 앞으로 나올 때라 하더라도 체중 과다의 남성과는 미묘한 차이가 있다.

The erotic fascination of the female belly.

음경을 삽입하고 그를 절정으로 이끌어가기 위해 그들의 몸을 흔들어댔다. 이 꿈틀거림이 전문적인 활동이 되고, 그 군주의 음경을 교묘하게 자극하기 위해 여인의 골반을 절묘하게 움직이고, 복부 근육을 수축시키는 특별한 동작을 개발하게 되었다. 그것은 일종의 교접 행위로서 '비옥한 자위 fertile masturbation'라는 이름으로 불려왔다.

시간이 흐름에 따라 여성의 골반 운동이 시각적 전시 행위로 발달했고, 성교 그 자체를 시도하기 이전에 후궁의 주인공을 자극하여

흥분시켰다. 그의 느린 육체에서 해방된 후궁의 여인들은 그 동작을 과장하고 한층 더 율동적으로 바꿔놓을 수 있었다. 거기에 음악을 더하여 이 전시 행위 전체가 오래지 않아 이른바 '근육 춤 muscle dance'으로 규격화되었고, 오늘날 우리들은 그것을 벨리 댄스라 부르고 있다.

다른 자료에 따르면, 거기에는 또 하나의 요소가 추가된다. 그 동작들 가운데 일부는 성교가 아니라 출산을 표현하고 있다고 그들은 주장한다. 임신부들이 산부인과의 환자가 되기 전까지만 하더라도, 많은 문화권에서 아기를 낳기 위해 누워서 중력에 대항하여 고통스럽게 싸워야 했지만, 쪼그리고 앉는 자세를 취하면 중력의 도움을 받아 조금은 수월하게 아기를 분만할 수 있었다는 점을 지적하고 있다. 그녀는 아랫배를 빙글빙글 돌리며 밑으로 한껏 용을 써서 출산을 부추겼다. 수백 년이 지나는 동안 벨리 댄스에 융합되게 되었다는 분만의 요소가 바로 이것이다. 그것은 무기력하고 비대한 남성에게 걸터

The more elongated the female navel the better it functions as a genital echo.

▶ 여성의 배꼽 모양은 요즘 점차 수직형으로 바뀌고 있다. 지금 유행하고 있는 보다 날씬한 몸매가 그 이유의 일부가 되고, 부분적으로는 어떤 자세를 취하느냐에 따라 그 모양이 달라지기도 한다. 그 결과 세로로 길쭉한 배꼽이 등장하여 여성의 성기 열구(裂口)를 강력하게 암시하고 있어 한층 도발적인 성 신호를 전달한다.

▲ 배꼽춤 벨리 댄스는 후궁의 여인들이 잔뜩 부풀어오른 군주의 배에 걸터앉아 성적인 만남의 절정을 돕기 위해 활발한 골반 운동을 하던 시절까지 거슬러 올라간다. 오늘날 벨리 댄서들의 배가 그리는 물결치고 맷돌질하며 찌르는 동작들은 일찍이 후궁에서 있었던 성교 운동을 형식화한 것이다. 한편 그 동작들을 일반적으로 '전통 민속 무용 동작'에 지나지 않는다고 얼버무리기도 한다. 이 무용수의 의상은 배꼽에 눈길을 끌고, 번갈아가며 감추었다 드러냈다 함으로써 그 의미를 강조한다.

앉은 발랄한 젊은 여인의 성교 모방의 무용에 그치지 않고, 수태와 출산의 상징적 재연 – 한 번의 연기로 표현한 전체적인 생식 주기 – 이었다.

이처럼 수정된 벨리 댄스의 해석이 진실인지, 아니면 순수한 성교 무용을 정화하여 다른 '민속' 활동과 같은 차원에 올려놓으려는 시도인지 가려내기는 어렵다. 아무튼 그 정화 작용淨化作用이 최근 몇 년 사이에 진전을 보았다. 1980년대에 발간된 벨리 댄스 지도 교범은 다음과 같은 말로 이 무용을 소개하고 있다. "건전한 체육 예술 형태라는 새로운 역할을 설정하면서, 신체의 적격성適格性을 높이는 이 무용의 성격에 역점을 두고 있다". 회교국 궁전 속의 후궁들이 헬스클럽이나 체육관의 여교사로 변신한 것이다.

현재 벨리 댄스가 '긴장과 우울증에 대한 탁월한 치료법'으로 권장되고 있는 사실과는 별도로, 그 다양한 동작에 부여해 왔던 명칭들이 보다 에로틱한 그 기원을 지금도 생생히 보여 주고 있다. 거기에

The ancient copulatory origins of the belly-dance.

는 여러 가지 동작들이 있다. 중심축 골반 회전, 골반 좌우로 이동하며 흔들기, 골반 기울여 물결치기, 발뒤꿈치에서 엉덩이 앞치기, 등 굽혀 상반신 흔들기, 엉덩이 뛰기, 낙타식 거들먹거리기가 그 본보기들이다. 분명히 모두가 사라지지는 않았다.

성적인 역할 이외의 상징으로 배는 배꼽과 마찬가지로 몇 가지 의미를 갖고 있다. 그것이 가장 널리 불러일으키는 연상 작용은 인간의 보다 저속하고 동물적인 측면과 관련이 있다. 배는 그 안에 담고 있는 기관들이 인간의 식욕과 연관이 있는 까닭에 우리들이 지니고 있는 일체의 동물적 욕망과 상관이 있다. "가장 비천한 짐승은 배다"라는 그리스의 속담이 있는가 하면, 고대 그리스의 어떤 사람은 이렇게 외쳤다. "하느님이여, 배와 그 음식을 증오의 눈으로 보소서. 인간은 그들로 말미암아 정절을 잃게 되나이다". 그리고 니체[Friedrich W. Nietzsche, 1844~1900]는 이렇게 덧붙였다. "바로 그 배로 인해서 인간은 자신을 신으로 착각하지 않는다".

결코 후하다고 할 수 없는 이 서양의 상징성은, 배를 생명의 자리로 보는 동양의 상징성과 완전히 대치된다. 일본에서는 배를 신체의 중심으로 보고 있으며, 바로 이런 이유로 일본의 제의적인 자살[ritual suicide]은 배를 겨냥한다. 하라키리라는 일본의 고전적 관습은 예리한 칼로 내장을 도려내는 행위이다. 이것은 지극히 고통스러우면서도 비능률적이어서, 그 참상을 빨리 끝내는 한 방편으로, 자살하는 인물의 목을 벨 보조자가 옆에 서 있어야만 한다. 만약 배가 생명의 자리가 아니라면, 좀더 능률적인 자결[自決] 방법을 쉽게 찾아냈을 것이다(일본어의 '하라키리[切腹]'를 직역하면 배를 가른다는 뜻이다).

일반적이고 일상적인 배 몸짓들은 그 수가 아주 적지만, 의미의 차이는 아주 크다. 우리들은 함께 있는 사람들로부터 약간의 위협을 느낄 때 자신의 배를 움켜쥐거나 감싸안는다. 그 팔들이 우리 몸의 앞쪽을 가로지르는 일종의 장벽 신호로 작용한다. 그들은 무의식적으로 이렇게 말하고 있다. "나는 있을지도 모를 공격으로부터 나의 부드러운 아랫배를 보호해야겠습니다". 이것은 가슴에 팔을 단단히 포개는 보다 전형적인 팔 앞으로 십자짓기[body-cross]의 변형이다. 그와 같은 일련의 신체 장벽 동작들은 불안한 사회적 분위기를 가리키고,

배 부위는 가슴이나 팔, 등과는 달리 그리 쉽게 드러낼 수 없고, 따라서 동료들에게 보여 주며 칭찬을 받기도 어려워서 문신하기에 가장 좋은 부분은 아니다. 그러나 문신이 극단화하여 전신을 장식하게 되면, 배 부위는 문신 미술가에게 멋진 화폭을 제공하게 된다. 그러나 배를 드러내고 있는 세계의 일부 지역에서는 문신이 널리 퍼졌고, 사진의 조개가 하고 있는 바와 마찬가지로 곧잘 배꼽의 성기 모방을 강화하게 된다.

Cheek-to-cheek dancing anticipates the belly contacts of tender love-making.

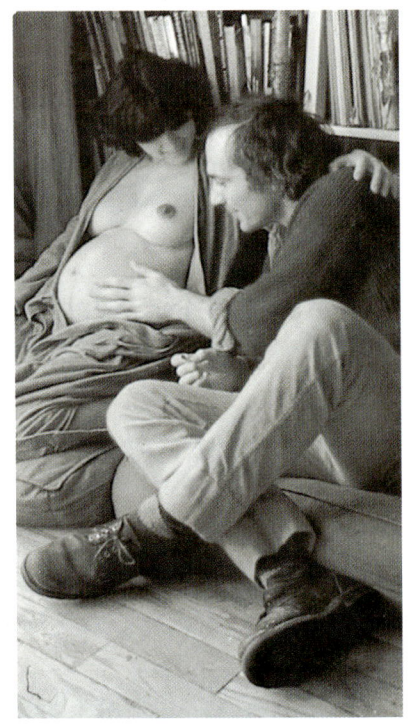

▲ 가장 다정한 배 접촉 형태는 남편이 경이로운 손길로 만삭이 된 아내의 어마어마하게 부풀어오른 배를 곱게 만질 때 일어난다. 머지않아 아버지가 된다는 감격스러운 자부심을 처음으로 자극하는 것이 바로 이 보드라운 촉감일 경우가 많다. 이 때 굵고 보기 흉한 아내의 허리가 어머니 여신의 잔잔하고 풍만한 자태로 변신한다.

▶ 성인간의 가장 주요한 배 접촉 형태는 전면 성교를 할 때 일어난다. 그리고 남녀가 뺨을 맞대고 춤을 출 때도 그보다는 약화된 형태의 배 접촉이 예상된다. 왈츠가 처음 무도회장에 등장했을 때 맹렬한 공격을 받은 이유가 바로 이 배 접촉 가능성 때문이었다. 사방에서 아우성이 들려왔다. "사교 무도회장이 더럽혀지고 말았다. 서로가 매우 가까이 감으로써 품위를 잃고 천박해졌다. …동물원에서나 알맞은 전시품이 아니냐… 그러나 고귀한 무도장에는 당치도 않다".

거기서는 인간 관계에 약간의 불안이 존재한다. 그러나 여기에는 자신의 배를 스스로 껴안는 동작을 하는 그 사람이 방금 익지 않은 사과를 잔뜩 먹었기 때문이 아니라는 것을 명백히 밝혀두는 것이 중요하다. 그런 경우라면, 그 몸짓은 무의식적인 배 보호보다는 배앓이와 더 관계가 깊다는 해석이 나온다.

성기 부위와 가깝다는 이유로 배는 대인^{對人} 접촉에 등장하는 사례가 드물다. 누군가 다른 사람의 배를 만진다면, 그 두 사람은 대체로 한 가족이거나 연인 또는 아주 다정한 친구들이다. 부모들은 자녀들이 음식을 잘 먹을 때 그들의 배를 쓰다듬어 준다. 임신한 아내의 불룩한 배를 자랑스러워하는 남편이 곱게 쓰다듬으며 임신을 기뻐할 수도 있다. 아주 정다운 두 술친구가 자꾸 불어나는 배를 들먹이다가 서로의 맥주 배를 만질 수도 있다. 그리고 연인들이 비스듬히 누워 있는 상대방의 배에 머리를 올려놓고 조용히 누워 있기도 한다. 이러한 동작들을 비롯하여 원한을 품은 사람이 이따금 상대방 배에 하는 주먹질을 제외하고는 이 범주의 개인 접촉으로서 중요하고도 유일한 동작이 있는데, 그것은 배와 배를 맞대는 전면 성교^{frontal copulation}이다. 참으로 기이하게도 이 자세가 인류에게 알려진 익살 가운데서 가장 오래 전에 기록된 것의 소재가 되고 있다. 기원전 3,000년경에 나온 수메르 고문헌 가운데, 그 필자가 다음과 같은 슬픈 유머를 적어 놓았다. "벽돌에 벽돌을 포개니 이 집이 세워졌고, 배에다 배를 포개니 이 집이 산산이 부서졌더라".

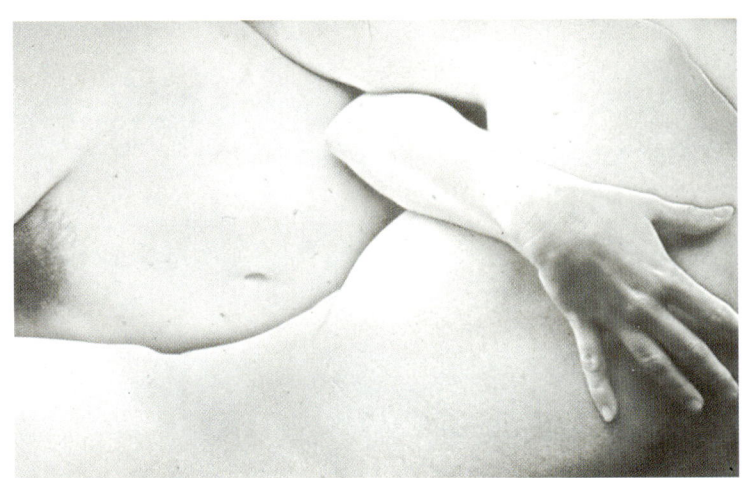

엉덩이 THE HIPS

인간의 넓은 골반은 몸통과 다리가 만나는 자리에서 신체를 떡하니 벌어지게 한다. 우리들은 신체 윤곽상의 이 돌출부를 엉덩이^{hip}라 부르고 있으며, 영어의 엉덩이 hip은 동사 '팔딱 뛰다^{hop}'에서 유래한다. 여성의 골반대$^{pelvic\ girdle}$가 남성의 그것보다 넓기 때문에 여성의 엉덩이가 더 넓다. 그리고 이와 같은 기초 생물학적 성별 차이로 말미암아 매우 다양한 과장과 수식들이 나오게 되었다.

여성이 이 유형의 여성 신체 신호를 강화하려 한다면, 엉덩이에 무엇을 덧대어 훨씬 넓게 함으로써 직접 만들 수도 있고, 혹은 허리를 꼭 죄어 간접적으로 그렇게 할 수도 있다. 어느 경우에나 엉덩이의 돌출부가 더욱 두드러진다. 남성에게 원초적인 성별 신호를 전달하는 것은 엉덩이의 절대적 크기가 아니라 오히려 이러한 돌출 정도 때문인 듯하다.

오늘날 대다수의 여성은 확대되지 않은 자연스러운 엉덩이 신호들에 의지할 준비가 되어 있지만, 과거에는 곧잘 스스로 초대형 엉덩이$^{super-hip}$의 노예가 되고, 초대형 엉덩이 기술의 희생자가 되었다. 일부 광신자들이 저질렀던 과잉 행위를 현재의 우리들이 믿기는 어렵다. 16세기에 유럽의 양장점들은 속을 넣은 자동차 타이어와 같고 크기도 그만한 거창하고도 거추장스러운 '엉덩이 방석$^{hip\ cushions}$' 판매에 분주했다. 이것을 풍성한 스커트 밑에 묶어서 선천적인 골반 너비의 두 배로 만들었다. 그것은 활동적인 체조형 동작의 어떤 형태든지 불가능하게 막았고, 의상이 너무 무거워 쉽게 지쳤으므로 당대의 숙녀들은 적극적인 활동이 전혀 불가능했다.

그보다 더 심각한 사태가 다가오게 되었다. 17세기에는 허리를 졸라매는 풍습이 극도에 달하여 지체높은 수많은 젊은 처녀들이 자신의 허리를 두 손으로 감싸줄 수 있어야만 마음을 놓았다. 토머스 불워$^{Thomas\ Bulwer}$는 이 관행이 가져온 피해를 보고 전율했고, 1654년에 다음과 같이 불평을 토로하는 글을 썼다. "그들은 고래뼈의 감옥 속에 자신의 허리를 가두고… 폐결핵과 썩어가는 부패를 향해 문을 열어놓고 있다". 그의 글은 묵살된 채, 다음 세기에도 버팀대 제조업자들의 중요성과 재산은 꾸준히 올라갔고, 사회적인 지위도 양재사 및 조발사^{調髮師}와 맞먹게 되었다. 지체높은 숙녀들의 허리를 숨막히게 죄어

골반대가 넓을수록 아기 낳기가 쉬운 까닭에 넓은 엉덩이는 여성의 생식 기능을 상징하게 되었다. 아울러 성적인 매력을 알리는 힘찬 신호가 되기도 하여, 특수한 심 넣기를 비롯하여 다른 의상 장치들로 곧잘 인위적으로 과장하는 버릇이 있어 왔다. 조각가들은 자연스러운 수준 이상으로 엉덩이 부위를 살짝 키워 나체상(裸體像)의 여성다움을 강조하기도 한다. 그런데 이러한 조작이 지나치면 에로틱한 매력이 사라질 위험이 있다.

THE HIPS

◀ 20세기에 여성의 성적 자유가 증가함에 따라 몸을 꼭 죄는 코르셋은 차차 줄어들었지만, 제2차 세계 대전 이후 1940년대 후반과 1950년대에 어느 정도 인기를 되찾았다. 전쟁에 지친 귀향 장병들은 초여성적 눈요기에 굶주려 있었고, 당시 인기있던 개미허리 의상들은 여성들의 보드라운 살을 죄고 짓눌러, 복종을 강요하고 상징적인 굴복을 유도하던 그 옛날의 상태를 재현했다. 그 '개미허리'는 허리에서 많게는 2인치를 줄이기까지 했다. 1950년대의 어느 할리우드 섹스 여신은 그보다 더 허리를 줄였고, 그 몇 년 사이에 엉덩이 키우기 경쟁은 그 절정에 도달했다.

▼ 19세기 말에서 20세기 초의 모래시계형 몸매는 여성의 허리-엉덩이 비율의 확대뿐만 아니라, 동시에 말하지 않은 '묶임'의 요소를 담고 있어 인기가 있었다. 코르셋은 젊고 매혹적인 여성의 부드러운 살을 덫에 가두고, 그녀가 자유로이 힘차게 움직일 수 없도록 묶여 있어서 연약하다는 이미지를 자아낸다.

신체의 감옥에 가두는 그의 전문적 작업으로 말미암아, 그 숙녀들의 애인마저 누릴 수 없었던 은밀한 신체 부위를 알 수 있게 되었다.

18세기 말에 이르러 몸통을 죄는 광기가 물러갔고, 젊은 여성들은 다시 숨을 쉴 수 있었다. 그러나 그것도 오래 가지 않았다. 불과 몇 십 년 안에 무거운 코르셋이 되돌아와 빅토리아 시대의 상당한 기간을 강력히 지배했다.

빅토리아 시대 후기에는 허리둘레의 인치 수가 그녀의 마지막 생일에서의 나이와 같을 때 미인이라고 했다. 이 어려운 목표를 달성하기 위해 패션계의 수많은 젊은 여인들은 하루 24시간 동안 꼭 끼는 코르셋을 입고 있어야만 했다. 그런데 그녀들이 어떻게 잘 수 있었는지는 아직도 신비의 장막에 가려져 있다. 극단적인 경우에 어떤 여성들은 아래쪽 갈비뼈를 수술로 제거하여 그들의 허리둘레를 줄이려고 애를 썼다. 정상적인 신장의 성인 여성으로 허리둘레의 최소 기록은 13인치이다.

코르셋의 비판자들은 이전보다 더욱 목청을 돋우어, 몸을 단단히 묶는 이 절단에 가까운 손상으로 인해서 일어난 온갖 피해를 열거했다. 코르셋은 생명력을 짜내고, 보드라운 살을 할퀴며, 내부 기관들

Hourglass figures embody a 'bondage' factor.

의 자리를 바꿔놓고, 갈비뼈 틀을 일그러뜨리며 호흡을 제약한다고 주장했다. 아울러 그에 따라 필연적으로 낙태를 일으켰다. 일부 의사들은 개혁을 요구했으나, 많은 의사들은 탐탁지않게 생각하면서도 고급 패션에 이바지하기 위해 얼마간의 육체적 희생은 보아넘길 준비가 되어 있었다. 몇몇 의사들은 부끄럽게도 이 광기에 편승하여 특수 '건강 코르셋'을 팔아서 이익을 챙겼다. 그 중에서도 가장 기괴한 것이 스코트^Scott 라는 의사가 만들어 판 1883년의 전기 코르셋 ^Electric Corsets 이었다. 이에 대해서는 다음과 같은 선전이 뒤따랐다. "과학적 원리를 바탕으로 만들어져 신체의 모든 계통에 황홀하고도 건강을 증진하는 전류를 발생시킨다. 이것의 치료적 가치는 의문의 여지가 없다. 신경 쇠약, 척추 질환, 류머티즘, 중풍, 불감증, 소화불량, 간장과 신장 질환, 혈액순환 불순, 변비와 기타 여성 특유의 질병들을 경이로운 방법으로 신속히 치료한다". 그러한 기적들을 이룩한다고 생각된 전자력 ^電磁力 의 효과를 다른 사람도 아닌 미국 의무감 ^醫務監 이 보증했다. 그럼에도 불구하고 의사 스코트의 코르셋은 오히려 치료한다고 주장했던 많은 질병의 원인이 되었다.

19세기 말에 이르자 코르셋 제조 기술상에 적지 않은 발전이 있었다. 1901년 어느 광고에는 매혹적인 젊은 여성이 바다에서 수영을 하고 있고, 그 위에는 큼직하게 다음과 같은 구절이 적혀 있었다. "워너사의 녹슬지 않는 여름 코르셋".

코르셋과 쇠고리를 이용해 광적으로 몸을 죄던 그 오랜 기간에 한 가지 기묘한 특징이 있었다. 여성들을 보다 여성답게 하고, 따라서 성적으로 보다 매력 있게 하겠다던 원래의 목적이 온데간데 없어졌다는 사실이었다. 뻣뻣한 코르셋을 하지 않은 빅토리아 시대 여성들은 그들의 자연스러운 모습에도 불구하고 음란하며 타락했다고 여겨졌다. 그들의 허리와 엉덩이는 초성별 신호^super-gender signals 들로 이용되지 않았음에도 이 점은 완전히 무시되고 말았다. 그 이유를 찾기는 어렵지 않았다. 꼭 끼는 코르셋이 정숙한 유행의 일부로 깊이 뿌리를 내려, 그것을 하지 않고 대중 앞에 나타난다 함은 옷을 벗기 시작하는 행위와 마찬가지였다.

종국적으로 코르셋으로부터의 자유를 성적 자유로 등식화한 생각에 그들의 판단 착오의 원인이 있지 않았을까. 아무튼 그것은 20세기에 들어와 점차 사라지게 되었고, 1940년대 후반의 '뉴룩^New Look'과 같은 유행 단계에서 지극히 단순화된 형태로 잠시 되살아났을 뿐이다. 여성들의 몸통 조르기 시대는 끝났다.

여성의 허리를 가늘게 하려던 과거의 광적인 시도를 곧잘 비웃는다. 그러나 오늘날 우리들도 그에 맞먹을 피학대 음란 행위를 하고 있다는 사실을 기억해야 하겠다. 현대 여성들은 앞선 세대의 불구와도 같은 의상의 제약을 벗어던졌다고 할 수는 있으나, 그 옛날의 폭거를 새로운 횡포 – 가혹한 식사 조절 – 로 대체해 놓았다. 부자연스럽게 가녀린 몸매를 가꾸기 위해 그들의 천연적인 지방층을 소비함으로써 허리둘레를 줄이는 데 성공했다.

빅토리아 시대의 코르셋과 마찬가지로, 현재의 혹독한 식사 조절의 공식적인 이유는 '건강과 활력을 증진'하는 데 있다. 전과 마찬가지로 거기 숨겨진 진실은 가느다란 여성의 허리가 원시적인 성적 매력을 지니고 있다는 믿음이다. 가령 10대 여성이 어머니가 되기 전에 허리둘레가 22인치라면, 자연적인 증가 추세를 억제하는 특별 조치를 하지 않는 한, 아이를 둘이나 셋을 가진 뒤에는 28에서 30인치로 늘어난다.

Slimline hips suggest youthful innocence.

바로 이러한 허리둘레의 변화로 인해서 아주 가녀린 허리가 언제나 처녀성과 천진무구한 젊음을 상징해 왔다. 가는 허리는 "난 여성입니다"라는 신호를 보내는 데 그치지 않고, "그리고 난 아기를 가진 적이 없어요"라고 아주 구체적으로 말하고 있다는 점을 깨달아야 한다. 말을 달리하면, 홀쭉한 허리는 "나는 임신할 수 있어요"라고 선포하고 있을 뿐만 아니라, 맥락을 달리하면, "당신의 아기를 갖기 원해요"가 될 수도 있다. 체중 과다 여성의 뚱뚱한 몸은 임신부의 부풀어오른 형상을 너무도 생생히 일깨우고 있어서 잠재적인 상대방에게 명백한 성적 초대 신호를 전달할 수 없다. 바로 이 때문에 허리가 날씬한 몸매는 인간의 남성들에게 그토록 강력한 충격이 된다.

그러나 뼈만 앙상한 아름다움을 지나치게 추구하지 않는 것이 중요하다. 트위기^{Twiggy: '잔가지와 같은'이라는 뜻을 지니고 있다}라는 적절한 이름을 가진 최고의 여성 모델의 체격치가 30½ – 24 – 33(가슴 – 허리 – 엉덩이의 인치 수)이었다. 같은 시기(1970년대) 영국 여성들의 평균치는 37 – 27¾ – 39였다. 트위기는 허리가 한층 가늘다고 해서 성적 매력 점수는 얻었으나, 동시에 허리와 엉덩이의 대조가 뚜렷하지 않다는 이유로 점수를 잃었다. 그녀는 날씬한 허리의 처녀성이라는 고혹적인 신호를 보냈으나, 평균적인 여성들은 그에 못지않게 매력적인 곡선미를 방년^{芳年}의 신호로 보냈다.

물론 최고의 비결은 이들 두 가지 신호를 동시에 내보내는 것이지만, 그것은 쉽지 않다. 가장 완벽한 균형을 갖추어 가녀리면서도 여성다운 곡선을 희생시키지 않을 수 있는 여성들만이 두 가지 항목에 다 같이 점수를 얻을 수 있다. 빅토리아 시대의 코르셋 신세를 지지 않더라도 그럴 수 있는 여성들이 분명히 있다. 트위기가 가녀린 패션모델을 요약하여 보여 주고 있던 당시에 미스 월드^{Miss World} 대회 출전자들은 평균 36 – 24 – 36의 체격을 뽐내고 있었다. 그들의 허리는 트위기의 그것만큼 가늘었지만, 그들의 엉덩이는 훨씬 넓었다. 그리고 허리와 엉덩이의 둘레 차이는 트위기나 당시 거리의 평균적인 여성보다 훨씬 컸다. 순수하게 신체 윤곽 신호의 수준에서 본다면, 그들에게는 뚜렷한 이점이 있었다.

그들의 형태에서 동작과 자세로 방향을 돌리면, 대부분의 엉덩이 동작들은 강력한 여성 편향을 지니고 있음을 깨닫게 되는데, 그건 놀라운 일이 아니다. 엉덩이 흔들기^{hip sway/wiggle}가 두드러지는 걸음걸이는 그 여성다움이 지나치게 강렬하여 우스꽝스러운 선정적^{煽情的} 연예물에서 희화적인 요소로 흔히 이용된다. 메이 웨스트^{Mae West}에서 마릴린 먼로^{Marilyn Monroe}에 이르는 모든 사람들이 이따금 선정적인 엉덩이를 흔들어댔다. 그 외에 여성을 흉내내는 남성들이나, 지독한 몸짓을 하는 남자 동성애자들이 이런 식으로 남자의 엉덩이를 흔든다.

옆으로 엉덩이 내밀기^{sideways hip-jut}도 그와 마찬가지로 여성적이고 나약해 보인다. 이것은 걸으면서 하는 엉덩이 흔들기^{walking hip-sway}와 같은 몸짓으로, 조금 모순되며 의도적이고 동시에 느긋한 자세이다. 그것은 "내가 얼마나 멋진 엉덩이의 소유자인지 보세요"라는 메시지를 전달하고 있지만, 신체의 불균형적인 비대칭 자세가 명백한 기분을 알려 주지는 못한다.

수많은 무용의 춤사위에는 이를테면 옆치기^{side-jerk}, 빠르게 엉덩이 흔들기^{rapid hip-shake}와 엉덩이 회전^{hip rotation}과 같이 힘찬 엉덩이 몸짓들이 들어 있으며, 이들 역시 대체로 남성보다는 여성들의 영역이다. 하와이의 유명한 훌라춤^{Hula Dance}의 경우, 풀치마로 골반 부위를 강조한 젊은 여인들이 음악에 맞추어 엉덩이를 흔들고 찌르며 회전시키는 갖가지 율동을 연출한다.

그 중 특수한 두 가지 춤사위는 '아미^{Ami}'와 '섬 한 바퀴 돌기^{Around-the-island}'이다. 아미는 엉덩이 돌리기^{hip roll} 동작으로, 한 손을 치켜들고 다른 손은 엉덩이에 올려놓는다. 그리고 엉덩이로 원을 그리며 움직이되, 처음에는 시계 방향으로, 다음에는 시계 반대 방향으로 돌아간다. 섬 한 바퀴 돌리라는 춤사위는 위의 동작과 똑같지만, 다만 한 번의 엉덩이 돌리기를 할 때마다 몸이 90도씩 돌아가서, 4박자 만에 '섬을 한 바퀴' 돌게 된다.

남성 무용수들은 으레 이러한 동작들을 피하지만, 이 규칙에는 예외가 없지 않다. 엘비스 프레슬리^{Elvis Presley}가 처음으로 공연중에 이 동작을 시작하자, 그의 엉덩이 회전 연기로 인해서 일대 소동이 벌어졌다. 그의 엉덩이 돌리기^{hip roll}와 엉덩이 찌르기^{hip jerk}가 얼마나 과장되었던지 그에게 즉시 엘비스 골반^{Elvis the Pelvis}이라는 별명이 붙었고, 그의 초기 텔레비전 출연 장면에는 그의 엉덩이 동작들이 편집되었

최근 몇 년 동안 어린이 곡선미(曲線美) 흉내내기의 흐름이 거세게 일고 있다. 성인 여성들은 성적인 매력을 자랑하기 위해 어린 여학생들의 가녀린 선을 닮으려고 무던히 애를 쓰고 있다. 출산을 위한 넓은 엉덩이를 버리고 나면, 이 몸매는 생식과 가족 갖추기라는 무거운 책임보다는 차라리 운동의 재미와 성 기능을 암시한다. 거기에 더하여 보다 연약한 '어린 소녀'의 체격을 모방함으로써 어린 여인의 예속적인 미성숙함을 알려 준다. 일부 여성 운동선수의 경우, 엉덩이 살 빼기 과정을 극단화하여 의사(擬似) 남성적 신호를 보내기 시작한다. 그들의 넓은 어깨와 좁은 엉덩이는 더할 나위 없는 건강과 이상적인 체격을 가리킬 수 있겠지만, 그들의 신체 윤곽은 에로틱한 효과를 잃고 만다.

다. 그의 몸짓들은 지나치게 공격적이요, 남성적이어서 여성의 흉내라고 하기에는 몹시 눈에 거슬렸다. 그와는 달리 그것은 성행위의 골반 찌르기^{pelvis thrusting}의 흉내로 해석되었고, 방송 금지되었다. 텔레비전에 그의 모든 동작들이 공개되기까지 여러 해가 걸렸다. 프레슬리 혼자 힘으로 증명한 것은 다름이 아니라, 율동적인 엉덩이 운동이 결코 여성들의 독점적인 영역이 아니라는 사실이었다. 이미 지적한 바와 같이, 남성보다는 여성의 엉덩이에 보다 자연스러운 유연함이 있기 때문에 그것이 여성의 춤사위에 굳게 결합되기에 이르렀던 것이다. 이러한 여성의 과장된 흔들림이 훌라와 같은 무용에서 틀을 잡게 되자, 성행위에서 철썩이고 꿈틀대는 남성 엉덩이의 역할을 무시하게 되었다. 프레슬리는 이것을 바로잡았고, 그 과정에서 일대 많은 관심을 불러일으켰다. 여성의 전유물로 여겨졌던 엉덩이 동작들로 말미암아, 다른 남성들이 무대 공연에서 감히 그런 모험을 하지 못했다는 것은 프레슬리에게는 오히려 행운이었다.

영어의 히피^{hippie}라는 단어는 신체의 엉덩이^{hip}와 아무런 관계가 없다는 점을 지적해 두어야 하겠다. 장발에 마약을 복용하고 사랑을 강조하던 1960년대의 히피족은 그 명칭을 '힙스터^{hipster}'라는 단어에서 가져왔다. 힙스터란 1960년대의 재즈와 스윙 용어로 '잘 알고 있다', '정통해 있다^{in the know/hip}'는 사람을 가리켰다. 이 맥락에서의 '힙^{hip}'이라는 낱말은 19세기 말과 20세기 초의 군대 속어에 그 어원이 있다. 교련 교관이 '힙-둘-셋-넷^{hip-two-three-four}'이라고 구령을 붙일 때, 발을 잘 맞추는 집단을 가리켜 '힙'이라 불렀다. 그들은 그들의 다리를 일제히 올렸기 때문에, 즉 '힙^{hip=up}'했기 때문에 자신들이 무엇을 하고 있는지 잘 알고 있었다. 뒷날 등장하는 히피족들이 그들의 반^反군사 운동의 명칭이 군대의 능률과 관계되는 용어에서 유래됐다는 사

When in tomboy mood, female fashion tries to abolish the waist-and-hips contour.

19세기 중에 엉덩이 선을 과장하기 위한 허리 조르기가 도저히 이해할 수 없는 극단으로 치달았다. 빅토리아 시대의 상당한 기간에 걸쳐 젊은 여성들은 완벽한 몸매를 가다듬으려고 단말마적인 고통을 겪어야 했고, 그에 따라 상류 사회에서는 걸핏하면 여성들이 졸도하기도 했다. 인기는 대단했지만 이러한 유행들은 곧잘 신랄한 비난을 받았고, 코르셋을 한 여성들을 가리켜 '개미들(ants)' 또는 '병 거미들(bottle-spiders)'이라고 부르며 호되게 꾸짖었다.

▼ 20세기에 들어와 자유가 증대되면서 그 이전에 유행했던 가는 허리와 심 넣은 엉덩이는 1920년대의 한층 모양없고 헐렁한 의상에 자리를 물려 주었다. 장난기와 말괄량이 기질이 몰아치던 1920년대 여성들은 허리-엉덩이 곡선을 버렸고, 장난꾸러기 꼬마의 모습으로 스스로를 더욱 강조했으며, 진지한 어머니 이미지보다는 재미와 놀이를 위해 자신의 몸을 내놓았다. 그들의 의상에 엉덩이 표시가 있다 해도 마치 여체(女體)에 대한 상징적 몸짓 이외의 아무 것도 아닌 것처럼 자리바꿈하여 엉뚱한 곳에 나타내기도 한다.

실을 알게 되면, 몸서리를 칠 것이다.

극히 적은 지역별 엉덩이 몸짓들 가운데는 남아메리카와 중동처럼 멀리 떨어진 곳에서도 다같이 성행위의 함축이 강렬한 사례가 있다. 이 경우 팔꿈치를 엉덩이에 붙이고 주먹을 꼭 쥔 채 팔뚝을 앞으로 내민다. 그 다음 엉덩이를 앞으로 불쑥불쑥 내민다. 남아메리카에서는 엉덩이를 앞으로 내밀 때 팔은 뒤로 젖힌다. 그와는 달리 중동에서는 엉덩이를 앞뒤로 재빠르게 흔들면서 팔은 움직이지 않는다. 이들 두 가지 몸짓은 다같이 '성교'를 지시하면서도 전혀 독자적으로 발달했다. 그들이 서로 비슷한 이유는 모두가 남성의 골반 찌르기의 단순한 모방이라는 사실에 있는 듯하다.

아마도 어느 것보다 가장 중요한 엉덩이 몸짓은 양손 엉덩이에 올리기 동작hands-on-hips action과 양손 허리에 올리는 자세akimbo posture가 아닐까 생각한다. 대체로 그것은 권위, 도전, 또는 강조의 기분을 가리킨다는 말이 있으나, 그보다는 훨씬 복잡하다. 본질적으로 그것은 반사회적 몸짓이다. 그것은 포옹을 유도하는 팔 벌리기의 반대이다. 실제로 고집스럽게 양손 엉덩이 자세를 하고 있는 사람을 포옹하기란 몹시 어렵다. 불쑥 나온 엉덩이에 두 손을 힘차게 올려놓았을 때, 팔꿈치가 화살촉처럼 몸통 밖으로 튀어나간다. 그들은 마치 "비켜요, 물러서요, 그렇지 않으면 당신을 공격할 수 있어요"라고 말하는 듯하다. 기분이 그럴 때 무의식적으로 나오는 동작이기 때문에 그 행동의 주인공은 거의 인식하지 못한다. 그리고 이 몸짓은 전 세계에 퍼져 있다.

관계있는 사람이 거부하는 기분에 빠질 때 양손 엉덩이에 올리기 동작이 일어난다. 이런 까닭에 그 몸짓은 도전의 성격을 띠게 된다. 엉덩이 손 얹기를 하고 문을 지키는 경비들은 소리없이 말하고 있다. "물러서세요. 누구도 감히 가까이 올 수 없을 겁니다". 이것 역시 권위적인 분위기를 자아내는 이유가 된다. 권위를 지니고 그것을 시위하고 싶은 사람은 다른 사람들에게서 떨어져, 그들의 공간이나 자세와는 다르다는 것을 보여 주어야 한다. 어느 집단의 지배적 인물이 취하는 엉덩이 손 얹기 몸짓은 다른 사람들에게 그들의 자리를 지키라는 신호가 된다.

THE HIPS

모래시계의 표현 효과에 대한 대안이 현대 무용의 역동적인 엉덩이 내밀기와 흔들기이다. 여기서는 허리에 대한 엉덩이의 상대적인 비율이 그처럼 선명한 대조를 이루어야 할 필요가 없으며, 그 증폭된 움직임에 의해 보다 큰 관심이 엉덩이로 쏠리게 된다. 엉덩이 흔들기가 포함되는 무용들은 전통적으로 남성보다 여성적이었고, 여성 엉덩이 관절의 경이로운 유연성을 활용했던 까닭에 로큰롤 계열의 연예인들이 노래를 부르며 골반 흔들기를 시작하자 일종의 충격으로 받아들여졌다. 그러나 그들의 엉덩이 흔들기는 성교중의 남성 골반 찌르기를 강력하게 연상시켰다는 지극히 단순한 이유로 여성적이라는 비난만은 피할 수 있었다.

Hip movements and pelvic flexibility.

방금 좌절을 맛본 사람들 역시 엉덩이 손 얹기 동작을 취한다. 그들은 지배적인 기분이 아니지만, 그렇다고 동료의 위로를 받고 있지 않음도 분명하다. 금방 한 점을 잃은 축구선수는 즉시 엉덩이에 손 올리기 자세를 취하고 가라앉은 기분을 반영하여 고개를 약간 떨군다. 그의 엉덩이에 손 올리기는 이런 메시지를 전하고 있다. "나한테서 떨어져요. 울화가 치미니까 누구도 가까이 오는 것을 원치 않아요".

예를 들어 누군가 자기 왼쪽에 있는 집단으로부터 자신을 격리시키고자 한다면, 왼쪽 손만 엉덩이로 올라간다. 가령 그 사람이 친화감을 느끼는 집단이 오른쪽에 있다면, 그쪽 손은 엉덩이로 올라가지 않는다. 이와 같은 한 손 올리기^{half-akimbo}는 파티나 그 밖의 사교적 모임에서 흔히 볼 수 있는데, 어떤 개인이 그 자리에 있는 다른 사람들에 대해서 느끼고 있는 유대감을 금방 드러낸다.

엉덩이에 손 얹고 팔꿈치를 밖으로 펴는 이 자세에 기이한 특징이 하나 있다. 이 몸짓이 전 세계에서 쓰이고 있음에도 불구하고 영어에만 그것을 가리키는 명칭 'akimbo'가 있을 뿐, 다른 언어에는 없는 듯하다. 이 동작을 가리켜 '엉덩이에 주먹 올리기'나 '손잡이 둘이 있는 단지' 등 기술적인 표현이 있지만, 그 낱말과 상응하는 하나의 낱말이 없다. 이로 미루어 이 자세를 얼마나 당연하게 받아들이고 있는가를 알 수 있다. 그것은 우리들이 매일 보면서 받는 신체 신호를 일절 분석하지 않은 채, 무의식적으로 반응하는 공통적인 인간 행태의 하나이다. 만약 그것이 거수경례나 손 흔들기와 같이 좀더 의식적인 몸짓이라면, 모든 언어에 그에 상당하는 낱말이 있을 것이다.

마지막으로 엉덩이 포옹 또는 허리 포옹^{waist embrace}이라는, 사람과 사람의 접촉이 있다. 젊은 여인들은 곧잘 먼 거리를 함께 걷는데, 옆구리를 밀착시켜서 팔로 서로의 허리를 감싸고 다정하게 나란히 앞으로 걸어간다. 서로 얼싸안고 있는 그들의 손은 상대방의 엉덩이에 놓인다. 마음으로는 완전히 얼싸안고 동시에 함께 걷고 싶지만, 어쩔 수 없이 타협적인 해결 방안으로 엉덩이 포옹을 대신하고 있는 듯하다. 이와 같은 이중 행동은 앞으로 나아가려는 움직임에 방해가 되는 쉽지 않은 행동이지만, 이 경우는 그 한 쌍의 움직임보다는 정다움을 알리는 그들의 전시 행위 – 자신들을 위함이 아니라 주변에 있는 다

The anti-social hands-on-hips posture.

손을 엉덩이(또는 허리)에 올려 팔꿈치 밖으로 뻗기 자세는 무의식적인 신체 신호이며 전 세계에서 사용되고 있다. 그것은 '물러서요'라고 하는 반사회적 표시이다. 만약 혼자 서서 그런 자세를 취한다면, 다가오는 모든 사람에게 보내는 거부의 메시지이다. 가령 가까운 거리에서 대화에 깊이 빠진 사람이 그런다면, 다른 사람들은 그 대화에서 배제되었다는 신호로서 작용한다. 그 팔꿈치는 옆구리에서 뻗어나가 우리들이 가야 할 방향을 가리키는 화살표의 구실을 한다.

른 사람들을 향해 - 가 더 중요하다. 그것은 그들과 함께 가는 사람 또는 지켜보고 있는 사람들에게는 강력한 '배척 장치 excluder'로 작용하게 된다.

서로 묶는 기호로 이런 유형의 포옹은 그에 못지않게 흔한 어깨 포옹보다 훨씬 힘찬 메시지를 지니고 있다. 두 남성이 함께 서 있거나 함께 걸으면서 어깨 포옹을 할 수도 있다. 다정하게 보이지만, 거기에는 성적인 연결 sexual liaison을 암시할 만큼 친밀한 무엇은 전혀 없다. 그러나 다른 사람의 허리를 포옹하면 그 포옹하는 손은 일차적인 성적 부위에 훨씬 가까이 가게 되고, 그 동작에는 성적인 전하 電荷가 한층 커진다. 이러한 이유로 남성들은 자신들의 동성 행위를 공개적으로 시위하지 않는 한, 오로지 여성들에게만 그 같은 포옹을 한다.

허리와 엉덩이 포옹의 표본을 뽑아 성별 차이를 분석한 결과, 대다수의 경우 어느 일방만이 어느 한 시점에 적극적으로 포옹하고 있음을 밝혀냈다. 다른 한쪽은 그 포옹을 허용하고 있을 뿐 상응하는 동작을 하고 있지 않았다. 그 사례들의 77퍼센트에서 남성이 여성을 포옹했고, 여성이 남성을 포옹한 경우는 14퍼센트였으며, 여성이 다른 여성을 포옹한 사례도 9퍼센트가 있었다. 어린 자녀들을 포옹하는 부모들은 이 표본 조사에서 제외되었다. 예상했던 대로 남성이 남성을 포옹하는 사례는 없었다. 따라서 동성 同性 허리 포옹에 대한 금기 taboo는 여성보다 남성 사이에서 더욱 엄격하다는 생각이 든다. 그런데 이 같은 면에서 그 동작이 마중 인사로서의 키스와 같은 그 밖의 공개적인 친밀감 표시 행위와 다를 바가 없다.

남성이 여성을 포옹하는 것과 여성이 남성을 포옹하는 비율간의 엄청난 차이가 신체의 허리와 엉덩이에 대한 성인들의 전체적인 태도를 간결하게 요약하고 있다. 남성들은 여성에게 허리를 포옹당하기보다는 여성의 허리를 포옹하는 데 분명히 훨씬 큰 관심을 갖고 있다. 사회적 차원에서 본다면, 허리와 엉덩이는 본질적으로 여성의 속성임이 이제 명백해진다. 그토록 여성 형태의 강렬한 특징을 이루는 그 넓은 골반으로 인해서 그것은 거의 유방 못지않은 여성다움을 가득 싣고 있다. 남성이 그 절박한 골반 찌르기를 시작할 때에야 비로소 그것은 보다 남성적인 성향을 띠기 시작한다.

궁둥이 THE BUTTOCKS

매우 불공평하게도 궁둥이는 지금도 인체의 '익살^{joke}' 부위가 되고 있다. 그것은 사람을 웃게 하고, 저속한 농담의 인기있는 소재이기도 하다. 궁둥이는 영어로 'buttock(s)', 이외에도 수많은 이름들 behind, backside, bum, buns, arse, rump, bottom 이 붙어 있다. 어떤 이름을 붙이든지 궁둥이를 우스꽝스럽거나 음란한 대상으로 보고 있다. 성기에 가깝다는 이유로 그것을 성감대^{性感帶; erotic zone}로 생각하는 경우에도 쓰다듬기보다는 꼬집거나 철썩 소리내어 때리는 것이 일반적이다.

궁둥이는 인간의 특수한, 아니 독특한 특징을 지니고 있음에도 불구하고, 위와 같이 부정적인 태도가 끈질기게 버티고 있다. 우리 인류가 참으로 거대한 걸음을 내디뎠을 때-그리하여 뒷다리만으로 일어섰을 때, 인간의 독특한 궁둥이가 발달하기 시작했다. 힘차게 불룩 튀어나온 둔근육^{臀筋肉: gluteal muscles}이 극적으로 확대되어 우리들의 신체가 영구히 그리고 완전히 일어설 수 있게 되었고, 바로 이 근육으로 말미암아 등의 밑동에 둥그스름한 한 쌍의 반구체가 생겼다. 그럼에도 우리들은 고마움보다 그것을 우스갯거리로 삼고 있다.

어째서 이렇게 되었는지 가려내기는 어렵지 않다. 궁둥이는 홀로 있는 신체 부위가 아니다. 그 사이에 항문^{肛門}이 내다보고 있으며, 그곳을 통하여 날이면 날마다 우리들의 모든 고체 노폐물이 나와야 하고, 악명을 한층 높이느라고 이따금 가스를 내뿜는다. 한 걸음 더 나아가서 우리들이 몸을 굽힐 때면 성기가 눈에 들어오는데, 이 경우에도 역시 한 쌍의 궁둥이 곡선이 테를 두르고 있다. 따라서 거기에는 배설과 성적 연상들을 배제할 수 없다.

살아 있는 영장류 193종 가운데 오직 인간만이 영구적으로 돌출한 궁둥이를 가지고 있다. 궁둥이란 우리 조상들이 처음으로 수직 자세를 취하고 뒷다리로 걸어다니게 된 시기에 발달한 해부학적인 특징이다. 인간과 비교한다면 침팬지는 '홀쭉한 궁둥이 유인원(the lean-bottomed ape)'이라는 말을 들어 왔다.

 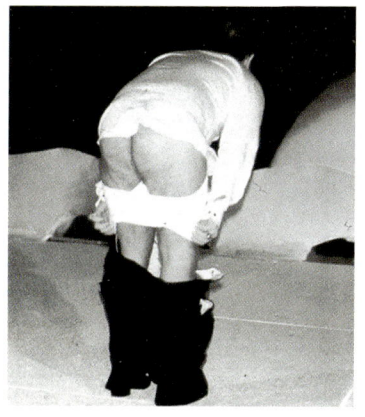

▶ 대중 음악, 영화와 스포츠계와 보다 대담한 스타들이 이따금 익살스러운 욕설로 일부러 궁둥이를 노출시킨다. 이런 장면을 보고 웃는 구경꾼들이 그 역사적인 기원을 아는 경우란 아주 드물다.

Buttock beauty is a matter of deep-rooted significance to both males and females.

이에 따라 궁둥이를 보여 주는 것은 적에게 배설물을 끼얹겠다는 모욕의 상징적 행위이고, 파렴치하게 성기를 보여 주는 것은 저속한 음란 행위로 풀이된다는 결론이 나온다. 현대 사회에서 공개적으로 벌거벗은 궁둥이를 보여 주면 난처한 웃음에서 심각한 불평, 격한 분노와 기소起訴에 이르기까지 다양한 반응을 불러일으킬 수 있다. 아주 최근에 스위스 연방 최고법원이 특정한 궁둥이 전시 행위에 대하여 '혐오감을 일으켰는가' 또는 '음란했는가'를 결정해야 하는 민감한 문제와 씨름하고 있었다. 이 미묘한 구분에 따라 유죄냐 무죄냐의 판결이 나오게 되었다. 어느 스위스 여인이 이웃과 말다툼을 하다가 울화가 치밀어 갑자기 후부를 벗어 보였다. 거기에는 어린이들도 있었기 때문에 그녀가 공개 음란 혐의로 체포되었고, 하급법원에서 유죄 판결을 받았다. 신중한 검토를 끝낸 최고법원은 그 여인의 유죄 선고를 파기했을 뿐만 아니라, 그녀에게 보상금을 지급하라는 판결을 내렸다. 그들이 이러한 결정을 내린 근거는 다음과 같았다. 그들은 "문제가 된 자세가 모욕적인 행위임은 분명하고 따라서 그에 상응한 처벌을 할 수 있으나, 생식기관이 개입되지 않았으므로 음란하다고 생각할 수 없다"는 결론을 내린 것이다. 가령 그녀가 그 도전적인 몸짓을 할 때 등을 앞으로 좀더 구부렸다면, 그녀에 대한 유죄 판결은 유지되었을 것이다.

궁둥이 전시에 대한 그와 같은 극단적인 반응은 오늘날 서구에서는 보기 드물다. 스포츠 경기장에서 바지

❤ 여성 궁둥이의 관능미(官能美)는 고전 시대에 대단히 중요한 의미를 지니고 있다고 여겼고, 그리스인들은 그것을 가리키는 특수한 낱말 '칼리피기아(kallipygia)'를 만들어냈다. 나아가서 그들은 '궁둥이가 아름다운 여신'에게 바치는 신전(神殿)을 지었고, 그녀에게 아프로디테 칼리피고스라는 이름을 붙였다. 그리고 나폴리의 국립박물관에 가면 지금도 의상을 들어올려 그녀의 매혹적인 부위를 드러내는 여신상(삽입된 그림)을 볼 수 있다. 그 때 이후 미술가들은 신체 구조상의 이 부분을 강조하는 모델들의 포즈를 즐겨왔다. 궁둥이 사이에 나 있는 홈에서 항문 또는 성기의 세부를 교묘히 감춤으로써 그들은 여성 골반 부위의 미학적인 곡선에 좀더 관심을 돌리고, 그 성적 기능을 명시적이라기보다는 암시적인 역할로 차분히 가라앉혔다. 그러나 성기를 가렸다고 해도 궁둥이의 형태만으로도 힘찬 관능적 메시지를 전달할 수 있고, 그 역사는 흥분한 남성들이 으레 뒤에서 여성 위로 올라갔던 시점까지 거슬러올라간다.

를 내리거나 스커트를 들어올리는 스트리커^{streaker}들은 으레 웃음이나 자아낼 뿐이고, 미국 대학에서 기숙사 창문으로 궁둥이를 내미는 무너^{mooner}들도 마찬가지이다. 항의의 표시로 나체 시위에 대한 반응이 과거와는 다르다.

때때로 궁둥이 전시에는 '내 궁둥이에 입을 맞춰라^{kiss my ares}'라는 말을 덧붙여 모욕의 뜻을 강조한다. 액면 그대로 받아들인다면, 이것은 굴욕적인 복종 행위를 강요하기 때문에 무례하다. 그런데 거기에는 그 이상의 의미가 담겨 있다. 이처럼 무례한 행위를 하는 사람이나 당하는 사람이 자각하지 못할 수 있겠지만, 사실 그들은 오랜 역사 속 무속^{巫俗} 행위의 현대판에 참여하고 있다. 이 점을 이해하기 위해서는 먼저 고대 그리스로 되돌아가야 한다.

오늘날에는 궁둥이를 신체의 익살 부위로 보고 있지만, 초기 그리스인들은 그렇지 않았다. 그들에게 궁둥이는 인체 구조 중에서도 비상하게 아름다운 일부였다. 그 애교있는 곡선이 그 이유의 일부이기도 했지만, 유인원과 원숭이 같은 다른 유형의 궁둥이와는 강력한 대조를 이루기 때문이기도 했다. 유인원의 홀쭉한 궁둥이는 굳어 버린 피부의 질긴 덩어리로 이루어져 있고, 이 좌골부 굳은살들^{ischial callosities}은 인간의 반구체^{半球體}와 너무도 다르다. 그리스인들은 인간의 궁둥이를 짐승의 그것과 지극히 다른 인간적인 특징으로 보았는데, 그들의 관점은 지극히 정확했다. 곡선미 넘치는 사랑의 여신 아프로디테 칼리피고스^{Aphrodite Kallipygos} - 문자 그대로 풀이한다면 '아름다운 궁둥이를 가진 여신' - 는 해부학적 구조보다 미학적으로 매혹적인 궁둥이를 지니고 있었다고 전해진다. 그 여신은 대단한 숭앙을 받았고, 그를 기리는 신전이 세워졌다. 따라서 그러한 영예를 누린 인체 부위는 궁둥이 이외에 달리 없었다.

궁둥이를 절묘한 인간의 특징으로 규정한 이 초기의 관점은 또다른 사상을 불러일으켰다. 둥그스름한 궁둥이가 인류를 짐승과 구별하는 순도 표시라고 한다면, 어둠 속의 괴물들은 이 특수한 해부학적 특징이 없어야 한다는 주장이 나왔다. 그러므로 악마는 궁둥이가 없다는 영속적인 평판을 얻게 되었다. 악마는 인간의 형태를 가장할 수는 있어도 둥그스름한 인간의 궁둥이를 흉내내기란 절대로 불가능했으므로, 아무리 애를 써도 완전한 변신變身은 할 수 없다고 초기 유럽인들은 확신하고 있었다. 인체 가운데서 가장 영광되고 배타적인 이 인간의 특징은 악마의 마력으로도 도달할 수 없는 경지에 있었다.

이 약점이 악마에게는 거대한 번민의 근원이라 생각되었고, 악마를 괴롭힐 수 있는 황금의 기회를 마련해 주었다. 그의 시기심에 불을 지르려면 사람의 벌거벗은 궁둥이를 보여 주기만 해도 충분했다. 그 몸짓이 그에게 자신의 결함을 일깨워 주었던 까닭에 갑자기 궁둥이를 보여 줌으로써 그의 악한 눈길을 돌리게 할 수 있었다. 이렇게 '악한 눈의 귀신'을 몹시 두려워하는 사람이 궁둥이를 드러내면 보호를 받았다. 따라서 이 몸짓은 사악한 세력을 물리치는 값진 장치로 널리 쓰였다.

이와같이 특별한 목적으로 궁둥이를 전시하는 행위는 상스럽다거나 음란하다고 보지 않았다. 심지어 마르틴 루터Martin Luther, 1483~1546도 밤마다 악마의 환상에 시달렸을 때 이 방어법을 이용했다. 일찍이 성채와 교회들은 곧잘 악귀들을 몰아내기 위해서 둥그런 궁둥이 모양의 인간 형상을 조각하여 정문 위에다 걸어놓았고, 이 때 궁둥이를 반드시 바깥으로 향하게 했다. 당시 독일에서는 밤에 유난히 무서운 폭풍우가 몰아치면, 남녀를 가리지 않고 벌거벗은 궁둥이를 앞문으로 내밀고 악한 세력을 몰아내고 폭풍우로 인해서 죽지 않기를 빌었다.

이것이 궁둥이 전시의 시초일 확률이 높고, 오늘날의 스트리커와 무너mooner들은 그것을 깨닫지 못한 채 오랜 기독교의 전통을 이어받고 있다. 악마를 대적大敵으로 보는 관념이 유행에서 멀어지자, 그 때부터 이 전시 행위를 단순히 무례한 행동으로 보게 되었다. 종교적인 도전 행위에서 이 몸짓은 쉽게 신체적 금기禁忌 부위의 외설적인 노출로 전락했다.

그렇다고 하더라도 이 행동이 '내 궁둥이에 입을 맞춰라'고 한 관용구에 대한 설명으로는 부족하다. 이 점을 이해하기 위해서는 악마를 그리고 있는 초기의 조각들을 검토해 볼 필요가 있다. 악마에게 궁둥이가 없다면, 그의 뒤쪽에는 무엇이 있을까? 그의 궁둥이가 있어야 할 자리에 또다른 얼굴이 있었다는 것이 그에 대한 대답이다. 이 둘째 얼굴이 안식일 의식의 일부로서, 마녀들이 키스했으리라 생

오늘날 한결 솔직해진 성적 풍토 속에서 여성들은 남성의 궁둥이가 언제나 자극적인 성 기능 부위였다는 사실을 시인하고 있다. 그들은 일반적으로 단단하게 다져지고 작지만 근육질인 남성의 궁둥이를 좋아한다. 이러한 반응은 과학적 설문지 조사에서 드러났으며, 3가지 요소를 담고 있다. 첫째로 여성들이 보다 작은 남성의 궁둥이를 선호하는 이유는 넓적한 여성의 궁둥이와 대조가 되기 때문이다. 따라서 남성의 좁은 궁둥이는 본질적으로 남성적인 특징이다. 둘째로 그들은 억세고 근육질인 궁둥이를 선호하며, 그것이 남성의 힘과 정력을 반영하기 때문이다. 그리고 셋째로 근육이 단단한 궁둥이는 성교중에 역동적인 골반 찌르기를 할 수 있다는 기대감이라는 구체적이고도 성적인 이유로 근육이 발달한 쪽을 좋아한다.

각되던 바로 그 부분이다. 악마의 궁둥이에 입을 맞추는 더러운 짓을 했다는 비난을 받자, 그들은 악마의 둘째 얼굴에 키스했을 뿐이라고 자기 변호를 했다는 말이 전해졌다.

말할 필요도 없이 이 모든 행동은 중세의 기름진 상상력이 만들어낸 허구에 불과하지만, 여기서는 그것이 문제의 핵심이 아니다. 미신에 묶여 있던 한 세대가 다음 세대에게 물려 준 전설과 믿음에 따라 '궁둥이 키스 arse-kissing'는 사탄의 추종자들이 저지른 추악한 행위이고, 따라서 가증할 행위로 굳어지게 되었다. 그 미신들이 퇴색하면서 사라지기 시작했지만, 그 대중적인 어귀는 현대적인 모욕에 파고들어 그대로 살아남게 되었다.

지금까지 궁둥이 전시를 온전히 적대적 행위 - 옛날의 도전이나 현대의 모욕 - 로만 검토해 왔다. 그러나 거기에는 또다른 면이 있다. 완전히 다른 맥락에서 볼 때, 궁둥이는 성적 매력의 강력한 신호 전달 체계이기도 하다.

수많은 종의 원숭이와 유인원 암컷들은 밝은 빛깔의 궁둥이를 하고 있다. 배란기가 다가옴에 따라 그들의 뒤쪽이 점차 눈에 띄게 부풀어오르고, 그 시기가 지나면서 점점 줄어들어 눈에 잘 띄지 않는다. 그러므로 수컷은 암컷이 성적으로 활동적인지 아닌지를 한눈에 알아볼 수 있다.

대체로 짝짓기는 암컷들의 성적 부풀어오름이 가장 확대 전시될 때만 일어난다.

인간의 여성들은 다르다. 그들의 궁둥이들은 월경 주기에 따라 부어오르거나 줄어드는 법이 없다. 그들의 궁둥이는 늘 불쑥 솟아나 있다. 이에 걸맞게 성적 기능 sexuality 역시 늘 높은 수준에 있다. 한 쌍 묶기 pair bonding 체계 일부로서 인간의 여성은 자신의 성적 매력을 확대하여 언제나 남성에게 호응할 능력을 잠재적으로 갖추고 있다. 이제 인간의 짝짓기 기능은 생식에만 국한되지 않기 때문에 그녀는 임신하지 않을 경우에도 짝짓기를 한다. 일종의 보상 기능으로 그것은 남녀 사이의 애정 유대를 강화하여 중대한 가족의 생식 단위를 단단히 뭉쳐 준다. 인간에게 성행위는 문자 그대로 사랑하기 love-making 이며, 여성의 신체는 언제든지 색정적 신호를 보낼 수 있다.

인간의 궁둥이 둔근육이 본질적으로 똑바로 서는 기계작용 mechanics 에 연관이 있다면, 여성들은 영원히 불쑥 튀어나온 궁둥이를 전시할 수밖에 없다는 주장이 나올 수 있다. 그러나 성기능이라는 측면에서 여성의 궁둥이는 단순히 기계작용의 요구를 넘어서는 부위이다. 체격의 상대적 수치로 미루어 그들은 남성의 그것보다 크다. 그 이유는 근육이 더 많아서가 아니라, 훨씬 많은 지방 조직을 안고 있다는 데 있다. 이같이 덧붙여진 지방질을 비상 저장 식량 - 낙타의 육봉과 비슷한 - 으로 말해 왔다. 그러나 이 말이 맞든 맞지 않든 그것은 자동적으로 성별과 연관이 있다는 사실로 인해서 여성의 성 신호가 될 수 있었다. 그것은 여성의 또다른 두 가지 속성 - 걸어다닐 때의 골반 역회전과 엉덩이 흔들기 - 에 의해 한층 강화된다. 전형적인 여성 - 특수 훈련으로 신체가 심히 남성화한 여성 운동 선수와 혼동하지 말아야 한다 - 은 남성보다 등이 훨씬 휘어졌다. 정상적인 휴식 자세에서 그녀의 궁둥이는 크기와 관계없이 남성보다 훨씬 많이 튀어나오게 된다. 그녀가 걸어갈 때, 여성의 골격 가운데 서로 다른 쪽의 다리와 엉덩이 구조가 궁둥이 부위에 보다 큰 물결을 일으킨다. 직설적으로 표현한다면, 그녀는 걸어가면서 궁둥이를 꿈틀댄다.

이들 세 가지 성질들 - 보다 많은 지방, 한층 두드

> *The Devil 'had no buttocks but a second face'.*

러진 돌출부와 물결 모양의 꿈틀거림 – 을 결합하면, 그 결과 남성에게 보내지는 강력한 색정적 신호가 된다. 여성들이 일부러 궁둥이를 내밀고 찬미의 눈길을 보내는 남성들을 향해 의식적으로 흔들어대기 때문에 그런 것이 아니라, 그들의 신체가 그렇게 설계되어 있어 그럴 따름이다. 물론 그녀가 희화화되는 위험을 무릅쓸 자세가 되어 있다면, 자연적인 신호를 과장하고, 충격적으로 궁둥이를 꿈틀댈 수 있다. 그러나 설령 그녀가 전혀 과장하지 않더라도 그녀의 기초적이고 해부학적 구조가 그녀의 성별 신호를 끊임없이 전달하고 있다.

오늘날 우리들은 과거의 수준보다 낮은 여성 궁둥이 신호 작용을 보고 있을지도 모른다. 초기의 여성 조상들은 현대 여성들보다 실제로 궁둥이가 더 컸으리라 생각된다. 물론 이 증거를 고대의 골격 구조에서는 찾을 수 없으나, 석기시대의 그림과 조각에서는 어디서나 큼직한 궁둥이를 볼 수 있다. 석기시대 이후 많은 문화권의 선사 미술에서도 거대한 궁둥이는 꾸준히 나타나다가, 점차 그들이 사라지면서 현대인의 크기로 줄어든다. 아직도 상대적으로 남성들의 그것보다 훨씬 크지만, 극단적으로 큰 사례들은 상당히 줄어들었다. 이들 초기의 '초대형 – 궁둥이들super-buttocks'은 상당히 많은 추리를 낳게 되었다. 한 가지 가능성이 있는 시나리오를 엮어 보면 다음과 같다. 우리들의 원시 조상들은 다른 영장류와 마찬가지로 짝짓기를 했으므로, 다른 종들과 마찬가지로 여성의 인간 전 단계pre-human에서는 성 신호들이 뒤에서 나왔다. 따라서 우리들이 직립 자세로 진화하고 우리들의 등 밑 근육들이 불쑥 튀어나와 궁둥이가 됨에 따라 부풀어오른 그 형태가 새로운 인간의 성 신호가 되었다. 궁둥이가 보다 크게 부풀어오른 여성들은 한층 강력한 성 신호를 보내게 되었고, 그 뒤로 궁둥이가 거대해질 때까지 이 조건은 증가하기 시작했다. 성적 매력이 가장 큰 여성들은 새로운 초대형 궁둥이로 초정상적인 궁둥이 신호를 보낼 수 있는 이점을 가지고 있었지만, 궁둥이가 너무 커지자 그들이 부추겼던 성행위에는 실제로 장애가 되기 시작했다. 그리하여 남성들이 전면으로 자세를 바꾸어 이 문제를 해결했다. 이 새로운 전면 접근 방법의 일부로 유방들이 큼직한 반구체 궁둥이를 모방하여 영구히 부풀어올랐다. 이 때부터 이들 초유방들이 크기가 줄어들

'내 궁둥이에 입을 맞춰라(kiss my arse)'라는 관용어구는 악마 숭배와 연관된 오랜 기원이 있다. 지금은 굴욕적인 예속 행위를 요구하는 욕설 이외의 아무것도 아니지만, 과거에는 마녀들이 악마에게 경배할 때 취했다고 믿었던 자세를 가리키는 말로 쓰였다. 악마는 도드라진 살이 없는 홀쭉한 궁둥이에 얼굴이 하나 있었고, 그 입은 항문의 자리에 있었다.

A permanent buttock-display is a distinctively human anatomical feature.

▼ 여성의 반구형 궁둥이는 영구적인 성적 표현으로 작용한다. 그와는 대조적으로 다른 영장류 암컷들의 궁둥이 표현은 월경 주기에 따라 극적으로 변화하여, 짧은 배란기(排卵期)에만 성적 신호를 발산한다. 이 때 눈에 두드러지는 성적 부풀어오름이 있지만, 그 암컷이 정받이할 수 없는, 월경 주기 외의 나머지 기간에는 사그라진다. 여성들의 성적 '부풀어오름(swelling)'은 월경 주기에 따라 오르내리지 않는다. 사춘기에 크기가 늘어났다가 그 볼록한 형태를 노년이 되어 신체가 시들 때까지 유지하게 된다. 젊은 성인 시절 배란과 관계없이 성적인 궁둥이 신호를 보내고 있을 때 제일 단단하다. 이로 미루어 인간의 성교는 생식에만 국한되지 않고, 문자 그대로 사랑놀이의 문제이기도 하다.

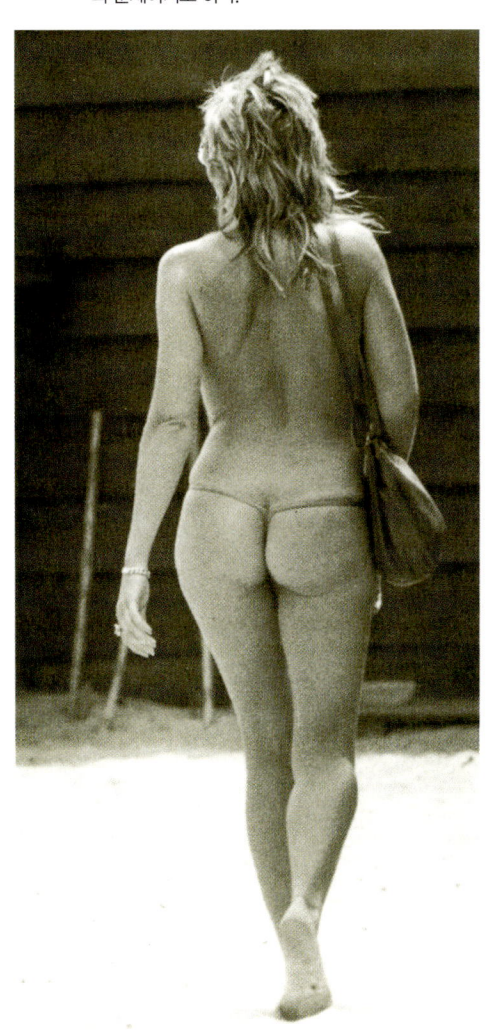

기 시작한 궁둥이와 함께 짐을 나누어지고 성적 신호들을 내보낼 수 있게 되었다. 인간 여성의 이러한 후기형은 보다 민첩하고 균형있게 점차 대체되었고, 지방질이 훨씬 많은 전기형^{前期型}보다 상당히 큰 이점을 가지고 있었다.

이와 같은 연속적 추론이 옳다면, 이를 뒷받침할 증거들의 흔적을 찾아봄직하다. 그 흔적들을 오늘날의 아프리카 서남 사막지대에서 찾을 수 있다. 그 지역에서는 부쉬맨 여성들이 아직도 석기시대 인물상에 그려진 초대형 궁둥이를 뽐내고 있다. 어떤 여성들의 경우 이 놀라운 윤곽들이 경이로운 규모에 도달하여, 몇 만 년 전 우리의 여성 조상들이 어떤 모습을 하고 있었는가를 오늘날 우리에게 보여 주고 있다.

석기시대의 유럽인들 - 석기시대 인물상들의 모델이 되었으리라 생각된다 - 을 아프리카 남쪽 끝에 사는 현대의 부쉬맨들과 비교한다는 것은 무의미하다는 주장이 있어 왔으나, 이 반론은 부쉬맨들의 참된 역사를 무시하는 것이다. 그 곳이 가장 좋아하는 환경이어서 그들이 구석진 사막에 살고 있는 것은 아니다. 그들이 그 곳에 있는 이유는 사라지고 있는 인종의 한 분파로서, 그들이 겨우 살아갈 수 있는 지구상의 마지막 구석이라는 데 있다. 그에 앞서 그들의 조상들은 아프리카의 상당한 지역을 차지하고 있었으며, 그 증거로 그들은 아름다운 암각화^{岩刻畵}를 남겼다. 그리고 그들은 생활양식이 사냥과 채집으로 요약되는 시기인 구석기시대를 대표했다. 신석기시대의 종족들-초기 농경인들-이 등장함에 따라 그들은 거의 모든 영토에서 쫓겨났고, 현재는 간신히 소도시 하나를 채울 정도인 약 5만 명만이 살아남아 있다. 그러나 지난 날 그들은 우리 인종 가운데 지배적인 형태의 하나였으므로, 아주 큰 궁둥이^{둔부지방축적: steatopygia이라 불리는 현상}가 그 고요한 사막에서 보기드문 일이라고 추정할 아무런 이유가 없다. 그러기보다는 오히려 인류 선사시대의 원시 사냥 단계에서 거대한 궁둥이가 여성들에게 정상적이었고, 석기시대 미술가들은 색정적인 환상보다는 현실에 바탕을 두었을 가능성이 훨씬 높았다.

날씬하고 보다 날렵한 여성들이 인류 사회를 지배하게 되었을 때도 큼직한 궁둥이라는 옛 심상^{心像}이 인간의 무의식에서 완전히 사라

지지는 않았다. 그것은 지금도 이따금 예상하지 않은 각도에서 다시 떠오른다. 대수롭지 않으나 수많은 의상들과 춤사위들이 궁둥이 부위를 과장한다. 심지어 착실한 빅토리아 시대에서까지 스커트 허리받이의 도입과 더불어 둔부지방축적의 새롭고도 인위적인 형태가 남성의 눈요기로 등장했다. 버팀살, 덧대기, 철사 그물과 강철 스프링이 오래 전에 이미 사라진 궁둥이 부위의 불거진 지방을 되살리기 위해 이용되었다. 정숙한 빅토리아 사회의 우아한 부인들이 스커트 허리받이를 사용하던 그러한 그녀들의 의상을 보았다면 틀림없이 소름이 오싹 끼쳤을 것이다. 아무튼 오늘날에는 아주 뚜렷한 대조가 이루어진다. 20세기에는 여성의 궁둥이를 과장하는 주요 장치가 하이힐이었다. 이것은 여성의 걸음걸이를 크게 일그러뜨려 정상보다 궁둥이를 위와 바깥쪽으로 밀어내고, 동작할 때면 어쩔 수 없이 훨씬 세차게 물결치게 한다.

설령 지나친 과장을 하지 않더라도 궁둥이는 현대 여성의 신체 중에서 주요한 색정적 초점의 하나로 계속해서 작용한다. 다리를 감추는 기다란 드레스도 궁둥이의 윤곽을 시위하고, 그들의 운동을 선명하게 부각하도록 재단하는 경우가 흔하다. 1960년대의 미니스커트와 같이 짧은 의상들은 보다 직접적으로 궁둥이를 드러내고, 몸에 꼭 달라붙는 바지도 실제로는 살을 가리지만 그 반구체들의 정확한 형태를 똑똑히 드러낸다.

궁둥이는 남녀의 상대적 크기 차이가 중요한 성별 신호의 구실을 한다. 인간의 궁둥이는 양성이 다같이 돌출한 반구형을 하고 있지만, 여성 쪽이 한층 넓고 두드러져, 사춘기에 이르러 뚜렷한 차이를 나타낸다. 이것은 출산의 요구에 따라 골반대가 늘어나는 데 원인이 있으며, 여성의 궁둥이에 지방이 훨씬 많이 쌓이기 때문이기도 하다.

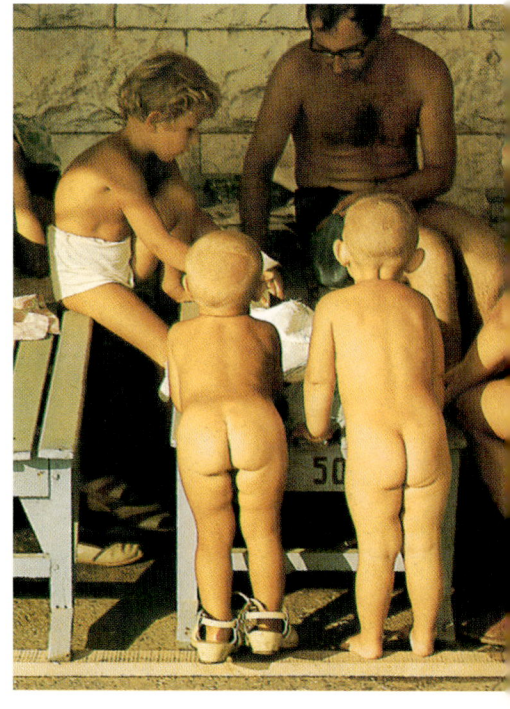

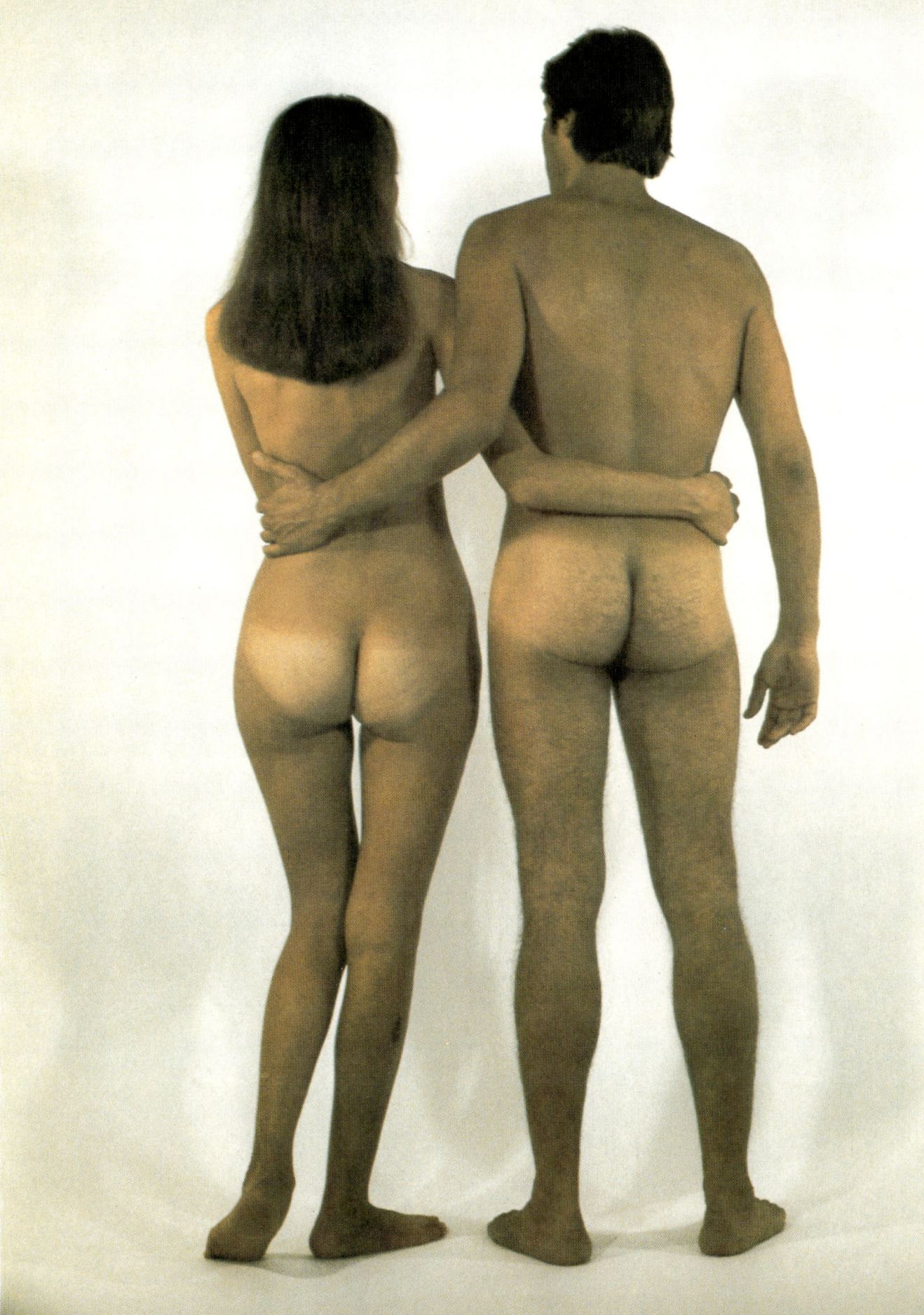

Supernormal buttocks-natural and artificial.

1980년대 초에 몸에 꼭 달라붙는 세심하게 재단된 고급 청바지를 강조하던 짧은 시기가 있었다. 이 옷들은 새로이 해방된 여성들이 보내는 대담한 성 신호로 신체의 이 부위를 자랑하는 완벽한 '외피casing'의 기능을 하도록 의도적으로 재단됐다. 당시에 발간된, 여성 궁둥이의 색정적 효과만을 다룬 소책자 「뒷모습Rear View」의 저자가 그 새로운 패션 시대를 숨막히는 언어로 찬양했다. 그 때 한 대변인은 이렇게 말했다. "궁둥이의 대공습Butt Blitz이 1979년에 시작되었다. 디자이너가 재단한 바지 속에서 전율하고 회전하는 후부를 텔레비전을 통하여 전국으로 방송하게 되었다. 그것은 디자이너 청바지로 알려진 문화 현상의 출발이다".

몇 년 뒤에 어쩔 수 없이 디자이너 청바지는 물러났고, 우주 비행사 복장에서 어느 정도 형태를 빌려온 풍성한 내리닫이가 등장했다. 그럼에도 불구하고 디자이너 청바지에서 구사한 인용구가 멜로 드라마적 색정적 언어의 초점이 되었고, 원초적 궁둥이 부위로 끊임없이 되돌아가려는 패션계의 성향에 잘 반영되었다. 우리들은 네 발의 이동 방식을 버린 지 오래지만, 성적인 궁둥이는 남성들의 무의식 세계에서 사라지기를 거부하고 있다. 심지어 규격화된 사랑의 보편적 상징인 하트형도 사실은 궁둥이에 바탕을 두고 있다는 의견이 나왔다. 분명히 그것은 실제의 심장과는 거의 닮은 데가 없지만, 위로 움푹 들어간 것을 비롯하여 그 모양이 뒤에서 본 여성의 궁둥이와 섬뜩하리만큼 흡사하다. 여기서도 다시 원초적인 인간의 심상心像이 작용하고 있지 않을까.

새로이 해방된 상황에서 여성 자신도 마침내 궁둥이가 매력있는 대상임을 인정하게 되었다. 설문지 연구에 따르면, 젊은 여성들이 성적 매력을 평가할 때 남성의 궁둥이 형태와 조건에 높은 가치를 둔다는 사실이 밝혀졌다. 작고 단단하며 근육질 궁둥이를 선호하는 경향이 강했다. 예상한 바와 같이 이들은 인간의 해부학적 구조상 기본적인 남성의 특징이 이 부위에 있다고 생각했다. 어느 젊은 여배우는 이 소재를 바탕으로 「한 여성이 남성의 궁둥이를 보다 A Woman Look at Men's Bums」라는 제목의 책 한 권을 쓰기도 했다. 남성 궁둥이의 근접 촬영 사진들이 가득한 이 저서는 현대 여성들이 새로이 획득한 성적

Where buttocks are top of the bill.

정직성을 경축하는 1980년대의 산물이다.

지금까지 우리들은 모욕적인 궁둥이와 성적인 궁둥이를 살펴보았다. 그와 함께 신체의 이 부분을 보여 온 세 번째 방법이 있는데, 그것은 순종을 나타낸다. 공손하게 구부린 자세의 궁둥이는 유화의 몸짓으로 영속적永續的인 역할을 해 왔다. 이런 면에서 순종하는 인간의 형태와 복종을 표시하는 원숭이나 유인원 사이에는 전혀 차이가 없다. 어느 경우에나 그 '내미는 자presenter'는 이렇게 말하고 있다. "나는

궁둥이 노출에 대한 문화적 금기(禁忌) 덕분에 어떤 연예인들은 관능적인 무대 행위의 맥락에서 그것을 보이는 것만으로도 생계를 이어갈 수 있다. 오랜 세월에 걸쳐 이것은 오로지 여성 활동에 국한되었으나, 1970년대 여권 운동의 물결에 힘입어 여성의 성적 정직성이 고조됨에 따라 남성 스트립쇼에 대한 관심이 증가하고 있다.

피동적인 여성의 역할을 하겠습니다. 아무쪼록 공격하지 말고 내 위에서 당신의 지배력을 보여 주십시오". 순종적인 원숭이들 역시 암수를 가리지 않고 지배적인 원숭이들에게 궁둥이를 내밀게 된다. 지배적인 개체들이 그처럼 순종적인 상대를 공격하는 사례는 드물고, 아예 무시하거나 잠시 올라타서 몇 차례 형식적인 골반 찌르기를 한다. 일종의 유화 표시로서 그 동작은 값지다. 약한 순종형이 공격을 받지 않고 강력한 지배자 가까이에 있을 수 있기 때문이다.

어느 부족사회에서는 마중 인사로 절을 받는 상대에게서 얼굴을 돌리는 장면들이 목격되었다. 이 광경은 '궁둥이 돌려대기'와 너무 흡사하여 영장류의 전형적인 유화 동작과 연관이 없다고 하기 어렵다. 그보다 훨씬 널리 사용되는 궁둥이 돌려대기 형태는 어린이가 벌로 궁둥이를 얻어맞을 때 볼 수 있다. 처벌의 대상자는 먼저 영장류의 유화 자세로 몸을 앞으로 구부린다. 이럴 경우 원숭이라면 공격을

어느 현대 미술가가 여성의 궁둥이를 '초대형 궁둥이(super-buttocks)'로 바꿔놓자, 이미 현실적으로 존재하던 이 추세가 한층 강화되기에 이른다. 원시시대에는 거대한 여성의 궁둥이가 흔했으리라 생각되는데, 현대의 남성들은 미처 깨닫지 못한 채 그에 대한 반응의 유산을 이어받고 있을 가능성이 크다. 지금 남아 있는 석기시대 여성 인물상(人物像)들이 거의 모두가 둔부지방축적(steatopygia) 상태를 보여 주고 있다. 이 지방질 궁둥이 형태는 아프리카의 부쉬맨과 호텐토트족에서 지금도 볼 수 있다. 그것은 허리받이가 도입된 빅토리아 시대-여성의 궁둥이 부위가 비상하게 열띤 관심을 불러일으켰던-에 강력한 반향을 불러일으켰다.

> *The female buttocks, not the heart, is the probable source of the ♥ symbol.*

가운데가 쏙 들어간 전래의 심장 상징, 곧 하트형은 실제의 심장과는 아주 다르다. 무의식적으로 그것은 벌거벗은 여성의 궁둥이 모양에 바탕을 두었으리라는 느낌이 들고, 색정에 겨워 뒤에서 여성에게 접근하는 남성의 눈으로 그렸으리라 생각된다. 사랑의 상징으로 이 도형은 인간에게 한층 더 큰 의미를 주게 된다. 그토록 격렬하게 남성들의 성 관심의 초점을 이루고 있는 신체 구조상의 이 부분이 독특하고도 고도의 개성을 지니고 있어서 더욱 그렇다.

모면할 수 있는데, 인간은 아주 불공평하게도 손이나 지팡이, 회초리로 공격을 당한다. 일부 지배적인 인간들에게는 굴욕적인 궁둥이 자세만으로 보상이 충분하지 않은 것 같다.

그것이 지닌 성적 함축으로 인해서 사람 사이의 궁둥이 접촉 역시 어느 정도 한정되어 있다. 사랑하는 남녀의 범위를 벗어나서 성적인 함축이 있을 위험이 없을 때, 우정의 신호로 쓰다듬거나 가볍게 궁둥이를 때리는 것만이 안전한 사용법이다. 일상적인 사교 모임에서 친구들 사이에 사용하다가는 쉽게 오해를 불러일으키므로, 성적인 암시를 고의로 전달하려는 경우가 아니라면 궁둥이 - 토닥거리기 pat-on-the-behind 보다는 등 - 토닥거리기 pat-on-the-back 를 하는 편이 좋다. 그러므로 궁둥이 토닥거리기는 부모가 아주 어린 자녀에게, 혹은 격렬한 집단 경기중의 운동선수들이라는 특수한 상황에 한정된다. 이들 두 가지 사례에서는 성적인 사고思考 관계와 거리가 너무 멀어 오해가 일어날 여지가 없다. 그와는 대조적으로 나이 차이를 이용하여 10대 딸아이들의 궁둥이를 토닥거리는 나이 많은 친척들이나 가족의 친구들 - 악의없는 듯한 의사 부모 pseudo parental 의 접촉을 가장하여 가벼운

Decoration and dress may emphasize the erotic features of the buttock zone.

성적 감촉을 즐기고 있는-은 적지 않은 괴로움을 안겨 주게 된다.

연인들 사이에서의 궁둥이 껴안기 buttock-clasping 는 구애의 과정과 성교 양쪽에 다같이 흔하다. 그것은 키스와 포옹이 심화된 단계에 자주 곁들이게 되고, 흥분이 고조됨에 따라 등 포옹이 궁둥이 포옹으로 내려온 것이다. 춤을 출 때 낯선 사람들끼리 전면 前面 포옹이 허용되는 구식 사교 무도장에서 남성이 이러한 상황을 악용하여 그의 손을 상대방의 등에서 궁둥이로 슬쩍 내려잡는 경우가 있다. 이 술책을 구사하는 고전적인 희극 영화에서 그 발칙한 손이 얼른 원위치로 되돌아가는 장면을 볼 수 있다.

궁둥이 장식은 아주 드물다. 앉기가 거북해서 보석을 달지는 못하지만, 이따금 문신을 볼 수 있다. 그러나 이마저도 그 주인공이 감상하기 어려워 그리 흔하지 않다. 게다가 남들에게 보여 주려 해도 절친한 소수의 관객에 한정될 수밖에 없다. 아주 이색적인 방법으로 보석 장식에 가까운 무엇을 할 수도 있다. 궁둥이의 홈을 따라 지나가는 G-선(G-string)에 화려한 장식을 하여 입는 방법이 그것이다. 팽팽하게 죄는 청바지를 입은 사람들의 경우, 궁둥이 부위의 색정적인 특징을 강조하는 표적과 형상을 넣을 수 있다.

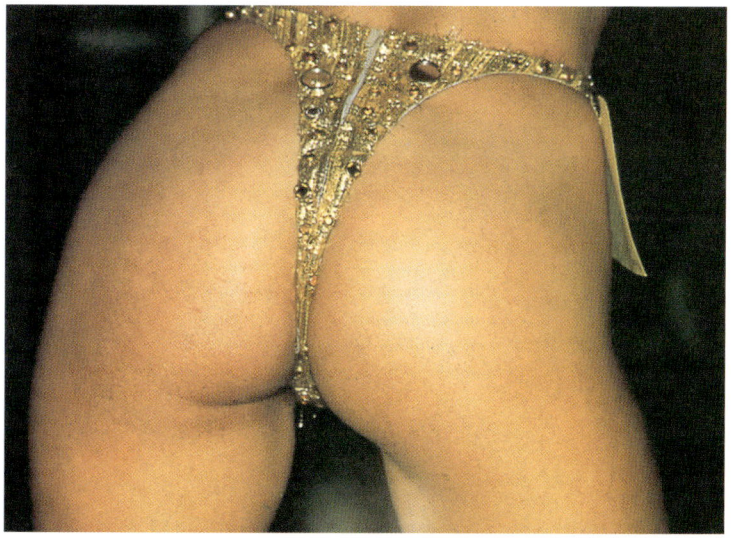

Pinching and spanking the bottom.

▲ 등 포옹과는 달리 한 손으로 볼기 한 짝씩을 움켜쥐는 궁둥이 포옹은 전적으로 관능적이고, 친밀한 애인 사이에서만 이용된다. 가장 자유롭고 스스럼없는 공간이 아니고서는 공개된 장소에서는 비교적 드문 몸짓이다.

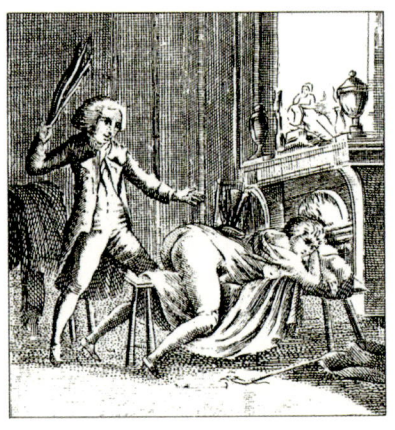

▼ 궁둥이를 손이나 매로 때리는 것은 새디즘—마조히즘 관계를 둘러싼 오랜 역사를 가지고 있다. 마조히즘에 물든, 즉 피학성 음란 여성에게는 궁둥이 부위의 율동적인 매질이 아프지만, 남성의 난폭한 골반 찌르기로 느껴진다. 가학성 음란 남성에게는 그 매질 동작들이 음경의 상징적인 찌르기와 같다. 이 가혹한 매질로 일어나는 궁둥이의 붉어짐은 성적 자극으로 작용하여 인간의 치열한 흥분기에 일어나는 성적 붉어짐을 연상시킨다고 전해진다. 더하여 매를 맞는 여인의 꿈틀거림과 굳어짐이 오르가슴 동작과 비슷하다.

성교 그 자체가 상당히 발전된 단계에서는 궁둥이 껴안기가 격렬한 골반 찌르기에 곁들여 곧잘 아주 억센 궁둥이 움켜쥐기^buttock-grasping로 바뀐다. 신체 접촉의 바로 이 단계에 와서 궁둥이의 반구형이 연인들의 마음 속에서 치열한 성감性感들과 고도로 밀착된다.

공개적으로 궁둥이를 꼬집는 이탈리아의 악명높은 풍습을 둘러싸고 이따금 광적인 반응이 일어나는 것 역시 이러한 성적 연관성에 원인이 있다. 어느 이탈리아 도시의 거리를 걸어가는 매혹적인 여성은 찬미하는 낯선 사람들에게 궁둥이를 꼬집힐 위험이 크다. 사회적 배경에 따라 그녀는 자부심이나 재미를 느끼기도 하고 짜증이나 격분을 표시하는 반응을 보이기도 한다. 「이탈리아인이 되는 법^How to be an Italian」이라는 제목의 풍자적 저술의 필자가 궁둥이 꼬집기^bottom-pinching를 카마 피자^Kama Pizza의 기본 요소로 묘사하고 다음과 같이 '세 가지 기본 꼬집기'를 나열하고 있다. (1)피치카토^Pizzicato: 엄지와 가운뎃손가락으로 재빨리 비트는 꼬집기. 초보자들에게 권한다. (2)비바체^Vivace: 보다 활발하고 여러 손가락을 사용하는 꼬집기. 잇달아 몇 번을 빨리 한다. 그리고 (3)소스테누토^Sostenuto: '살아 있는 거들^living girdles'에 장시간 사용하는 강압적인 회전식 꼬집기. 현대의 여권론자^feminist들은 이 소재를 유머의 자료로 보지 않은 지 오래되었고, 심지어 집단 꼬집기 공세를 하려고 거리에 나가 남성의 궁둥이를 찾아다니는 반격을 가하기도 했다.

끝으로 신체 장식의 잠재적인 영역으로서 궁둥이 기능을 찾기는 어렵다. 그것은 솜씨를 자랑하기에는 너무 은밀하고 장식품을 달기에는 깔고 앉는 경우가 너무 많다. 굉장한 광기가 있는 사람들 사이가 아니라면 문신을 한 궁둥이가 흔하지 않다. 17세기에 나온 존 불워의 저서 「인간 변형^Man Transformed」에서 궁둥이를 장식한 유일한 사례를 볼 수 있다. 거기에는 유달리 참담한 몰골을 한 어느 토인이 왼쪽 궁둥이에 보석을 달고 있다. 불워는 이런 논평을 달아 놓았다. "여러 부족 가운데는 기괴하며 섬세한 장치들이 있다. 그 중에도 어떤 부족은 터무니없는 만용을 부려 궁둥이에 구멍을 뚫고 거기에 보석을 달고 있다. 아무리 보아도 그것은 불편한 유행이고, 앉아서 생활하기에 지극히 불리하다."

성기 THE GENITALS

오늘날까지 살아남은 대다수의 문화권에서는 성기가 '비밀스러운 부분(private parts)'이 되었고, 그에 따라 다른 사람들이 보는 곳에서는 일종의 '성기 가리개(genital cover-up)'가 필요했다. 그 숨기는 방법들은 상당한 변화를 겪어왔다. 그 중 몹시 눈에 띄는 것 중 하나로 1970년대 뉴브리튼의 무용수들이 사용했던 가리개를 들 수 있다. 영국의 엘리자베스 여왕 부처를 위한 공연을 할 때 이들은 '나무껍질 관에다 원반을 끼우고, 허리에 감은 끈으로 지탱되는 겸허한 가리개'를 하고 있었다.

우리들의 초기 조상들이 처음으로 뒷다리로 딛고 일어서게 된 이후, 그들이 짝에게 접근할 때마다 불가피하게 전면前面을 완전히 드러내게 되었다. 그 이전까지는 네 발로 앞으로 나아가는 것이 정상이었고, 성기는 완전히 감추어져 안전하게 보호되어 있었다. 네 발 상태에서 성기를 보여 주려면 특별한 자세가 필요했다. 그 뒤로 인간이라는 동물이 다른 인간에게 돌아설 때마다 성기가 눈에 들어왔다. 이런 까닭에 성인이 다른 성인에게 접근하려면 성적 표현을 하지 않을 수 없었다. 이들 신호를 억제하는 한 가지 수단으로 결국 남성과 여성은 음부陰部를 덮는 일종의 가리개를 입게 되었다. 이리하여 허리 가리개 loin-cloth 가 생겨났다.

허리 가리개는 세 가지 장점을 지니고 있었다. 인간이 성적 관계를 배제한 공개적 상황에서 소유자의 성적 전시력을 감소시켰을 뿐만 아니라, 그것을 제거하는 은밀한 순간에는 성적 기능을 강화했다. 그리고 그것은 보다 가혹한 자연환경으로부터 섬세한 음부를 보호하는 데 도움이 되었다.

오늘날 사람들이 열기로 말미암아 옷을 벗을 때마다 언제나 제일 나중에 벗는 것이 허리 가리개의 현대형이다. 우리들이 철저한 나체주의자 nudist 가 아닌 한, 성기 전시 행위는 우리들의 성 상대만을 향해서 하고 있다. 분명한 성 인식 전 단계 pre-sexual phase 에 있는 아주 어린 아이들에게만 우리들은 이 규범을 완화한다. 대다수 국가에서는 성인의 성기를 가리기 위해 관습에만 의존하지 않고, 공식적인 통제를 가하고 있다. 공개석상에서 성기를 '전시'하는 행위는 법률에 저촉된다. 경건한 교회 참석자들은 대를 이어가며 교단에서의 호소에 호응해 왔다. "나체주의는 악마와 마찬가지로 파렴치한 것입니다. 그것은 하느님에 대한 인간 반항의 정점인 것입니다".

우리들은 정확히 무엇을 가리기 위해 그처럼 애를 쓰고 있는가? 성인 남성의 경우 비상하게 굵은 음경 주위에 짙고 곱슬한 털이 삼각형의 밭을 이루고 있으며, 그 뒤와 아래쪽에는 한 쌍의 고환이 아슬아슬하게 노출되어 있다. 성인 여자들의 경우, 비슷한 모양의 음모대陰毛帶가 에워싸고 있으며, 성기의 수직적인 열구裂口를 어느 정도 가리고 있다. 서 있는 여성은 그 이상의 것은 보이지 않으나, 다리를 벌

Public nudity is customary in some societies.

리고 앉으면 작은 젖꼭지 크기의 음핵^{陰核: clitoris}과 질구^{膣口}에 테를 두르고 있는 살찐 음순^{陰脣}이 드러난다.

첫째, 음모^{陰毛: pubic hair}. 남녀를 가리지 않고 음모는 성호르몬이 작용하기 시작하는 사춘기에 나타난다. 이에 대하여는 여러 가지 견해가 있다. 그 중 하나는 인류 진화사 초기에 머리카락의 독특한 변형으로 처음 개발되었을 때, 그것은 성적 성숙을 가리키는 즉각적인 시각 신호^{visual signal}의 역할을 하고 있으며, 이것이 바로 음모의 일차적인 기능이었다는 견해가 제시되기도 했다. 살갗이 흰 인종의 경우 이

우리 인류가 수직 자세를 취한 뒤에 새로이 노출된 성기 부위의 성적인 충격을 줄이기 위한 한 가지 수단으로 허리 가리개, 또는 살가리개(loin-cloth)를 얼마나 빨리 발명했는지 알 길이 없다. 그러나 지금에 와서 성적 정직성과 자유가 지배하는 곳일지라도 이 신체 부위는 제일 나중에 드러나게 된다. 수단의 누바 부족과 같은 어느 부족사회에서는 성기를 내놓을 수 있지만, 일정한 제약이 있다. 그 고장의 기준에 따라 젊고 건강하며 육체적으로 잘생기고 아름다움을 가진 완전한 사람들만이 벌거벗고 다닐 수 있다. 해마다 열리는 사랑의 무도회에서 젊은 여성들이 마음에 드는 짝을 골라 자기의 한쪽 다리를 상대방의 어깨에 올린다. 이렇게 하면 그 여성의 음부가 앉아서 고개숙인 그 남성의 머리 가까이에 다가가게 된다. 이때 그 남성은 눈을 들어 보지 못하게 되어 있으므로, 그녀가 후각(嗅覺) 신호를 보낸다는 뜻이 함축되어 있다.

THE GENITALS

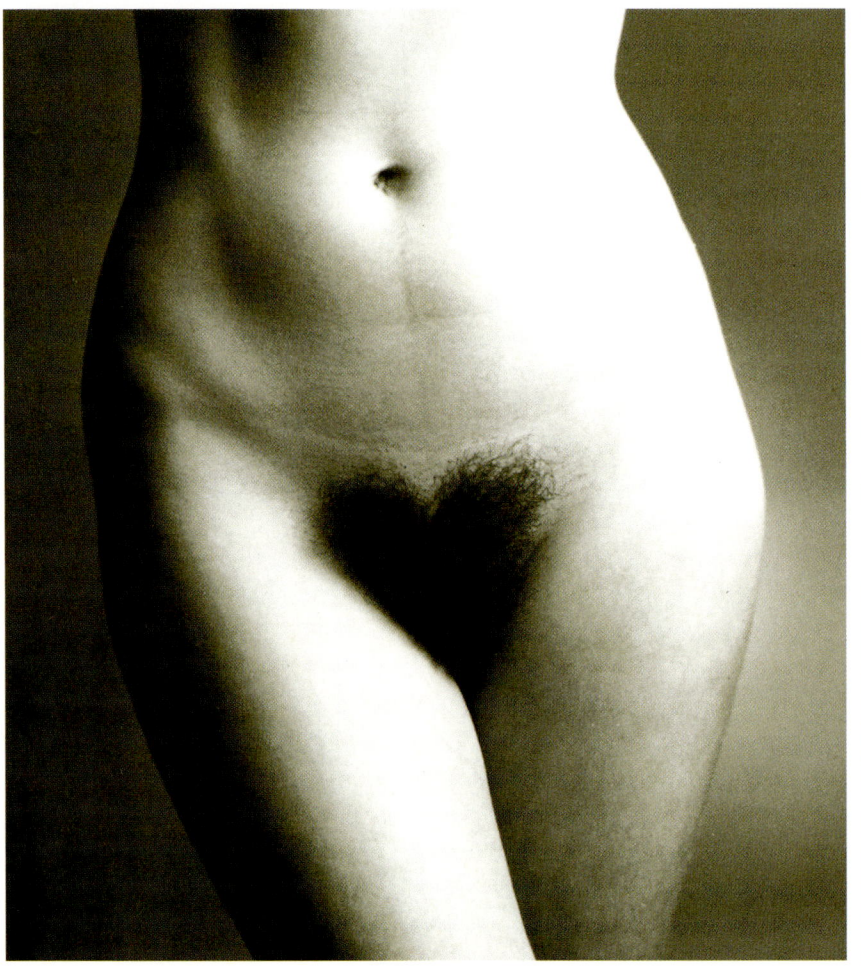

Pandering to male interest-up to a point.

여성의 음부를 보여 주거나 공개적으로 그리는 방법을 둘러싸고 언제나 열띤 논쟁이 벌어졌고, 음모(陰毛)의 존재 여부에 대단한 비중을 두어 왔다. 인간의 음모는 성적 성숙을 알리는 시각적 신호일 뿐만 아니라, 성적인 냄새의 덫이기도 하다. 그것은 시대를 가리지 않고 외설 예술에서 뚜렷한 자리를 차지하고 있다. 그러나 그 성적인 의미와 문화적 상징성으로 말미암아, 체면을 강조하는 시대의 공개적인 예술 작품에서는 볼 수가 없었고, 1940년대와 1950년대까지도 조심스레 손질된 음모가 없는 나체 사진만이 존재했다. 그러나 1960년대에 이르자 제약이 크게 완화되었고, 심지어 새로운 유행으로 음모의 삼각지대를 하트형으로 꾸미고 다듬는 단계에까지 이르게 되었다.

새까만 털의 삼각형은 먼 거리에서도 아주 선명한 것만은 분명하다. 그러나 살갗이 짙은 인종의 경우에 이 논리는 그다지 설득력이 없고, 그 밖에 다른 기능이 있을 가능성이 높다. 다음으로 이 조밀한 털은 전면 성교의 격렬한 골반 찌르기를 하는 동안 살갗이 벗겨지지 않게 막아 주는 완충 장치의 구실을 한다는 것이다. 그러나 모든 문화권에서 음모 부위의 털 뽑기를 관습으로 해 왔지만 성교시 피부 상해가 있었다는 기록이 없으므로, 이 논리 역시 진실과는 거리가 먼 듯하다. 진실에 보다 가까운 것은 세 번째 기능인 듯하다. 여기서는 겨드랑이털과 마찬가지로 음모는 본질적으로 냄새 운반체라는 주장이다. 사타구니에는 냄새들이 집중되어 있고, 그 곳의 밀집한 털은 냄새의 덫으로 작용한다. 전자와 마찬가지로 꼭 끼는 의복들이 이 냄새 신호 체계 scentsignalling system 에 쉽게 문제를 일으키게 된다. 그래서 그 곳의 분비물들이 부패하여 천연적인 성적 향기를 불쾌한 체취로 바꾼다.

사춘기의 소년들은 새로이 돋아나는 체모體毛를 자랑하지만, 일부 소녀들은 그다지 열성적이지 않다. 그들은 음모가 성적 성숙의 징표임을 충분히 알고 있지만, 무의식적으로 남성 성인의 신체는 일반적으로 여성보다 털이 더 많으므로 음모가 약간은 남성적이라는 느낌을 가질 수도 있다. 이런 사실의 반사 작용으로 사춘기 소녀들 사이에는 '털 난 거미들'에 대한 매우 비이성적인 공포가 있다. 열 살 난 소년과 소녀 사이에는 거미 반응에 차이가 없지만, 열네 살 때쯤 되면 거미 혐오가 소년들보다 소녀들 사이에 2배나 강하고, '털이 났다'라는 낱말을 덧붙일 때 항상 떨리는 소리로 표현한다.

그러므로 여성들이 자신의 아름다움을 돋보이게 하려고 음모를 곧잘 제거했다고 해도 놀랄 일이 아니다. 고대 문명권에서는 고통을 참아가며 털을 뽑거나, 위험을 무릅쓰고 털을 지지거나 태워 없앴다. 보다 최근에 와서 즐겨 사용하는 방법이 전기 분해법, 탈모제 칠하기, 또는 작은 안전면도기에 의한 음모대 면도이다. 그러나 일부 이슬람 국가에서는 털을 뽑는 옛날 방법이 아직도 쓰이고 있는데, 고대 로마와 그리스 시대 이후 거의 변화가 없다.

미술가들이 고용하는 여성 모델들 사이에는 음모를 제거하는 오랜 전통이 이어지고 있으며, 20세기까지도 여인상을 주제로 한 모든

▲ 일상의 일을 이제 시작하려는 이 피그미족의 어부는 크고 억센 남성의 체격과 음경 크기 사이에는 이렇다 할 연관이 없음을 뚜렷이 입증하고 있다. 오히려 그 둘 사이에는 반비례 현상이 있음직하다. 작고 야윈 남성들이 당당한 체구의 남성들보다 상대적으로 큰 성기를 지니고 있는 경우가 많다.

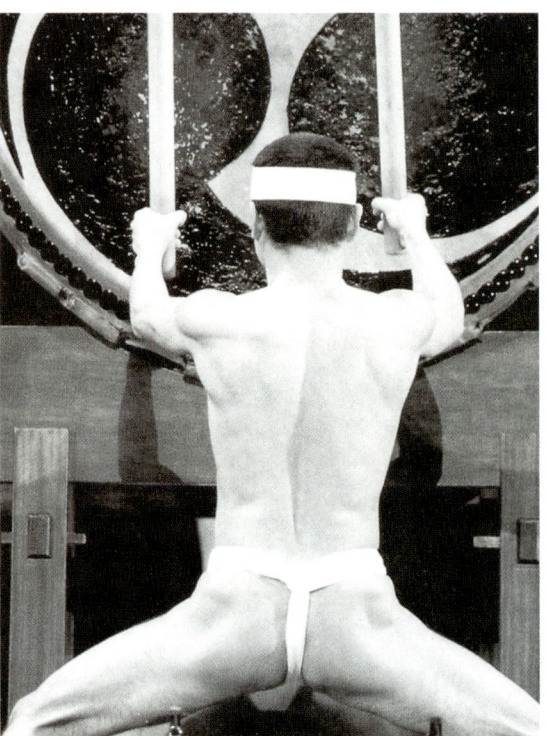

Public reference to the male genitals is usually muted, indirect or humorously stylized.

미술 작품들(의도적인 외설적 작품을 제외하고)은 음모의 흔적마저 모두 지웠다. 그 억압책이 너무 철저하여, 청교도적인 부모의 양육을 받은 천진한 남성들은 여인들에게 실제로 음모가 있다는 것을 전혀 몰랐다. 유명한 미술 평론가 존 러스킨^{John Ruskin, 1819~1900, 런던 태생의 영국 미술 평론가 및 사회학자=역주}은 결혼 첫날밤 그의 아리따운 신부의 사타구니에 털이 난 것을 보고 혼비백산하여 정사를 할 수 없었다. 그는 달이 가고 해가 가는데도 시간을 끌며 방사를 피했다. 마침내 그녀는 인내의 한계에 이르러 스스로 의사의 검진을 받아 처녀성을 입증하고 혼인 실효 선고를 받아내어 화가 밀레이스^{John Everett Millais, 1829~1896}의 아내가 되었다.

모딜리아니^{Amedeo Modigliani, 1884~1920}와 피카소^{Pablo Picasso, 1881~1973}와 같은 현대 미술의 야성인들이 음모를 그들의 회화 속에 그리기 시작하면서 비로소 수백 년의 오랜 전통이 무너지게 되었다. 결국 사진 예술이 그 뒤를 따랐고, 에어브러시로 손질한 이전의 나체상들이 손질하지 않은 사실적인 작품들로 대체되었다. 마지막으로 일부 국가의 텔레비전이나 영화에서 이따금 음모를 잠깐씩 보여 주었다. 그러나 그 성적 메시지의 강도로 인해서 여전히 흔히 볼 수 있는 현상으로 바뀌지는 않았다.

여성의 나체에서는 그 음모가 성기의 세부를 가리는 경향이 있고, 그런 문제를 감히 토의할 수 있었던 초기 작가들은 이것은 절대자가 구사한 현명한 전략이었다는 견해를 피력했다. 그러나 가령 하느님이 은폐를 시도했다면, 남성의 경우 그 실패가 극적이다. 음경과 음낭은 다같이 털이 짙게 테를 두르고 있지만, 고집스럽게 눈에 두드러진다. 아울러 그들은 놀랄 만큼 상해를 받을 위험이 크고, 특히 고환들은 최대의 위험을 당할 방자한 위치에 자리잡고 있는 듯한 인상을 준다. 그토록 섬세한 인체 기관이 보호받지 못한 채 강력하고 활동적인 한 쌍의 다리 사이에 헐렁하게 매달려 있어야 하는지 얼핏 보기에는 수수께끼가 아닐 수 없다.

인간의 고환들은 뱃속에 감추어져 일생을 시작하지만, 출산 2개월을 앞두고 서혜관^{鼠蹊管: inguinal canal}이라 부르는 구멍을 통하여 내려와 우리들이 볼 수 있는 외부 위치에 자리잡게 된다. 그들은 보다 시원한 바깥 세계에 매달려 여생을 보낸다. 그들의 이동에 결정적 이점

◀ 비록 덮여 있다고 하더라도 팽팽한 옷을 입은 남성들은 성기 부위에서 성별 신호를 전달할 수 있다. 남성의 외음부로 일어나는 '샅-도드름(crotch-bulge)'은 꼭 죄는 여성의 옷이 만들어내는 '샅-홈(crotch-gap)'과는 선명한 대조를 이룬다. 이러한 신호의 효과를 의류 제조업자들은 그들의 광고와 무대 공연용 남성 의상 디자인에 흔히 이용해 왔다.

이 되는 요소가 바로 이 온도의 저하인 듯하다. 몸 속에 있으면, 그들은 정상 체온인 섭씨 36.5도를 유지하게 되지만, 바깥으로 나오면 몇 도가 떨어진다. 고환 내부에 있는 정자 생산 세포들은 그보다 높은 온도에서는 능률적으로 활동할 수 없으므로, 이 점은 아주 중요하다. 이 온도 조절 체계에는 정교한 조절 기능까지 갖추어져 있다. 남성이 아주 뜨거운 물로 목욕을 하거나 사우나를 하게 되면, 달림줄 suspension cord 이 늘어져 고환들이 몸에서 훨씬 멀리 떨어진다. 만약 찬물 샤워를 하게 되면, 그 달림줄이 빠르게 줄어들어 올라오면서 따뜻한 사타구니에 착 달라붙는다. 남성이 열병을 앓거나 며칠 동안 체온이 아주 높아지면, 일시적으로 정자 생산이 중단되기까지 한다. 몇몇 부족 문화권에서는 남성들의 이러한 온도 감각을 원시적인 산아제한법으로 이용하고 있다. 성교하기에 앞서 며칠 동안 아주 뜨거운 물에 고환을 담그는 것이다. 그러나 한 마디 경고의 말을 해둘 필요가 있다. 의대생 자원자들을 대상으로 2주 동안 사우나의 높은 온도에 8번 몸을 노출시키고 난 후, 몇 주일 뒤 정자 수를 측정했다. 그러나 예상만큼 정자 생산 감소 효과가 극적이지 않았다. 약간 감소되기는 했으나 예상보다는 월등히 적었다. 따라서 그 방법은 신뢰성이 극히 적다. 짧은 기간 동안 열기에 노출시켜서는 충분하지 못하다. 며칠간 계속되는 심한 열병의 경우와 같이 아주 오랫동안 고온을 유지해야만 정자 생산을 막을 수 있다.

추위가 고환을 끌어올리는 유일한 요인은 아니다. 공포, 분노와 성적 흥분에도 그들은 몸에 꼭 달라붙는다. 얼어붙는 남성의 반응은 온전히 열기를 찾는 데 그치지만, 도망을 치거나 싸움을 하며 간음을 하는 남성들은 한결같이 육체적인 상해로부터 고환을 보호해야 하는 유일하고 동일한 욕구를 가지고 있다.

도망할 때와 싸울 때, 위험이 증가하는 때는 분명하고도 남음이 있지만, '성적 고조 sexual elevation'의 경우에는 놀랍다는 느낌이 든다. 특히 관계중에 있는 인체는 열기로 뜨거움에도 이런 현상이 일어난다. 성교의 가장 치열한 순간들, 짝지은 한 쌍이 가장 자유분방하여 너무나 힘찬 골반 찌르기가 일어나고, 여성의 오르가슴에 금방이라도 사지四肢의 도리깨질과 몸부림이 일어날 가능성이 있을 이 때, 질서정연하게 고환이 물러나 있는 것은 진화의 적절한 과정이었으리라고 설명할 수 있을 듯하다.

성적 고조의 이상한 특징으로 고환이 일시적으로 확대된다. 흥분이 절정에 달할 때, 이 충혈된 기관들은 크기가 50퍼센트, 때로는 100퍼센트까지 늘어난다. 인간 고환의 기이한 특징 가운데 또 하나는 그들의 비대칭성 asymmetry 이다. 남성의 85퍼센트가 왼쪽 고환이 오른쪽보다 약간 낮게 달려 있다. 왜 이래야 하는지는 뚜렷하지 않다. 성적 고조기에는 결국 두 개가 똑같은 수준에 이르게 되므로, 왼쪽 고환이 좀더 올라가야 한다는 뜻이다.

고환이 체외에 자리잡고 있어 가장 불리한 점은 쉽게 남성 거세를 할 수 있는 기회를 준다는 데 있다. 이 방법은 지금까지 무지막지한 잔혹 행위로, 공식적인 처형으로, 생식이 불가능한 환관 계급을 만드는 수단으로 그리고 성인 남성 소프라노를 만드는 방편으로 이용되어 왔다.

어린 소년들을 거세하여 성인 고음 가수로 계속해서 활용하는 바티칸의 관습이 로마의 음치音癡 어린이들의 수효를 극적으로 증가시켰으리라 생각된다. 오랜 세기를 내려오면서 거세 가수 castrato 들이 기독교 교회의 특징이 되었고, 1878년 계몽된 교황에 의해 그 관행이 불법화될 때까지 거세 수술을 통상적으로 실시해 왔음을 알고 놀라게 된다. 고환은 바티칸이 몹시 집착한 대상이었으리라 생각된다. 한때 반암^{斑岩} 의자$^{Porphyry\ Chair}$라 불리는 특수 의자를 만들었다. 거기에는 말편자형의 좌석이 있었고, 새 교황이 그 위에 앉아 그의 음부를 내놓고 성부$^{Holy\ Father}$나 성모$^{Holy\ Mother}$가 아니며, 더구나 거룩한 거세자$^{Holy\ Castrato}$가 아님을 추기경들에게 검사받아 확인해야만 되었다. 그 추기경들은 교황이 지닌 고환의 존재를 확인한 다음 라틴어로 다음과 같이 선포해야 했다. "성하^{聖下}는 고환을 가지셨으며, 훌륭하게 달려 있습니다".

가령 이 책을 읽고 있는 사람이 성인 남성이라면, 다음 글자를 읽어 보라. 100, 200, 300, 400, 500. 이 때 걸리는 극히 짧은 시간 동안 그 남성의 고환에 새로이 1만5천 마리의 정자가 생겨난다. 이 놀라운 생산율은 하루 종일, 매일 계속된다. 우리들은 다른 동물들과 달리 일정한 생식기^{生殖期}가 없고, 정자 형성^{spermatogenesis} 수준은 성적으로 꾸준히 활동하여 1초 당 3천의 비율로 정자를 생산하고 있다. 만약 성 발달의 절정에 있는 젊은 남성들이 깨어 있을 동안에 성적인 출구를 찾아내지 못한다면, 잠을 자는 동안에 자연 발생적인 사정^{射精}을 경험할 수도 있다. 만일 이러한 현상이 일어나지 않으면 쓰지 않은 정자들은 다시 체내에 흡수된다.

성적인 자극이 남성의 오르가슴을 일으켰다면, 2~4억의 정충들이 발기한 음경을 통해서 사출된다. 심지어 이 거대한 숫자는 좁쌀한 알 정도의 부피가 될 뿐이다. 그러나 그들은 무방비 상태로 세상에 나가지 않는다. 그들은 전립선$^{前立腺:\ prostate\ gland}$과 정액 소낭$^{精液小囊:\ seminal\ vesicles}$이 만들어낸 정액 방울 속에 담겨 있다. 이 액체는 정충에 영양을 제공하는 특수 단백질, 효소, 지방과 당분으로 이루어졌고, 알칼리성 매질^{媒質}이며 정충이 그 안에서 헤엄을 칠 수 있다. 이 알칼리성이 중대한 역할을 한다. 산성인 소변이 지나는 요도를 중화시킬 뿐만 아니라, 여성의 질$^{膣:\ vagina}$도 산성이므로 정자들이 그 중차대한 여행에서 살아남으려면 그 질 내부도 중화되어야 할 필요가 있기 때문이다.

1회 사정에 산출되는 정액의 평균량은 3.5mm^3 - 찻숟가락 1개 가

THE GENITALS

량-이지만, 오랫동안 성에 굶주린 건강한 젊은 남성들은 최고 그 4배까지 만들어낼 수 있다. 1회의 오르가슴에 사정 경련이 대체로 3~4회, 0.8초라는 일정한 간격을 두고 일어나며, 놀랄 만큼 멀리 정액을 사출한다. 기네스북 Guinness Book of Records에 기록된 수치는 아니지만, 대담한 조사 연구가들에 의하면 3피트에 달하는 사정射精 거리를 측정한 일이 있었다. 일반적으로 7~8인치 정도 나간다.

사정에 따르는 쾌감이 극도로 격렬하여 남성들은 어떤 장애가 있더라도 이 절정의 동작을 갈망하며, 거듭해서 되풀이되는 이 동작은 종족의 생존을 좌우한다. 이것은 뇌의 보다 높은 중추에 맡겨지지 않고, 지극히 기초적인 화학적 수준에서 다루어진다. 오르가슴중에는 뇌가 천연 화학물질로 홍수를 이룬다. 이 화학물은 모르핀에 아주 가깝고, 고통을 없애고 쾌감 중추를 자극한다. 그와 동시에 뇌의 일부

토머스 로랜드슨(Thomas Rowlandson)이 18세기에 그린 이 성행위 장면과 어느 여성이 남근형 아이스 크림을 먹고 있는 1980년대의 캘리포니아 거리 풍경은 인간의 성 기능에 대한 매우 개방적인 태도를 반영하고 있다. 청교도들은 곧잘 인간의 성행위를 단순히 생식적인 수준으로 억제하려 했으며, 그 밖의 어떤 유형의 성적 몰입도 부자연스럽다고 주장했었다. 인간의 생물학은 이 주장을 반박하고 있다. 이제 여성들은 배란기(排卵期)를 알리는 신호를 보내지 않는다는 사실이 특별한 의미를 갖고 있다.

가 짧은 간질 발작을 일으키는 사람과 아주 흡사하게 신경세포들을 자극하고, 그 동안 보다 높은 중추신경들은 마술에 걸려 자기 방임 상태에 잠시 빠져 버린 듯 거의 완전히 기능을 정지하고 만다. 이 모두가 일어나기 직전에 시각중추^{visual centres}는 마치 빛의 홍수가 몰려온 듯한 느낌을 주고, 갑자기 휘황하게 폭발하는 듯한 치열한 자극을 받는다. 요컨대 남성의 오르가슴은 순간적이고 자연스러운 '마약의 절정^{drug high}' 같아 고통과 근심이 사라지며, 아찔한 쾌감이 신체 계통을 가득 채워 외부 세계를 완전히 지워 버린다. 지구라는 행성이 이처럼 인구 과잉이 되었음이 놀라운 일이라 하기 어렵다.

정자 배달 기관인 인간의 음경은 두 가지 면에서 경이롭다. 그 규모가 크면서도 음경 뼈^{os penis} 또는 버팀뼈가 없다는 점이다. 그 크기는 다른 영장류들의 어느 것보다 앞선다. 심지어 인간보다 3배나 무겁고 억센 고릴라마저 그보다 훨씬 작은 부착물을 가지고 있을 뿐이다. 긴장을 풀고 있는 평상시의 음경은 평균 길이 4인치, 지름 1¼인치에 둘레가 3½인치이다. 완전히 발기했을 때는 평균 길이 6인치, 지름 1½인치 그리고 둘레가 4½인치가 된다. 음경의 크기는 아주 다양하여 최고 기록은 13¾인치로 평균치보다 2배가 넘는다. 이상하게도 전체적인 체격과 음경 크기 사이에는 아무런 연관이 없으며, 거꾸로 가장 작고 마른 남성들에게 가장 큰 음경이 있다. 발기한 음경의 각도도 역시 다르지만, 평균적인 남성의 경우 수평면에서 약 26도를 이루어, 여성의 질 각도와 잘 맞아들어간다.

음경은 귀두^{龜頭: glans}, 줄기^{幹: shaft}, 뿌리^{根: root}로 이루어진다. 귀두의 영어 명칭 'glans'는 '도토리^{acorn}'라는 뜻이며, 대략 반구형으로 생기고 약간 확대된 음경의 머리를 가리킨다. 음경이 완전히 가라앉아 있을 때, 귀두는 포피^{包皮: prepuce/foreskin}라 불리는 헐렁한 살갗 껍질에 완전히 싸여 있는 경우도 있다. 이것은 민감한 음경 끝을 보호하고, 발기하여 여성의 성기와 접촉하는 저 특별한 순간을 위해 감도^{感度}를 유지하는 데 도움이 된다.

음경이 발기했을 때도 귀두의 둥글고 보드라운 성질은 성애중에 여성의 표면에 고통이나 상해를 입히지 않도록 하는 역할을 한다. 인간의 음경은 이례적으로 넓기 때문에 이 점은 매우 중요하다. 그와

> *During orgasm the brain is flooded with a chemical that stimulates the pleasure centres.*

비교하여 원숭이의 음경은 음경뼈^{os penis/baculum}라는 작은 뼈로 지탱되고 딱딱하며 가느다란 꼬챙이 같다. 인간의 성기는 굵어서 이러한 뼈가 불필요하고 음경 줄기의 해면조직^{海綿組織: spongy tissues}에 피가 가득 차서 충분히 빳빳해진다. 빠르게는 5초면 완전히 발기시킬 수 있는 이 충혈 작용은 '어떤 공학자도 가능하리라 생각지 못했던 역학^{mechanics}의 승리'라는 찬사를 받아왔다. 그것은 혈액의 투입 증가와 배출 감소간의 미묘한 균형을 바탕으로 작용한다. 거기에는 적절한 밀도의 혈액 '교통 체증^{traffic jam}'이 일어나, 남성에게 아무런 고통을 주지 않고 성적 흥분중에 돌발적인 요동^{撓動}없이 질을 꿰뚫을 수 있을 만큼 단단한 막대기로 음경을 바꾸어 놓는다. 그리고 이 때 충혈된 해면조직 사이를 달리고 있는 요도^{尿道: urethral tube} – 요도구^{尿道口: meatus}를 통하여 정액을 배출해야 할 관-를 봉쇄하지 않고 그 일을 해내야만 한다.

이같이 비상한 음경 설계 – 굵고 뼈가 없으며 복잡한 충혈이 가능한 – 는 인간의 여성에게 성적 쾌감을 주려는 것과 연관이 있는 것 같다. 원숭이 암컷들은 뼈가 들어 있는 수놈의 가느다란 꼬챙이 음경으로 재빠르게 몇 번 찌름을 받고 삽시간에 교미가 끝난다. 원숭이 암컷들은 인간의 여성이 경험하는 폭발적인 오르가슴을 즐기지 못한다. 인간의 굵은 음경은 흔히 오랫동안 계속되는 골반 찌르기를 하는 가운데 여성의 성기 표면을 마찰하면서 강렬한 접촉 감각을 일으킨다. 음순^{陰脣: labia}이라는 고도로 민감한 살갗 주름에 에워싸인 여성의 질구^{膣口}는 꼭 들어맞는 음경의 반복적이고 율동적인 안마를 받게 된다. 여성의 성적 흥분이 높아감에 따라, 외음순^{outer labia}과 내음순^{inner labia}이 동시에 충혈되어 정상 규모의 2배로 불어나며, 촉감에 고도로 민감해진다. 오랫동안의 자극을 받은 뒤에 그 여성은 마침내 생리적으로 남성의 그것에 아주 가까운 오르가슴의 절정을 경험한다. 그러므로 한 쌍의 성 상대는 그들의 성적 노력에 대한 거대한 보상을 경험하게 되며, 원숭이들과는 달리 이 만남으로 인해서 그 한 쌍 사이에는 굳건한 정서적 유대가 형성될 수도 있다. 여성들이 배란^{排卵}할 때 남성에게 뚜렷한 신호를 보내지 않는 사실로 미루어 성교의 절대 다수는 생식을 위해서가 아니라, 정서적 유대를 한층 더 다지려는 행위로 풀이할 수 있다.

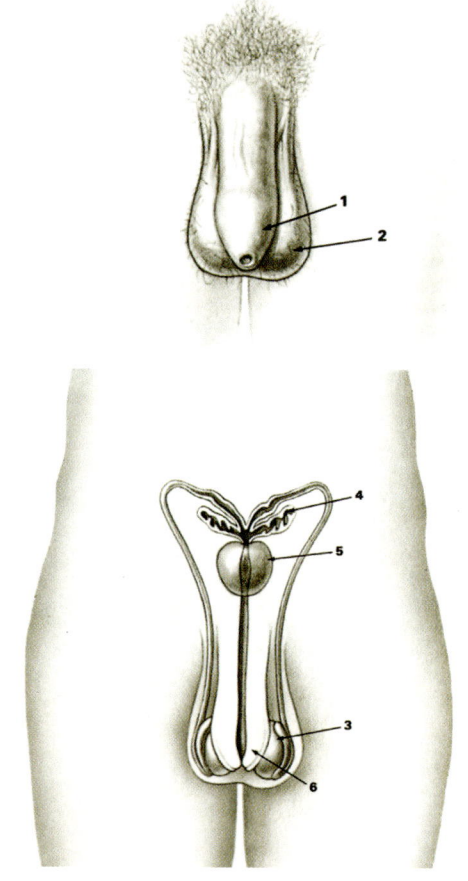

이 그림에 나온 남성 생식계통의 외부와 내부의 핵심적인 요소들은 포피(包皮)에 완전히 싸여진 (1)음경, (2)음낭, (3)고환, (4)정낭(精囊), (5)전립선, 그리고 음경의 (6)귀두이다.

The human penis is remarkable for its large size and its lack of a supporting bone.

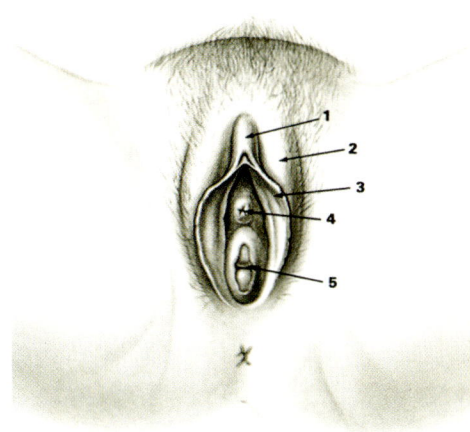

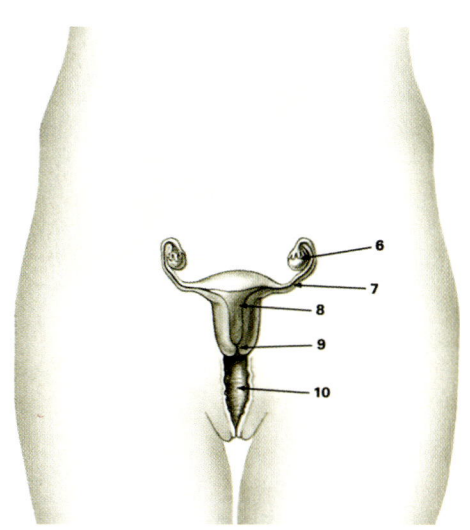

여성 성기의 주요한 외부 및 내부 요소들은 (1)음핵, (2)외음순, (3)내음순, (4)요도, (5)질구(膣口), (6)난소, (7)나팔관, (8)자궁, (9)자궁경부, 그리고 (10)질이다.

질구 바로 위에 남성의 음경에 해당하는 작은 젖꼭지 크기의 여성돌기인 음핵陰核: clitoris이 있다. 이 기관은 순전히 성적 기능을 하고 있을 뿐으로, 성교시에 확대되고 훨씬 민감해진다. 전희前戱: foreplay 단계에서는 곧잘 감촉에 의해 직접 자극을 받고, 골반 찌르기 단계에서는 부근에 있는 살갗을 율동적으로 끌어당겨서 삽입된 음경의 운동에 따라 간접적이지만 힘찬 마사지를 받게 된다.

질의 통로는 길이 약 3인치이다. 이 크기는 극도의 성적 흥분 단계에 약간 늘어날 뿐이어서 웬만한 음경은 그 끝에 닿고도 남는다. 그 곳에서 자궁경부子宮頸部를 향해 정자가 사출된다. 이 곳을 통하여 그들은 헤엄쳐서 자궁子宮: uterus을 가로질러 나팔관fallopian tubes에 이른다. 거기서 시기가 맞아떨어지면, 내려오는 미소한 알 하나를 만나게 되고, 그 중 한 마리의 정자와 그 알이 합쳐져 새로운 생명을 출발시킨다.

여성의 난소卵巢: ovaries에는 문자 그대로 수천 개의 알이 있지만, 여성이 생식 기간에 내보내는 알의 수효는 400개를 넘지 않는다. 그들은 한 달에 1개꼴로 성숙하고, 며칠이 걸려 4인치 길이의 나팔관을 통과할 때 수정受精을 할 수 있다.

이것이 곧 인간의 성기이다. 그것의 엄청난 정교함, 복잡성과 민감성을 생각할 때, 인간과 같이 지능적인 동물들은 함부로 그들에게 손은 대지 않으리라는 상상을 쉽게 할 수 있다. 그러나 슬프게도 현실은 그렇지 않다. 수천 년을 내려오면서 그 성기들은 많은 문화권에서 놀라지 않을 수 없을 만큼 다양한 손상과 제약의 희생물이 되어 왔다. 우리들에게 무한한 쾌감을 줄 수 있는 기관임에도 불구하고 그들은 무절제한 고통을 당했다.

그들이 겪은 제일 흔한 폭행은 남성과 여성의 윤절輪切, 포경수술, 환상절제술 또는 할례: circumcision이다. 이 괴이한 신체 훼손 역사는 문명의 역사보다 오래서, 석기시대에 이미 튼튼히 자리를 잡았으리라 짐작된다. 그것은 성인들이 어린이들에게 고의로 상처를 주는 것임에도 불구하고, 그 의도만은 언제나 나무랄 데가 없다. 수천 년 동안 그 행위는 감염을 일으켜서 셀 수 없이 많은 죽음을 가져왔지만, 그 이점利點들이 그에 따르는 위험보다 훨씬 크다는 주장에 밀려 오늘에 이르렀다.

Male circumcision as a tribal badge has very ancient origins.

이른바 이러한 이점들은 시대와 문화권에 따라 달랐지만, 최근의 재조사 결과 그 이점들이란 하나같이 상상에 지나지 않는다는 증거가 나왔다.

남성의 윤절 – 포피의 절제^{切除} – 을 시행하는 가장 오랜 이유 중 하나가 내세^{來世}에 영원불멸의 생명을 보장받게 된다는 주장이었다. 이 기괴한 관념은 뱀을 관찰하면서 생겨났다. 뱀은 허물을 벗으면 반들거리는 새 껍질을 입고 나오므로, '다시 태어난다'고 생각했다. 뱀이 피부를 벗고 다시 태어날 수 있다면, 인간도 그렇게 될 수 있다고 그들은 믿었다. 그리고 뱀은 음경을 상징했고, 뱀의 껍질^{snakeskin}은 포피^{foreskin}를 의미했다.

일단 남성 윤절이 전통으로 굳어지자, 그 옛 믿음의 존재 여부는 문제가 되지 않았다. 그 때부터 윤절, 즉 할례^{割禮}를 받았다 함은 어느 특정 사회에 소속되었다는 징표였다. 그 제의적^{祭儀的} 신체의 일그러뜨림은 퍼지고 또 퍼졌다. 일찍이 기원전 400년경부터 고대 이집트인들은 그 풍습을 지켰다. 구약성서에서는 아브라함이 그것을 요구했다. 아랍인들도 유대인들과 마찬가지로 할례를 했다. 마호메트는 포피가 없이 태어났다(의학계에서 이런 현상은 이미 알려진 것으로 가능성은 얼마든지 있다)고 전해졌으며, 이 주장으로 인해서 뒷날 그를 따르게 된 남성들의 포피의 운명은 자동적으로 결정되고 말았다.

여러 세기를 지나면서 많은 사람들의 경우 종교적인 사유가 이러한 허무맹랑한 의학적인 주장에 자리를 물려 주었다. 포피를 그냥 두면 '자위의 광기^{masturbatory insanity}'를 불러일으킬 위험이 있다고 전해진 것이다. 포피를 그대로 두었을 때 일어나는 그 밖의 가공할 의학 증세에는 히스테리, 간질, 야뇨증^{夜尿症}과 신경질이 들어 있었다. 그와 같은 사상이 20세기 초까지 살아 있었고, 정신 질환 방지 수단으로 성기를 손상시켜 '변형^{modification}'을 전담하는 '공구^{孔口} 수술 학회^{Orificial Surgery Society}'가 결성되기까지 했다.

드디어 이 무의미한 주장이 수그러들기 시작하자, 위기가 닥쳤다. 어린이들의 성기를 일그러뜨릴 새로운 구실을 어떻게 찾아낼 수 있을까? 그 해결 방안은 20세기의 과학적 탐구라는 합리적 풍토에 적합한 것이어야만 했다. 그 해답이 1932년에 의학계의 권위있는 잡지

전 세계적으로 수많은 부족 문화권에서 남성 윤절(포경수술, 환상절제술) 또는 할례가 실행되고 있으며, 그 기원은 아주 오랜 옛날로 거슬러올라간다. 적어도 6천 년 전 이집트에서 흔히 있었고, 거기서 이슬람권과 유대인들에게 전파되었으리라 생각된다. 최근에 이르러 의학계에서도 상당한 평가를 얻었고, 종교적 의미를 가진 기독교와 무관하게 다른 사람들에게도 널리 퍼지게 되었다. 사실상 윤절의 의학적인 이점은 거의 없고, 오히려 몇 가지 위험이 따른다. 포피를 그냥 두면 어떤 암에 걸리기 쉽다는 주장은 이미 거짓임이 증명되었다. 과거의 윤절 또는 할례란 의학적이 아니라 사회적인 기능을 했을 뿐이었다. 그것은 일종의 '충성 선서(loyalty oath)'의 기능을 했으며, 젊은 남성들이 공통의 수난을 통하여 서로 보다 밀접하게 뭉쳐지는 공동체적인 시련이다. 오늘날 서구사회에서 이러한 의미의 공동체적 결속은 큰 의미가 없게 되었다. 음경의 일그러뜨림은 거의 전적으로 갓난아기에 한정되어 있으므로, 강제로 하게 되는 상징적인 충성 선서를 그들이 알 수 없기 때문이다.

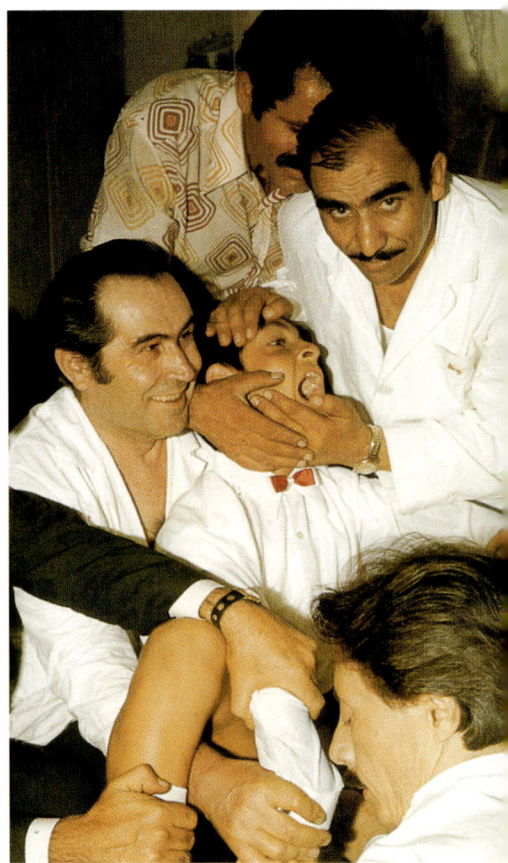

Routine circumcision is medically unjustified.

▲ 윤절에 의학적인 권위를 부여하기 위한 계산된 주장의 하나가 포피와 성행위와의 관계를 둘러싸고 일어난다. 남성 어린이들은 성인이 되어 성행위를 할 때 제대로 포피가 벗겨지기 어려울 정도로 빡빡한 포피를 가지고 태어나는 까닭에 미리 조치해야 한다는 말이다. 따라서 나중에 당황하지 않으려면 지금 잘라야 한다는 게 그 표뜻이다. 그러나 이것은 생물학적 사실을 곡해한 데서 비롯된다. 갓난아기의 절대다수는 완전히 벗겨지지 않은 포피를 가지고 태어나는 게 사실이고, 어린이의 음경으로는 이것이 정상적이고 자연스러운 상태이다. 대다수의 남성 어린이들의 경우 포피가 완전히 벗겨지려면 5~6년이 걸린다.

여성의 윤절은 남성의 그것보다 훨씬 심각한 상해 행위이다. 남성의 포피를 제거하더라도 성행위와 쾌감에 거의 영향을 미치지 않는다. 그러나 여성의 음핵과 음순을 제거하면 성적 반응력이 크게 줄어들게 된다. 사실은 여기에 여성 음부 수술의 참뜻이 있다. 다시 말하면 윤절을 한 여성은 남성의 '소유물'로 훨씬 통제하기가 용이하다. 아프리카와 중동 일부 지역에서 현재 살고 있는 수백만의 여성들이 외음부의 일부 또는 전부를 잘라내는 아픔을 견디며 삶을 이어가고 있다.

「더 랜시트 *The Lancet*」에 나타났다. "포피는 암을 일으킨다!"였다. 1930년대 말에 이르자 미국에 있는 75퍼센트의 소년들이 윤절을 받았다. 1973년까지 84퍼센트에 이르렀고, 다시 1976년에는 87퍼센트로 올라갔다. 암은 지옥불과 유황불의 세속판이 되었고, 후기 종교 사회의 불안 조성자들의 완벽한 무기로 전환되었다.

보다 정확히 말해서 그 주장에 따르면 포피 밑에 모이는 치구(恥垢: smegma)라는 '찌꺼기'가 음경에 암을 일으키고, 아울러 윤절을 받지 않은 남성의 아내들은 자궁경부(子宮頸部)암을 유발할 수 있다는 것이다. 이 거짓 풍문을 퍼뜨린 논문은 잘못된 통계에 바탕을 두고 있었다. 그러나 여기에 어린이의 음경을 잘라낼 그럴듯한 새 구실이 나왔으니, 아무도 개의치 않았다. 그리고 뒤이어 실시한 실험 결과, 포피 자락 밑에 생겨난 치구에는 발암성이 있는 물질이 전혀 없다는 사실이 밝혀졌지만, 이 실험 결과는 대체로 무시되고 말았다. 다른 연구 조사에 따르면 콘돔을 항상 사용하는, 윤절을 하지 않은 남편의 여성들이, 콘돔을 전혀 쓰지 않는 남편의 여성들보다 자궁경부암을 일으키는 확률이 더 높지도 낮지도 않았다. 그러나 아무도 이에 대하여 알리려고 하지 않았다. 한 연구 사업을 통하여 절대 윤절(할례, circumcision)을 하지 않는 나라와 모든 남성들이 할례를 받는 나라를 비교했다. 그 결과, 전립선암(前立腺癌)이 윤절을 받지 않는 나라에서 더 많다고 밝혀져 포피 절단자들은 안도의 한숨을 내쉬었다. 그러나 불행히도 이 유형의 암은 노인병으로, 연령 분포를 수정한 결과 이 질환이 실제로 윤절, 즉 할례를 받는 나라에 더 많다는 수치가 나왔다.

그 암 공포는 전혀 근거가 없을 뿐만 아니라, 포피 제거 수술은 계속해서 어린 아기들에게 명백한 건강 위험이 된다는 점을 입증해 주었다. 수많은 출혈, 요도 궤양, 수술 외상(外傷)과 국소 감염들의 사례가 나왔다. 드물기는 하지만, 포피를 제거하다가 아기를 죽이기까지 했다. 아울러 보다 미묘한 영향을 주게 되어 장기적인 위험이 도사리게 되었다. 윤절에 뒤이어 남자 아기들의 스트레스에 관련되는 호르몬 수준이 높아졌고, 수면 양식이 바뀌었으며, 울음과 짜증이 늘어났다.

이 모든 반증을 아랑곳하지 않고 '의학적(medical)' 윤절이 사설 의료업의 주종을 이루고 있는 일부 국가들에서는 지금도 성행하고 있다.

▲ 성인 남성들의 윤절을 그리고 있는 2개의 장면이다. 하나는 하지 않겠다는 부류와 다른 하나는 고분고분 응하는 부류이다. 고대 이집트의 도시 사카라에서 나왔다.

The still-widespread custom of female circumcision is a cause of untold misery.

의미심장하게도 영국에서는 국민보건과 무료치료 제도가 도입된 뒤로 이 수술의 빈도가 극적으로 떨어졌다. 그 수술로 경제적인 이득이 갑자기 없어지게 된 나라에서는 그 수술의 수준이 1퍼센트 미만을 기록했다. 예를 들어 1972년 영국에서는 수술한 사내 아기가 0.41퍼센트에 불과한 데 반해서, 같은 해 미국에서는 사내아이의 80퍼센트 이상이 윤절을 받아 의료보험조합에 한 해 2억 달러 이상의 지출을 요구했다. 도대체 왜 이러한 차이가 나느냐고 물어보지 않을 수 없다. 포피를 요구하는 새로운 신들은 성스럽기보다는 돈을 더 탐내지 않나 하는 생각이 든다.

젊은 여성들도 그와 비슷하게 폭행을 당해 왔다. 지금까지 서양에서는 이런 사례가 드물었다. 다만 가까이는 1937년에 텍사스 어느 의사가 불감증을 치료하기 위해서 음핵을 제거해야 한다고 주장했다. 여성 윤절의 제일 가혹한 전통은 아프리카와 중동의 일부 지역, 인도네시아, 말레이시아에서 발견된다. 옛날의 전통이 아니라 20여 개국에서 젊은 여성의 외음부外陰部의 전부 또는 일부를 잘라내는 관습이 지금도 계속되고 있다는 사실 앞에 경악을 금할 수 없다.

오늘날 살아 있는 7,400만 명의 적지 않은 여성들이 이러한 일그러뜨림을 당했다. 최악의 경우에 그들은 음순과 음핵을 긁어 버리거나 잘라냈고, 그들의 질구膣口를 가시에 명주실이나 장선腸線을 꿰어서 꿰매고, 소변과 월경이 지날 수 있는 작은 구멍만을 남겨 두었다. 그 수술 뒤에 소녀의 다리를 묶어 상처조직을 고정하고 그 상태가 영구화되도록 만들었다. 나중에 그녀들이 결혼할 때는 신랑이 인위적으로 줄여 놓은 그 구멍을 찢어 여는 고통을 당하게 된다.

이 관습에 관계되는 나라들의 부인들은 성적 쾌감이 극도로 줄어들었으며, 사실상 이 행위의 숨겨진 의도가 바로 여기에 있지 않나 여겨진다. 그 부작용으로 수술이 비위생적인 환경에서 실행되는 경우에는 다수의 사망자와 중환자들이 나왔다. 특히 오만, 남예멘, 소말리아, 지부티, 수단, 이집트 남부, 에티오피아, 케냐 북부와 말리와 같은 국가에서 그 위험률이 높다. 현대 문명 사회를 배경으로 20세기에도 그와 같은 관행이 계속되었다는 사실은 아득한 미래의 역사가들에게 분명히 수수께끼가 될 것이다.

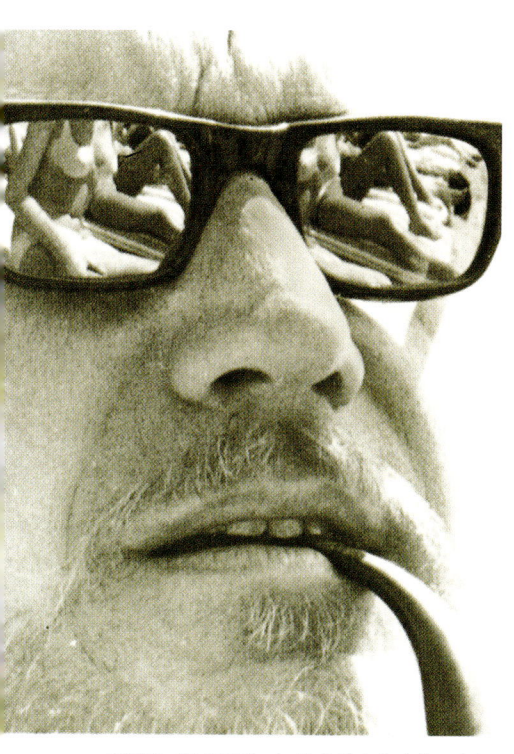

다리 THE LEGS

길고 곧은 인간의 다리는 키의 절반을 차지한다. 미술가들이 인체를 스케치할 때 어림잡아 신체를 4개로 균등 분할한다. 발바닥에서 슬개골膝蓋骨 밑까지, 슬개골에서 치골부恥骨部까지, 치골부에서 젖꼭지까지, 그리고 젖꼭지에서 머리 끝까지가 그 넷이다. 이것은 성인의 체격이다. 어린이들의 비율은 약간 다르다. 다리가 몸통보다 상대적인 비례 관계에서 좀 짧다.

힘있는 우리들의 다리 뼈대는 4개의 뼈로 이루어진다. 인체에서도 가장 길고 굵직한 뼈인 넓적다리뼈 thigh bone가 있는데, 대퇴골大腿骨: femur이라고도 부른다. 대퇴골 밑동에서 경첩 관절 hinge-joint의 앞면을 보호하는 무릎덮개뼈 knee-cap는 슬개골膝蓋骨: patella이라고도 한다. 대퇴골과 관절로 이어지는 정강이뼈 shin bone는 경골脛骨: tibia이라 하며, 경골과 나란히 있는 종아리뼈 splint bone는 비골腓骨: fibula이라고도 한다.

잘 발달된 다리 근육에 튕겨서 인간의 체구는 이미 2.35미터의 허공으로 뛰어올랐고, 넓이뛰기 8.90미터의 기록을 남겼다. 몇 주일 혹은 몇 달을 이어가는 춤 마라톤의 참가자들은 길게는 214일의 끈기를 자랑하다 거의 기진했다. 그와 같은 체력과 끈기를 자랑하는 묘기는 짐승을 뒤쫓으며 사냥하던 100만 년 동안 인간의 다리가 눈부시게 진화했음을 증언하고 있다. 다리가 안정과 힘과 고결함의 상징으로 생각되기에 이른 것은 조금도 이상한 일이 아니다.

아울러 다리는 색정적인 맥락에서도 눈에 두드러진다. 성인들은 상대적인 면에서 그리고 절대적인 차원에서 어린이들보다는 긴 다리를 가지고 있는 까닭에 긴 다리가 성기능 sexuality과 동일시되는 것은 불가피하다. 성적인 매력이 있는 여성을 묘사하는 기괴한 말로 "겨드랑이까지 올라간 그녀의 다리"라는 표현이 있다. 오래 전부터 서양 문화권에서 다리는 감질나게 상대를 자극하는 성인 여성들의 장치로 이용되어 왔다. 시대를 달리하면서 남성들의 눈에 보이는 다리 부위는 상당한 차이가 있었다. 지난 세기에는 오랫동안 다리가 완전히 사라져서 발목만 살짝 보여도 충격으로 받아들였다. '색정적인 다리 erotic leg'를 억압하는 조치가 너무 엄격하고 완벽하여 예의범절을 차리는 곳에서는 그 낱말조차 금지되었다. 미국에서는 다리 leg를 '수족手足: limbs'이라 불렀다. 나아가서는 탁자와 피아노 다리마저 '수족 limbs'이라

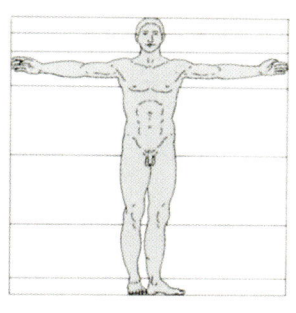

인체의 다른 부위와 비교하여 인간의 다리는 영장류 중에서도 가장 길다. 아랫다리는 전체 신장의 약 4분의 1이다. 넓적다리도 그와 마찬가지인데, 거기에는 인체 중에서도 제일 큰 뼈인 대퇴골(大腿骨)이 있다.

다리가 가장 길어지는 시기는 성적으로 성숙할 때이므로, 다리가 유난히 길다는 것은 초월적인 성 기능(super-sexuality)을 상징한다. 만화가들이 핀업걸(pin-up girl)을 만들 때 거의 예외없이 인위적으로 다리를 길게 늘인다. 그리고 미스월드나 미스유니버스 참가자들은 평균적인 여성들보다 다리가 약간 길다는 점이 눈에 띈다. 늘씬한 다리의 효과가 하이힐의 도움을 받아 더욱 강조되고, 성적인 형태를 드높이려는 그들의 몸부림에 몇 인치를 더하는 성과를 가져온다.

고 둘러댔다. 연주회장에 벌거벗은 채 서 있는 피아노 다리는 인간의 벌거벗은 다리를 연상시킬 위험이 있다고 해서 주름 장식 달린 '바지'를 입혀야만 했다. 그 밖에도 다리의 완곡어법들이 여러 개 extremities, benders, underpinners, understandings 있었다. 식탁에서는 닭다리 chicken leg 가 '검은 고기 dark meat'로 바뀌었다.

우리들로서는 그처럼 극단화된 완곡어법이 번창할 수 있었던 사회 풍토를 이해하기 어렵지만, 다리가 오랜 세월에 걸쳐 금기의 대상이었던 것만은 사실로 남아 있다. 제1차 세계 대전이 끝난 뒤에야 비로소 그들은 가리개에서 나왔으며, 그런 뒤에도 수많은 사람들의 눈살을 찌푸리게 했다. 1920년대의 반항적인 젊은 여성들은 대담하게 종아리와 나아가서는 무릎까지 드러냈는데, 일부 남성들은 이를 견디지 못했다. 그들은 새로운 유행이 도덕 수준의 몰락을 가져오고 있으며, '현대 여성 modern girl'이 매춘부처럼 행동하고 있다고 주장했다. 직장에 짧은 형태의 스커트를 입고 오지 않도록 직원들에게 금지령을 내린 사례들이 많았다. 저명한 변호사로 알려진 어느 남성은 다음과 같이 불만을 털어놓았다. "반쯤 벌거벗은 다리의 비단 같은 허벅다리의 도발은… 파멸적이고 압도적이었다".

그러한 논평들이 지니고 있는 주요한 의미는 무엇일까? 그것은 젊은 여성의 다리에서 발산되는 지극히 강력한 성적 신호 작용을 잘 드러내고 있다. 그 이유는 아주 명백하다. 눈에 보이는 한 쌍의 다리 부위가 늘어날수록, 그들이 만나는 위치를 상상하기란 더욱 쉬워진다. 그러나 이를 근거로 20세기의 치마 길이 변화는 그 사회의 성적 활력의 변동을 반영하는 것 이외의 아무것도 아니라는 결론을 내린다면 잘못이 아닐까. 10년을 단위로 치마 길이의 오르내림을 살펴보면, 짧은 치마는 호경기에 등장하고, 긴 치마는 불경기에 다시 나타나는 것이 분명하다. 반항의 20년대를 휩쓴 짧은 치마가 30년대 공황기의 긴 치마로 대체되었다. 40년대 후반 전후 내핍기 耐乏期 의 긴 치마들이 흥청대던 60년대의 미니스커트에 밀려나고 말았다. 이들은 다시 70년대 경기 후퇴기에 긴 치마에 자리를 물려 주었다. 젊은 여성들은 그 사회의 분위기에 영향을 받아 그들의 치맛단 높이로 낙관 樂觀 과 자신 自信 의 수준을 보여 주는 듯하다. 낙관적인 자세를 활발한 성행위와 병행한다는 범위 안에서 본다면, 보다 짧은 치마가 큰 성적 에너지를 안고 있는 어느 사회의 반영이라고 말할 수 있겠지만, 이것은 분명히 이야기의 일부에 지나지 않는다. 이를테면, 70년대의 보다 긴 치마 단계가 성적 기능 저하의 산물이 아닌 것만은 확실했다.

짧은 치마와 긴 치마는 다같이 다리의 노출과 관련하여 성적 잠재력을 지니고 있다. 짧은 치마는 '하지 下肢: lower limbs'를 항상 드러내어 남성들에게 되풀이하여 전시할 수 있는 장점이 있다. 그러나 동시에 너무 친숙하여 남성의 반응을 무디게 하는 단점이 있다. 스트립쇼의 무용수들을 보면, 언제나 옷을 완전히 갖춰입고 공연을 시작하고, 치마를 천천히 벗어나감으로 다리를 드러내는 것만으로도 매우 강렬한 성적 자극을 준다.

따라서 긴 치마는 들어올리거나 벗을 때 강한 효과를 낼 수 있는 장점이 있지만, 그렇게 하지 않을 때는 다리의 성적 신호를 가로막는 단점이 있다.

아주 짧은 치마는 어느 성적 요소보다도 해방감 解放感 을 상징했다. 짧은 치마를 입은 여성들은 성큼성큼 걷고 뛰어오르며 세상에 나설 수 있다. 길게 휘날리는 치마나 팽팽한 통 모양의 치마를 입은 여성들은 그 속에 갇혀 운신하기가 어렵다. 60년대에 각선미를 자랑하던 미니스커트와 초미니스커트의 여성들이 폭발적으로 늘어났는데, 먹는 피임약의 발명과 호경기에서 우러나온 새로운 자유의 산물이었다. 그 길게 드러난 다리들은 이런 사회적 메시지를 전달했다. "우리 젊은 여성들은 항상 움직이고 있어요".

80년대가 되자 그 움직임이 그들을 어디로 이끌어 갔는지가 뚜렷해졌다. 여권운동과 진정한 남녀평등을 향한 새로운 투쟁이 그 귀착점이었다. 이 마지막 걸음과 더불어 또다른 방향 전환이 있었다. 혼란스러운 경제적 양상이 혼란스러운 치마 유행 - 어떤 것은 길고 어떤 것은 중간이며 또다른 것은 짧은 - 을 불러들인 반면, 전위前衛적인 여성들은 다리의 평등 leg equality 으로 선회하여 이 문제를 완전히 비켜가고 있었다. 그들은 남성의 다리 의상 - 청바지, 슬랙스, 신사용 바지를 입고 있었다. 이 복장은 짧은 치마와 마찬가지로 처음 소개되었을 때 일대 소동이 벌어졌고, 젊은 여성들이 격식을 갖춘 모임에서 쫓겨나는 원인이 되었다. 그러나 빠른 시간에 여러 방면에서 받아들여지게 되었다.

짧은 치마와 긴 치마가 그랬듯이 몸에 꼭 맞는 여성의 바지도 장점과 단점이 있었다. 그것은 처음으로 우리 눈 앞에 왼다리와 오른다리가 만나는 부위의 정확한 형상을 드러내 보였다. 이로 말미암아 바지는 강력한 색정적 잠재력을 지니게 되었다. 그러나 동시에 그것은 다리의 미끈한 형태를 흐렸고, 부드럽게 휘어진 윤곽에 아름답지 못한 주름과 구김살을 더했다. 아울러 그것은 보호용 갑옷과 같은 인상을 주었고, 다리를 완전히 가두어 남성의 접근 가능성을 빼앗아 버렸다. 우리들의 심안心眼으로 볼 때, 치마를 들어올리는 것은 쉬우나, 청바지를 벗기는 것은 일종의 투쟁이다.

크게 보아 남성의 다리는 여성의 그것과는 비교가 안 될 정도로 시선을 끌지 못했는데, 비교적 헐렁한 바지가 오랜 세월에 걸쳐 남성의 유행을 지배했기 때문에 그랬을 뿐이라고 할 수 있다.

그 이전 팽팽한 바지가 유행했을 때는 야윈 다리의 남성들은 거짓 장딴지를 끼고 근육이 불쑥 솟아오른 듯한 인상을 줄 수 있었던 시기가 있었다. 거의 시대를 가리지 않고 힘있고 근육이 솟아난 다리가 남성들의 이상이었으며, 최근에 팽팽한 남성용 청바지가 출현하여 앙상한 다리나 근육이 늘어진 다리를 가진 남성들을 다시 한 번 궁지에 빠뜨렸다. 그들에게는 다행히도 이런저런 헐렁바지들을 언제나 그 대안으로 손에 넣을 수 있었다.

그 전체적인 형태와 노출도露出度 이외에도 인간의 다리들은 다른 한편으로 그 자세로 갖가지 신호를 전달해 왔다. 거기에는 다리 벌리기 legs apart, 다리 모으기 legs together, 다리 포개기 legs crossed 라는 3가지 기본자세가 있다.

다리 벌리고 서기, 앉기, 눕기는 안정과 성적 의미를 가진 자세이다. 다리를 벌리고 땅바닥에 발을 단단히 붙이고 서 있는 자세는 흔히 지배적 인물들이 취하고, 느긋하고도 균형이 잡혀 있다. 그 자세는 높은 신분으로 인해서 아무런 위협도 받지 않는다는 암시이며, 그 중대한 부위를 보호할 아무런 노력도 하지 않고 거드름을 피울 수 있는 자세이다. 다리를 벌리고 앉기란 제법 어렵다. 이 때도 여전히 지배적이고 확신에 찬 분위기가 감돌지만, 음부가 이제는 아래가 아닌 앞을 향하고 있는 까닭에 성적 전시 요소가 훨씬 강하다. 만일 다리를 벌리고 앉은 사람들이 나체라면, 그 의미는 눈에 거슬릴 만큼 뚜렷하다. 그

The legs as symbols of sexuality and strength.

현대의 전형적인 도시인들은 원시시대에 사냥하던 조상들에 비해 다리가 가냘프지만, 규칙적인 운동을 통해서 빠른 속도와 힘과 지구력을 낼 수 있는 근육형 기계로 바꿔놓을 수 있다. 심지어 보다 연약한 여성들의 다리마저 강인한 근육형 다리로 다듬을 수 있다.

Leg exposure as a sexual invitation.

러나 완전히 옷을 입고 있다고 해도, 거의 도발적이라고 할 그 자세의 성적 성격이 변함없이 충격을 준다. 다리를 활짝 벌리고 누워 있으면, 앉기와 비슷하지만 약간은 힘이 떨어지는 의사를 전달한다.

그에 따라 불가피하게 예절 지도서들은 다리 벌리기 자세를 피하라고 독자들에게 가르쳐 왔다. 가까이는 1972년에 에이미 밴더빌트 Amy Vandertbilt가 미국 여성들에게 "한쪽 발의 엄지발가락을 다른 쪽의 발등에 끌어올리고 두 무릎을 함께 모으고 앉는 자세가 우아하다"고 알려 주었다. 다리를 모으고 서거나 앉는 자세들은 예외없이 격식과 꼼꼼함, 순종을 알리는 기미가 감돌고 있다. 차렷 자세를 취하고 있는 군인, 국가를 들으며 줄지어 서 있는 운동선수들, 학교에서 기념 사진을 찍으려고 서 있는 아이들, 그리고 사교 모임에서 의자에 다소곳이 '단정하게' 앉아 있는 젊은 숙녀들―이들은 모두가 다리 모으기 자세의 사람들이다. 그들의 다리가 지니고 있는 본질적인 중립성은 억제되고, '정확성 correctness'의 분위기가 더욱 짙다. 명시적이거나 적극적인 다리 자세를 피함으로써 그들은 사실상 이렇게 말하고 있다. "우리들은 거부감을 일으키고 싶지 않습니다".

기본자세의 세 번째인 다리 포개기는 소탈한 분위기를 자아낸다. 19세기에 교양 사회의 경우, 공석에서는 여성들이 이런 자세를 취하지 못하게 했고, 심지어 오늘날에도 고리타분한 예절서들은 여전히 이런 자세를 찬성하지 않는다. 여기에 다시 현대 미국 예절의 원로 에이미 밴더빌트의 말을 빌려 본다. "이제는 여성의 다리 포개기를 남성적인 행동으로 생각지는 않지만, 가능한 한 피해야 할 타당한 이유들이 있다. 첫째, 그것은 포개놓은 다리와 넓적다리에 보기 흉하게 살을 불쑥 튀어나오게 한다. 둘째, 짧은 스커트를 입었을 때는 다리 포개기가 음란하게 보일 수 있고, 적어도 무례하게 보인다. 셋째로 그것은 혈액 순환을 가로막아 정맥류靜脈瘤를 일으킬 가능성이 많다고 한다". 나아가서 그녀는 취직을 위해 면접을 보러 갔을 때 다리 포개기를 하면 위험하다고 주의를 주고 있다. 그 스스럼없는 자세가 무례하다는 인상을 줄 수 있고, 혹은 너무 규율이 없어 보이기도 한다는 점을 지적한다.

꼼꼼하고 정중한 다리 모으기와 느긋하고 소탈한 다리 포개기 사

The implied invitation remains strong enough to invite parody.

기다란 여성의 다리가 성적인 의미를 담고 있으므로 색정적인 표현 수단으로 흔히 노출되기도 한다. 요즘 이 방식을 사용하면 신기하리만큼 고풍스러운 신호가 되고, 상류 사회에서 발까지 덮은 치마를 입어야 했던 시대와 마찬가지로 지금도 온몸을 감싸는 것이 정상이라는 시늉을 하고 있는 셈이다. 치마 들어올리기는 이제 그 효과를 거의 잃어버렸으므로, 익살스러운 성 신호와 희화적인 흉내의 수준으로 전락하고 말았다.

이의 분위기 차이는 편안한 앉음새에서 일어설 준비가 되어 있느냐 없느냐의 정도가 그 바탕이 되고 있다. 다리 모으기 자세는 금방이라도 정중하게 행동할 수 있는 준비 자세이다. 다리 포개기 자세는 '눌러앉아 있기'를 위한 자세로, 주의를 기울인 몸가짐과는 거리가 멀고, 갑자기 일어날 수 없는 자세이다.

한 다리를 다른 다리에 포개기를 좀더 면밀히 살펴보면, 9가지 방법이 드러난다. 그것은 다음과 같다. (1)발목 – 발목 포개기$^{Ankle-ankle\ Cross}$. 포개기 자세 가운데서 가장 정숙하고 격식을 차린 모양을 하고 있다. 포개진 부분이 아주 작고, 격식을 갖춘 다리 모으기에서 약간 벗어났을 뿐이다. (2)장딴지 – 장딴지 포개기$^{Calf-calf\ Cross}$. 이것은 그리 흔한 변형이 아니다. 발목 – 발목 포개기와 비슷한 분위기를 지니고 있으며, 격식을 갖추었고 바른 자세이다. 위의 두 가지 다리 포개기 변형들만이 높은 신분의 인물들이 공석에서 사용하는 전부이다. 이를테면, 영국 여왕이 장딴지 위 포개기 자세로 찍힌 사진은 나온 적이 없다. (3)무릎 – 무릎 포개기$^{Knee-knee\ Cross}$. 이것이 본격적으로 격식을 버린 자세 중에서는 첫째이고, 일상적인 사교 행사에서 가장 흔히 볼 수 있는 자세이다. 스커트를 입고 있는 여성들에게 이것은 본의 아니게 넓적다리를 드러내게 되는 동작의 하나이다. 따라서 의식적이든 무의식적이든 성적인 전시에 이용될 수 있는 자세이다. (4)넓적다리 – 넓적다리 포개기$^{Thigh-thigh\ Cross}$. 앞의 자세를 한층 더 극단적으로 몰아간 형태이며, 두 다리가 서로 그 한계까지 포개진다. 그들의 보다 넓은 골반대^{骨盤帶}로 말미암아 여성들이 이 특이한 자세를 취하는 경우가 훨씬 많다. (5)장딴지 – 무릎 포개기$^{Calf-knee\ Cross}$. (6)발목 – 무릎 포개기$^{Ankle-knee\ Cross}$. (7)발목 – 넓적다리 포개기$^{Ankle-thigh\ Cross}$. 이 자세들은 서로 관계가 있고, 한쪽 다리를 다른 쪽 다리 위에 높이 들어올린다. 스커트를 입은 여성들이 할 경우에는 넓적다리뿐만 아니라, 그녀의 사타구니까지 드러내는 다리 포개기의 한 형태이다. 그러므로 거의 전적으로 남성들에게 한정되고, 이따금 바지를 입은 여성들이 하기도 한다. 남성적인 편향으로 인해서 그들의 성별 차이를 강조하려는 야성적인 남성들이 유난히 좋아하는 자세이다. 이러한 유형의 다리 포개기가 유럽보다는 미국에 훨씬 흔하다는 사실이 눈

THE LEGS

예리하게 드러난 여성의 다리는 그 상황에 따라 색정적인 효과가 달라진다. 이를테면 문제의 여성이 높은 무대 또는 단을 걸어 다니며 다리를 전시한다면, 그녀는 자동적으로 노예 시장에 내놓은 노예로 전락하게 된다. 이처럼 그녀를 격하시키면, 어떤 남성들은 도저히 뿌리칠 수 없는 자극을 받게 된다.

The particular eroticism of the female thigh.

에 띈다. 유럽 남성들의 전형적인 무릎 – 무릎 포개기가 일부 미국 남성들에게는 조금 여성적으로 보인다. 한편 이 자세를 취하고 있는 미국 남성들을 유럽 남성들이 볼 때는 약간 으스대는 듯한 인상을 준다. 나아가서 미국 내부의 상황을 볼 때, 대략 서부의 '카우보이 지역 cowboy territory'이라 불리는 지방에 가까이 갈수록 이 유형의 다리 포개기의 빈도가 극적으로 늘어난다. (8)다리 꼬기 Leg Twine. 이 포개기 동작에서는 한 다리로 다른 다리를 감고, 감아붙인 발을 그 자리에 고정시킨다. 이것은 대체로 여성들이 사용한다. (9)다리 포개어 발 장딴지에 갖다 붙이기 Touching-foot Cross. 이 특별한 다리 포개기 형태에서는 위로 올라간 쪽의 발이 장딴지에 나란히 내려붙는다. 이것은 오로지 여성들만의 자세이며, 남성들은 골반 구조로 인해서 아주 불편한 동작이다.

이러한 다리 포개기 형태들은 비공식적인 사교 모임에서 거의 예외없이 되풀이해서 나타나고, 사람 사이에 잠재적인 기분 신호들을 전달하는 신체 언어의 한 가지 양식을 대표하고 있다. 이미 지적한 성별 신호들 이외에도 그것들은 친구들 사이에 동일한 심정임을 알리는 데 사용될 수 있다. 어느 특정한 문제에 두 사람이 똑같은 생각을 한다면, 함께 앉아서 이야기하며 동일한 다리 포개기 자세를 취할 가능성이 높다. 그러나 한 사람이 보다 지배적이고 자신의 신분을 강조한다면, 그는 하위자와는 다른 다리 포개기 자세를 취할 것이다. 그 다리들은 말없이 메시지를 전달한다. "나는 당신과는 달라요".

사람들이 나란히 앉아 있을 때, 다리 포개기의 방향 또한 뜻이 깊다. 그들이 다정한 사이라면 위쪽 다리를 함께 있는 사람을 향하게 한다. 그와는 달리, 다정한 사이가 아니라면 이 다리는 바깥을 가리키고 있어 부정적인 방향으로 그 신체가 향하도록 도와 준다.

다리 포개기에는 마지막으로 의미심장한 요소가 하나 있으며, 포개진 다리들이 얼마나 밀착되어 있는가에 연관이 있다. 전체적으로 보아 포개기가 단단하면 단단할수록 관계되는 사람들의 기분이 한결 방어적이라고 해도 잘못이 없다. 먼저 검토한 다리 벌리기 자세는 그 행위자의 기본적인 확신을 드러내 보였다. 어느 의미로 다리 포개기는 다리 벌리기의 반대이고, 이 때문에 다리를 포갠 모든 사람들

여성 다리 가운데 허벅지 부위를 노출이나 장식을 하면, 두 다리가 만나는 곳—일차적인 성 부위—에 관심을 집중시키게 되는 까닭에 고도의 관능적 자극을 불러일으킨다. 이 때 다리의 아래쪽, 아랫다리를 의도적으로 감추면, 오히려 이 신호의 힘은 강화된다.

Leg postures while seated involve an element of genital defence and genital display.

은 방어적이라는 견해가 나왔다. 수많은 사람들이 다리 포개기 자세를 할 때 더 편안하다고 느끼고 있을 뿐, 더러 혼자 있을 때도 그 자세를 하고 있는 점으로 미루어 위의 주장은 현상을 지나치게 단순화하고 있다. 그러나 남들 앞에서 불안을 느끼는 사람들은 완전히 긴장을 풀고 있는 경우보다 다리를 더욱 힘차게 오므려 붙인다고 자신있게 말할 수 있다. 그리고 함께 있는 사람들이 자신의 반응을 의식하지 못하더라도 이 자세가 담고 있는 위와 같은 요소가 눈에 띄지 않은 채 지나갈 수는 없다.

다리 꼬기와 넓적다리 포개기는 '사타구니 방어 crotch-defence'와 같은 유형을 가장 뚜렷이 보여 주는 변형들이다.

자세에서 움직임으로 말머리를 돌려보면, 지금까지 걸음걸이에 대한 글이 많이 나왔다. 개인과 문화권에 따라 보행 형태들이 달라 이미 오랫동안 관찰자들의 관심을 끌어왔다. 개인차個人差 역시 엄청나고, 매우 개성있는 수많은 명사名士들의 걸음걸이는 쉽게 흉내의 대상이 되어 왔다. 찰리 채플린, 그루초 막스, 제임스 캐그니, 메이 웨스트 또는 존 웨인의 이름만 들추어 보더라도 이 사실은 어렵지 않게 설명될 수 있다. 문화권의 차원에서는 더욱 두드러진다. 예를 들어 일본인과 미국인 사이에는 엄청난 차이가 있다. 이러한 걸음걸이

앉았을 때의 다리 자세는 뚜렷한 성별 차이를 보여 준다. 다리를 벌리거나 발목-무릎 포개기를 한 다리 자세는 전형적인 남성의 몸가짐이다. 포갠 다리의 발을 다른 다리에 밀착시키는 앉음새는 전적으로 여성의 자세이다. 단단히 굽힌 다리를 움켜쥐는 것은 성기 방어 자세이다.

◀ 다리 쪼그리고 앉기에는 7가지 변형이 있다. 그 중 하나인 발바닥 땅에 붙이고 쪼그리기는 많은 성인들에게는 몹시 어렵지만, 싣고 다닐 몸무게가 별로 없는 어린이들에게는 전혀 문제가 되지 않는다. 아울러 어느 특정한 부족사회에서는 성인들마저 이 특수한 자세로 몸을 쉬게 하는 버릇이 있다.

의 변형에 관한 자세하고 과학적인 분석은 아직 이루어지지 않았으나, 다음과 같이 예비적인 분류를 시도해 본다.

(1) 거닐기^{Stroll}. 걷기가 바로 목적일 때 쓰이는 일상적이고 느린 걸음이다. 대략 1초에 한 걸음씩 움직이는 속도이다.

(2) 느린 거닐기^{Amble}. 앞의 거닐기^{stroll}보다 훨씬 느긋하나, 자주 망연히 방향을 바꾸기도 하고 잠시 걸음을 멈추기도 한다. 이리저리 돌아다니는 걸음이며, 흔히 시간을 보내기 위해서 이용한다.

(3) 율동적 거닐기^{Saunter}. 거닐기보다는 좀더 율동적인 걸음새이고, 오락가락하며 약간의 전시적인 의도가 있다. 겨냥없이 어슬렁거리는 걸음의 한 형태이지만, 한가한 기분을 공개적으로 시위한다.

(4) 주춤거리기^{Dawdle}. 선뜻 앞으로 나아가지 않고 머뭇거리는 동작이다. 어떤 이유에서인지 앞으로 나가고 싶지 않은 듯 자꾸 걸음을 늦추고 자주 멈춘다. 느리고 꾸물거리는 걸음이다.

(5) 터벅 걸음^{Plod}. 걷는 사람이 지쳤거나 풀이 죽었을 때 보여 주는 무거운 발걸음이다. 무릎을 살짝 구부리고 발 하나하나를 힘겹게 내디딘다. 피로하지 않은 사람이라도 가파른 언덕을 올라갈 때는 이런

THE LEGS

잘 발달한 장딴지와 허벅지 근육을 이용하여 우리들은 아주 힘차게 그리고 상당한 시간 동안 걷고 달리며 춤추고 차며 뛰어오르고 헤엄칠 수 있다. 쉬지 않고 걷기의 세계 기록은 6일 동안 357마일로 전해진다. 쉬지 않고 달리기도 그에 못지않게 눈부셔 5일간 353마일을 기록했다. 쉬지 않고 헤엄치기는 그보다 약간 거리가 짧아 299마일이지만, 3.5일 동안 이 기록을 냈다.

Human legs were designed for running and jumping.

걸음걸이를 한다.

(6) 구부정한 걸음^{Slouch}. 역시 지친 걸음이지만, 이것은 무거운 발짓이 없다. 그와는 달리 조금 웅크린 자세로 몸을 앞으로 수구린다. 몸의 수구림이 앞으로 나아가는 동작을 돕는다. 이 구부정 걸음은 사회에서 종속적인 역할을 받아들인 하위자들의 전형이다.

(7) 기우뚱 걸음^{Waddle}. 체중이 너무 무겁거나 발이 성하지 않은 사

람들이 보여 주는, 느리고 흔들거리는 걸음새이다. 걷는 동작이 비능률적이어서 한 걸음을 떼어놓을 때마다 몸이 이쪽저쪽으로 흔들거린다.

(8) 어기적 걸음^{Hobble}. 편안히 걸음을 성큼성큼 떼어놓을 수 없는 사람들의 걸음걸이이다. 다리를 앞으로 움직이려면 아프기 때문에 발을 조금씩 떼어놓는다. 발이 아프거나 꼭 끼는 스커트를 입은 경우, 또는 발에 꼭 끼는 신발을 신은 사람들의 전형적인 걸음이다.

(9) 비틀 걸음^{Totter}. 병자나 노인들이 몸이 약해서, 또는 나이와 상관없이 술을 지나치게 마셨을 때 일어나는 불안정한 걸음이다. 몸은 정상적으로 걸으려고 하지만, 균형 감각이 자주 말을 듣지 않아 몇 걸음쯤 옆길로 가다가 다시 제 길로 돌아간다.

THE LEGS

인간의 다리는 다재다능하여 수많은 형태의 두 발 이동이 가능하다. 그 중 일부는 육상 경기의 수준으로 발전했고, 무대 위를 멋부리며 걷는 패션모델과 같은 전문화된 동작은 특정한 사회적 맥락에서 한정된 문화로 크게 발달하기에 이르렀다. 그러나 인간의 이동 또는 보행으로 분류된 36종 가운데 대부분은 널리 사용되고 있으며, 어떤 특별한 격식이 없다.

(10) 절뚝 걸음^{Limp}. 한쪽 다리에만 상해가 있어서 일어나는 비대칭적인 걸음새이다. 아무리 급히 가려고 애를 써도 다리가 말을 듣지 않아 앞으로 나가려는 움직임이 느리다.

(11) 발 끌기^{Shuffle}. 환자나 허약한 사람들이 발을 질질 끌며 걷는 것을 말한다. 수술을 받은 뒤의 환자나 거리의 노약자들이 이런 걸음새를 한다.

(12) 살금 걸음^{Prowl}. 들키지 않으려는 불법 행위자의 걸음걸이다. 몸이 약간 앞으로 숙여지고, 소리를 내지 않으려고 발 끝을 먼저 땅에 대며 발을 내려놓는다.

(13) 발 끝 걸음$^{Tip-toe}$. 가장 소리없이 발을 옮기는 살금 걸음의 극단적인 형태. 걸음을 떼어놓을 때마다 무릎을 구부리고 발 끝만을 땅에 붙인다.

(14) 산보^{Promenade}. 느린 거닐기와 속도를 제대로 내는 걷기^{walk}의 중간 형태. 빠른 거닐기나 느린 걷기라 할 수 있다. 일정한 길을 따라 가기로 하고 나서지만, 온전히 그 길을 걷는 기쁨을 누리기 위한 걸음이다.

(15) 걷기^{Walk}. 사람마다 독특한 걸음새가 있지만, 인류의 중립적이고 전형적인 걸음걸이를 상상할 수 있다. 어림잡아 1초에 두 걸음씩 움직이며, 발을 내려놓을 때마다 발꿈치가 먼저 땅에 닿는다. 어느 한 순간에 어느 한 발 또는 두 발이 땅에 닿아 있으며, 이 점이 걷기와 달리기 사이의 으뜸가는 차이이다.

(16) 아장 걸음^{Mince}. 보폭^{步幅}을 좁게 하여 걸음을 잘게 썰어 나가는 것을 말하며, 이 경우 빠르면서 짧게 발을 떼어놓는다. 실상 이것은 여성의 걸음걸이를 과장한 형태이고, 그 좁은 걸음 폭을 한층 더 줄이기도 한다. '꾸며낸 정확성$^{affected\ preciseness}$'을 전시하기 위한 걸음새라고 하는 말을 듣기도 한다.

(17) 미끄럼 아장 걸음^{Glide}. 아장 걸음의 우아한 변형이다. 발을 좁게 절묘하게 움직여서 몸이 마치 바퀴에 실려 앞으로 미끄러지듯 나아간다. 유럽 일부 지역에서 한때 상류사회 여성들 사이에 흔했으나, 지금은 주로 일본에 한정되어 있다. 그 효과를 제대로 거두기 위해서는 발의 움직임을 감추어 주는 긴 치마를 입어야 한다.

THE LEGS

There is a style of locomotion to suit every mood and surface.

(18) 깡충 걸음^Bounce. 10대와 젊은 성인들은 곧잘 발에 용수철이라도 달린 듯 걸음을 옮길 때마다 몸이 튀어오른다. 건강과 밝은 마음을 눈에 띄게 전시하는 즐거운 걸음새이다.

(19) 우쭐 걸음^Strut. 깡충 걸음보다 더 건들거리고 자기 확신의 요소가 훨씬 강하다. 따라서 우쭐 걸음은 가까이 있는 사람들에게 선명한 인상을 주려는 사람들의 전형적인 걸음걸이다.

(20) 거들먹 걸음^Swagger. 우쭐 걸음과 비슷하지만 몸을 흔드는 동작이 더해진다. 전자보다 한층 더 강한 위세와 자기만족을 시위한다. 이 걸음걸이에는 자신에 찬 기운이 감돈다.

(21) 출렁 걸음^Roll. 거들먹 걸음의 호의적이고 비위협적인 변형이다. 그 주인공이 앞으로 나아가면서 몸을 좌우로 출렁대면서 취하는, 조금은 어색한 걸음새이다. 걸음을 멈추고 사람들에게 말을 걸 때는 그들을 향해 몸을 구부려 이 동작을 강조한다.

(22) 성큼 걸음^Stride. 침착하고도 위엄있는 걸음걸이로 대체로 큼직한 발걸음이 특징이다. 높은 신분의 남성들이 즐기는 전형이며, 아울러 오늘날에는 힘찬 남성의 걸음새가 지닌 위풍을 흉내내는 여성들의 전형이기도 하다.

(23) 털썩 걸음^Tramp. 느린 터벅 걸음에 힘이 더 들어간 변형이다. 먼 길을 갈 때의 무거운 발걸음이고, 험한 시골길을 걸어가기 때문에 평상시보다 발을 더 높이 들어올려야 하는 경우의 전형적인 걸음걸이다.

(24) 앞 수그림 걸음^Lope. 지배적인 인상이 덜한 사람들의 걸음새로 약간 수그린 자세에 몸을 앞으로 내밀고 있어 걸음을 멈추면 앞으로 고꾸라질 것 같다.

(25) 살며시 걷기^Slink. 순종적이고 겁많은 사람의 은밀한 걸음. 눈에 띄지 않게 한쪽으로 붙어가려고 하며, 될 수 있는 한 자신의 존재를 나타내지 않으려 할 때의 걸음걸이이다.

(26) 비뚤 걸음^Wiggle. 자신의 성별 신호를 최대한으로 전달하려는 여성들의 관능적인 걸음새이다. 몸무게를 처음에는 한쪽 엉덩이에 실었다가 다음에는 다른 쪽에 싣는 씰룩거리는 걸음이다. 지나치게 강조하다 보면, 이 몸짓이 금방 성적인 익살이 된다.

The 'releasing' power of rhythmic leg movement is exploited in tribal dance and ritual.

(27) 오락가락 호들갑 걸음^{Dart}. 짧은 발놀림으로 갈피를 잡지 못하고 이리저리 왔다갔다하고, 몹시 수선스럽게 날아가는 새와 같이 방향을 바꾸며 안절부절못하는 여성의 걸음걸이다. 남성들이 이런 동작을 하면 수다를 떠는 여자 같아 보인다.

(28) 철버덕 걸음^{Slog}. 거의 행진에 가까운 빠르고 무거운 발걸음이지만, 격식이 훨씬 떨어진다. 험한 지형에서 먼 거리를 제한된 시간 안에 가야 하는 남녀가 이용하는 걸음걸이다. 철버덕거리며 나가는 모습은 급박한 상황에 자제력을 발휘하여 대응하는 듯한 인상을 준다.

(29) 허둥 걸음^{Hurry}. 갈피를 잡지 못하게 긴박한 분위기가 감도는 빠르고 가벼운 걸음걸이다. 금방이라도 달려갈 듯하지만, 그러지는 않는다. 서두르지 않는 일상적인 걷기와 발을 떼어놓는 속도는 비슷하지만, 보폭이 좀더 길어진다.

(30) 부산한 걸음^{Bustle}. 마음이 들떠서 이리저리 왔다갔다하면서 방향을 바꾸는 빠르고도 가벼운 걸음이다. 오락가락 호들갑 걸음^{dart}보다는 새처럼 기운이 덜하다.

(31) 빠른 깡충 걸음^{Prance}. 장난기섞인 빠른 걸음이며, 앞으로 나가면서 불필요하게 위로 깡충거린다. 깡충 걸음^{bounce}보다 빠르고 좀더 활발한 다리 놀림을 한다.

(32) 느린 달리기^{Jog}. 달리기^{run}의 느리고도 절제된 변형이다. 이른바 조깅^{jogging}의 다리 동작이다. 달리기 동작 중에서도 가장 느린 속도로 움직이는 경우이지만, 그 동작만은 그대로 유지한다. 신체적으로 빠른 달리기가 전혀 적합하지 않고, 이미 젊지 않은 사람들이 본격적으로 느린 달리기를 하는 경우가 많다. 그러나 그들에게 건강에 도움이 되기보다는 위험을 줄 가능성도 적지 않다.

(33) 행진 걸음^{March}. 격식을 갖춘 군대의 빠른 걷기 형태이다. 걸음 폭이 넓어지고 팔을 힘차게 흔든다. 발을 더 멀리 빠르게 떼어놓을 때 팔을 쭉 펴고 흔드는 것은 몸의 균형을 잡는 데 도움이 된다.

(34) 거위 걸음^{Goose-step}. 행진을 극적으로 과장한 변형이다. 걸을 때 다리를 높이 들어 앞으로 차듯 내뻗고, 뻣뻣하고도 굽힘이 없는 동작을 하게 된다. 무릎은 인위적으로 완전히 펴고 걷는다. 분열식^{分列式}에

집단 무용의 일부로서 동시 동작의 율동적인 뜀뛰기는 장시간에 걸쳐 되풀이하는 사람들에게 강력하고 정서적인 효과를 주게 된다. 이와 같이 집단 무용에 참여하는 무용수들은 거의 환몽 상태에 들어가는 듯하다. 그림에 나오는 서양의 명사는 사진 촬영을 위해서 허공에 뛰어올랐을 뿐이다.

다리 장식에는 고통스러운 문신과 고통이 없는 그림 그리기가 다같이 들어 있다. 더하여 일부 부족들은 여성들에게 무거운 다리걸이를 하거나 단단히 다리를 묶도록 강요해 왔고, 이 두 가지가 모두 그들의 움직임을 제약하고 그들의 자주성을 무너뜨리는 구실을 했다.

서만 쓰인다.

(35)**달리기**^{Run}. 원시시대의 우리 조상들이 사냥할 때 가장 중요한 걸음걸이였다. 몸을 앞으로 기울여 발로 힘차게 땅을 걷어찬다. 걷기에서는 어느 한순간에 두 발 또는 한 발이 땅에 놓여 있다. 그러나 달리기에서는 한 발 또는 두 발이 모두 땅에 닿지 않는다.

(36)**빠른 달리기**^{Sprint}. 인간의 다리 운동 중에서 가장 빠른 형태. 빠른 달리기는 발의 앞쪽만 땅에 닿을 뿐 뒤꿈치는 들려 있다. 1초의 걸음 수가 4~5회로 늘어나지만, 이 동작을 지속할 수 있는 시간은 아주 짧다. 원시시대의 맥락에서 본다면, 사냥의 절정에 이르러 특별히 값진 동작이었으리라 생각된다.

이상이 다리 이동의 주요 형태들이고, 우리들 모두가 일생 중에 그 대다수를 활용하며 살아간다. 그 중 일부는 정서적인 조건에 의해 일어나며, 다른 일부는 사회 규범의 결과이기도 하다. 이 규범들은 시대에 따라 변해 왔으며, 보다 형식을 존중하던 시대에는 신사가 거리를 걸을 때의 자세가 엄격하게 규정되어 있었다. 18세기 초의 실례를 하나 들어 보자. "신사는 거리에서 달리거나 너무 빨리 걸어서는 안 된다. 심부름꾼으로 오해받을 위험이 있기 때문이다. 그의 걸음은 너무 느려도 안 되고, 걸음을 너무 크게 떼어놓아도 안 되며, 너무 뻣뻣하고 거들먹거려도 안 된다. 다리를 너무 높이 올려도 안 되

The submissive act of body-lowering.

고, 발로 땅을 굴러도 안 되며, 팔을 앞뒤로 흔들어서도 안 되고, 무릎을 너무 가까이 붙여서도 안 된다. 바지가 흔들리게 걸어서도 안 되며, 발을 직선상에 올려놓지 말고 발 안쪽을 약간 밖으로 보이게 하며, 눈을 낮추어서도 안 되고 너무 높여서도 안 되며, 침착한 용모를 하고 있어야 한다".

'훌륭한 태도'를 가르치는 이 규범들은 오늘날의 우리들에게 괴이하게 들린다. 우리들이 문 밖으로 발을 떼어놓으며 거리로 나설 때, 앞으로 내놓을 한 발을 어떻게 해야 한다는 생각을 잠시나마 하는 경우란 찾을 수조차 없다. 다리 관찰자들에게는 이처럼 새로운 탈형식주의가 뜻밖의 선물이 된다. 개인의 걸음새가 예절의 제약을 받지 않고 자유로이 발달하고 있어, 걸음걸이가 아주 다양해졌다.

끝으로 다리가 들어가는 지역적인 몸짓들이 몇 가지 있다. 넓적다리를 철썩 때리는 것은 세계 여러 지역에 따라 매우 다양한 의미를 지니고 있다. 남아메리카에서는 조바심이나 분노를 의미하고, 여기서 넓적다리 때리기는 그 사람이 다른 사람에게 하고 싶은 동작의 흉내이다. 유럽에서는 놀라움, 부끄러움이나 슬픔을 가리킬 경우가 더 많다. 고대 그리스와 로마에서는 공포나 애도哀悼를 의미했고, 아울러 강렬한 기쁨을 과시할 때도 사용했다. 이들 모든 메시지가 지니고 있는 오직 하나의 공통분모는 돌발적이고 날카로운 정서적 반응이라는 점이다.

아울러 복종을 나타내는 무릎 몸짓들에는 절할 때의 무릎 굽히기와 한쪽 무릎 꿇기, 두 무릎 꿇기가 있다. 몸을 낮추는 이들 장치들은 역사를 통틀어 항상 널리 퍼져 있었지만, 오늘날에는 비교적 드물고 몸을 앞으로 굽히는 절이 거의 대체하고 말았다. 서양에서 무릎 굽히기 절은 왕족에게 인사를 하는 여성들에게 한정되어 있으며, 한 무릎 꿇기는 기사 작위를 받는 남성들, 그리고 두 무릎 꿇기는 하느님에게 기도할 때 순종의 표시로 사용한다. 과거에는 무릎 굽히기 절이 정중한 인사로 널리 쓰였고, 무릎 꿇기는 왕족 이외에도 지배적인 인물들에게 폭넓게 사용했다. 그러나 평등의 범위가 크게 확대된 요즘에 와서는 순수한 복종 행위로서의 다리 구부리기는 아주 드문 몸짓이 되고 말았다.

누구 앞에 무릎을 꿇는다 함은 몸을 낮추는 굴복 행위를 한다는 뜻이다. 지배적인 인간에게는 오직 한 무릎만을 꿇어 경의를 표하고, 두 무릎 꿇기는 오직 신에게 바치는 경배의 형식이어야 한다는 행동 규범이 확립된 지 오래이다. 오늘날 형식적인 맥락에서 두 무릎 꿇기는 기도할 때 볼 수 있고, 격식을 벗어난 상황에서는 운동선수가 승리의 순간을 하늘에 감사하고 싶은 갑작스러운 충동을 느꼈을 때만 볼 수 있다.

발 THE FEET

인간만이 설 수 있으므로 인간은 홀로 서 있다는 말이 전해져 내려왔다. 말을 달리하면, 우리들의 아득한 조상들이 내디딘 최초의 거보步는 인류 최초의 두 발 걸음이었다. 우리들이 뒷다리로 걷기 시작한 그 순간에 우리들은 앞다리를 해방시켜, 거머쥐고 조작할 수 있는 손으로 바꾸어 놓을 수 있었다. 그리고 도구를 만드는 손을 이용하여 우리들은 세계를 정복했다.

그러므로 우리들은 우리들의 발에 커다란 은혜를 입고 있으며, 우리 신체 구조의 가장 중요한 부분의 하나로 존경해야 마땅하다. 그러나 어처구니없게도 우리들은 그렇게 하지 못하고 있다. 오히려 우리들은 그들을 끔찍하게 남용하고 있다. 우리들은 비좁은 가죽의 감옥 안에서 그 일생의 3분의 2를 살아가라고 발에게 선고를 내리고 있다. 그리고 억지로 그들을 딱딱하고 힘겨운 바닥 위를 걷게 하고, 심각한 문제가 일어나 그 이상 무시할 수 없는 통증 신호들을 보낼 때까지 그들의 건강과 안녕을 모두 무시한다.

우리들이 은유적으로 그들을 내려다보는 이유는 글자 그대로 내려다볼 수밖에 없는 위치에 있기 때문이다. 발은 우리의 전문화된 감각기관에서 너무 멀리 떨어져 있다. 우리들의 손과 마찬가지로 발을 자세히 살펴볼 수 있다면, 그들을 훨씬 더 잘 돌볼 수 있을 것이다. 그러나 그들은 우리 몸 가운데에서도 가장 멀리 떨어진 끝자락에 자리잡고 있으며, 언뜻 지나치면서도 생각을 머물게 하는 시간은 아주 적다.

이러한 우리들의 태도 밑바닥에는 발이 상해를 입더라도 치명적이 아니라는 느낌이 깔려 있다. 어느 여성이 장시간의 쇼핑을 마치고 난 뒤에 집에 와서 하이힐을 벗어던지면서 "발이 아파 죽겠어요!"라고 할 때도 그 말을 그대로 믿지 않는다. 그러나 그녀의 말에는 자신이 미처 깨닫지 못한 진실이 담겨 있다. 발이 심장이나 폐, 간장과는 달리 '생명 기관'이 아닌 사실을 부인할 길은 없으나, 발을 잘못 다루면 심장마비 못지않게 수명이 줄어들 수 있다. 왜 그런가를 이해하려면 노인들의 걸음걸이에 관한 현장 연구를 할 필요가 있다. 지각없이 수십 년 동안 자기 발을 남용해 온 사람들은 노령에 이르러 달팽이 걸음으로 괴롭게 어기적거린다. 아직도 능률적으로 걸을 수 있는

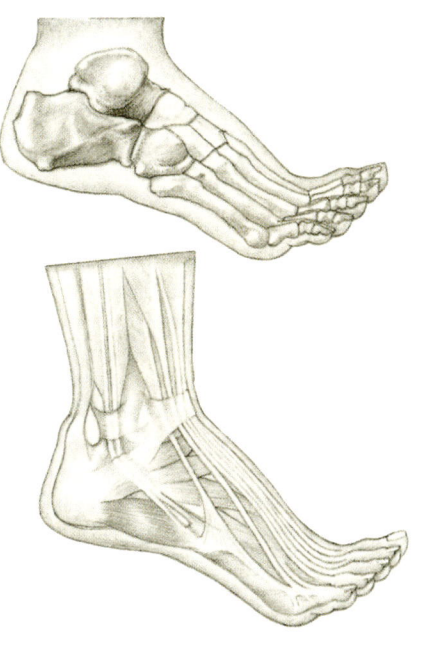

▼ 레오나르도 다 빈치가 '공학의 걸작이요, 예술 작품'이라고 격찬했던 인간의 발은 26개의 뼈, 114개의 인대(靭帶)와 20개의 근육으로 이루어진다.

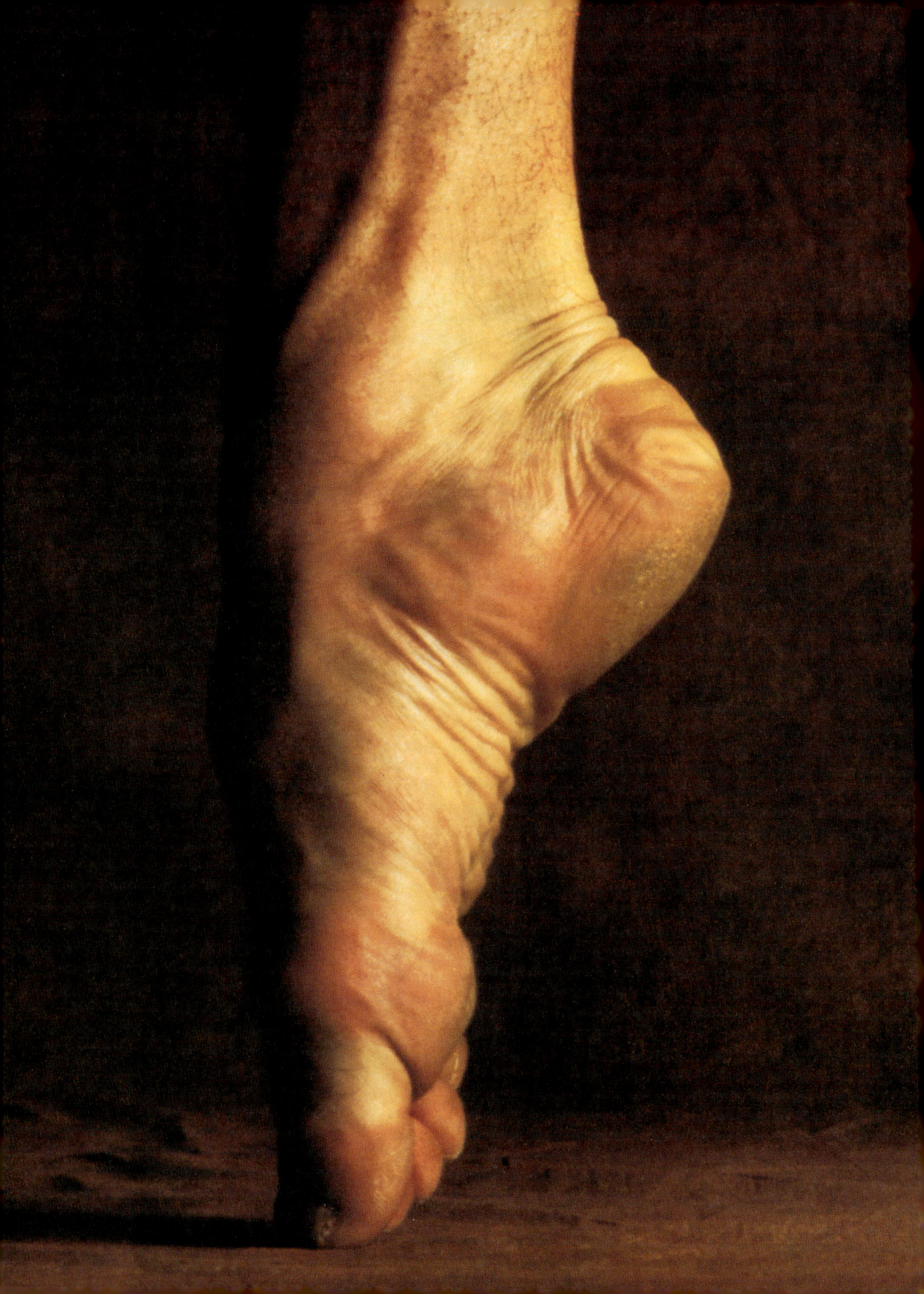

Over ten million footfalls in an average life.

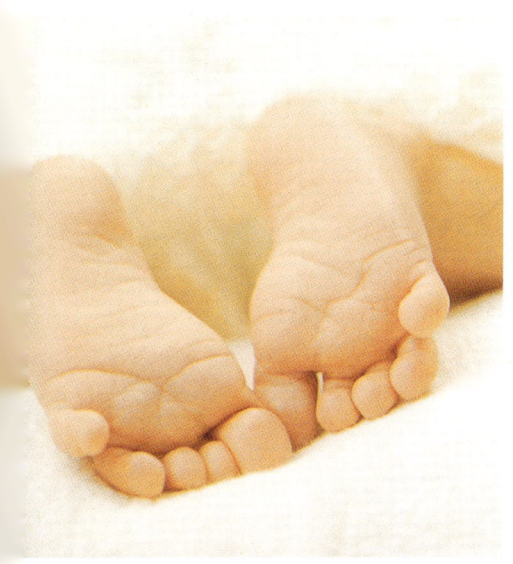

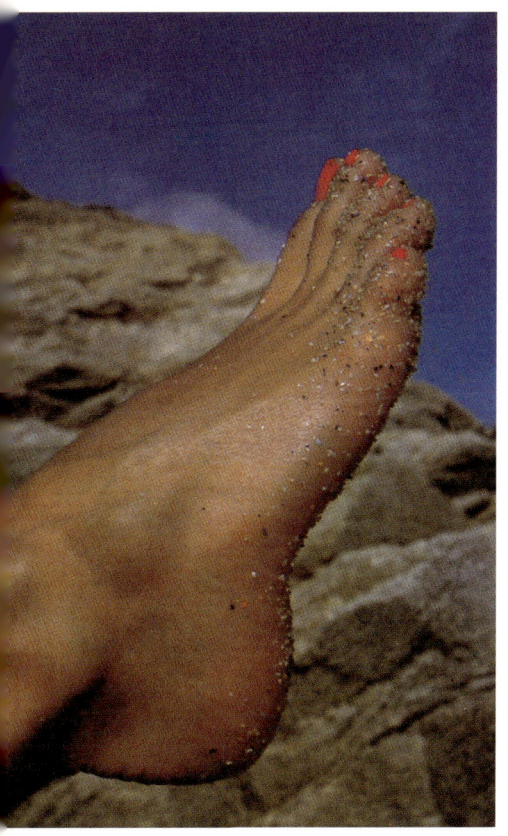

갓난아기들의 발가락은 성인의 그것보다 물건을 거머쥐는 능력이 20배나 뛰어나다. 갓난아기의 발은 길이가 3인치가량이다. 여성의 경우 완전히 자라면 그보다 약 3배가 되고, 남성의 경우는 갓난아기 시절보다 3.5배가량 자라게 된다. 비록 대다수의 성인에게 발가락들이 인체 구조상 비교적 허약하고 활동이 적은 부분으로 남아 있지만, 발레 무용수들의 발가락 힘은 그들의 전 생애가 걸려 있는 한 가지 요소가 된다. 그림의 발은 세계적인 발레 무용수 루돌프 누레예프(Rudolf Nureyev)의 그것이다.

발을 가진 다른 사람들은 성큼성큼 걸어나가 장시간의 '보건 운동 constitutionals'을 할 수 있다. 노령에 먼 길 걷기를 하는 것이 수명을 연장하는 가장 훌륭한 방법임이 밝혀졌다. 아흔 살, 또는 그 이상을 살고 있는 장수 노인들을 조사해 본 결과, 그 중 놀랄 만큼 많은 노인들이 하루에 몇 마일, 혹은 매일 그 정도의 거리를 자주 걷고 있음이 드러났다. 느긋한 걷기에는 온몸을 이상적으로 단련할 수 있는 무엇이 있다. 그와는 반대로 요즘 한창 유행하고 있는 조깅 jogging 은 젊은 성인층을 제외하고는 여러 가지 문제를 일으킬 수 있다. 발은 부드러운 운동을 좋아한다. 그들은 거칠거나 충격적인 움직임을 몹시 싫어한다.

우리들이 앞으로 나아가면서 아무리 부드러운 걸음으로 발이 땅에 닿게 하여도 발은 충격을 받을 수 있다. 중간 정도의 활동을 하는 평균적인 사람의 일생에 사람의 발은 천만 번 이상 땅에 부딪친다는 계산이 나왔다. 이와 같은 접촉이 일어날 때마다 첫 순간에 발뒤꿈치 바닥이 먼저 내려앉아 충격 흡수 장치 shock absorber 의 역할을 한다. 우리들은 이 중대한 동작을 전적으로 당연하게 받아들이지만, 어둠 속에서 상하로 발을 움직이다가 단 한 번이라도 실수를 했을 때, 그와는 달리 준비되지 않은 방법으로 발이 땅에 부딪칠 때면 얼마나 불안하고 위험한가를 깨닫게 된다.

이러한 일차 접촉의 다음 순간에 발은 이미 역할을 바꾼다. 충격 흡수 장치에서 이제 신체의 움직이는 무게를 꿋꿋하게 잡아 주는 버팀 구조가 된다. 마지막으로 발가락을 이용하여 그것은 몸을 앞으로 던지는 추진 기관으로 바뀐다. 이 3단계 연속 동작은 한 걸음 한 걸음 옮길 때마다 일어난다.

이 모든 움직임을 가능하게 하려고 발은 경이롭도록 복잡한 짜임새와 구조를 하고 있다. 거기에는 26개의 뼈, 114개의 인대 靭帶와 20개의 근육이 있다. 레오나르도 다 빈치 Leonardo da Vinci, 1452~1519 는 이것을 가리켜 '공학의 걸작 masterpiece of engineering'이라 불렀다. 우리들의 독특하고도 꿋꿋이 선 신체를 위해 수행해야 하는 특수한 종류의 균형 동작을 생각할 때, 누구나 그의 의견에 공감하지 않을 수 없다. 이를테면 이런 상상을 해 보자. 서 있는 인간과 크기가 같고, 살아 있는 인

Lucky the barefoot baby who can wiggle his toes.

간과 무게 배분이 동일한 고체의 인형을 만들어 살짝 민다면 어떻게 될까? 그러면 즉각 머리가 무거운 이 인형은 요란한 소리를 내며 바닥에 넘어질 것이다. 가령 그 물체를 언덕마루나 비탈진 곳에 세웠다고 상상해 보자. 당장 곤두박질칠 것이다. 그럼에도 불구하고 우리들은 놀랍도록 민첩하다. 우리들의 발은 사람이 움직이는 순간마다 수없이 많은 메시지를 주고받아 수천 가지 미세한 근육을 조정하여 우리들로 하여금 균형잡힌 세계관을 가질 수 있도록 해 준다. 심지어 우리들이 외관상으로 움직임이 없이 가만히 서 있을 때도, 우리들의 자세를 유지하기 위하여 거의 느낄 수 없을 만큼 작고 미묘한 움직임으로 분주히 일한다.

이러기 위해 우리들은 진화 과정에서 한 가지 특별한 희생을 치러 왔다. 어느 해부학자의 제법 감각적인 표현을 빌리면, 우리들은 '물갈퀴 발 webbed feet'을 개발하지 않으면 안 되었다. 그의 말뜻을 풀이하면, 우리들의 엄지발가락이 다른 발가락들과 맞서는 기능을 포기하고 그들과 '용접되었다 welded'는 것이다. 전문적으로 말해서 척골 蹠骨 가로 인대 靭帶가 네 발가락만이 아니라 다섯 발가락 전부를 덮게 되었다. 유인원 類人猿의 경우 엄지발가락의 척골이 다른 발가락들과는 분리되어 한층 길고 거머쥐기 쉬운 엄지발가락으로 우리와는 다른 구실을 하고 있다. 인간의 경우는 다섯 발가락이 한결같이 그보다 짧고 훨씬 단단하게 '물갈퀴'로 함께 붙어 있다. 이 물갈퀴 기능은 우리들을 한층 더 견고히 설 수 있도록 한다. 아직도 우리들은 발가락들을 꿈틀거릴 수 있으나, 그것으로 무엇을 움켜쥐는 선천적인 능력은 잃고 말았다.

우리들이 잃어버리지 않은 한 가지 능력은 우리 발에 냄새 신호를 남겨둔 일이다. 오스트레일리아 원주민들은 사람이 지나간 얼마 뒤에도 그 사람의 발자국 냄새를 맡아 그들을 개별적으로 구분할 수 있는 능력을 지금까지 가지고 있다고 전한다. 물론 그런 경우 문제의 보행자들은 맨발이었지만, 개들은 문제의 사람이 두꺼운 신을 신고 있어도 사람의 발자국을 따라갈 수 있다. 과거에 발이었던 손바닥을 제외하고, 발바닥은 신체의 어느 부위보다 땀샘들이 넉넉하게 박혀 있기 때문에 가능한 일이다. 이 땀샘들은 스트레스에 지극히 민

▲ 갓난아기의 발은 빨리 자란다. 이들 '출생 발자국(birth-footprint)'을 훨씬 크게 자란 발과 비교해 보면 이 점을 잘 알 수 있다. 부모들은 아기에게 지나치게 서둘러 걷기를 시키지 말아야 한다. 비틀거리는 아기를 처음부터 너무 일찍 억지로 걸음마를 시키려다가 연약한 발에 상처를 주는 사례가 많다. 또한 아기 침대의 시트를 너무 팽팽하게 접어넣거나 자그마한 '아기 신발'을 억지로 신겨도 아기의 발을 상하게 한다. 발이 자라고 힘을 얻을 동안 발가락들을 마음대로 꼼지락거릴 수 있는 맨발의 아기들은 운이 좋다.

The human foot has been converted into a specialized locomotory organ.

▶ 정상적인 환경에서 인간의 발은 정밀 작업을 거의 할 수 없지만, 훈련과 끈기가 있으면 발로 글을 쓰기도 하고, 심지어 이발관에서 손님의 면도를 해 주기까지 한다. 팔이 불구가 된 사람들에게는 이 잠재력이 무한한 보상을 가져올 수 있다.

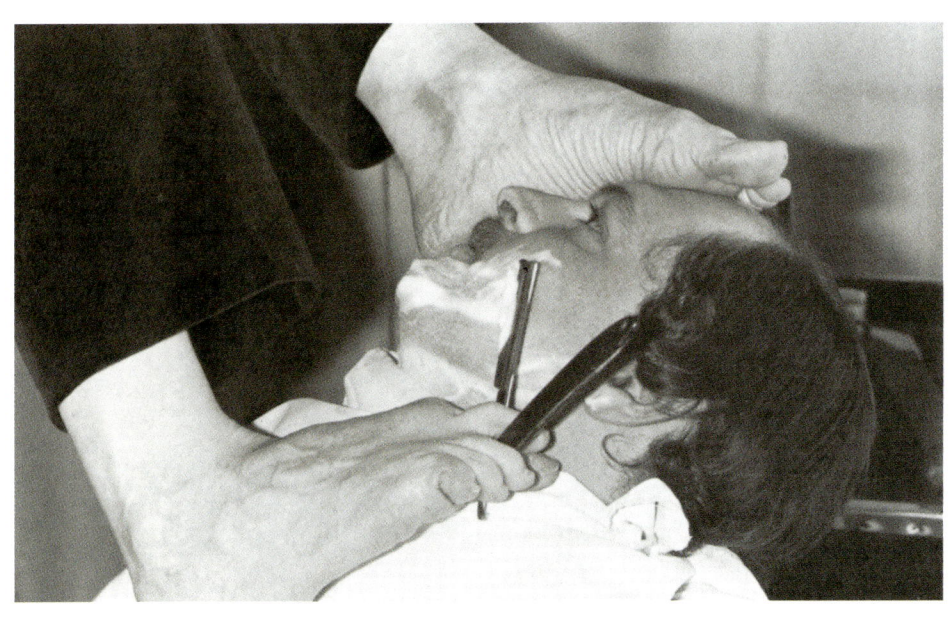

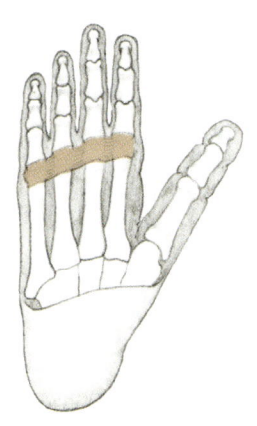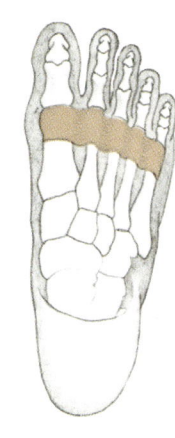

유인원의 발은 능률적인 거머쥐기와 걷기를 할 수 있는 이중 기능 기관이다. 그와는 달리 인간의 발은 특수한 상황에서 작은 물체들을 쥘 수는 있지만, 기본적으로 보행 또는 이동 기관이며, 엄지발가락과 다른 발가락 사이의 거머쥐는 역할은 극소화되고 말았다. 진화 과정에서 그것은 일반적인 기관에서 특수 기관으로 전환하게 되었다.

감하고, 우리들이 압력을 받을 때 그 분비물을 극적으로 증가시킨다. 우리들은 '땀이 난 손바닥^{sweaty palms}'을 깨닫게 되지만, 우리들의 발이 그 뒤를 따른다는 사실을 깨닫는 경우는 드물다. 여기서 풍겨나오는 냄새가 아주 강력하여 양말과 신발을 뚫고 새어나가 냄새 자취를 남기게 되고, 심지어 2주가 지난 뒤에도 경찰견의 코는 이 냄새를 쉽게 탐지해낼 수 있다. 맨발로 원시생활을 하고, 땅 위에 있는 우리 인종의 수효가 훨씬 적었던 과거에는 우리들의 발냄새 신호가 친구와 적들의 행방을 알아내는 데 상당히 중요했으리라 생각된다.

오늘날 우리 발의 냄새 산출 능력은 골칫거리 이외에는 아무것도 아니다. 화장품 제조업자들만이 그 득을 보고 있다. 냄새나는 땀이 양말과 신발의 감옥 속에 갇혀 있으므로, 빠른 세균 활동의 먹이가 되고 악취를 내게 된다. 그래서 경이로운 냄새 신호를 보내던 우리들의 발은 과거의 화려한 지위에서 떨어져 웃음거리가 되고 말았다.

한편 거의 쓸모가 없어진 우리 발의 또다른 성질은 발바닥 무늬이다. 우리들은 발가락 무늬^{toe-print}를 가지고 있는데, 지문^{指紋}과 다름없이 모두가 개별적인 특징을 갖고 있으며, 우리의 정체를 밝히는 데도 지문과 똑같이 쓸 수 있다. 그들이 원래 지니고 있던 미끄럼 방지 기능은 신발 신기가 보편화된 문화권에서는 거의 의미가 없어졌다.

THE FEET

Feet that can walk on glowing coals.

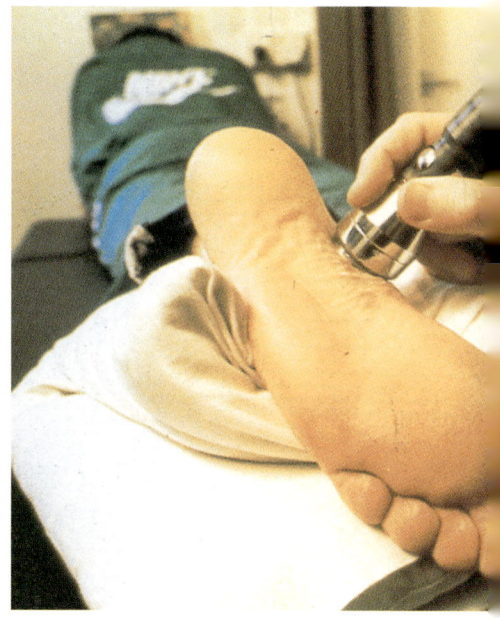

전문적인 운동선수들은 이 신체 부위에 오랜 시간 동안 전문 안마사의 마사지를 받기도 한다. 발바닥은 부드러우므로 혹독한 환경에서 상해를 입기 쉽다. 그럼에도 불구하고 어떤 사람들은 완전히 익어 버리지는 않는다 하더라도, 이론상 당연히 발바닥에 물집이 생겨야 할 불 위를 걸어갈 수 있는 능력을 지니고 있다. 이 괴상한 능력을 설명할 적절한 이론이 아직까지 나오지 않았다. 불 위 걷기에는 두 가지 변형이 있는데, 뜨겁고 매끈한 돌 위를 걸어가는 피지형이 있고, 뜨거운 숯불 위를 걸어가는 아시아 방식이 있다. 이 사진에 나오는 하버드대학교 의과대학 교수와 같은 일부 서양인들은 상처나 뚜렷한 고통없이 이 기묘한 걷기에 성공한 바 있다. 어떻게 해서 그럴 수 있느냐는 여전히 불가사의로 남아 있다.

발바닥과 손바닥의 골진 살갗은 바닥 피부 volar skin 라 부르며, 한 가지 매우 기이한 성질을 가지고 있다. 햇볕에 절대로 그을리지 않는다는 점이 그것이다. 이런 말을 하면 그 두 부위는 으레 해에 드러나지 않고 숨겨져 있기 때문이라는 당연한 대답이 나오게 마련이지만, 이건 정답이 아니다. 가령 손바닥과 발바닥을 굳이 햇볕에 드러낸다고 해도, 여전히 그을리지 않고 그대로 남아 있다. 인체 안의 무엇으로 인한 것인지 구체적으로 알 수는 없으나, 이 부위에 멜라닌 melanin 생성이 억제되고 있어 햇볕에 그을린 신체의 다른 부분들보다 손바닥과 발바닥을 한층 창백하게 보이게 한다. 심지어 살갗이 새까만 인종들마저 발바닥과 손바닥은 희다. 따라서 이 성질은 인류의 진화적인 유산의 일부라고 하겠다. 이 현상을 연구해 온 사람들은 이 장치

The soles are always pale; they even resist suntanning.

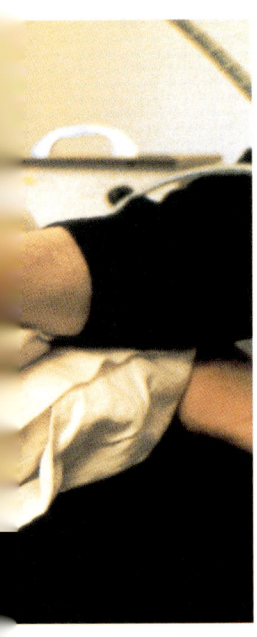

▲ 손바닥과 마찬가지로 발바닥도 절대로 햇볕에 그을리지 않는다. 심지어 검은 피부의 인종마저 이 부위에는 색소가 많지 않고, 이런 까닭에 그들의 손과 발 움직임이 유난히 눈에 띈다.

로 인해서 손짓과 발짓이 훨씬 눈에 두드러지게 되었다고 설명하고 있다. 손짓의 경우에는 이 견해를 받아들이기 어렵지 않으나, 발짓이 어느 시기에 그처럼 중요했다는 주장은 아무래도 신빙성이 없다. 그러나 정서적인 갈등이 있을 때 발의 움직임을 자세히 조사한다면, 이 주장을 이해하기가 훨씬 쉬워질 것이다.

아직도 맨발로 다니고 있는 부족 문화권에서는 인체의 가장 낮은 이 부위가 얼마나 큰 힘을 발휘할 수 있는지 보여 준다. 사모아인 푸타이 솔로 $^{Fuatai\ Solo}$가 코코넛 나무에 오르는 것을 보면 그 위력을 믿을 수 있게 된다. 그는 30피트의 나무줄기를 5초가 채 되기도 전에 기어올랐다. 그와 비교하면 도시인들은 미국 서부의 목장주들이 곧잘 말했던 대로 발이 말랑하다는 뜻의 '신출내기^{tenderfoot}' 범주에 들어간다.

푸타이 솔로는 1980년 피지에서 맨발의 기록을 세웠다. 그리고 피지 제도에서는 인간의 발바닥이 할 수 있는 그보다 더 놀라운 '불위 걷기$^{fire-walking}$' 묘기를 지금도 볼 수 있다. 이 행사는 오랫동안 엎드려 쉬고 난 뒤에 시작된다. 저녁에 불 위 걷기에 참가하게 될 사람들은 함께 모여 조용히 몇 시간 동안 엎드려 있다. 어둠이 내린 뒤에 그들은 바닷가에서 모아온 큰 자갈들을 다져놓고, 그 위에 나무 장작을 깔고 불구덩이를 만들어 돌들을 데우기 시작한다.

그 불이 아주 뜨거워 자갈들이 이글거리면, 그들은 돌만을 남기고 잿불들을 남김없이 긁어낸다. 이렇게 완전히 긁어내도 손수건을 떨어뜨리면 금방 확 타오를 정도로 뜨겁다. 이 때 믿을 수 없는 일이 벌어진다. 맨발의 사람들이 무더기 징검다리 돌을 딛고 얕은 냇물을 건너듯 이글거리는 돌 위를 재빨리 건너간다.

이치를 따진다면 그들의 발바닥 '고기'가 완전히 구워지지는 않더라도 발바닥에 심한 물집이 생기는 것이 당연하다. 그러나 그들은 아무런 상처가 없다. 나는 불 위 걷기를 한 직후에 그들의 발바닥을 직접 검사했는데, 아주 부드럽고 폭신한 데 놀라지 않을 수 없었다. 그들은 분명히 못이 박히지도 않았고 굳은살도 없었을 뿐더러 남몰래 어떤 처리를 한 흔적도 없었다. 아울러 나는 불구덩이의 돌들을 조사하여 불 위 걷기를 한 이튿날 아침까지도 여전히 아주 뜨거운 것을 확인했다. 인체가 해낸 이 경이로운 업적에 대해서 나는 설명할 바를

Natural differences between male and female feet have sometimes been cruelly exaggerated.

모르고 있다. 다른 조사자들 역시 나와 마찬가지로 곤혹스러워했고, 그들이 내놓은 해석이란 전혀 설득력이 없었다. 사람의 살갗이 이글거리는 표면에 닿으면 신체의 자연적인 습기가 아주 빨리 증발하여 살갗과 돌 사이에 보호층을 만들어낸다는 것이 가장 그럴듯한 해석이다. 그런 작용을 생각할 수 있고, 빠른 속도로 팽창하는 증기의 얇은 방석 위를 걸어가는 일종의 인간 호버크래프트hovercraft를 상상할 수 있다. 그러나 지난 번 뜨거운 난로에 살갗이 닿는 순간 아픔으로 비명을 질렀고 심한 화상을 입었던 사실을 되새기는 사람 앞이라면 이 발상은 그대로 물거품이 되고 만다. 당분간 인간의 발이 지니고 있는 불 위 걷기 능력은 매혹적인 수수께끼로 남아 있을 수밖에 없다.

우리들이 갓 태어났을 때는 그 작은 발은 보드랍고 헐렁하며, 어른의 그것에 비해 길이가 3분의 1가량이다. 오래고도 느린 성장을 끝내려면 20년이 걸리고, 서둘러 키우려는 것은 잘못이다. 준비되기도 전에 자녀들을 걷게 하려고 부추기는 열성적인 부모들은 실상 아기의 발을 해칠 위험이 있다. 그보다 더 큰 피해는 아기의 발 운동을 방해하는 꼭 끼는 침구들이다. 이들은 아기를 아늑하게 감싸 줄 수는 있지만, 아랫다리를 너무 팽팽하게 감싼 홑이불이나 모포, 그 밖의 덮개는 잠자는 아기의 보드랍고 나긋한 발을 비틀어지고 짓눌리게 한다. 뻣뻣하고 죄어드는 신발과 달라붙는 양말 역시 아기의 보드라운 발을 억누른다. 극단적인 경우에 이 모든 덮어씌우기가 어린 인대靭帶들을 모양없이 늘이고, 연한 뼈들이 제자리에서 벗어나게 한다.

그 밖에도 학생 시절 발이 한창 자랄 때는 부모들이 작은 신발을 제때에 바꿔 주지 않아 상해를 입게 된다. 꼭 끼는 신발과 부츠가 발가락을 짓누르고 영구적인 피해를 준다. 남성들은 성년에 도달하면 이 문제가 해결되지만, 많은 여성의 경우 새로운 위험이 다가온다. 한창 유행하고 있는 굽이 높고 뾰족한 구두가 그것이다. 인간 발의 대적對敵은 수백 년 동안 우리들과 함께 있어 왔고, 그 피해를 우리들이 알고 있음에도 물러갈 조짐이 좀처럼 보이지 않는다. 심지어 여성들이 남성보다 발의 질병을 앓을 가능성이 4배나 됨에도 불구하고 그 인기는 움츠러들 기미조차 없다.

부적합하고 불편한 구두에 여성들이 중독된 이유를 찾기란 어렵

동양에서는 흉포한 여성 차별 사상에 의해 발이 희생되어 왔다. 남성의 발은 흔히 무예(武藝)의 '무기'로 발달해 왔으나, 여성의 발은 수백 년 동안 여성의 아름다움을 개선한다는 구실로 비정상적으로 좁고 짧게 욱여넣어 줄여 왔다. 여성의 발은 선천적으로 남성의 그것보다 작으므로 이 차이를 강화함으로써 그들의 매력을 확대할 수 있다는 주장이었다. 사회적인 신분이 높은 가문의 중국 여인들은 발 길이를 정상의 3분의 1로 줄이려고 애를 썼다. 이렇게 하려면 발을 단단히 묶고 오랫동안 고통을 참아야 했다. 그러나 중국은 20세기에 들어와서도 그 관습을 제거하기 어려웠다. 이 관행의 숨겨진 기능은 중국 여성들을 부분적으로 불구로 만들어 남성에게 전적으로 의존하게 하려는 데 있었다.

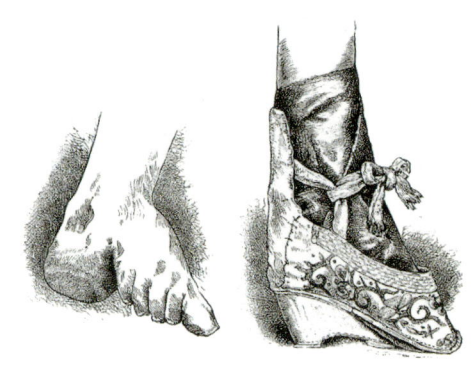

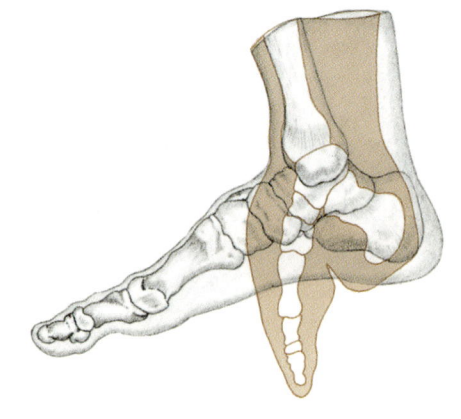

지 않다. 발의 크기는 일종의 성별性別 신호이다. 여성의 발은 남성의 그것보다 길이가 더 짧고 폭이 좁으므로, 자연스럽게 깜찍한 발이 한층 여성적이고, 따라서 남성들에게 한결 매력적이다. 여성의 전형적인 구두가 지닌 예리한 끝머리가 유선형화의 효과를 가지고 있으며, 그 하이힐은 발이 훨씬 짧아 보이도록 발의 자세를 바꿔놓는다.

불행히도 이러한 유형의 구두는 여체女體의 균형을 교란하여 다리와 등, 심지어 머리에도 통증을 일으키지만, 큰 발은 흉하다는 뿌리 깊은 두려움이 여성들을 몰아간다. '투박한 발'이라든가 '거위발goose-foot'과 같은 말들이 도움이 되지 않고, "당신의 그 엄청난 발 징그러워요"라는 가사가 들어 있는 옛날의 고전적인 재즈송 '당신의 발이 너무 커서 사랑할 수 없어요I don't love ya 'cos your feet's too big'가 그 메시지를 한층 강화한다.

여성의 작은 발에 대한 열정은 지난 세기까지 수백 년 동안 치열하게 타올라 유행계의 일부 숙녀들은 점점 뾰족해지는 구두에 발을 넣을 때 좀더 수월하게 하기 위해 새끼발가락을 잘라냈다고 전해진다. 이처럼 발의 일부를 잘라낸다는 말을 하다 보면 불가피하게 신데렐라Cinderella의 잔혹한 이야기가 떠오르게 된다. 디즈니가 개작改作한 현대판은 악랄한 부분이 없지만, 원판은 피비린내나고 야만적이었다. 어느 왕자가 신부를 구하고 있는데, 여성에 대한 그의 요구를 만족시키기 위해 신부 후보는 발이 아주 작아야 했다. 신붓감을 시험

▲ 발은 우리들의 머리에서 아주 멀리 떨어져 있으므로, 우리들은 대화에 깊숙이 빠져 있을 때면 으레 그들을 잊게 된다. 이런 까닭에 우리들의 신체 부위 중에서도 발은 비범하리만큼 정직한 부분이 되고, 그것의 무의식적인 동작들이 우리 얼굴의 신호와는 관계없이 우리들의 참된 기분을 드러낸다. 일정한 구애(求愛) 상황에서만 우리들은 의도적이고 계산된 발과 다리 동작으로 의사소통을 시작한다.

하기 위해 작은 모피 실내화를 이용했다. 두 자매가 간택을 받으려고 사력을 다했다. 언니가 그 실내화에 억지로 발을 넣으려고 했으나 맞지 않았다. 그러자 어머니가 그녀에게 일단 왕자와 결혼하면 다시는 걸을 필요가 없을 테니 손해볼 것 없다면서 엄지발가락을 잘라 버리라고 일렀다. 그녀는 엄지발가락을 잘라 버리고 피가 나는 발을 그 실내화에 억지로 넣었다. 그런데 왕자와 함께 마차를 타고 떠날 때 그 실내화에서 피가 솟아올라 그녀의 양말에 배어나는 것을 왕자가 보게 되었다. 그는 그녀를 어머니에게 돌려보냈으나, 그녀의 어머니는 다시 둘째 딸을 그에게 내놓았다. 이번에 그 불행한 아가씨는 그 신에 발을 맞추기 위해 발꿈치를 잘라내야만 했다. 다시 피가 솟아올라 그녀 역시 퇴짜를 맞았다. 그 뒤에야 비로소 그 왕자는 신데렐라를 찾아냈다. 그녀의 작은 발은 빈틈없이 들어맞았고, 그녀는 발을 숭배하는 왕자의 신부가 되어 행복에 겨워 얼굴을 붉혔다.

이 설화의 이상야릇한 전제-높은 자리에 있는 남성이 다른 성품은 아랑곳하지 않고 여성의 작은 발에 성적 매력을 느끼고 있다는-를 현대의 관객이나 독자들은 보아 넘기고 있는 것 같다. 신데렐라의 현대판은 그 두 자매를 못난 아가씨로 바꾸었고, 그와는 달리 신데렐라는 언제나 대단히 아름다웠다. 그러나 이것은 속임수이다. 그 왕자는 신붓감에게 그녀의 발이 그 작은 모피 구두에 맞아야 한다는

▶ 인도 무용수의 발에는 곧잘 부처꽃의 빨간 물로 장식하고, 발목에는 작은 방울들이 달린다. 이렇게 하면 발을 구르는 춤 동작들이 눈과 귀에 다같이 한층 뚜렷하게 전해진다. 세계의 다른 지역에 있는 무용수들이 이 장식 기법을 활용하는 경우가 아주 적다는 사실이 놀랍다고나 할까.

The unusual honesty of foot actions.

오직 한 가지 요구를 했을 뿐이었다. 그런데 여기서는 유리 구두가 아니다. 흔히 유리라고 하는데 모피 vair를 유리 verre로 잘못 번역한 데 그 원인이 있다. 그가 왜 발에만 그토록 역점을 두었던가를 이해하기 위해서는 이 설화가 중국에 근원을 두고 있다는 사실을 알 필요가 있다. 지난 날 중국에서는 어린 소녀들의 발묶기纏足 foot-binding가 수세기 동안 지체있는 집안의 공통된 관습이었다. 거기서는 여성의 작은 발이 아름다움의 가장 중요한 표적이었다.

중국의 발묶기, 즉 전족纏足은 다음과 같은 순서를 따랐다. 여아가 아주 어릴 때는 마음대로 뛰놀게 하다가 오래지않아, 대체로 6세에서 8세 사이에 발가락들을 발바닥에 눌러 묶어서 고통을 당하게 되었다. 너비 2인치, 길이 10피트의 헝겊으로 엄지를 뺀 네 발가락을 무자비하게 휘어 굽혀서 단단히 동여맸다. 그런 다음 휘어진 발가락들과 발뒤꿈치를 함께 당겨 붙여 단단히 묶었다. 나머지 헝겊으로 이 발가락과 뒤꿈치를 싸고 또 싸서 발이 다시 풀려나 정상적인 위치로 돌아가지 못하도록 조치했다. 오로지 엄지발가락만이 이 체형을 피하여 묶이지 않은 채 남아 있었다.

우는 아이들은 매를 맞았다. 아픔에 자지러지면서도 그들은 억지로 욱여넣어 옥죄인 모양으로 짓이겨진 발로 걸어다녀야만 했다. 2주일마다 새 신을, 그것도 이전 것보다 10분의 1인치씩 작은 신을 신겼다. 믿을 수 없는 일이지만, 그 목적은 발의 길이를 정상인의 3분의 1로 줄이는 데 있었다. 발뒤꿈치에서 발 끝까지의 길이를 3.5인치가량으로 만들면, 금으로 만든 연꽃 같다는 뜻의 '세 치寸 황금 연꽃金蓮'이 된다.

그들이 성인이 되었을 때는 이미 영구적인 불구가 되어 있고, 정상적으로 걸을 수 없을 뿐만 아니라, 그들이 할 수 있는 육체적 활동에는 엄격한 한계가 있었다. 이것이 그 불구화에서 얻어지는 사회적 보상이었다. 그들은 더할 수 없이 여성다운 작은 발을 갖는 데 그치지 않고, 문자 그대로 그들의 남편을 버리고 달아날 수도 없었다. 더하여 그들은 어떤 형태의 육체 노동도 할 수 없을 것이 분명했던 까닭에 영구히 높은 신분을 자랑할 수 있었다. 20세기로 깊숙이 들어와 중국이 근대화되고 중국 전통의 관료사회를 소탕하고 나서야 비로소 이 기괴한 형태의 일그러뜨림이 자취를 감추기 시작했다.

중국 여성의 전족에 매력을 느끼는 이유 중 하나는 성적인 것이었다. 금련金蓮이라 불리던 그 작은 발은 이상하게도 몇 가지 면에서 에로틱한 의미를 가지고 있었다. 그 여인들과 가까운 남성들은 성적인 전희前戲를 하면서 그녀들의 발에 키스하는 데 그치지 않고 발을 통째로 입에 넣고 게걸스럽게 빨아대기도 했다. 그보다 더 가학애적加虐愛的인 남성들은 성교하면서 불구가 된 그녀들의 발을 비틀어 비명을 지르게 하여 그들의 즐거움을 더했다. 나아가서 그녀들의 발을 함께 모아놓으면 휘어져 합친 모양이 의사 열구擬似裂口: pseudo-orifice가 되어 상징적인 질의 역할을 할 수 있었다. 그 전족으로 인해서 걸음걸이가 일그러져 그녀들의 질의 매력을 높이게 되었다는 말도 전해졌다. "여자의 발이 작으면 작을수록 질의 주름이 한층 놀라워진다". 그 금련金蓮을 둘러싼 이런 사례들을 비롯하여 기이한 색정적 생각에 더하여 전반적으로 전족의 여성들이 무방비 상태인 점이 성적인 자극을 불러일으켰다. 국소화局所化된 예속隸屬의 표적에 발목이 잡힌 그녀들은 남성의 처분에 운명을 맡겼으며 수백 년 동안 그들의 손에 박해를 당했다.

중국을 떠나 다른 지역으로 가면, 예속적인 요소

The symbolism of shoes and of washing and kissing the feet.

는 없어도 발의 일반적인 상징성^{symbolism}이 곧잘 성적이 된다. 남성들의 발이 이례적으로 크면 음경이 크고, 반면 여성의 발이 아주 작으면 질이 작다는 믿음이 널리 퍼져 있었다. 그러나 이는 발의 크기가 지닌 생물학적 성별 차이를 단순화시켜서 그 의미를 확대한 데 불과하다.

신발은 지금까지 빈번히 여성 성기의 상징으로 이용되었고, 이 때문에 "신발 안에서 살았던 그 노파(다시 말하면 일생을 성기 중심으로 살았던)는 자신이 돌볼 수 없을 만큼 많은 자녀를 가지게 되었다". 아울러 자동차 뒤에 신발과 부츠를 매달고 신혼여행을 떠나고, 낭만적인 남성은 자기 연인의 신으로 샴페인을 마시던 이유가 설명된다. 프랑스의 오랜 전승에 따르면, 신부가 남편과 영원히 행복하게 살려면 결혼식 신발을 반드시 보관하여 절대로 없애지 말아야 한다. 그리고 남편감을 구하는 시칠리아의 아가씨들은 언제나 베개 밑에 신발 한 짝을 넣고 잠을 잤다. 이들뿐만 아니라, 그 밖의 수많은 관습이 신발과 성^{sex}과의 상징적인 이음새를 확인해 준다.

다른 맥락에서 본다면, 신발은 또다른 상징적 가치가 있다. 고대에는 그들의 자유를 대변했다. 노예들은 맨발로 다녔기 때문이었다. 어떤 예배 장소에서 신발을 벗는 행위는 신^神의 존재 앞에서 겸손을 나타내고, 그 앞에 예배하는 인간들은 '자발적인 노예'였다.

다시 고대에는 발 그 자체가 흔히 인간 영혼이 들어 있는 자리였고, 그리스 전설에서는 절름발이란 영혼의 결함이나 도덕적 오점^{汚點}을 가리켰다. 고대의 상징주의는 발을 태양 광선으로 보고 있으며, 만^卍 자의 유래 역시 '발 달린 해 바퀴^{sun wheel with feet}'의 상징에서 기인한다.

발의 상징성에서 발의 신체 언어로 말머리를 돌려 보면, 흥미있는 사실이 드러난다. 발은 통틀어 인체의 어느 부위보다 솔직하다는 사실을 부인하지 못한다. 발의 작은 움직임과 자세 변화가 그 사람의 기분을 정확하게 알려 준다. 우리들은 우리들의 발로 무엇을 하고 있는지 생각하는 일이 거의 없기 때문이다. 우리들이 다른 사람을 만나면 그들의 얼굴에 관심을 집중시키고, 그들 역시 그러하리라는 것을 잘 알고 있다. 따라서 우리들은 미소와 찡그림으로 능란하게 거짓말을 한다. 우리들은 다른 사람들이 보고 싶어하는 표정을 짓는다. 그러나 얼굴 부위를 떠나 몸을 따라 내려가면, 그 신체 언어는 점차 한결 성실해진다. 우리들의 손은 중간쯤 내려와 있고, 그와 비례하여 중간 정도로 정직하다. 우리들은 손의 행동을 막연히 알고 있을 뿐이지만, 그 손을 이용하여 어느 정도 속임수를 쓸 수 있다. 그러나 핵심적인 얼굴 부위에서 신체의 다른 끝에 있는 이 발은 그들 나름의 독자적 장치로 남아 있고, 그런 까닭에 연구할 가치가 있다.

의자에 앉아 인터뷰를 하는 사람은 아주 침착하고 느긋해 보인다. 그는 부드럽게 미소짓고 있으며, 어깨를 쭉 펴고 있다. 그의 두 손은 매끈하고도 품위있는 손짓을 하고 있다. 그는 전혀 거침이 없다. 그러나 그의 발을 보기로 하자. 두 발은 마치 안전을 찾는 듯 서로 감아 붙이고 있다. 그러다가 발을 다시 풀고 마치 '움직이지 않고 도망치려는' 듯이 거의 들리지 않을 정도로 바닥을 한 발로 두드리기 시작한다. 드디어 그는 다리와 발을 포개고, 공중에 매달린 그 발이 다시 한 번 그 자리에 묶여 있으면서 달아나려는 듯 아래위로 흔들거린다. 뉴욕의 어느 유명한 대담 기자가 얼마나 규칙적으로 그 '발 흔들기'를 하던지 텔레비전 방송국의 동료들이 그것을 자세히 관찰했다. 그들은 그 기자가 대담 상대에 대해 불안을 느낄 때 그

▲ 성적 상징성의 세계에서는 신발이 거의 예외없이 여성의 성기를 대신해 왔다. 대중적인 자장가(The Old Lady in the Shoe)에 따르면 '신발 안에 살았던 그 노파는 많은 자녀를 가지게 되었다'라는 그와 같은 속설이 내려왔으리라 생각된다.

▶ 교황이 교회 내부의 높은 지위에서 오는 위엄을 상쇄하기 위한 기독교적인 겸손을 행동으로 표시하고자 할 때, 이따금 사회적으로 하위에 있는 사람들의 발을 씻기고 키스하는 종속적인 동작을 한다. 여기에는 다른 사람 앞에 몸을 낮추는 예속적인 동작이 들어 있으며, 외국 공항에 도착할 때마다 공항 에이프런에 키스하는 이미 잘 알려진 몸짓과도 밀접한 관계가 있다.

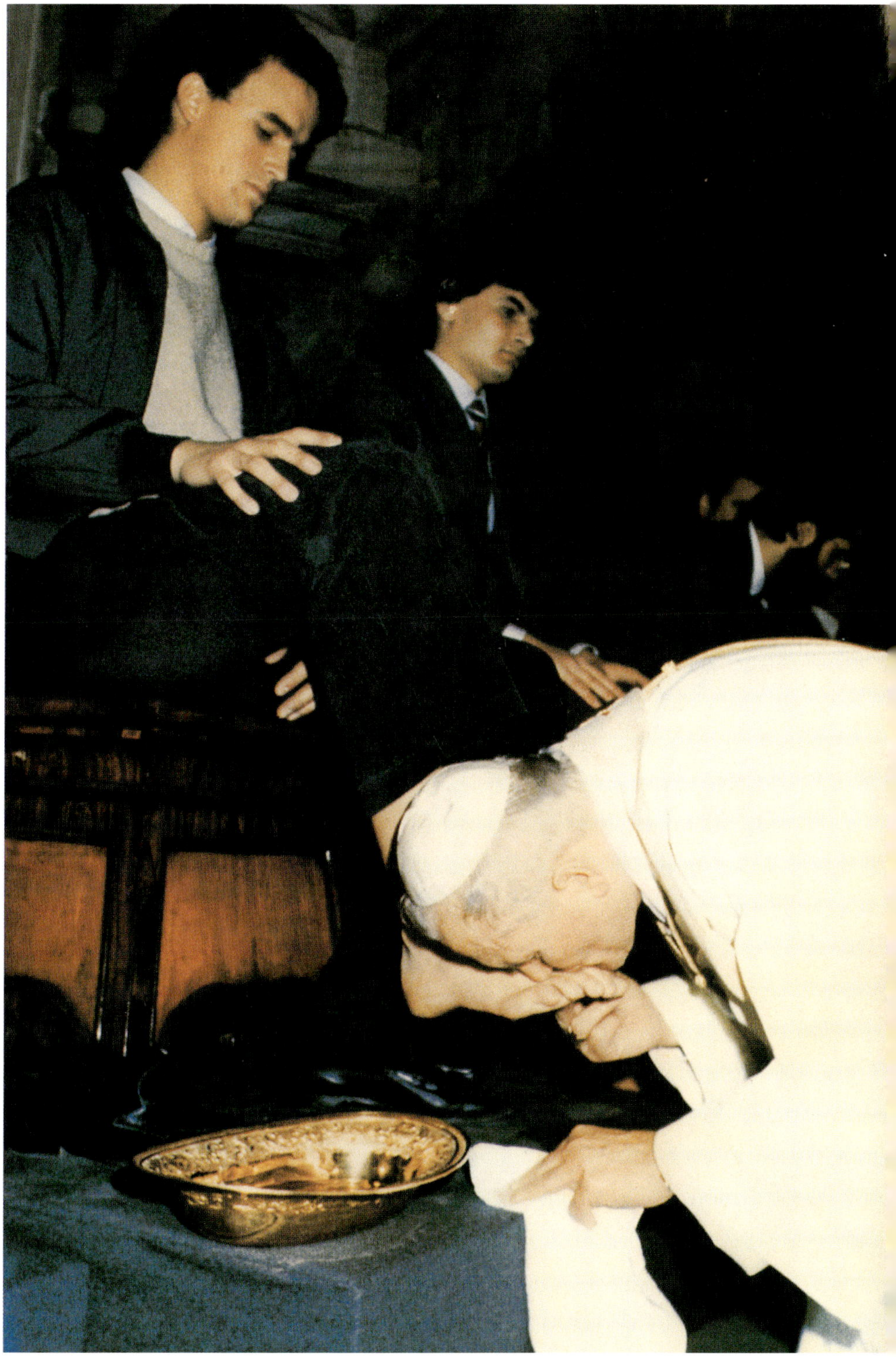

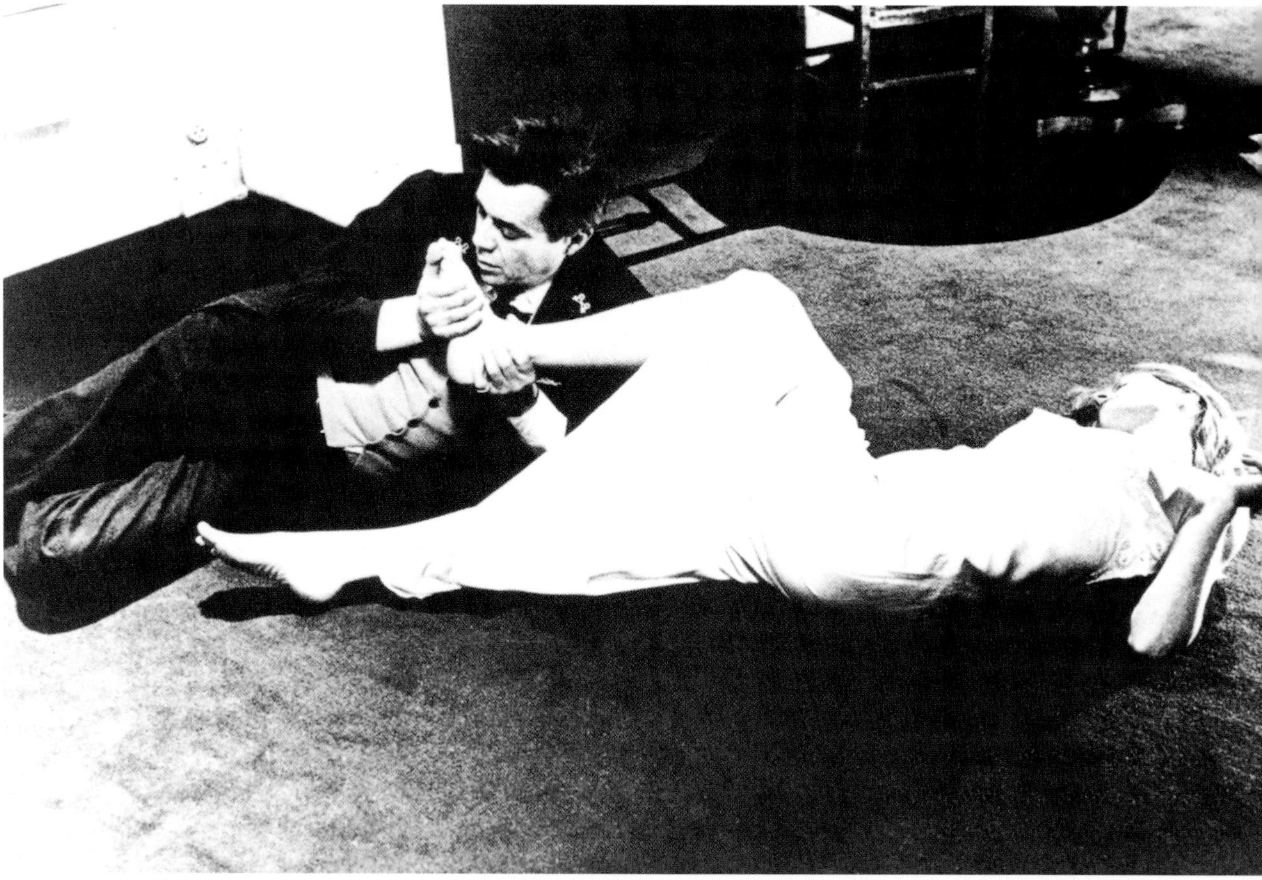

THE FEET

동작을 일으킨다는 사실을 밝혀냈다. 그리고 그의 신발 바닥에 '사람 살려^{HELP}'라는 낱말을 써놓았다면 그의 발 신호가 전하는 의미를 전국의 시청자들이 이해할 수 있으리라는 해석을 내놓았다.

때에 따라서 조바심을 나타내는 발 치기$^{foot-tapping}$ 동작은 도망치고 싶다는 긴박한 신호와 함께 단순한 꿈틀거림^{wiggle}으로 줄어들어 거의 눈에 보이지 않는 발가락들의 오르내림이 되고 만다. 발 옮기기$^{foot-shifting}$ 및 발 흔들기$^{foot-jiggling}$ 등의 이러한 모든 발동작은 발을 움직이는 사람이 직면해 있는 상황에서 걸어나가거나 달려나가고자 하는 억압된 욕구를 표현하는 것이다. 흔히 청중들로부터 달아나고 싶은 연사演士들은 그들의 솔직한 기분을 가리키는 온갖 발동작을 한다. 오랜 시간이 걸리는 회의에서 발언자들의 발 움직임 연구가 그들의 말보다 더 흥미있는 경우가 많다. 안타깝게도 회의 주최자들은 그들의 정직한 아랫도리를 직접 관찰하지 못하게 막는 연설대나 다른 방벽으로 발언자들의 몸을 가리는 것을 상례로 해왔다. 그들을 볼 수 있는 경우에 연사의 특징적인 동작들에는 보기에도 유쾌한 온갖 발꿈치 들기, 발 오르내리기, 흔들기, 왔다갔다하기와 바닥치기 등이 들어 있다. 마치 발이 수백 수천 쌍의 적대적인 눈초리에서 탈출할 온갖 방법을 시도하려는 듯한 인상을 준다.

다리를 포개고 앉은 사람들은 곧잘 또다른 발동작 - 다양하게 허공 차기 - 으로 권태를 표현한다. 이것은 그 행위자가 권태를 일으키는 사람이 누구든 발길로 차고 싶은 듯한 인상을 주어 발 흔들기보다 좀 더 호전적인 의미가 있다. 포개놓은 다리가 반복하여 허공을 차지만, 아주 조금 나갔다가는 다시 원위치로 돌아온다. 이것은 분노하여 발을 쾅쾅 구르는 동작에서 얼마 떨어지지 않은 몸짓이다.

발 옮기기와 신발 끌기는 약간 다른 기분을 가리킨다. 잘못을 저질러 꾸중을 받고 있는 어린 소년의 행동이 그 전형이다. 그의 경우에는 다양한 발의 움직임인 발차기나 발 두드리기와 같은 긴박하고 율동적인 박자가 없다. 그 소년의 발은 즉각 공격하거나 도망치겠다는 신호, 심지어 도전적으로 멀리 당당하게 떠나가 버리겠다는 신호도 보내지 않는다. 그와는 달리 그 불규칙한 발의 비틀림과 놀림들이 실제로 하고 싶은 것은 조용히 몰래 빠져나가고 싶다는 것을 보여 주고 있다.

수족치료의手足治療醫나 안마사들과 같은 전문 직업인들을 제외하고 발이 포함되는 개인간의 접촉은 아주 드물다. 서로의 몸을 탐색하는 연인들은 서로 발과 발가락에 키스할 수 있지만, 대부분의 사람에게 이 동작은 그들의 성생활에 지극히 사소한 역할밖에 하지 못한다. 오늘날 그와 마찬가지로 드문 것이 다른 형태의 발 키스$^{foot-kiss}$ - 지배적인 인물의 가장 낮은 부위에 키스하려고 몸을 낮추는 겸허한 행동 - 이다. 이것은 현대 사회에서 설 자리가 없는 유형의 극단적인 순종과 굴복의 표현이다. 지배자들이 훨씬 고고한 지위를 누렸던 오랜 옛날에는 낮은 자의 입술과 지배자의 발이 많은 상황에서 만났다. 절대 군주로서 권력을 누렸던 로마 황제 디오클레티아누스$^{Diocletianus, 245~312, 재위 284~305}$는 원로원 의원들과 다른 고위직 인사들이 그를 알현하러 들어올 때와 나갈 때 자기 발에 키스를 강요했다. 심지어 로마 황제들의 친척들마저 그 황제의 발에 키스하지 않으면 안 되었다. 오늘날 그러한 행동은 발 숭배자들 사이에서나 볼 수 있고, 그들은 전문적인 매춘부에게 많은 돈을 주어 그들의 발 아래를 기어다니라고 간청한다.

누군가의 발아래를 기는 행위가 있다면 한편으로

> *Erotic foot-kissing seems to have a chemical as well as a masochistic basis.*

는 거꾸로 누구 위에 발을 올려놓는 행위도 있다. 이것은 갖가지 맥락에서 형식이 잡혀진 지배의 동작이다. 그 중 가장 익숙한 사례가 무고한 야수를 총으로 쓰러트린 후 한 손에 총을 들고 한 발을 그 짐승의 사체 위에 힘있게 올려놓은 용감한 사냥꾼의 모습이다. 폴란드의 유대인들 사이의 옛 관습에는 결혼식장에서 배우자의 발을 밟는 일이 있었다. 먼저 발을 밟은 사람이 결혼 생활에서 지배적인 자리를 차지하게 된다고 했다. '위에 있는 발 upper foot'은 곧 '위에 있는 손 upper hand'이고, 말을 바꾸어 한 수 위 또는 한 발 위였다.

비록 이러한 옛 습관들 가운데 많은 것들이 오늘날 사라지고 없으나, 스코틀랜드에는 아직도 '첫발 First Foot' 의식이 남아 있다. 이 경우, 12월 31일이 1월 1일이 되고 몇 분 전후로 어떤 새해의 첫발 the First Foot of the New Year 이 그 집 문 앞에 도착하느냐에 따라 새해의 행운이 결정된다. 새로 오는 그 사람은 선물을 들고 와야 하고, 그 뒤 12개월 동안 그 집안이 번창하려면, 그는 편평족 扁平足 이 아니고 피부가 검은 남성으로 낯선 사람이어야 한다. 왼발은 지극히 재수가 없다고 생각되기 때문에 그가 오른발을 먼저 들여놓고 들어와야 하는 것이 또한 대단히 중요하다. 그보다 옛날에는 어느 집에 들어가는 사람들은 한결같이 문간에 오른발을 먼저 들여놓도록 주의해야만 했다. 대저택들은 특별히 하인을 고용하여 아무도 이 절차를 잊지 않도록 문간에 세워두었다. 왼쪽과 오른쪽에 대해서 이처럼 집착하는 이유는 다름이 아니라, 다른 경우의 왼쪽 오른쪽 구분과 마찬가지로 하느님은 오른발을 통해 역사하고, 악마는 왼발을 통해 영향력을 행사한다고 생각했기 때문이다. '그의 가장 좋은 발을 앞으로 내놓는다' 함은 오른발을 먼저 내밀고 앞으로 나간다는 의미였다. 오른발은 착하고 친절했다. 왼발은 간악하고 적대적이었다. 우연히도 이런 원인으로 군대는 행진을 시작할 때 일반적으로 왼발을 먼저 내놓는다. 전형적인 구령이 "앞으로 가! 왼발, 오른발, 왼발, 오른발…"이다. 적대적인 왼발을 일부러 먼저 내밀어 행진하는 군사들의 적대적인 의도를 보여 준다. 그러나 현대의 수많은 장병이 이 자그마한 한 토막의 미신에 찬 군대의 역사를 알고 있는지 의심스럽다.

발 키스는 교황의 겸손한 행동에만 국한되지 않는다. 그것은 색정적인 자극의 특별한 형태이기도 하다. 여기에는 화학적인 것과 마조히즘(피학대 음란증)적인 것 등 두 가지 이유가 있는 것 같다. 화학적으로 발은 음부에서 발견되는 것과 똑같은 지방산이 풍부한 땀을 만들어낸다. 따라서 발에 키스하는 사람은 원시적이고 후각적인 자극을 무의식적으로 경험하게 된다. 둘째로 입을 발에 갖다대는 동작에는 피학대 음란자들을 흥분시키는 '기어다니는' 노예적 자세가 들어 있다. 이것의 특수한 변형으로 어떤 남성들은 뾰족한 하이힐을 신은 여성에 의해 짓밟히면 성적으로 흥분한다.

참고문헌 BIBLIOGRAPHY

Ableman, P. 1969. *The Mouth and Oral Sex.* Running Man Press, London.
Allen, M. R. 1967. *Male Cults and Secret Initiations in Melanesia.* Melbourne University Press, Melbourne.
Ambrose, J. A. 1960. *The Smiling and Related Responses in Early Human Infancy.* University of London. PhD Thesis.
Amphlett, H. 1974. *Hats: A History of Fashion in Headwear.* Sadler, Chalfont St Giles, Buckinghamshire.
Angeloglou, M. 1970. *A History of Make-up.* Macmillan, London.
Argyle, M. 1967. *The psychology of Interpersonal Behaviour.* Penguin, Harmondsworth, Middlesex. – 1969. *Social Interaction.* Methuen, London. – (Editor)1973. *Social Encounters. Readings in Social Interaction.* Penguin Books, Harmondsworth, Middlesex. – 1975. *Bodily Communication.* Methuen, London. – and Cook M. 1976. *Gaze and Mutual Gaze.* Cambridge University Press, Cambridge.
Austin, G. 1806. *Chironomia; or, a treatise on rhetorical delivery.* London.
Ayalah, D. and I. J. Weinstock. 1979. *Breasts.* Hutchinson, London.

Barakat, R. A. 1973. 'Arabic gestures.' *J. Popular Culture* pp749-787.
Barnard, C. 1981. *The Body Machine.* Hamlyn, London.
Barsley, M. 1966. *The Left – handed Book.* Souvenir Press, London. – 1970. *Left – handed Man in a Right-handed World.* Pitman, London.
Bauml, B. J. and F. H. Bauml. 1975. *A Dictionary of Gestures.* Scarecrow Press, Metuchen, N. J.
Beck, S. B. 1979. 'Women's somatic preferences'. IN: Love and Attraction(eds: Cook, M and G. Wilson). Pergamon, Oxford.
Bell. C. 1806. *Essays on the Anatomy and Philosopy of Expression.* London. – 1833. *The Hand its Mechanism and vital Endowments as invincing Design.* Pickering, London.
Benthall, J. and T. Polhemus. 1975. *The Body as a medium of Expression.* Allen Lane, London.
Berg, C. 1951. *The Unconscious Significance of Hair.* Allen and Unwin, London.
Bettelheim, B. 1955. *Symbolic Wounds.* Thames and Hudson, London. Birdwhistell, R. L. 1952. *Introduction to Kinesics.* University of Louisville, Kentucky.
Broby-Johansen, R. 1968. *Body and Clothes.* Faber and Faber, London.
Brooks, J. E. 1953. *The Mighty Leaf: the Story of Tobacco.* Alvin Redman, London.
Brophy, J. 1945. *The Human Face.* Harrap, London. – 1962. *The Human Face Reconsidered.* Harrap, London.
Brownmiller, S, 1984. *Femininity.* Hamish Hamilton, London.
Brun, T. 1969. *The international Dictionary of Sign Language.* Wolfe, London.
Bulwer, J. 1644. *Chirologia: or the Naturall Language of the hand. Whereunto is added Chironomia: or, the Art of Manual Rhetoricke.* London. – 1648. *Philocohpus; or the Deafe and Dumbe Man's Friend.* London. – 1649. *Pathomyotomia, or a Dissection of the Significative Muscles of the Affections of the Minde.* London. – 1650. *Anthropometamorphosis; Man Transform'd; or the Artifical Changeling.* London.(Re-issued in 1654 as: *A view of the People of the Whole World.*)
Burr, T. 1965. *Bisba.* Hercules, Trenton, New Jersey.

Campbell, B. 1967. *Human Evolution.* Heinemann, London.
Cannon, W. B. 1929. *Bodily Changes in Pain, Hunger, Fear and Rage.* Appleton-Century, New York.
Chan, P. 1981. *Ear Acupressure.* Thorsons, wellingborough, Northants.
Chetwynd, T. 1982. *A Dictionary of Symbols.* Granada, London.
Cohen, H. 1979. *The Complete Encyclopedia of Exercises.* Paddington Press, London.
Coleman, V. and M. Coleman. 1981. *Face Values.* Pan Books. London.
Comfort, A. 1972. *The Joy of Sex.* Crown, New York.
Coon, C. S. 1966. *The Living Races of Man.* Cape, London.
Cooper, J. C. 1978. *An Illustrated Encyclopedia of Traditional Symbols.* Thames and Hudson, London.
Cooper, W. 1971. *Hair: Sex, Society, Symbolism.* Aldus Books, London. – 1967. *Fashions in Eyeglasses.* Peter Owen, London.
Corti, C. 1931. *A History of Smoking.* Harrap, London.
Coss, R. 1965. *Mood-provoking Visual Stimuli.* University of California.
Critchley, M. 1939. *The Language of Gesture.* Arnold, London. – 1975. *Silent Language.* Butterworths, London.

Darwin, C. 1872. *The expression of the Emotions in Man and Animals.* John Murray, London.
D'Angelou, L. 1969. *How to be an Italian.* Price, Sterne, Sloane. Los Angeles.
Devine, E. 1982. *Appearances. A Complete Guide to Cosmetic Surgery.* Piatkus, Loughton, Essex.
Dickinson, R. L. 1949. *Human Sex Anatomy.* Williams and Wilkins, Baltimore.
Dingwall, E. J. 1931. *The Girdle of Chastity.* Routledge, London.

Ebensten, H. 1953. *Pierced Hearts and True Love. The History of Tattooing.* Verschoyle, London.
Ebin, V. 1979. *The Body Decorated.* Thames and Hudson, London
Eden, J. 1978. *The Eye Book.* David and Charles, Newton Abbott, Devon.
Efron, D. 1972. *Gesture, Race and Culture.* Mouton, The Hague. (First Published in 1941 as: *Gesture and Environment.* King's Crown Press, New York.)
Eibl-Eibesfeldt, I. 1970. *Ethology, The Biology of Behavior.* Holt, Rinehart and Winston, New York. – 1972. *Love and Hate. The Natural History of Behavior Patterns.* Holt, Rinehart and Winston, New York.
Ekman, P. 1967. 'Origins, usage and coding of nonverbal behavior.' Centro de Investigationes Sociales, Buenos Aires, Argentina. – 1969. 'The repertoire of

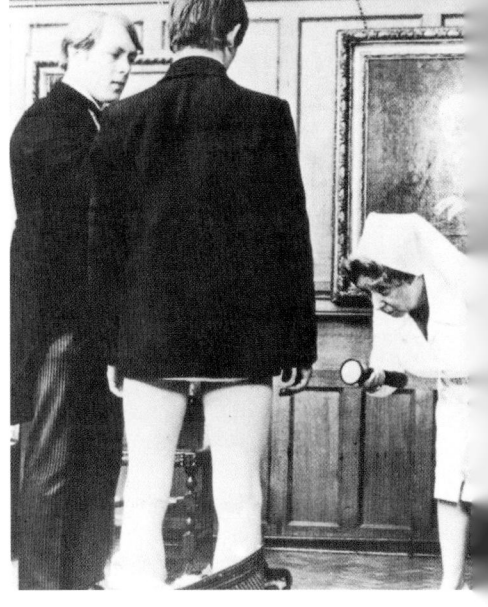

nonverbal behavior.' *Semiotica* I(1), pp49-98. – 1970. 'Universal facial expressions of emotion.' *California Mental Health Research Digest* 8(4), pp151-158. – 1971. 'Universal and cultural differences in facial expressions of emotion,' *Nebraska Symp. on Motivation 1972*. – 1973. *Darwin and Facial Expression*. Academic Press, New York. – 1976 *'Movements with precise meanings.' J. Communication* 26(3), pp14-26. – 1980. *The face of Man*. Garland, New York. – et al. 1972. 'Facial expressions of emotion while watching televised violence and predictors of subsequent action.' *Television and Social Behavior* 5. pp22-58. U.S.Government Printing Office, Washington D.C. – and W.V.Friesen. (N.D.) 'Constants across cultures in the face and emotion.' *J.Personality and Soc. Psych.* – and W.V.Friesen. 1968. 'Nonverbal behavior in psychotherapy research.' *Research in psychotherapy* 3. pp179-216. – and W.V.Friesen. 1969. 'The repertoire of nonverbal behavior: categories, origins, usage and coding.' *Semiotica* 1(1), pp49-98. – and W.V.Friesen. 1969. 'Nonverbal leakage and clues to deception.' *psychiatry* 31(1), pp88-106. – and W.V.Friesen. 1972. 'Hand movements.' *J.Communication* 22, pp353-374. – and W.V.Friesen. 1974. 'Nonverbal behavior and psychopathology.' IN: *The psychology of Depression: Contemporary Theory and Research*. Winston and Sons, Washington, D.C. pp203-232. – and W.V.Friesen. 1974. 'Detecting deception from the body or face.' *J.personality and Soc. Psych.*29(3), pp288-298. – and W.V.Friesen. 1975. *Unmasking the Face*. Prentice-Hall, New Jersey. – and W.V.Friesen. 1976. 'Measuring facial movement.' *Envir. Psychol. and Nonverbal Behav.* 1(1), pp56-75. – W.V.Friesen and P. Ellsworth. 1972. *Emotion in the Human Face*. Pergamon Press, New York. – W.V.Friesen and K.R.Scherer. 1976. 'Body movement and voice pitch in deceptive interaction.' *Semiotica* 16:1, pp23-27. – W.V.Friesen and S.S.Tomkins. 1971. 'Facial affect scoring technique: a first validity study.' *Semiotica* 3(1) pp37-58.

Elias, N. 1978. *The History of Manners*. Blackwell, Oxford.
Elworthy, F.T. 1895. *The Evil Eye*. John Murray, London.

Fast, J. 1970. *Body Language*. Evans, New York.
Fisher, J. 1979. *Body Magic*. Hodder and Stoughton, London.
Fisher, R. B. 1983. *A Dictionary of Body Chemistry*. Granada, London.
Fryer, P. *Mrs Grundy. Studies in English Prudery*. Dobson, London.

Gabor, M. 1972. *The Pin-up, a Modest History*. Pan, London.
Gardiner, L.E. 1959. *Faces, Figures and Feelings. A Cosmetic Plastic Surgeon Speaks*. Burstock Courtenay Press, Brighton.
Garfield, S. 1971. *Teeth, teeth, teeth*. Arlington Books, London.
Gettings, F. 1965. *The Book of the Hand*. Hamlyn, London.
Givens, C.B. 1983. *Love Signals*. Crown, New York.
Glynn, P. 1982. *Skin to Skin*. Allen and Unwin, London.
Gomez, J. 1967. *A Dictionary of Symptoms*. Centaur Press, London.
Grigson, G. 1976. *The Goddess of Love*. Constable, London.
Guletz, S. (no date) *Hula! South Sea Sales*, Honolulu, Hawaii.
Guthrie, R.D. 1976. *Body Hot Spots*. Van Nostrand Reinhold, New York.

Hall, E.T. 1959. *The Silent Language*. Doubleday, New York.
Harrison, G.A. et al. 1964. *Human Biology*. Clarendon Press, Oxford.
Hendrickson, R. 1976. *The Great Amerrica Chewing Gum Book*. Chilton Books, Radnor, Pennsylvania.
Henley, N.M. 1977. *Body Politics*. Prentice-hall, New Jersey.
Hennessy, V. 1978. *In the Gutter*. Quartet Books, London.
Hess, E. 1975. *The Tell-tale Eye*. New York.
Hess, T.B. and L. Nochlin. 1973. *Woman as Sex Object*. Allen Lane, London.
Hewes, G. 1983. 'The communication function of palmar pigmentation in man.' J.Human Evolution 12, pp297-303.
Hirschfield, M. 1940. *Sexual Pathology*. Emerson Books, New York.
Hobin, T. 1982. *Belly Dancing for Health and Relaxation*. Duckworth, London.
Hopson, J.L. 1979. *Scent Signals*. Morrow, New York.
Huber, E. 1931. *Evolution of Facial Musculature and Facial Expression*. The Johns Hopkins Press, Baltimore.

Inglis, B. 1978. *The Book of the Back*. Ebury Press, London.
Izard, C. E. 1971. *The Face of Emotion*. Meredith, New York.

Jenkins, C. 1980. *A Woman Looks at Men's Bums*. Piatkus, Loughton, Essex.

Keogh, B. and S. Ebbs. 1984. *Normal Surface Anatomy*. Heinemann, London.
Kinsey, A. C. et al. 1948. *Sexual Behaviour in the Human Male*. Saunders, Philadelphia. – et at. 1953. *Sexual Behaviour in the Human Female*. Saunders, Philadelphia.
Kunzle, D. 1973. 'The corset as erotic alchemy.' IN: *Woman as a Sex Object*. (Eds. Hess, T. B. and L. Nochlin.) Allen Lane, London.

Lamb, W. 1965. *Posture and Gesture*. Duckworth, London.
Lang, T. 1971. *The Difference Between a Man and a Woman*. Michael Joseph, London.

Lavater, J. C. 1789. *Essays on Physiognomy*. John Murray, London.
Lawther, G. 1981. *The Healthy body, A Maintenance Manual*. Muller, London.
Lee, L. and J. Charlton. 1980. *The Hand Book*. Prentice Hall, Englewood Cliffs, New Jersey.
Lenihan, J. 1974. *Human Engineering. The Body Reexamined*. Weidenfeld and Nicolson, London. Levy, H. S. (no date). Chinese Footbinding. Spearman, London.
Levy, M. 1962. *The Moons of Paradise*. Arthur Barker, London.
Liggett, J. 1974. *The Human Face*. Constable, London.
Lockhart, R. D. 1979. *Living Anatomy*. Faber and Faber, London.
Lurie, A. 1981. *The Language of Clothes*. Random House, New York.

Macintyre, M. 1981. *The Shogun Inheritance*. Collins, London.
Maclay, G. and H. Knipe. 1972. *The Dominant Man*. Delacorte Press, New York.
Malinowski, B. 1929. *The Sexual Life of Savages*. Routlege and Kegan Paul, London.
Mallery, G. 1891. 'Greeting by gesture'. Pop. Sci. Monthly, Feb & March.
Maloney, C. 1976. *The Evil Eye*. Columbia University Press, New York.
Mann, I. and A. Pirie. 1946. *The Science of Seeing*. Penguin Books, Harmondsworth, Middlesex.
Mantegazza, P. 1904. *Physiognomy and Expression*. Scott, London.
Mar, T. T. *Face Reading*. Dodd, Mead, New York.
Masters, W. H. and V. E. Johnson. 1966. *Human Sexual Response*. Churchill, London.
McGarey, W. A. 1974. *Acupuncture and Body Energies*. Gabriel Press, Phoenix, Arizona.
Meerloo, J. A. M. 1971. *Intuition and the Evil Eye*. Servire, Wassenaar.
Meredith, B. 1977. *Vogue Body and Beauty Book*. Allen Lane, London.
Mitchell, M. E. 1968. *How to Read the Language of the Face*. Macmillan, New York.
Morris, D. 1967. *The Naked Ape*. Cape, London. – 1969. *The Human Zoo*. Cape, London. – 1970. *Patterns of Reproductive Behaviour*. Cape, London. – 1971. *Intimate Behaviour*. Cape, London – 1977. *Manwatching*. Cape, London. – et al. 1979. *Gestures*. Cape, London. – 1981. *The Soccer Tribe*. Cape, London.
Munari, B. 1963. *Supplemento al Dizionario Italiano*. Muggiani, Milan.
Napier, J. 1980. *Hands*. Allen and Unwin, London.
Neumann, E. 1955. *The Great Mother*. Routledge and Kegan Paul, London.
Nicholson, B. 1984. 'Does kissing aid human bonding by semiochemical addiction?' Brit. J. Dermatology III, pp623-7.

Papas, W. 1972. *Instant Greek*. Papas, Athens.
Parry, A. 1971. *Tattoo. Secrets of a Strange Art*. Collier Books, New York.
Pease, A. 1981. *Body Language*. Sheldon Press, London.
Penry, J. 1971. *Looking at Faces and Remembering Them*. Elel, London.
Perella, N. J. 1969. *The kiss Sacred and Profane*. University of California press.
Polhemus, T. 1978. *Social Aspects of the Human Body*. Penguin Books, Harmondsworth.
Polhemus, T. and L. Proctor. 1978. *Fashion and Antifashion*. Thames and Hudson, London.

Reyburn, W. 1971. *Bust-up*. Macdonald, London.
Reynolds, R. 1950. *Beards*. Allen and Unwin, London.
Rosebury, T. 1969. *Life on Man*. Secker and Warburg, London.
Rudofsky, B. 1974. *The Unfashionable Human Body*. Doubleday, New York.

Saitz, R. L. and E. C. Cervenka. 1972. *Handbook of gestures: Colombia and the United States*. Mouton, The Hague.
Scheflen, A. E. 1972. *Body Language and the Social Order*. Prentice-Hall, Englewood Cliffs, N. J.
Scheinfeld, A. 1947. *Women and Men*. Chatto and Windus, London.
Sheldon, W. H. 1954. *Atlas of Men*. Gramercy, New York.
Shen, P. 1982. *Face Fortunes*. Perigree Books, New York.
Sherzer, J. 1972?. 'The pointed lip gesture among the San Blas Cuna.' IN: Language and Society.
Smith, A. 1968. *The Body*. Allen and Unwin, London.
Sorell, W. 1967. *The story of the Human Hand*. Weidenfeld and Nicolson, London.

Taylor, A. 1956. 'The Shanghai gesture.' F.F. Comunications No. 166. pp1-76.
Taylor, R. 1970. *Noise*. Penguin, Harmondsworth, Middlesex.
Taylor, W. P. 1983. *Bald is Beautiful*. Macmillan, London.
Thompson, P. and P. Davenport. 1980. *The Dictionary of Visual Language*. Bergstrom and Boyle, London.
Tosches, N. 1981. *Rear view*. Delilah Books, New York.

Ucko, P. 1968. *Anthropomorphic Figurines*. Szmidla, London.

Walker, B. *Body Magic*. Routledge and Kegan Paul, London.
Walls, G. L. 1967. *The Vertebrate Eye*. Hafner, New York.
Whiteside, R. L. 1974. *Face Language*. Fell, New York.
Wildeblood, J. 1973. *The Polite World*. David-Poynter, London. Williams, N. 1957. *Powder and Paint*. Longmans, London.
Wilson, G. and D. Nias. 1976. *Love's Mysteries*. Open Books, London.
Winter, R. 1976. *The Smell Book*. Lippincott, New York.
Woodforde, J. 1968. *The Strange Story of False Teeth*. Routledge and Kegan Paul, London. – 1971. *The Strange Story of False hair*. Routledge and Kegan Paul, London.
Wood-Jones, F. 1929. *Man's Place Among the Mammals*. Edward Arnold, London.

팁 THE TIPS

The Hair
'A huge woolly bush or a long swishing cape'
The coat of fur discarded by the 'naked ape'.
The variety of hair types and colours.
Long hair may give an assailant a handhold.
Head-shaving has often been imposed as a humiliating punishment.
Males have devised many ways of concealing baldness.
A ceremonial wig worn on a shaved head was once a mark of high status.
The completely bald or shaved head is sometimes seen as an assertion of male dignity and strength.
Unconscious messages in hand-to-head gestures.

The Brow
The main function of the eyebrows is to signal the changing moods of their owner.
When the body feels under attack, the brow is lowered to protect the eyes.
Decorative forehead incisions tend to reduce the expressiveness of the brow.
The Eyebrow Cock expresses a contradictory condition of 'fearless fear'.
The eyebrows can act as simple gender signals a matter complicated by fashion and folklore.
Hand-to-brow and brow-remoulding symbolism.

The Eyes
Human eyes, unlike those of monkeys and apes, have whites to signal gaze direction.
We all have 'slant eyes' in the womb; only Orientals retain them after birth.
No other land animal weeps with emotion.
There is no blue pigment in blue eyes.
Framing the eyes with the hands transforms the gaze into a super-stare.
Spectacles are clearly not part of the face.
Yet it is impossible not to be influenced by them.
The power of the gaze to express love and hate, to elevate and degrade, has always impressed.
The eloquence of the eyes is unrivalled.
The cosmetic enhancement of eye impact.

The Nose
A baby's nose is sometimes so appealing that adults cannot resist touching it.
The very best noses hardly exist at all.
Males too are restyling their noses.
The phallic symbolism of the larger male nose is based on a popular myth.
Yet parallel changes do occur in both nose and penis during male sexual arousal.

머리카락
'거대한 양모 덤불이나 길고 호화로운 망토'
털가죽을 버린 '벌거벗은 원숭이'다.
다양한 머리카락 모양과 색깔.
긴 머리카락은 공격자에게 손잡이가 될 수 있다.
머리 면도는 종종 굴욕적인 처벌로 간주되곤 했다.
남성들은 대머리를 숨기는 여러 가지 방법을 고안해냈다.
면도한 머리에 착용한 예복 가발은 한때 높은 지위의 표시였다.
완전히 대머리이거나 면도한 머리는 때때로 남성의 존엄성과 힘의 권위로 여겨진다.
손에서 이마 몸짓은 무의식적인 메시지이다.

이마
눈썹의 주요 기능은 그 소유자의 변화하는 기분을 전달하는 것이다.

신체가 공격받고 있다고 느낄 때, 눈을 보호하기 위해 눈썹을 낮춘다.

장식용 이마 절개는 이마의 표현력을 감소시키는 경향이 있다.

한쪽 눈썹 치켜뜨기는 '두려움 없는 두려움'이라는 모순된 상태를 표현한다.
패션과 민속에 의해 복잡해진 성별 신호 문제를 눈썹은 간단하게 해결한다.
손에서 이마 및 이마에서 재형성되는 상징적 표현.

눈
인간의 눈은 원숭이와 유인원과는 달리 시선의 방향을 알려 주는 흰자위가 있다.
우리 모두는 자궁 안에서 '처진 눈'을 가지고 있다; 단지 동양인들만이 출생 후에도 그대로 남아 있을 뿐이다.
다른 어떤 육상 동물도 감정을 가지고 눈물을 흘릴 수 없다.
파란 눈에는 파란색 색소가 없다.
손으로 눈 위에 테를 만드는 것은 응시하는 것을 더욱 정확하게 볼 수 있게 한다.
안경은 분명히 얼굴의 일부가 아니다.
그러나 그들에게 영향을 받지 않는 것은 불가능하다.
사랑과 증오를 표현하거나, 기분을 좋게 하거나 낙담시키는 시선의 힘은 언제나 인상깊게 작용한다.
눈의 설득력은 타의 추종을 불허한다.
눈 임팩트의 미적 증진.

코
아기의 코는 때때로 너무 매력적이어서 어른들이 그것을 만지는 것을 거부할 수 없다.
가장 좋은 코는 거의 찾아보기 힘들다.
남성들도 그들의 코를 다시 만들기도 한다.
남성의 큰 코에 대한 남근 상징주의는 대중적인 신화에 근거를 둔다.

남성이 성적 흥분기 동안에 코와 성기 양쪽 모두에 나란히 변화가 일어나게 된다.

Nose-to-nose contact as a playful gesture and as a formal greeting.

The Ears
Human ears are remarkable for their individuality and their erotic earlobes

Our ears evolved in a quieter world.

The lore of the ears-factual and fanciful.

The multi-pierced ear is now found worldwide.

Even Shakespeare sported a ring in his ear.

The complicated world of ear-touch gestures.

The Cheeks
Rounded, dimpled, smooth and creased cheeks.

A beautiful face may sometimes be enhanced by a blemish-renamed a 'beauty spot'.

Non-sexual cheek-to-cheek kissing between males.

The painting, scarring and skewering of the cheeks.

What the cheek pinch signifies depends on the context and the pressure applied.

The Mouth
The expressiveness of the human mouth is unmatched.

The extreme mobility of the mouth.

The unusual conspicuousness of the lips.

Female lips mimic the labia of the genitals not only in appearance.

Our canine teeth are no longer lethal fangs.

Our new longevity demands a staying power from our teeth which they cannot meet.

The tongue's main visual messages are based on two infantile mouth movements.

Exactly why we yawn is a matter of continuing speculation.

Recapturing the oral pleasures of infancy.

Weaning behaviour gave rise to kissing.

Disfiguring and concealing the female lips.

Although extremely widespread, the mouth shrug is surprisingly not found in all cultures.

The Beard
Not only is the beard the male gender flag-it is also a sexual scent carrier.

Young men offered their beards to the gods.

A symbol of obsessive but inhibited sexuality.

The symbolism of touching and stroking the chin.

The Neck
Neck posture and neck presentation.

The symbolism of nodding and bowing.

Neck length has even been exaggerated at the expense of mobility and expressiveness.

There is more to conversation than the talk.

There is more to the neck than rubber necking.

The bowed head can also signify a temporary withdrawal from harsh reality.

The neck as a focus for sexual preliminaries.

A favoured region for clasping or grasping.

The Shoulders
The shoulders as accentuated gender signals.

Square, high and hunched shoulders.

The reassuring power of the shoulder embrace.

Why we hunch up our shoulders when we laugh.

유쾌한 몸짓과 공식적인 인사로서 코와 코의 접촉.

귀
인간의 귀는 그들의 개성과 그들의 에로틱한 귓불로 인해 주목할 만하다.

우리의 귀는 조용한 세상에서 진화했다.

사실적이면서 환상적인 귀에 대한 이야기.

복합적으로 피어싱한 귀는 이제 전 세계에서 볼 수 있다.

심지어 셰익스피어조차도 귀에 고리를 끼고 있었다.

귀 접촉 몸짓의 복잡한 세계.

뺨
둥글고, 보조개가 있고, 부드럽고 주름진 뺨.

때때로 아름다운 얼굴은 결점을 보완한 '미색점'에 의해 강화된다.

성적 의미가 없는 남성들 사이의 뺨과 뺨의 키스.

채색하고 흉터와 꼬챙이로 꿴 뺨.

뺨 꼬집기의 의미가 무엇인지는 뺨에 가해지는 상황과 압력에 달려 있다.

입
인간의 입의 표현력은 타의 추종을 불허한다.

입의 극도의 이동성.

입술의 두드러지게 눈에 띄는 특이한 점.

여성 입술은 외형뿐만 아니라 성기의 돌출부를 흉내낸다.

우리의 송곳니는 더 이상 치명적인 송곳니가 아니다.

우리의 새로운 수명은 우리 치아에 충족하기 어려운 끈질긴 힘을 요구한다.

혀의 주요 시각적 메시지는 두 가지 유아의 입 움직임을 기반으로 한다.

정확히 왜 우리가 하품을 하는지에 대해서는 계속적인 추측만 할 뿐이다.

유년기의 구순 쾌락 되찾기.

이유식은 키스를 불러일으켰다.

여성의 입술 변형과 은폐.

매우 광범위하게 퍼져 있지만, 입 으쓱하기는 의외로 모든 문화권에서 발견되지는 않는다.

수염
수염은 남성 표식일 뿐만 아니라, 성적인 냄새 운반체이기도 하다.

젊은 사람들은 그들의 수염을 신에게 바쳤다.

강박적이지만 억제된 성기능의 상징.

턱을 만지고 쓰다듬는 것의 상징.

목
목의 자세와 목의 표현.

목 끄덕이기와 절하기의 상징.

목 길이는 이동성과 표현력을 잃어가며 과장되어 왔다.

토크쇼보다 일반 대화에서 더 흔하다.

목에는 주변을 응시하는 것보다 더 많은 것이 있다.

머리를 숙여 인사하는 것은 가혹한 현실에서의 잠시 물러남을 의미할 수도 있다.

성행위 예비 행동의 중심으로서의 목.

쥐거나 붙잡기 좋은 부위.

어깨
어깨는 성별 신호를 두드러지게 한다.

모나게, 높게 그리고 활처럼 구부러진 어깨.

위안을 주는 어깨 포옹의 힘.

왜 우리는 웃을 때 어깨를 추켜올리며 구부리는가.

The Arms
Even the elbow shows a sex difference.
Fresh armpit secretions are sexual stimuli.
The overarm blow is the primeval attack movement of the human species.
The arms are invaluable as long-distance signalling-flags.

The Hands
'The hand is the cutting-edge of the mind.'
How the palms react to extreme cold.
The Palm-front posture mimes the act of pushing someone back.
Loop-patterned fingertips are the most sensitive.
There are links between certain hand patterns and some bodily characteristics.
Thumb and forefinger gestures have sometimes been a matter of life and death.
Some hand gestures are elaborately stylized.
The symbolism of the hands is often extended by decoration.
With care, the untrimmed fingernails will grow to extraordinary lengths.

The Chest
The sexual appeal of the female breasts to males is not infantile in origin.
By mimicking the shape of the buttocks, the female breasts echo their primeval signal.
The life-cycle of the female breasts.
The tactile qualities of the breasts are also important stimuli.
There may also be a scent signal at work.
Chest decoration is usually restricted to painting or the wearing of pendant ornaments.
Nipple-piercing is rare in tribal societies.
The origin of the Hand-on-heart gesture.

The Back
The back as a zone of erotic interest.
Sacral dimples and the lozenge of Michaelis.
The cultivation of the female back muscles.
What the hands-behind-the-back posture implies.

The Belly
Two ways of cultivating the male belly.
The swelling contours of the maternal belly.
The erotic fascination of the female belly.
The more elongated the female navel the better it functions as a genital echo.
The ancient copulatory origins of the belly-dance.
Cheek-to-cheek dancing anticipates the belly contacts of tender love-making.

The Hips
Hourglass figures embody a 'bondage' factor.
Slimline hips suggest youthful innocence.
When in tomboy mood, female fashion tries to abolish the waist-and-hips contour.
Hip movements and pelvic flexibility.
The anti-social hands-on-hips posture.

The Buttocks
Buttock beauty is a matter of deep-rooted significance to both males and females.
The Devil 'had no buttocks but a second face'.

팔
심지어 팔꿈치도 성별의 차이를 보여 준다.
신선한 겨드랑이 분비물은 성적 자극제이다.
인간의 팔 올려치기는 원시의 사냥 동작이다.
팔은 먼 거리에서 신호를 알리는 깃발로 매우 중요하다.

손
'손은 정신의 칼날이다.'
손바닥이 극도의 추위에 어떻게 반응하는가.
손바닥 앞면 자세는 누군가를 뒤로 밀 때의 행동이다.
손가락 끝의 고리 무늬가 가장 민감하다.
특정 손의 패턴과 일부 신체적인 특징 사이에는 연관이 있음이 드러났다.
엄지손가락과 집게손가락 몸짓은 때로는 삶과 죽음의 문제였다.
어떤 손짓은 정교하게 인습화되었다.
손의 상징성은 종종 장식에 의해 확장된다.
주의를 기울이면, 깎지 않은 손톱은 엄청난 길이로 자랄 것이다.

가슴
남성에 대한 여성 가슴의 성적 호소는 근본적으로 유아기에 기인한 것이 아니다.
궁둥이의 모양을 모방함으로써 여성 가슴은 원시적인 신호를 흉내낸다.
여성 가슴의 생명 주기.
가슴 촉감의 질 또한 중요한 자극제이다.
냄새 신호 체계로 작용할 수도 있다.
가슴 장식은 대개 그림이나 펜던트 장식을 사용하는 것으로 제한된다.
유두 피어싱은 부족사회에서는 드물다.
가슴에 손을 얹는 몸짓의 기원.

등
성적인 관심 부위로서의 등.
천골 보조개와 미하엘리스의 마름모꼴.
여성 등 근육의 단련.
손을 등 뒤로 한 자세는 무엇을 의미하는가.

배
남성 배를 단련하는 두 가지 방법.
어머니 배의 부풀어오른 윤곽선.
여성 배의 성적인 매력.
여성의 배꼽이 길수록 성기 모방의 역할을 한다.
벨리 댄스의 기원인 고대의 성교.
뺨과 뺨을 접촉하는 춤은 부드러운 애정 행위의 배 접촉을 기대하게 한다.

엉덩이
모래시계 몸매는 '속박' 요소를 표현한다.
날씬한 엉덩이는 천진무구한 젊음을 연상시킨다.
말괄량이 기분일 때, 여성 패션은 허리와 엉덩이 곡선 버리기를 시도한다.
엉덩이 움직임과 골반의 유연성.
반사회적인 엉덩이에 손 얹기 자세.

궁둥이
아름다운 궁둥이는 남녀 모두에게 깊이 뿌리내린 의미있는 주제이다.
악마는 '궁둥이는 없지만 두 번째 얼굴이 있다'.

A permanent buttock-display is a distinctively human anatomical feature.
Supernormal buttocks-natural and artificial.
Where buttocks are top of the bill.
The female buttocks, not the heart, is the probable source of the ♥ symbol.
Decoration and dress may emphasize the erotic features of the buttock zone.
Pinching and spanking the bottom.

The Genitals

Public nudity is customary in some societies.
Pandering to male interest-up to a point.
Public reference to the male genitals is usually muted, indirect or humorously stylized.
During orgasm the brain is flooded with a chemical that stimulates the pleasure centres.
The human penis is remarkable for its large size and its lack of a supporting bone.
Male circumcision as a tribal badge has very ancient origins.

Routine circumcision is medically unjustified.
The still-widespread custom of female circumcision is a cause of untold misery.

The Legs

The legs as symbols of sexuality and strength.
Leg exposure as a sexual invitation.
The implied invitation remains strong enough to invite parody.
The particular eroticism of the female thigh.
Leg postures while seated involve an element of genital defence and genital display.
Human legs were designed for running and jumping.
There is a style of locomotion to suit every mood and surface.
The 'releasing' power of rhythmic leg movement is exploited in tribal dance and ritual.
The submissive act of body-lowering.

The Feet

Over ten million footfalls in an average life.
Lucky the barefoot baby who can wiggle his toes.
The human foot has been converted into a specialized locomotory organ.
Feet that can walk on glowing coals.
The soles are always pale; they even resist suntanning.
Natural differences between male and female feet have sometimes been cruelly exaggerated.
The unusual honesty of foot actions.
The symbolism of shoes and of washing and kissing the feet.
Erotic foot-kissing seems to have a chemical as well as a masochistic basis.

영구적으로 돌출한 궁둥이 전시는 다른 것과 뚜렷이 구별되는 인간의 해부학적 특징이다.
자연적이고 인위적인 초정상적 궁둥이.
궁둥이는 가장 중요한 곳에 있다.
'♥' 모양의 가능성 있는 근거는 심장이 아닌, 여성의 궁둥이이다.

장식과 드레스는 궁둥이 부분의 성적인 특징을 강조할 수 있다.

궁둥이 꼬집기와 때리기.

성기

어떤 사회에서는 대중적인 알몸 노출이 관습이다.
남성의 흥미를 어느 정도까지 자극하는 것.
남성 생식기에 대한 언급은 보통 암묵적이고, 간접적이거나 유머러스하게 다뤄진다.
오르가슴 동안 뇌는 쾌락 중추를 자극하는 화학 물질로 홍수를 이룬다.

인간의 성기는 큰 사이즈와 그것을 지지하는 뼈의 부재 때문에 주목할 만하다.
부족 표식으로 남성의 포경수술은 아주 오래된 고대 기원을 가지고 있다.
일반적인 할례는 의학적으로 정당화되지 않는다.
여전히 만연한 여성 할례 관행은 이루 말할 수 없는 고통의 원인이다.

다리

성욕과 힘의 상징인 다리.
성적인 초대로써의 다리 노출.
암묵적인 초대는 패러디를 초래할 만큼 강력하다.
여성 허벅지의 특별한 성적 매력.
앉아 있는 동안의 다리 자세는 성기 방어나 과시 요소를 포함한다.

인간의 다리는 달리기와 뛰기에 적합하도록 만들어졌다.
각각의 기분과 표현에 적합한 보행 방식이 있다.
율동적인 다리 움직임에서 표현되는 힘은 부족의 무용과 의식에 이용된다.
몸을 낮추는 복종 행위.

발

평균 수명 동안 천만 번 이상의 발걸음.
발가락을 꼼지락댈 수 있는 맨발을 가진 행운의 아기.
인간의 발은 보행에 특화된 운동 기관으로 진화되어 왔다.

새빨갛게 달아오른 석탄 위를 걸을 수 있는 발.
발바닥은 항상 새하얗다; 심지어 선탠을 해도 끄떡없다.
남성과 여성의 발의 자연적인 차이는 때때로 잔인하게 과장되어 왔다.

비범하리만큼 정직한 발동작.
신발의 상징적 의미와 발을 씻기고 입을 맞추는 것의 의미.
에로틱한 발 키스는 마조히즘적일 뿐만 아니라, 화학적 근거도 지니고 있는 것 같다.

옮기고 나서

우리들은 우리 자신의 인체에 대해서 얼마나 알고 있는가? 우리의 무지를 일깨워 주는 이 책의 저자 모리스 박사가 독자에게 묻는 신랄한 질문이다.

저자는 머리카락에서 발 끝까지 인체를 20부분으로 나누어 그 각각의 구조와 기능, 거기에 남아 있는 진화의 흔적, 그 성장과 운동, 자세, 표정, 몸짓 등등을 생물학, 의학, 심리학, 박물학 등 최근의 과학적 지식을 총동원하여 종합적으로 설명하는가 하면, 그 각 부분에 관한 문화적 고찰과 이에 얽힌 세계 각 민족의 미신과 신화 등도 빼놓지 않았으며, 그 모양, 몸짓, 표정 등으로 미루어 판단할 수 있는 관상(觀相)법까지도 곁들인다.

미지의 땅을 여행하는 탐구자에게 안내서가 필수적이라면 이 책은 인체 일주(人體一週) 여행의 안내서 구실을 할 것이지만, 그 글이 명료하면서도 미려하고, 과학적이면서도 시적 아름다움을 갖추고 있어 세계적 베스트셀러의 면목이 여실히 드러난다.

저자는 1928년 영국에서 태어나 버밍엄 대학과 옥스포드 대학에서 생물학과 동물학, 철학 등을 전공한 후 런던 동물원의 포유류과 책임자로 있었고, 동물에 관한 많은 TV 프로그램을 제작하여 세계적 명성을 얻었다. 그의 저서들은 세계적인 베스트셀러가 되었으며, 그 중에서도 「털없는 원숭이 The Naked Ape」는 8백만 부가 팔렸다고 한다.

그의 주요 저서를 들면, 「국제 동물원 연감」(1959~62), 「예술의 탄생」(1962), 「포유류-살아 있는 종들」(1965), 「영장류의 비교행태학」(1965), 「털없는 원숭이」(1967), 「인간 동물원」(1969), 「생식 행태의 유형」(1970), 「Man Watching-인간 관찰」(1977), 「제스처」(1979), 「거대한 팬더」(1981) 등이 있다.

역자는 의학자로서보다는 나 자신을 알기 위한 겸손한 학도로서 이 책을 우리 독자들에게 권하고 싶은 마음에서 저자의 승인을 받아 여기 우리말로 펴내는 것이다.

끝으로 이 책의 번역에 많은 도움을 준 洪東善 씨와 이 책이 출판되기까지 각별한 노고를 아끼지 않은 범양사 출판부 여러분들에게 감사를 드린다.

이 책은 1985년 뉴욕의 Crown Publishers, Ins.에서 내놓은 초판을 옮겨 놓은 것이다.

옮긴이 이규범